"十四五"时期国家重点出版物出版专项规划项目
食品科学前沿研究丛书

茶的健康科学前沿与技术

应 剑 牛兴和 申时全 主编
霍军生 朱 炫 肖 杰 陈林波 副主编

科学出版社
北 京

内 容 简 介

本书围绕饮茶健康主题，针对近 5~10 年在食品科学与医学交叉领域的新兴理论、研究工具以及典型案例进行汇编。内容包括我国健康饮茶历史以及区域性饮茶习俗，茶叶品质评价技术，茶的营养健康评价技术，茶的体内过程，茶的健康证据分析，健康导向型茶树育种及茶园管理，茶及茶制品的营养健康品质提升。本书集聚了我国茶学、食品科学、预防医学、药理学等领域的学者，具有较高的专业学术价值和浓厚的交叉学科特色，为国内生产健康导向型茶饮、科学解读饮茶健康作用机制、推广健康饮茶生活方式提供科学参考。

本书从应用角度出发，试图回答"茶是否可以成为当代健康膳食模式的重要组成"这一命题。面向的读者包括农业食品、医药卫生领域从事茶叶相关研究开发的人员，食品行业从业人员，对茶与健康感兴趣者，科学理解饮茶健康、开发健康茶的同行，以及营养健康型特色食物资源开发利用领域的广大同行。

图书在版编目（CIP）数据

茶的健康科学前沿与技术 / 应剑，牛兴和，申时全主编. --北京：科学出版社，2025.6. -- (食品科学前沿研究丛书). -- ISBN 978-7-03-081785-3

Ⅰ. TS272

中国国家版本馆 CIP 数据核字第 202519V572 号

责任编辑：贾　超　高　微 / 责任校对：杜子昂
责任印制：吴兆东 / 封面设计：东方人华

科学出版社 出版
北京东黄城根北街 16 号
邮政编码：100717
http://www.sciencep.com

北京华宇信诺印刷有限公司印刷
科学出版社发行　各地新华书店经销

*

2025 年 6 月第 一 版　开本：720×1000　1/16
2025 年 9 月第二次印刷　印张：19 1/4
字数：380 000

定价：150.00 元
（如有印装质量问题，我社负责调换）

丛书编委会

总主编：陈　卫

副主编：路福平

编　委（以姓名汉语拼音为序）：

陈建设	江　凌	江连洲	姜毓君
焦中高	励建荣	林　智	林亲录
刘　龙	刘慧琳	刘元法	卢立新
卢向阳	木泰华	聂少平	牛兴和
汪少芸	王　静	王　强	王书军
文晓巍	乌日娜	武爱波	许文涛
曾新安	张和平	郑福平	

本书编委会

主　编：应　剑　中粮营养健康研究院
　　　　牛兴和　中粮营养健康研究院
　　　　申时全　云南省农业科学院
副主编：霍军生　中国疾病预防控制中心营养与健康所
　　　　朱　炫　浙江工商大学
　　　　肖　杰　中粮营养健康研究院
　　　　陈林波　云南省农业科学院
编　委：侯　粲　中粮营养健康研究院
　　　　王黎明　中粮营养健康研究院
　　　　孙　颖　中粮营养健康研究院
　　　　杜立达　中粮营养健康研究院
　　　　陈　鑫　中粮营养健康研究院
　　　　王　曦　中粮营养健康研究院
　　　　王　晨　中粮营养健康研究院
　　　　邵丹青　中粮营养健康研究院
　　　　赵瑾凯　中粮营养健康研究院

李　岩	中国疾病预防控制中心营养与健康所
杨　倬	中国疾病预防控制中心营养与健康所
陈　晨	中国疾病预防控制中心营养与健康所
赵夏雨	中国疾病预防控制中心营养与健康所
田易萍	云南省农业科学院
陈　玫	云南省农业科学院
赵　碧	云南省农业科学院
张　梁	安徽农业大学
赖国平	安徽农业大学
陈　杰	浙江工商大学
向沙沙	浙江工商大学
张亚林	浙江工商大学
李　婷	武汉轻工大学
虞晓含	民政职业大学

序　言

随着人们生活水平的提高和健康意识的增强，茶作为中国传统饮品，其健康价值日益受到广泛关注。"十四五"时期国家重点出版物出版专项规划项目图书《茶的健康科学前沿与技术》，通过严谨的科学循证，在传统茶养生文化和药学基础上，全面深入阐述了茶的现代营养学和预防医学研究进展，这是对食品科学和茶学研究的重要贡献。

该书由一群致力于茶学、食品科学、预防医学和药理学研究的专家学者共同编写，他们不仅在各自的专业领域内精耕细作，成就斐然，更在茶的健康科学前沿与技术领域拥有独到的洞察与见解。书中内容涵盖了我国健康饮茶的历史文化、茶叶品质评价技术、茶的营养健康评价技术等多个方面，并探讨了健康导向型茶树育种、茶园管理以及茶的营养健康品质提升等实践议题。尤其值得一提的是，该书深入介绍了茶的体内过程及其健康证据分析，这些研究成果对于揭示饮茶健康作用机制具有重要意义。并首次从公共卫生的全新视角，系统而深入地探讨了茶与健康的关系，不仅极大地拓宽了茶学研究的边界，也为推动饮茶健康的普及与深化提供了更为广阔的视野和思路。基于这一视角，我们能够更全面地评估饮茶对人群健康的潜在影响，从而为制定更加科学合理的饮茶指导原则奠定基础。

近年来，越来越多的科学研究证实了茶的多种健康益处，茶的健康价值正在被全球消费者认可。该书的出版，恰逢其时地顺应了国际趋势，为中国茶拓展国际市场、增强国际影响力提供了坚实的理论基础。该书的另一个重要使命是推动饮茶健康共识的建立，以引导公众形成正确的饮茶认知和消费习惯。同时，这将加快茶行业的规范化进程，提高茶产品的品质与竞争力，进而推动茶产业实现可持续发展。

我相信，《茶的健康科学前沿与技术》一书的出版，将为广大从事农业、食品、茶叶、医药卫生等领域的研发人员、茶与食品行业从业者、对茶与健康感兴趣者以及营养健康型特色食物资源开发利用领域的同行们提供宝贵的参考资料。

最后，我要感谢所有参与该书编写工作的作者和编辑，正是你们的辛勤付出和不懈努力，才使得这样一部高质量的学术著作得以问世。同时，我也期待这部著作能够推动国内外茶与健康研究成果早日形成共识并得以传播。让我们共同努力，推动茶学研究并为茶产业高质量发展作出更大的贡献！

中国工程院院士
湖南师范大学校长

刘仲华

2025 年 3 月 21 日

前　言

茶是起源于我国的健康食物资源，最早以其药用价值被利用，典籍中多有记载。茶具有提神醒脑、解腻促消化的显著特点，成为全球流行的健康饮品，促进了国际贸易的发展。现代社会开发茶叶的健康用途，最早采用植物化学及药理学的理论及技术，研究发挥特定健康效应的物质基础，鉴定成分结构，阐明其生物学机制，并对关键功能性成分进行分离、提纯或富集，推动其在膳食补充剂或制药领域的应用。对茶多酚、茶色素、茶多糖等茶叶功能成分的认识和利用，即形成于茶叶化学及药理学的研究阶段，直到现在还在继续深入研究。截至目前，茶叶通过抗氧化、抗炎、抗菌、调节酶活性、调控肠道菌群等机制，发挥改善糖脂代谢、促进情绪健康、降低疾病风险等作用，已经获得越来越多的实验证据支持。在营养学领域，由于经典理论主要关注营养素的均衡摄入，茶的主要作用被认为是补充水分。近年来，随着我国社会经济的发展，肥胖、糖尿病、心血管疾病成为威胁人民健康的头号杀手；与此同时，营养学工作者逐渐认识到，通过健康饮食及生活方式的积极干预，可以有效降低慢性病风险。因此，现代营养学与食品科学迅速发生学科融合。越来越多的人认为，将饮茶回归其饮食属性，作为当代人群的健康饮食生活方式的有机组成，有助于其健康效能的更大应用。

食物资源的开发与利用离不开膳食模式的推广。我国健康饮食领域的学者一度推荐地中海饮食等具有异域风情的传统膳食模式，认为其富含膳食纤维、n3-不饱和脂肪酸及多酚类化合物，具有较强的抗炎作用，最终有助于降低心血管疾病风险、改善代谢；橄榄油、红酒、全谷物等相关食品要素随之风靡一时。随着我国社会经济的发展、国际地位的提高，传承和复兴中华传统文化已经成为共识，从我国区域性饮食文化中挖掘符合我国传统文化及居民饮食习惯的东方健康膳食模式，满足我国人民对美好生活的向往，已经成为当下的工作热点。目前，区域性膳食指南的建立已经写入我国"十四五"国家重点研发计划；中国营养学会正组织开展对我国代表性区域饮食文化的调查。未来15年，中国人将拥有自己的膳食模式，经过科学论证得到专家共识的食物资源，将写入不同级别的膳食指南。回望历史，农耕地区的粗茶淡饭、游牧地区的茶奶饮食，早已写入我们的文化基因。放眼当下，口感多元、包装新潮的现制奶茶为年青一代所喜闻乐见，与当代居民健康紧密相关的营养标签也随之推广。伴随着科技的进步和文化的复兴，必将出现属于中国人的含茶健康膳食模式，为促进当代人民的身心健康作出重要贡献。

然而，由于茶叶原料来源、制茶工艺和饮茶文化的多元性，不同茶及茶制品的成分存在差别，加之人体存在个体差异，最终饮茶健康作用存在有无及强弱的区别。根据现行食品安全及营养健康相关法规，可以进行公开健康声称的茶，大致需要具备如下要素：茶叶特征性成分明确、声称的效应与人体健康有关、支持健康声称的科学证据充足、说明达到声称效果的食用条件、健康声称用语能够被消费者正确理解。因此，需要将营养学、医学与茶学理论有机结合，研制质量稳定的健康用茶，推动形成专家共识，实施健康导向的茶和茶制品的开发及推广，实现这一传统健康资源的合理利用。

近年来，随着医药卫生和农业食品领域的交流合作日益加深，已经涌现出许多关于健康饮茶的新见解、新证据、新案例。在对茶叶健康作用的认识上，从关注健康作用特点的有无向物质基础、作用机制和剂量-效应关系的整合研究转变；随着循证医学理念的普及，将更加重视高质量人群的研究；随着合理膳食理念的普及，更加重视饮茶对整体膳食模式和生活方式的贡献。在对茶叶功能成分的认识上，从关注小分子成分的活性向大分子与肠道微生物的相互作用延伸，从关注单一成分的作用向"多组分-多靶点"相互作用转变。在健康茶的创制方面，更加关注营养健康导向型的育种及加工技术，通过定向育种、可控氧化及发酵工艺的实施，实现儿茶素、花青素、γ-氨基丁酸、L-茶氨酸、茶多糖、茶褐素等功能成分的定向富集。在健康用茶的应用场景方面，已经形成了传统茶与创新茶制品齐头并进的局面，一是基于传统茶文化及工艺的适度改良，在经典工艺的基础上强化健康要素，满足传统饮茶人群的需要；二是与现代食品加工工艺相结合，开发质量稳定的茶原料，创制形式多样的含茶食品，为新型消费群体提供多元的健康饮食选择。在这个演变过程中，更适合于复杂食物体系及其与人体相互作用的健康评价技术体系应运而生。特别是适逢计算机技术的突飞猛进及其与应用场景的融合，机器学习等人工智能技术已经在茶的理化特性研究、生物学机制解读中发挥了重要作用。这些新的变化将推动健康导向型质量控制的关口前移，助力健康茶的主动设计与开发，也为茶产业的规模化、数字化转型奠定了基础。

基于此，本书编委会围绕饮茶健康主题，组织茶叶育种、茶叶加工、食品科学、营养学、预防医学背景的交叉学科研发骨干，针对近5～10年来在食品科学与医学交叉领域的新兴理论、研究工具以及典型案例进行汇编。本书从应用角度出发，试图回答"茶是否可以成为当代健康膳食模式的重要组成"这一命题。茶，是我国营养功能型特色食物资源的典型代表，本书所述理论与技术，也将适用于其他食物资源或食药同源类物质。我们也希望通过应用导向的学科碰撞，推动饮茶健康共识和健康饮茶指南的出台、含茶健康膳食模式的凝练以及饮茶健康声称的完善；探索我国特色食品系统与公共卫生目标有机结合的路径，助力健康中国战略落地。

本书的撰写单位，包括云南省农业科学院、中粮营养健康研究院有限公司、中国疾病预防控制中心营养与健康所、浙江工商大学、安徽农业大学、武汉轻工大学等单位。其中，云南省农业科学院茶叶研究所的技术优势在于云南省茶树种质资源的收集与保存、新品种选育、栽培技术与植保、茶叶加工；于2021～2023年牵头了云南省重大科技专项"世界大叶茶技术创新中心建设及成果产业化"项目，本书即依托这一项目的"大叶茶营养健康关键技术研究与应用"课题撰写。中粮营养健康研究院以企业应用为导向建立茶叶营养健康评价技术体系，通过将形成茶叶健康感官品质的关键物质成分组数字化、可视化，识别茶叶加工过程中影响特殊品质形成的关键参数，支持了富茶多糖冠突散囊菌发酵茶、富茶黄素甜花香型滇红茶等系列创新产品的上市。中国疾病预防控制中心营养与健康所的研究人员从事茶叶营养与功效研究几十年，特别关注饮茶对癌症、心血管疾病和糖尿病的预防作用。安徽农业大学与中国农业科学院茶叶研究所、湖南农业大学共同组建了茶树种质创新与资源利用全国重点实验室。浙江工商大学基于肠道消化模型指导健康食品的主动设计，与中粮营养健康研究院合作应用于茶叶健康研究。我们希望通过共同编写本书，促进茶学、营养学、食品科学等不同领域学者的交流，围绕"茶作为我国健康膳食模式的重要成员"这一主题，介绍科研前沿动态，特别是编委所在单位的前瞻性探索。

本书旨在为国内生产健康导向型茶饮、科学解读茶叶健康作用机制、推广健康饮茶生活方式提供科学参考，作为现有茶叶教科书的补充；同时也为我国功能性食品资源的开发提供科学参考。

本书第1章系统概述我国茶的起源、分类、健康饮茶历史以及区域性饮茶习俗。第2～4章从现代食品科学、营养学的角度，介绍茶叶成分检测、与人体的相互作用研究、营养健康评价、健康证据分析的主要研究工具及应用案例；这一部分由中粮营养健康研究院主编，浙江工商大学、云南省农业科学院、安徽农业大学参编。第5章从人群研究角度，对饮茶改善人体健康的证据进行简要分析，由中国疾病预防控制中心联合中粮营养健康研究院主编。第6、7章从育种、茶园管理和加工的角度，介绍健康茶和茶制品的创制技术及典型案例，由云南省农业科学院主编。

需要说明的是：考虑到现有茶叶相关专业书籍通常围绕茶叶品种、茶叶化学、茶叶功能成分的临床前药理学作用作了较为详尽而清晰的阐述，本书主要基于目前茶与健康的交叉前沿，在对现有知识体系进行简要回顾的同时，重点做探索性补充。茶的营养健康始终是本书的主线。在此基础上，我们介绍健康饮茶历史与区域性习俗，旨在从传统文化中挖掘饮茶健康及其影响因素的线索，为构建区域性含茶健康膳食模式提供参考；我们介绍茶的感官评价方法，一方面是因为茶中的芳香物质本身就是促进精神健康的重要物质基础，另一方面是因为许多消费者喜爱茶的香气或者滋味而饮茶，才有了进一步的健康收益。特别要指出的是，我们的出发点是将茶视为完整膳食的一部分，而不只是化学药物的来源。我们希望能将我国源远流长的文化与当下营养健康理念相结合，推动"茶"这一传统健康食物资源的现代化利用。相信在不远的未来，将涌现出一批健康作用明确、美味多元的茶食品，形成我国乃至世界人民喜闻乐见的含茶健康膳食模式。

编 者

2025 年 2 月

目　录

第1章　饮茶健康概述 ··· 1
1.1　我国茶的起源与健康用茶历史变迁 ·································· 1
1.1.1　我国茶的起源及发展概述 ·· 1
1.1.2　典籍与诗词中的茶 ·· 2
1.1.3　我国不同地域茶文化的差异 ······································ 6
1.2　我国茶的分类及品质特征 ·· 8
1.2.1　我国茶的分类标准 ·· 8
1.2.2　茶叶分类代表 ·· 8
1.3　茶叶中主要的功能性成分 ··· 12
1.3.1　概述 ·· 12
1.3.2　茶多酚 ·· 13
1.3.3　氨基酸 ·· 18
1.3.4　生物碱 ·· 21
1.3.5　茶多糖 ·· 22
1.3.6　其他功能性成分 ··· 24
参考文献 ··· 26

第2章　茶叶品质评价技术 ··· 31
2.1　感官审评技术 ··· 31
2.1.1　传统茶叶感官审评方法 ·· 31
2.1.2　茶叶感官审评方法新探索 ·· 32
2.2　茶叶生物活性成分分析技术 ··· 35
2.2.1　茶叶生物活性成分的定量分析 ································ 35
2.2.2　组学技术在茶叶成分分析中的应用 ························ 43
2.3　技术应用及典型案例分析 ··· 46
2.3.1　组学技术应用于茶叶分级分类 ································ 46
2.3.2　组学技术应用于产地溯源 ·· 49
2.3.3　组学技术应用于茶叶品质监测 ································ 50
2.3.4　组学技术应用于茶叶存储 ·· 55

参考文献 … 57

第3章 茶的营养健康评价技术 … 61
3.1 临床前研究方法 … 61
3.1.1 体外研究方法 … 61
3.1.2 体内研究方法 … 66
3.2 人群研究方法 … 68
3.2.1 营养流行病学研究方法及茶叶相关研究案例 … 69
3.2.2 伦理问题 … 81
3.2.3 膳食暴露的评价 … 81
3.2.4 营养实验性流行病学研究与药物实验性流行病学研究的比较 … 82
3.3 含茶饮食的营养评价 … 83
3.3.1 基于营养素的膳食营养评价 … 84
3.3.2 基于健康效应的特殊指数评价 … 85
参考文献 … 90

第4章 茶的体内过程 … 96
4.1 茶的体内过程概述 … 96
4.1.1 茶叶成分的体内过程 … 96
4.1.2 茶叶成分的体内代谢 … 98
4.2 茶与消化酶 … 99
4.3 茶与微生物消化 … 101
4.3.1 肠道微生态理论 … 101
4.3.2 茶叶成分调节肠道微生态的证据及健康效应 … 103
4.3.3 饮茶调节肠道微生态的证据及健康效应 … 106
4.4 茶与肠道-靶器官轴 … 111
4.4.1 茶与肠道-代谢轴 … 111
4.4.2 茶与脑-肠轴 … 113
4.5 茶的体内过程研究工具 … 114
4.5.1 ADME/T的经典理论与工具 … 114
4.5.2 体外仿生消化 … 115
4.5.3 类器官模型 … 122
4.5.4 肠道代谢流 … 122
4.5.5 多维时序互作模型 … 125
参考文献 … 126

第5章 茶的健康证据分析 … 135
5.1 循证医学研究策略 … 135

         5.1.1 循证学 …………………………………………………… 135
         5.1.2 证据 ……………………………………………………… 135
         5.1.3 证据等级及评价标准 …………………………………… 136
         5.1.4 健康声称 ………………………………………………… 147
         5.1.5 专家共识 ………………………………………………… 148
   5.2 茶与全因死亡率 ……………………………………………………… 150
   5.3 茶与2型糖尿病 ……………………………………………………… 152
         5.3.1 茶与糖尿病发病风险的研究 …………………………… 152
         5.3.2 茶对T2DM患者健康指标的影响 ……………………… 154
         5.3.3 小结 ……………………………………………………… 157
   5.4 茶与血脂异常 ………………………………………………………… 157
         5.4.1 茶与血脂异常风险 ……………………………………… 158
         5.4.2 不同茶叶对血脂的影响 ………………………………… 159
         5.4.3 小结 ……………………………………………………… 162
   5.5 茶与肥胖 ……………………………………………………………… 163
         5.5.1 概述 ……………………………………………………… 163
         5.5.2 绿茶与肥胖 ……………………………………………… 166
         5.5.3 发酵茶 …………………………………………………… 168
         5.5.4 小结 ……………………………………………………… 169
   5.6 茶与心脑血管疾病 …………………………………………………… 170
         5.6.1 茶与心血管疾病的研究 ………………………………… 170
         5.6.2 茶与脑血管疾病的研究 ………………………………… 174
   5.7 茶与肠道健康 ………………………………………………………… 176
         5.7.1 概述 ……………………………………………………… 176
         5.7.2 绿茶与肠道健康 ………………………………………… 177
         5.7.3 红茶与肠道健康 ………………………………………… 178
         5.7.4 黑茶与肠道健康 ………………………………………… 178
         5.7.5 油茶与肠道健康 ………………………………………… 179
         5.7.6 金花香橼茶与肠道健康 ………………………………… 180
         5.7.7 小结 ……………………………………………………… 180
   5.8 茶与骨骼肌肉健康 …………………………………………………… 180
         5.8.1 茶与骨骼健康 …………………………………………… 181
         5.8.2 茶与肌肉健康 …………………………………………… 183
         5.8.3 小结 ……………………………………………………… 184
   5.9 茶与癌症 ……………………………………………………………… 185

5.9.1 茶与神经胶质瘤 186
5.9.2 茶与乳腺癌 187
5.9.3 茶与膀胱癌 188
5.9.4 茶与前列腺癌 189
5.9.5 茶与卵巢癌 190
5.9.6 茶与子宫内膜癌 191
5.9.7 茶与鼻咽癌 191
5.9.8 茶与口腔癌 192
5.9.9 茶与食管癌 192
5.9.10 茶与胃癌 193
5.9.11 茶与肺癌 194
5.9.12 茶与肝癌 194
5.9.13 茶与肠癌 195
5.9.14 茶与白血病 195
5.9.15 小结 196
5.10 茶与免疫调节 196
　　5.10.1 茶对病原微生物感染的免疫调节作用 197
　　5.10.2 茶对肿瘤免疫的调节作用 198
　　5.10.3 茶对自身免疫性疾病的调节作用 200
　　5.10.4 茶对炎症的调节作用 201
　　5.10.5 茶对过敏的调节作用 201
　　5.10.6 小结 202
5.11 茶与慢性阻塞性肺疾病 203
　　5.11.1 茶与COPD发病风险的研究 203
　　5.11.2 茶对COPD患者表型特征的改善 204
　　5.11.3 小结 205
5.12 饮用及生活方式对饮茶健康的影响 205
　　5.12.1 大量饮茶的安全顾虑 206
　　5.12.2 影响饮茶健康收益的生活方式因素 210
　　5.12.3 食品安全的顾虑 214
参考文献 215

第6章 健康导向型茶树育种及茶园管理 234
6.1 我国茶树种质资源概述 234
6.2 茶树育种关键技术及茶园管理关键技术 235
　　6.2.1 茶树育种技术概述 235

6.2.2　茶园管理关键技术 ·· 236
　6.3　健康导向型名优品种及开发案例 ··· 238
　　　6.3.1　高花青素典型茶树品种 ·· 239
　　　6.3.2　高氨基酸品种 ·· 241
　　　6.3.3　高 γ-氨基丁酸品种 ·· 243
　　　6.3.4　高茶黄素品种 ·· 245
　　　6.3.5　高茶多酚品种 ·· 246
　　　6.3.6　高茶多糖品种 ·· 249
　参考文献 ··· 250

第 7 章　茶及茶制品的营养健康品质提升 ·· 254
　7.1　茶叶健康品质生产关键技术及开发实例 ···································· 254
　　　7.1.1　微生物可控发酵 ·· 254
　　　7.1.2　定向酶催化 ·· 258
　7.2　茶叶深加工关键技术及开发实例 ··· 262
　　　7.2.1　茶叶深加工的科技创新 ··· 263
　　　7.2.2　中国茶叶精深加工产业发展状况 ······································· 264
　　　7.2.3　开发实例 ··· 265
　7.3　健康茶食品创制关键技术及开发实例 ······································· 266
　　　7.3.1　健康茶食品 ·· 266
　　　7.3.2　关键技术 ··· 267
　　　7.3.3　开发实例 ··· 269
　7.4　茶叶功能成分靶向递送体系及开发实例 ···································· 271
　　　7.4.1　关键技术 ··· 271
　　　7.4.2　开发实例 ··· 274
　7.5　健康茶产业中的数字化技术 ·· 276
　　　7.5.1　数字化生产线 ·· 276
　　　7.5.2　茶的智慧仓储 ·· 280
　参考文献 ··· 282

附录　常见茶叶冲泡指南 ·· 290

第 1 章 饮茶健康概述

1.1 我国茶的起源与健康用茶历史变迁

1.1.1 我国茶的起源及发展概述

我国是最早种茶和用茶的国家。用茶的历史可以追溯到神话中的三皇时代，这是根据后世有关茶与本草的著作推论的。《茶经》中提出，"茶之为饮，发乎神农氏"，后世又流传"神农尝百草，日遇七十二毒，得茶而解之"，因此我国人民最早可能是利用了茶的药用价值。迄今为止，民间仍保留了吃茶"药用"这一习俗。例如，武夷山的铁罗汉、水仙种的陈茶在当地用于治疗肠胃不适；云南人民进入瘴气弥漫的森林之前，也需要在大塘边喝上几口老鸦罐中的茶。

根据真实史料记载，茶发源于我国西南部。东晋人常璩在西南地区的地方志《华阳国志》中，记载了巴国向周王朝纳贡"荼"（茶的古字）一事。秦汉统一中国，巴蜀地区开放，促使茶叶从西南向北、向东传播。三国时期，四川东部、湖南、湖北西部的人们将采摘的茶叶制饼，饮用前捣碎成粉末并加入调料——有些类似于当下我国一些少数民族的饮茶方式。到东晋时期，建康一带已经出现了以茶待客的风俗。

茶从唐朝开始在我国南部推广种植。唐朝开放的文化带动了儒释道共荣，因此在中原地区逐渐形成的茶道，也就有宫廷茶道、寺院茶礼、文人茶道的区分。禅宗将"饮茶"这一世俗活动与佛教信仰相关联；道家认为，茶不仅增加隐士生活趣味，还可以帮助炼丹修仙；儒家则在茶文化中注入了"乐"的元素，品茗带来的感官愉悦和以茶会友带来的精神满足，合乎"独乐乐不如众乐乐""有朋自远方来不亦乐乎"的思想。陆羽的《茶经》，即是唐代著作，读之可见不同流派、特色的有机融合。

宋代的茶业已经获得显著发展，茶树在南方广为种植。据记载，宋代全国约有 2/3 的州县种茶。茶文化也在宋代得到发展进步，不仅茶叶生产和加工制作水平得以显著提高，饮茶习俗也逐渐大众化，上至朝廷官员风尚，下至百姓生活日常，随处可见茶的影踪。在宫廷中，茶仪变成礼制，赐茶则变成皇帝笼络臣子、眷怀亲族的关键手段；在市井生活中，搬家、订婚、结婚等人生大事中都需要用到茶，且每种茶都拥有不同的名称。张择端的《清明上河图》，如实绘制了京城茶肆的风貌。

明政府为减轻百姓负担，要求用散茶代替饼茶进贡，这对我国制茶工艺和饮茶方式产生了深远影响。明清及往后，又逐步发展出黑茶、青茶、红茶等茶叶品类，并形成了区域性的饮茶风俗。不论是粗茶淡饭的茶，还是解腻消食的茶，都成为中国人传统饮食生活方式的注脚。

当代茶叶消费呈现多元特征，除了传统茶饮，茶饮料、茶食品、茶用品等丰富形式层出不穷。饮茶人群，既有传统老茶客，也有年轻群体。针对老茶客，在保证传统工艺和口感的同时突出健康作用，给予传统茶以健康意义；针对年轻群体，则开发出冷泡茶、低糖茶饮料、速溶茶粉等形式多样的产品。

我国茶叶贸易历史悠久，通过陆上丝绸之路、海上丝绸之路、茶马古道、万里茶道走向边疆、跨越国境传播至全球。丝绸之路的茶叶贸易经历了从陆路向海陆结合的转变。自张骞出使西域后，陆上丝绸之路的北线和中线均从长安（今西安）出发，经西域向中亚、西亚乃至地中海传播。北线经河西走廊，穿塔里木盆地；中线经过甘肃、青海、翻越祁连山，抵达敦煌，西出阳关、玉门关。南线即"蜀身毒道"，从长安或成都出发，到达南亚与中东。直到现在，青海仍然维持了饮用砖茶的习俗。随着航海技术的发展，海上丝绸之路逐渐成为茶叶贸易的重要通道，从我国东南沿海城市出发，经南海、印度洋，最终到达欧洲，带去武夷茶的美名。万里茶道从武夷山出发，经江西、湖南、湖北、河南、山西、河北、内蒙古等地，最终抵达俄罗斯圣彼得堡，带去形式多元的中国茶。茶马古道是我国西南地区至南亚的贸易路线。其中一条从四川雅安出发，经由泸定、康定、巴塘、昌都到西藏拉萨，再到尼泊尔、印度；另一条从云南普洱茶产地出发，经由大理、丽江、德钦到西藏邦达、昌都、洛隆，再经江孜、亚东到缅甸、尼泊尔、印度。茶马古道作为民族商贸交通最早可追溯到西汉时期，以雅安为代表的巴蜀地区以茶为高档商品，与大渡河以西的部落进行牦牛、马等物品的交换；随着唐朝的统治边界扩延，茶马交易治边制度出现并在后世逐步完善，汉、藏两族之间的交互日渐频繁，带动了茶文化在藏区的广泛传播。茶叶特别是砖茶、饼茶，有去油解腻的作用，与边疆少数民族地区缺少蔬菜、以肉食为主的饮食习惯形成了很好的互补，在降血糖、降血脂等方面也有积极作用。茶的贸易之路，不仅为世界带去茶叶，也传播了将茶融入饮食、与饮食形成互补的健康理念。

1.1.2 典籍与诗词中的茶

1. 从秦汉到南北朝

东晋人常璩的《华阳国志》记载，巴国向周王朝纳贡的清单中就有"茶"，因此巴人是有历史记载以来第一个使用茶的群体。秦统一中国，带动茶的传播。

公元前 59 年，王褒在《僮约》中将"武阳买茶"和"烹茶尽具"作为僮奴杂役差事的一部分，表明汉代在成都附近已经有了茶叶集散地，煮茶的方式也已经出现。

东汉末年，医学家华佗在《食论》中提出，"苦荼久食益意思"，这是茶叶药理功效的第一次记述。三国时期《广雅》记载，"荆巴间采叶作饼，叶老者饼成，以米膏出之，欲煮茗饮，先炙，令色赤，捣末置瓷器中，以汤浇覆之，用葱、姜、橘子芼之，其饮醒酒，令人不眠"。因此，三国两晋时期人们用茶常配合香料，主要取其提神醒脑和解酒作用。此时的茶也已经与道教产生关联。《神异记》记载，丹丘子曾经引荐茶树给进山采茶的余姚人虞洪。一些地方志转述东晋葛洪记述："盖竹山（天台山）有仙翁茶圃，旧传葛玄植茗于此。"由于南北文化融合尚未完成，此时北方民族尚未认可茶的地位。北魏杨衒之的《洛阳伽蓝记》记载，魏孝文帝问投奔至北魏的南朝官员王肃，"茗饮何如酪浆？"王肃对答，"唯茗不中与酪作奴"。

2. 唐

唐朝强大而开放的文明推动了茶道的形成。"茶圣"陆羽所作《茶经》，是我国乃至世界历史上的第一部茶书，系统介绍了茶叶的历史、采茶和制茶的流程及工艺、煮茶及饮茶的方法等内容。唐代饮茶与修道思想的紧密联系也体现在诗词中，饮茶提神醒脑、愉悦情绪的作用常被提及。卢仝《走笔谢孟谏议寄新茶》道："一碗喉吻润，二碗破孤闷。三碗搜枯肠，唯有文字五千卷。四碗发轻汗，平生不平事，尽向毛孔散。五碗肌骨清，六碗通仙灵。七碗吃不得也，唯觉两腋习习清风生。蓬莱山，在何处？玉川子，乘此清风欲归去。"晚唐温庭筠则写道："仙翁白扇霜乌翎，拂坛夜读黄庭经。疏香皓齿有馀味，更觉鹤心通杳冥。"这些诗词把饮茶者的身体与精神愉悦描绘得栩栩如生。

唐代宽广的疆域和多元民族文化的交融推动了茶的传播，饮茶在西北多民族地区的传播很可能与其解腻促消化、提神醒脑、改善情绪的作用相关。《唐国史补》中，记录了出使吐蕃的常鲁公和吐蕃赞普的对话。常鲁公在吐蕃帐中烹茶，赞普问，"此为何物？"鲁公答，"涤烦疗渴，所谓茶也！"赞普说，"我此亦有……"。当时还有一部名为《甘露海》的藏文书，列举了十六种来自中原的茶叶。到了唐代中后期，中原和西北少数民族地区已经嗜茶成俗。唐代《膳夫经手录》记载，"今关西、山东、间阎村落皆吃之。累日不食犹得，不得一日无茶也"。晚唐《蛮书》记载，"蒙合蛮以椒、姜、桂和烹而饮之"。

3. 宋

宋代大兴饮茶之风。范仲淹"长安酒价减百万，成都药市无光辉"描述了茶的兴盛在很大程度上对酒形成了制约，也着重表达了茶具有药用的功效。在数量众多的咏茶诗词中，可见宋代茶事活动和宋人健康体验的真实记录。

（1）提神醒脑，激发文思：梅尧臣"一日尝一瓯，六腑无昏邪"，曾巩"一杯永日醒双眼，草木英华信有神"，毛滂"七盏能醒千日卧"，张耒"老去不禁茶力悍，两瓯破尽五更眠"，韩维"真际云门吾不问，一提瓶起万魔奔"，史浩"战退睡魔三百万，枪旗果解立奇功"，陆游"睡魔何止避三舍，欢伯直知输一筹"等都体现了茶提神醒脑的作用。李若水"为觅春风洗残梦，要令诗思敌澄江"，袁燮"一瓯瀹花乳，精神惊满腹"，形象描绘了饮茶后文思勃发的情形。

（2）解酒：释重显"乘春雀舌占高名，龙麝相资笑解酲"，文彦博"烦酲涤尽冲襟爽，暂适萧然物外情"，吕本中"酒罢悠扬醉兴，茶烹唤起醒魂"，傅察"不但觞烦起醉仙，能令古莽失多眼"，王洋"溪云谷雨作昏翳，思假快饮消沈烦"，李正民"涤烦疗热气味长，消忧破闷醺酣久"，周必大"贺客称觥满冠霞，悬知酒渴正思茶"对茶具有解酒的功效进行了歌咏。

（3）固齿明目：黄庭坚"筠焙熟香茶，能医病眼花"，李正民"几年泻卤伤牙颊，吮漱华池便欲仙"，杨万里"京尘满袖思一洗，病眼生花得再明"描述了茶具有固齿明目的作用。

（4）解腻消食：郭祥正"石泉助甘滑，肠胃涤烦邪"体现了茶消食解腻的作用。

（5）清肺：袁燮"味此道之腴，清冷肺肝沃"，朱松"唤回窈窈清都梦，洗尽蓬蓬渴肺尘"描述了茶的清肺作用。

（6）延年益寿：苏轼"何烦魏帝一丸药，且尽卢仝七碗茶"，杨亿"真茶泛云液，一欢可延年"，表明宋人认为饮茶具有抗衰老作用。

（7）情绪调节：饮茶排除苦闷、调节情绪，是宋代文人精神世界不可或缺的主角。丁谓《咏茶》"烦襟时一啜，宁羡酒如渑？"描述了茶可以解忧消愁，比借酒消愁更文雅、更健康。更多文人认为，饮茶可以使人忘却俗事的牵绊，达到仙人的境界。梅尧臣"亦欲清风生两腋，从教吹土月轮傍"，王庭圭"便觉清风生两腋，梦魂飞到月轮边"，程垓"歌罢清风两腋，归来明月千门"，胡寅"顾君饮罢风生腋，飞到蓬莱日月长"，刘才邵"饮罢清风生两腋，三山去人疑咫尺"，刘过"饮罢清风生两腋，馀香齿颊犹存"，翁元广"一杯春露暂留客，两腋清风几欲仙"，陈仲谔"不待清风生两腋，清风先向舌端生"等，都有飘飘欲仙的意境。此肌骨清灵、腋下风生之感屡屡为宋人赞颂。

宋代对于饮茶健康的认识可见辩证思想，认为过犹不及。南宋林洪在《山家清供》中记载茶叶"煎服则去滞而化食，以汤点之，则反滞隔而损脾胃"，指出茶在不同浓度下对消化功能产生出截然相反的作用。苏轼《茶说》云："除烦去腻，世故不可无茶，然暗中损人不少。空心饮茶入盐，直入肾经，且冷脾胃，乃引贼入室也",指出空腹饮茶不利于身体健康。

公元1191年(南宋),日本荣西禅师从中国带回的茶籽在长崎和九州两地种植成功,其所著《吃茶养生记》记录:"在中国,人皆好茶,是故心病痛少有,而人皆得长寿。但观我国人多菜色,瘦骨嶙峋。究其缘由,盖不喝茶也。是故凡人又精神不济者,当思饮茶。茶饮令心律齐而百病除矣",由此开始了茶树在日本的种植。

4. 明

公元1578年,明代医学家李时珍完成了药学巨著《本草纲目》,记载茶的性味"苦、甘、微寒、无毒。功效如下:治瘘疮,利小便,去痰热,止渴,令人少睡,有力,悦志;下气消食,破热气,除瘴气,利大小肠;清头目,治中风头昏、多睡不醒;治伤暑,合醋治泻痢,效果显著;炒煎饮,可治热毒痢疾;同川芎、葱白煎饮,可止头痛。"由此,茶有益于人体健康的认识日渐普遍。

随着饮茶经验的累积,明代典籍中已经有关于生活方式、饮食习惯和饮茶量的建议,认为饮茶不当会影响健康。《本草纲目》认为茶叶"无毒",但是也提醒,"若虚寒及血弱之人,饮之既久,则脾胃恶寒,元气暗损,土不制水,精血潜虚;成痰饮,成痞胀,成痿痹,成黄瘦,成呕逆,成洞泻,成腹痛,成疝瘕,种种内伤,此茶之害也。民生日用,蹈其弊者,往往皆是,而妇妪受害更多,习俗移人,自不觉尔"。明代许次纾《茶疏》中谈到"常饮则心肺清凉、烦郁顿释。多饮则微伤脾胃,或泄或寒"。此外,"人有嗜茶成癖者,时时咀啜不止,久而伤营伤精,血不华色,黄瘁痿弱,抱病不悔,尤可叹惋",这可能是因为过量饮茶刺激胃肠道导致不适。茶叶成分结合膳食中的铁,对于植物性饮食为主的人群而言,本身摄入血红素铁不足,更容易患缺铁性贫血,出现"血不华色"的情形。反之,《明史·食货志》记载,"番人嗜乳酪,不得茶,则困以病"。边疆民族大量摄入肉食和乳制品,需要饮茶帮助消化、解油腻,且不易贫血;茶中含有的多种微量营养素,还可以弥补当地人民饮食的营养缺陷。

5. 清

清代茶叶品类多元,茶性之间出现较大的差异。清代著名医家张璐《本经逢源》认为:"徽州松萝,专于化食。"清人赵学敏在《本草纲目拾遗》中说:"普洱茶性温味香";又说"普洱茶、茶膏能治百病,如肚胀、受寒,用姜汤发散,出汗即愈";湖南黑茶"性温味苦微甘,下膈气消滞去寒辟"。卓剑舟在《太姥山全志》中描述白茶"性寒凉,功同犀角,为麻疹圣药"。《本草纲目拾遗》中还提到,茶叶"饮之宜热,冷则聚痰",说明即便是同一种茶,不同的饮用方式也会导致体感的差异。

1.1.3 我国不同地域茶文化的差异

中国地大物博,幅员辽阔,有56个民族,每个民族都有自己的特色茶文化。由于历史传统、生活方式、文化习俗、气候条件等具有较大差异,不同地域、不同民族,饮茶种类、方式具有很大差异。

汉族是人口最多的民族,遍布我国各个省份,随着时间推移逐渐形成了区域特色的茶文化,由于汉族分布范围广,饮茶习惯受当地生活习惯和自然环境影响较大,六大茶类均有涉及,在各类茶书中广为记载。

云南是我国少数民族聚集区,也是茶的重要产地。云南的每个民族都有独特习俗,也形成了特殊的饮茶文化。例如,云南的布朗族擅于制作晒青毛茶和酸茶,有吃酸茶、喃咪茶,饮用青竹茶、土罐茶的习俗。其中,酸茶是将夏秋季茶叶用锅蒸或煮熟后,通风、干燥、自然发酵,再装入竹筒、埋入干燥地下厌氧发酵而成,具有促消化、解渴、提神、消除疲劳等功效,受当地居民喜爱。酸茶含有丰富的多酚、生物碱、有机酸,作为非物质文化遗产,已经开始走向市场。

拉祜族居住于云南省澜沧江流域海拔1000 m左右的亚热带地区。拉祜族的烤茶需要先在火塘上将土陶罐文火烤热,再放入适量茶叶抖烤,待茶色焦黄时,冲入开水煮茶,此外还有烧茶和响雷茶。

白族在上千年的种茶、采茶、制茶和饮茶历史进程中,形成了具有独特风格的"三道茶":一道烤茶,也是苦茶,是将晒青毛茶放在砂罐中烤煨,加开水后饮用;二道甜茶,茶中放有核桃仁、红糖及大理乳扇等配料,甜中带香,味道可口,带来"苦尽甘来甜更甜"的感受;三道回味茶,是在大理名茶"苍山雪绿"中加入蜂蜜、花椒、姜、桂皮和芝麻冲制而成,具有苦凉、香甜、麻辣风味,极具地方特色,也暗合数千年前西南地区古人用茶的习俗。"苍山雪绿"属云南大叶良种,色泽暗绿油润,味道醇而鲜爽,汤色清而明亮。

傣族源于古代南方的百越族群,生活在热带、亚热带气候的肥沃富饶的坝子,饮茶以"竹筒茶"闻名。傣族竹筒茶属于紧压茶类。制作竹筒茶,需将茶鲜叶在铁锅内杀青、竹席上揉捻,再装入竹筒,用木棒舂实、压紧,最后用青叶堵住竹筒,放置于烘茶架上烘烤;待竹筒变为焦黄色、筒内茶叶全部烤干时,剖开竹筒,即成竹筒香茶。也可以以晒青毛茶为原料,分几次放入新鲜竹筒,继而烘烤;水汽使晒青毛茶回软吸香,这时再把茶叶压紧。

各地苗族都有各具地方特色的茶叶制作和饮茶技艺。以普洱茶为基茶制作的"油茶"是湖南省城步苗族自治县较具特色的茶饮。其制作方式是将土茶罐放在火塘边的炭火中烤热,放入一坨腊猪油烧化,再放入普洱茶和一小撮大米,连续翻炒,直到炒黄、散发出浓浓的烤茶香气,便注入事先准备好的开水,再放入适量盐,文火缓烤,直到水涨溢出茶罐,即可倒入茶杯饮用。当地人一般早上饮用,有提神醒脑的作用。

西北地区和青藏高原也是少数民族居住的主要地区，这些区域非茶产区，因而主要通过贸易获得茶叶。砖茶是蒙古族、藏族等民族的共同选择，与其易于保存运输以及当地多食肉奶的饮食习惯密不可分。砖茶有助于化解油腻、消胀通气，但不同民族习惯饮用的砖茶种类存在差异。例如，西藏地区的藏族民众多喜欢云南的普洱茶、四川的康砖茶，内蒙古的锡林郭勒盟和伊克昭盟喜欢青砖，乌兰察布和巴彦淖尔一带喜欢黑砖，而青海、新疆、甘肃、宁夏则以茯砖茶为主。西藏谚语云："宁可三日无肉，不可一日无茶""腥肉之食，非茶不消；青稞之热，非茶不解"。对于藏族人民来说，茶不仅是日常生活的必需品，更是高原生存的必备条件。黑茶解腻促消化，与流行地区的饮食习俗相匹配。

蒙古族居住于蒙古高原，其饮茶史可以追溯至元代。蒙古族茶文化中的"茶"多指奶茶，茶叶主要为青砖茶，又称洞茶，由湖北赵李桥茶厂生产，原料为湖北南部山区老青茶，因茶面上印有"川"字标记，蒙古族也称之为川字茶。蒙古族的饮茶习俗借鉴吐蕃王国，即从藏族的酥油茶演变而来。除了解腻促消化，饮茶还有驱寒之用。

西北回族禁酒而尚茶，认为茶能给人一种道德的修炼，使人宁静。由于饮食和气候原因，回族人民普遍喜欢喝茶，其中最具特色的当数"盖碗八宝茶"，俗称"三泡台"。八宝茶起源于盛唐时期的丝绸之路，由贸易往来的商人用各色果干及当地特产制成，用于解乏除困，之后逐渐演变成迎宾待客的必备饮品。八宝为绿茶、菊花、冰糖、红枣、桂圆、枸杞、芝麻、葡萄干。八味入碗，沸水冲泡，放入碟中，送呈客人。

新疆通过丝绸之路获得茶叶。天山山脉横亘新疆中部，导致南疆北疆气候差异较大，饮茶习惯也稍有不同。北疆以畜牧业为主，饮茶时常加以牛奶，以馕佐食，每日需"二茶一饭"；此外，根据地区不同，还有饮用奶茶、香茶、葡萄茶等风俗。伊犁地区饮毕奶茶，还会将壶底的茶渣和奶皮一同嚼食。南疆以农业为主，饮茶时习惯加入香料，制成"香茶"。南疆由于盛产葡萄，还在新鲜葡萄汁中加入茯砖茶和玉米粒发酵制成"葡萄茶"。

从南到北，由东到西，饮茶文化与当地的风土人情、历史变迁和地理环境有着密不可分的关系。随着时代发展，交通物流日益发达，饮茶文化的交流和融合也日益频繁。人们可以根据自身喜好和健康状态选择合适的茶种，健康意识的增强也使越来越多的人对茶的追求从单纯的口味上升为健康作用。未来随着对不同茶叶种类研究的深入，具有地域特色的茶文化将会传播得越来越广，甚至衍生融合出新的饮茶方式和文化。

（田易萍，陈　玫）

1.2　我国茶的分类及品质特征

1.2.1　我国茶的分类标准

根据茶叶加工工艺和品质特征，将茶叶分为红茶（传统红茶、红碎茶、工夫红茶、小种红茶）、绿茶（炒青、烘青、晒青、蒸青、碎绿茶、抹茶）、黄茶（芽型、芽叶型）、白茶（芽型、芽叶型）、青茶（乌龙茶）、黑茶（普洱熟茶、其他黑茶）六大类。2023年4月，我国六大茶类分类体系正式上升为《茶叶分类》（ISO 20715：2023）国际标准，这是目前首个关于茶叶分类的国际标准，标志着我国六大茶类的分类体系正式升级为国际共识。

目前的茶叶标准主要有《绿茶》（GB/T 14456）、《红茶》（GB/T 13738）等国家标准，以及《地理标志产品　霍山黄芽》（DB34/T 319—2012）等地方标准。由于传统工艺多元复杂，我国现有茶叶标准以产地及加工技术要求为主，尚未形成以品质特征为导向的标准，无法有效满足高端茶的生产发展与市场消费需求，一定程度上制约了我国茶叶制品在现代国际贸易渠道、高端渠道的科学定价及推广。2023年，中茶六山（凤庆）茶叶有限公司联合中粮营养健康研究院、中茶科技（北京）有限公司、中国农业科学院茶叶研究所、云南省农业科学院茶叶研究所等机构，制定《甜花香型大叶种工夫红茶》（T/CSTM 01248—2024）团体标准，旨在引导滇红等大叶种工夫红茶产品以感官品质为导向实施分级分类。中茶公司与中粮营养健康研究院在研究加工工艺时发现，富集甜花香的工艺也伴随着对茶黄素的富集。随着健康需求的增加，行业也探索了健康导向的茶叶标准。例如，农业部《富硒茶》（NY/T 600—2002）规定，在富硒土壤上生长的茶树新梢的芽、叶、嫩茎经过加工制成，可供直接饮用，含硒量为0.25~4.00 mg/kg的茶叶为富硒茶。

1.2.2　茶叶分类代表

1. 绿茶

绿茶是所有茶类中含儿茶素最高的类型。按照杀青和干燥方式不同，绿茶可分为炒青绿茶、烘青绿茶、晒青绿茶和蒸青绿茶。每类绿茶都有自己独特的品质特征。

炒青绿茶在干燥中由于受到机械或手工力的作用不同，形成长条形、圆珠形、扁形、针形、螺形等不同的形状，所以炒青绿茶分为长炒青、圆炒青、扁炒青、卷曲形炒青等。炒青绿茶代表性品种包括西湖龙井、碧螺春、信阳毛尖、南京雨花茶等。

烘青绿茶的毛茶经精制后大部分作窨制花茶的茶坯，香气一般不及炒青高。烘青花茶的外形与原来所用的茶坯基本相同，其主要特征为香气鲜灵浓郁，因所用鲜花不同而有明显差异，如茉莉、白兰、玳玳、珠兰、柚子等。窨花后滋味通常由鲜醇变为浓厚鲜爽，涩味减轻而苦味略增。特种烘青主要有黄山毛峰、太平猴魁、六安瓜片、遵义毛峰、天山绿茶、顾诸紫笋、江山绿牡丹、峨眉毛峰、覃塘毛尖、金水翠峰、峡州碧峰、南糯白毫等，品质较好。

晒青绿茶以云南大叶种的品质最好，称为"滇青"，其他还有川青、黔青、桂青、鄂青等。原料粗老的晒青绿茶称为老青毛茶，其内含物较为丰富，是渥堆发酵制备为黑茶的主要原料。晒青绿茶大部分就地销售，部分再加工成压制茶后内销、边销或侨销。在再加工过程中，未经过渥堆发酵工序进行压制的沱茶、饼茶等仍属绿茶，其品质随陈化时间的延长而发生转化。经过渥堆发酵的青砖茶、普洱七子饼茶等属于黑茶类。晒青绿茶主要包括滇青毛茶、老青毛茶、晒青茶压制茶、沱茶、饼茶等。

蒸青绿茶采用蒸汽杀青，这是我国古代制茶使用的杀青方法。蒸青利用高温蒸汽来破坏鲜叶中的酶活力，因此形成干茶色泽深绿、茶汤浅绿和叶底青绿的"三绿"品质特征，但香气较闷带青气，涩味也较重，不及锅炒杀青的绿茶鲜爽。蒸青绿茶有遮阴和不遮阴的区别。遮阴茶通常在春茶开采前15～20天搭阴棚，遮断日光直射，使茶芽在间接阳光的条件下生长，以降低多酚类化合物的生成，增加叶绿素和蛋白质的含量，保持茶芽嫩度，使色泽更为绿翠，如日本玉露茶、碾茶等。不遮阴茶除日本生产的煎茶、玉绿茶、番茶等外，俄罗斯、印度、斯里兰卡等国家也都有生产。色泽虽较绿翠，但香味都较覆盖鲜叶制成的差。我国的蒸青绿茶主要包括湖北的恩施玉露，以及产于浙江、福建和安徽三省的中国煎茶。

2. 红茶

红茶在初制时，鲜叶先经萎凋，减重30%～45%，增强酶活力，然后再经揉捻或揉切，发酵和烘干，形成红茶红汤、红叶香味甜醇的品质特征。茶叶经发酵制成红茶后，一部分茶多酚经过氧化转变为茶色素，包括茶黄素、茶红素和茶褐素。红茶有红条茶和红碎茶之分。红条茶（即小种红茶和工夫红茶）的滋味要求醇厚带甜，发酵较充分，多酚类保留量不到50%。红碎茶品质要求汤味浓、强、鲜，发酵程度偏轻，多酚类保留量为50%～65%。

小种红茶是我国福建省特产，由于采用松柴明火加温萎凋和干燥，干茶带有浓烈的松烟香。小种红茶以崇安县星村桐木关所产的品质最佳，称"正山小种"或"星村小种"。福安、政和等县仿制的称"人工小种"或"烟小种"。

工夫红茶是我国独特的传统产品，因初制揉捻工序特别注意条索的紧结完整，精制时颇费工夫而得名。因产地、茶树品种等不同，品质也有差异，可分为滇红、祁红、川红、宜红、宁红、闽红、遵义红、英德红等。等级较高的红茶通常有较为明显的花香；其中滇红、英德红采用大叶种茶制备，其花香特征尤为明显。

红碎茶在初制时经过充分揉切，细胞破坏率高，有利于多酚类酶性氧化和冲泡，形成香气高锐持久，滋味浓强鲜爽，加牛乳白糖后仍有较强茶味的品质特征。因揉切方法不同，分为传统红碎茶、C.T.C.（即压碎、撕裂、揉卷）红碎茶、转子（洛托凡）红碎茶、L.T.P（即劳瑞式锤击机）红碎茶和不萎凋红碎茶五种。各种红碎茶又因叶形不同分为叶茶、碎茶、片茶和末茶四类，都有比较明显的品质特征。此外，因产地、品种等不同，品质特征也有很大差异。

3. 青茶（乌龙茶）

青茶的另一个名称是"乌龙茶"。乌龙茶属于半发酵茶，也是我国特有的茶叶品种之一，产于台湾、福建、广东等地，乌龙茶主要分为闽北乌龙茶、闽南乌龙茶、广东乌龙茶和台湾乌龙茶四大类。

闽南乌龙茶做青时发酵程度较轻，揉捻较重，干燥过程中有包揉工序。闽南乌龙茶的一般品质特征为外形颗粒紧结重实，呈青蒂绿腹蜻蜓头，色泽油润，稍带砂绿，香气浓郁清长，汤色橙黄清亮，滋味醇厚回甘，叶底柔软具红边。闽南乌龙茶按茶树品种分为铁观音、乌龙、色种。色种不是单一的品种，而是由不同茶树品种的鲜叶混合制成的卷曲形乌龙茶。这些品种主要包括本山茶、毛蟹茶、奇兰、梅占、桃仁、佛手、黄木炎等。

闽北乌龙茶做青时发酵程度较重，揉捻时无包揉工序，因而条索状结弯曲，干茶色泽较乌润，香气为熟香型，汤色橙黄明亮，叶底三红七绿，红镶边明显，产地包括崇安（除武夷山外）、建瓯、建阳、水吉等地。闽北乌龙茶根据产地不同可分为闽北水仙、闽北乌龙、武夷水仙、武夷肉桂、武夷奇种等；根据品种不同可分为乌龙、梅占、观音、雪梨、奇兰、佛手等。普通名枞有金柳条、金锁匙、千里香、不知春等；名岩名枞有大红袍、白鸡冠、水金龟、铁罗汉、半天夭等。其中武夷岩茶如武夷水仙、武夷肉桂等香味具有特殊的"岩韵"，是闽北乌龙茶中的极品。

广东乌龙茶产于粤东地区的潮安、饶平、丰顺、蕉岭、平远、揭东、揭西、普宁、澄海、梅州市大埔、东莞市。花色品种主要有水仙、浪菜、单枞、乌龙、色种等。主要产品有凤凰水仙、凤凰单枞、饶平色种、石古坪乌龙、大叶奇兰、兴宁奇兰等。以潮安的凤凰单枞和饶平的岭头单枞最为著名。

台湾乌龙茶源于福建，但是福建乌龙茶的制茶工艺传到台湾后有所改变，依据发酵程度和工艺流程的区别可分为轻发酵的文山型包种茶和冻顶型包种茶，重发酵的台湾乌龙茶。东方美人茶是台湾独有的名茶，是半发酵茶叶中发酵度较重的茶，其选用"茶小绿叶蝉"叮咬啃食过的茶树嫩叶为原料，成品带有熟果香和蜂蜜芬芳，风味独特。

4. 白茶

白茶要求鲜叶"三白"，即嫩芽及两片嫩叶满披白毫。初制过程虽不揉不炒，但由于处在长时间的萎凋和阴干过程，儿茶素较鲜叶总量约减少3/4。白茶的外形毫心肥壮，叶张肥嫩，叶态自然伸展，叶缘垂卷，芽叶连枝，毫心银白，叶色灰绿或铁青色，内质汤色黄亮明净，毫香显，滋味鲜醇，叶底嫩匀。

白茶按茶树品种分为大白、水仙白和小白三种，又可按芽叶嫩度分为银针白毫、白牡丹、贡眉和寿眉，各具不同的品质特征。

5. 黄茶

黄茶属轻发酵茶类，加工工艺近似绿茶，只是在干燥过程的前或后，增加一道"闷黄"的工艺，促使其多酚叶绿素等物质部分氧化。其加工方法近似于绿茶，制作过程为鲜叶杀青、揉捻、闷黄、干燥。黄茶的杀青、揉捻、干燥等工序均与绿茶制法相似，最重要的工序在于闷黄，这是形成黄茶特点的关键，主要做法是将杀青和揉捻后的茶叶用纸包好，或堆积后以湿布盖之，时间以几十分钟或几小时不等，促使茶坯在水热作用下进行非酶性的自动氧化，形成黄色。黄茶中的名茶有君山银针、蒙顶黄芽、莫干黄芽、北港毛尖、远安黄茶、霍山黄芽、沩江白毛尖、平阳黄汤、皖西黄大茶、广东大叶青、海马宫茶等。其中君山银针、蒙顶黄芽、莫干黄芽为黄芽茶；湖南的沩山毛尖和北港毛尖、湖北的远安鹿苑茶、浙江的平阳黄汤、皖西的黄小茶、贵州的海马宫茶都属于黄小茶；安徽霍山黄大茶和广东大叶青为黄大茶。

6. 黑茶

黑茶属于后发酵茶，是中国特有的茶类，生产历史悠久，产于云南、湖南、湖北、广西等地。黑茶中含有丰富的维生素和矿物质，另外还有蛋白质、氨基酸和糖类物质等。黑茶中的普洱茶历史悠久，是中国古老的茶之一。"香陈九畹芳兰气，品尽千年普洱情"描述了年份久远的普洱茶散发的陈香。

黑毛茶是指没有经过压制的黑茶，一般以一芽四五叶的鲜叶为原料，外形条粗叶阔，色泽黑褐油润，黑毛茶也是制备黑茶的原料。制作过程包括采摘、摊放、杀青、揉捻、渥堆、复揉和干燥等工序。篓装黑茶分为湖南湘尖、广西六堡茶和四川方包茶三种，因其产品用竹篓包装而得名。压制黑茶有湖南的黑砖茶、花砖茶和茯砖茶，四川的康砖茶、金尖等。压制晒青黑茶有湖北的青砖茶、云南的紧茶和圆茶等。压制黑茶是以黑毛茶为原料，而压制晒青黑茶则以晒青绿茶为原料。

（陈　玫）

1.3 茶叶中主要的功能性成分

1.3.1 概述

茶叶中最主要的功能性成分有茶多酚、L-茶氨酸、嘌呤生物碱、茶多糖、茶皂苷、茶蛋白等，它们在茶叶中的含量如表 1-1 所示。

表 1-1 茶叶中的主要功能性成分含量（李国武，2018；宛晓春，2003；Xiao et al.，2011）

功能成分	含量（占茶叶干重）	功能成分	含量（占茶叶干重）
茶多酚	18%～36%	茶多糖	0.4%～1.5%
L-茶氨酸	1%～2%	茶皂苷	4%～6%
嘌呤生物碱	3%～5%	茶蛋白	15%～30%

茶多酚是茶叶中多羟基酚类化合物的复合物，主要包括儿茶素及原花青素类、儿茶素氧化产物、儿茶素衍生物、花青素类、酚酸类、黄酮醇及黄酮醇苷类以及复杂多酚类（茶红素、茶褐素）等。其中，儿茶素类属于黄烷醇类化合物，是 2-苯基苯并吡喃的衍生物，约占茶多酚总量的 70%，是影响茶汤颜色及滋味的主要成分。原花青素类则是以儿茶素为基础单元，以 C—C 单键相连接的一类多酚化合物，参与茶汤涩味的形成。儿茶素氧化产物是儿茶素类物质经酶促或非酶促氧化生成的产物，如茶黄素类及其衍生物、聚酯型儿茶素等，是发酵茶的重要品质成分。儿茶素衍生物主要包括一些经结构修饰的儿茶素类物质，如黄烷生物碱、甲基化儿茶素、酰基化儿茶素等。花青素类是一类水溶性天然色素，可参与茶汤苦味形成，一般占茶叶干重的 0.01%左右。酚酸类是一类分子中含羧基和羟基的芳香族化合物，可参与茶汤鲜味、酸味的形成，约占茶叶干重的 5%。黄酮醇及黄酮醇苷类是茶叶中的一类黄色色素，基本结构为 2-苯基色原酮，占茶叶干重的 3%～4%，是茶汤呈色因子之一，同时也是茶汤涩味的重要贡献物质。L-茶氨酸是茶树中最主要的游离氨基酸，占茶叶干重的 1%～2%，也是茶汤鲜味的主要贡献物质。生物碱是一类重要的含氮有机化合物，在茶树中主要包括咖啡碱、茶碱、可可碱以及苦茶碱，其中以咖啡碱含量最高，占茶叶干重的 2%～4%，可可碱、茶碱分别占 0.05%和 0.002%左右，而苦茶碱主要存在于苦茶中。茶多糖是一类复合多糖，主要由糖类、蛋白质、矿质元素等组成，占茶叶干重的 0.4%～1.5%。茶皂苷是茶叶中的一类齐墩果烷型五环三萜类皂苷的混合物，通常存在于茶树的种子、叶、根和茎中，以种子中含量最多（4%～6%）。茶蛋白主要包括谷蛋

白、醇溶蛋白、清蛋白和球蛋白，是茶叶中一类不含固醇的植物蛋白，其含量为 15%～30%。

1.3.2 茶多酚

茶多酚类是一类存在于茶树中的多元酚混合物，占茶叶干重的 18%～36%（图 1-1）。作为茶叶中最重要的一类功能性成分，茶多酚的健康功效早已成为研究热点，如抗氧化、抗衰老、降血糖、降血脂、抗菌、杀菌、清除自由基、防辐射等（Shi et al，2023；Zhang et al.，2019；Zhang et al.，2021；Kochman et al.，2021）。

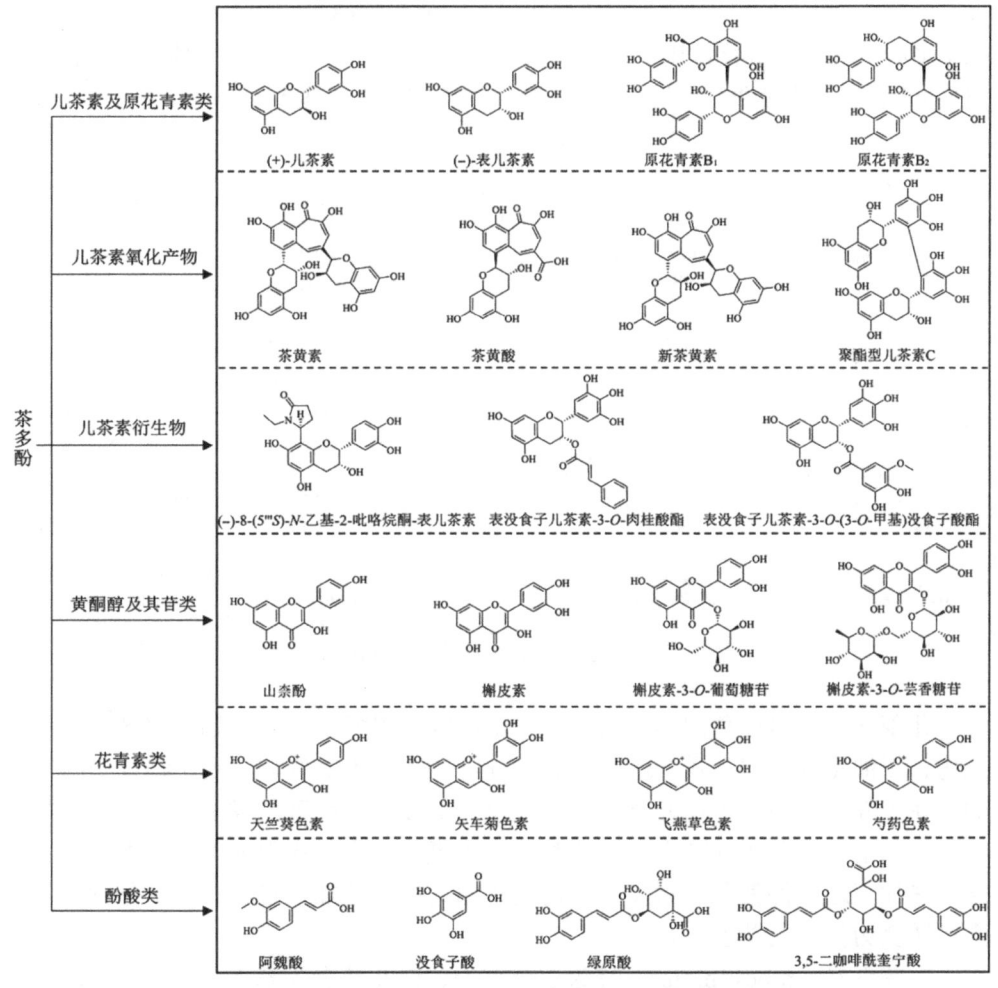

图 1-1　茶叶中主要的多酚类物质结构及分类

1. 儿茶素及原花青素类

儿茶素类（catechins）属于黄烷-3-醇类化合物，是茶叶中多酚类化合物的主体成分，其基本结构是 2-苯基苯并吡喃，占茶多酚总量的 70%，占茶叶干重的 12%～24%。儿茶素类化合物是茶树中主要的次生代谢产物，也是茶叶滋味品质和保健功效的重要成分。儿茶素可分为非酯型儿茶素和酯型儿茶素，其中，非酯型儿茶素主要包括（-）-表儿茶素[(-)-epicatechin，EC]及（-）-表没食子儿茶素[(-)-epigallocatechin，EGC]，而酯型儿茶素主要包括（-）-表儿茶素没食子酸酯[(-)-epicatechin gallate，ECG]及（-）-表没食子儿茶素没食子酸酯[(-)-epigallocatechin gallate，EGCG]。当儿茶素分子中存在两个不对称的碳原子，只有一个手性碳在构型上发生翻转变化时，这种现象称为差向异构作用。在茶树新梢中多酚氧化酶的催化作用下，儿茶素 B 环 C2 位置可发生差向立体异构化作用，但是 C3 位置却不能发生。目前，在茶叶中发现的儿茶素主要有以下 8 种（图 1-2）。

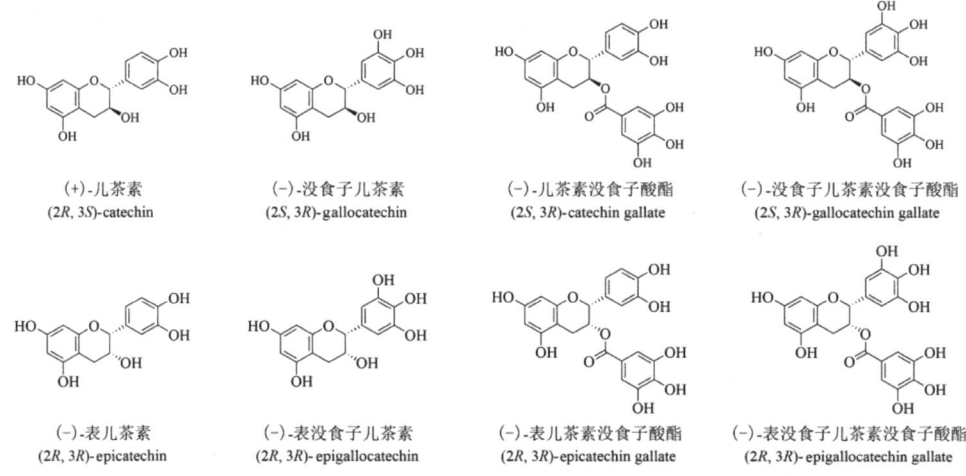

图 1-2 茶叶中主要的儿茶素

儿茶素外观呈白色固体，易溶于含水乙醇、甲醇、乙酸乙酯等溶剂，难溶于氯仿、石油醚等溶剂，在 225 nm 和 280 nm 处有最大吸收峰。由于结构中酚羟基的存在（邻位、对位），儿茶素易被氧化，如在制作红茶的发酵阶段，在多酚氧化酶作用下，没食子儿茶素可与儿茶素发生氧化缩合反应形成茶黄素类。除了氧化，热加工还可促使儿茶素发生异构化作用，如在热加工过程中一部分顺式儿茶素可转变为反式儿茶素。

原花青素（procyanidins）称为缩合单宁，以儿茶素为基本结构单元，以共价键连接而成，目前常见的原花青素有 A 型和 B 型两大类。A 型原花青素是通过儿茶素的 C2 和 C4 分别与另一个儿茶素 C7 上的羟基和 C8 连接而成；而 B 型原花青素主要是通过儿茶素的 C4 与另一个儿茶素的 C8 连接而成。其中，B 型原花青素是茶叶中主要存在的原花青素，如原花青素 B_2（表儿茶素二聚体）。此外，原花青素也是茶汤涩味贡献物之一。

2. 儿茶素氧化产物

在红茶发酵过程中，多酚氧化酶和过氧化物酶可催化儿茶素氧化形成多种产物，如茶黄素及其衍生物、聚酯型儿茶素等。

茶黄素是一类重要的儿茶素氧化产物，具有典型的苯并䓬酚酮结构，占红茶固形物的 1%～5%。茶黄素外观呈橙黄色的针状结晶，难溶于乙醚，不溶于氯仿和苯，易溶于水、甲醇、乙醇和乙酸乙酯，在 380 nm 与 460 nm 处有最大吸收峰。茶黄素是由邻苯二酚型儿茶素和连苯三酚型儿茶素氧化聚合形成，红茶中已发现多种茶黄素。红茶茶汤中主要有茶黄素、茶黄素-3-没食子酸酯、茶黄素-3'-没食子酸酯和茶黄素-3,3'-双没食子酸酯四种茶黄素（Bailey et al., 1991）。茶黄素对红茶品质的形成具有重要作用，其不仅是红茶汤色"亮"的主要成分，也是形成滋味鲜度和强度的重要成分及形成茶汤"金圈"的主要物质。此外，茶黄素也可与咖啡碱、茶红素形成络合物，参与红茶茶汤"冷后浑"的形成。除了茶黄素，在红茶加工过程中，还发现茶黄酸、异茶黄素、新茶黄素、甲基化茶黄素等茶黄素类衍生物，这些物质均含有典型的苯并䓬酚酮结构，虽然含量不高，但大多具有典型的颜色特征，可参与红茶汤色品质的形成。

除茶黄素外，红茶加工过程中还存在其他儿茶素氧化产物，聚酯型儿茶素就是另一类典型的儿茶素氧化产物，在商业红茶中含量为 1.0%～1.5%（Hashimoto et al., 1992）。这类聚酯型儿茶素的基本儿茶素单元还是以茶树鲜叶中的 EGCG、EGC、ECG、EC 为主。目前在发酵茶中发现多种聚酯型儿茶素，如 EGCG 二聚体（Theasinensin A、Theasinensin D），EGC 二聚体（Theasinensin C、Theasinensin E），EGCG 和 EGC 的二聚体（Theasinensin B），EGCG 和 ECG 的二聚体（Theasinensin F、Theasinensin G）等，这些聚酯型儿茶素主要是通过 C—C 共价键直接连接儿茶素之间的 B 环而形成。在 C—C 键连接时，两端芳香环旋转受阻，从而形成一对阻转异构体，因此 Theasinensin A 和 Theasinensin D，Theasinensin C 和 Theasinensin E，Theasinensin F 和 Theasinensin G 都分别是一对阻转异构体（徐斌等，2014）。

3. 儿茶素衍生物

在儿茶素的 A 环中，C6 和 C8 是活性碳原子（图 1-2），能与接受电子的化合物反应并产生多种 C6 或 C8 取代的儿茶素化合物，形成多种儿茶素衍生物，黄烷生物碱就是一类重要的儿茶素衍生物。黄烷生物碱通常指的是具有典型的类黄酮骨架，且骨架 A 环上的 C6 或/和 C8 位置被含 N 五元环取代的一类化合物（Cheng et al.，2018），而 N-乙基-2-吡咯烷酮取代的黄烷-3-醇（N-ethyl-2-pyrrolidinone-substituted flavan-3-ol，EPSF）就是一类代表性的黄烷生物碱。自 Tanaka（2005）首次从红茶中分离鉴定了 EPSF，国内外学者开始逐渐对此类物质进行深入研究。迄今为止，已有超过 28 种 EPSF 从不同的茶叶中被报道，虽然此类物质在茶叶中的含量较低，但由于其可作为一些茶类（如白茶）质量控制的标志化合物且具有一些较强的生物活性（抗炎、保护人体微血管内皮细胞）（Dai et al.，2018；Dai et al.，2020），便引起了人们的广泛关注。许多学者以儿茶素和 L-茶氨酸为底物，通过化学合成、热模拟反应、微生物模拟转化等体系，分离、纯化、鉴定了多种结构类型的 EPSF。这类化合物的基本结构特征是以儿茶素结构为母核，在其 A 环的 C6 或 C8 位连接一个或者 C6 和 C8 位同时连接 N-乙基吡咯烷酮基团。这类黄烷生物碱是茶叶在热作用下 L-茶氨酸通过美拉德反应形成的 Strecker 醛与儿茶素的 A 环进行亲核取代反应，形成的儿茶素与 L-茶氨酸的加合产物（Jiang et al.，2022）。由于这类化合物具有多个手性碳原子，所以存在平面结构相同、立体构型不同的多组对映体。

除了黄烷生物碱，其他 A 环取代的黄烷-3-醇，如酰基化黄烷-3-醇、甲基化黄烷-3-醇、羧基化黄烷-3-醇和羧甲基化黄烷-3-醇也已在黑茶中被鉴定出来。1987 年，Hashimoto 等从乌龙茶中分离得到 4 种新型酰基化黄烷-3-醇；1999 年，日本科学家 Sano 等从台湾冻顶乌龙茶中分离鉴定出 2 种新型甲基化黄烷-3-醇；2014 年，田立文等从乌龙茶中分离得到 3 种新型羧甲基化黄烷-3-醇和 1 种新型羧基化黄烷-3-醇。

4. 黄酮醇及黄酮醇苷类

黄酮类（flavones）也称花黄素，其基本结构是 2-苯基色原酮，而黄酮醇（flavonols）则是黄酮的 C3 位发生羟基化而形成的。茶叶中的黄酮醇多与糖结合形成黄酮醇苷类（flavonol glycosides）物质，它的组成主要包括黄酮醇苷元以及与之结合的糖基配体，其中，糖主要为葡萄糖、鼠李糖、半乳糖、芸香糖、木糖、阿拉伯糖等，由于连接的位置不同，形成的黄酮醇苷类物质种类丰富。迄今为止，在绿茶和发酵茶中鉴定出超过 50 种黄酮醇及其苷类。茶叶中的黄酮醇及其苷类占茶叶干重的 3%～4%，占总酚类物质的 13%左右。茶叶经加工后，各种黄酮醇苷的含量变化较大。江和源等对绿茶、红茶和乌龙茶中黄酮醇苷的含量进行测定后发现，绿茶中含量较多的是山柰酚苷类，而乌龙茶中含量较多的是槲皮素苷类和杨梅素苷类，红茶中含量较多的是槲皮素苷类，这可能与茶叶的加工工艺（发酵程度）有关（Jiang et al.，2015）。

黄酮及黄酮醇类物质多为亮黄色结晶，一般难溶于水，较易溶于甲醇、冰醋酸等有机溶剂。黄酮醇与糖基结合后，生成的黄酮醇苷类物质极性增强，在水中的溶解度增大，因此难溶和不溶于苯、氯仿等有机溶剂。对于茶汤品质而言，黄酮醇苷是茶汤涩味和色泽的重要因子且涩味阈值极低，而在茶叶加工过程中，其易发生水解作用，生成黄酮或黄酮醇，这在一定程度上降低了茶汤的涩味（林杰等，2010）。

5. 花青素类

花青素（anthocyanidins）也称花色素，是一类基本结构为 2-苯基苯并吡喃阳离子的类黄酮化合物。由于 C3 位上带有羟基，常与一个或多个葡萄糖、半乳糖、阿拉伯糖、木糖、鼠李糖等合成花色苷，花色苷的种类与花青素结合的糖苷的种类、数量、结合位置相关。花青素易溶于水、醇类和稀酸、稀碱等极性溶液，难溶于氯仿、乙醚等非极性溶液，在 280 nm 和 520 nm 处有最大吸收峰。一般茶叶中的花青素约占干物质重量的 0.01%，而在芽叶呈紫红色的茶树品种中含量更高（罗海辉，2008）。云南所特有的茶树品种"紫娟"茶中花青素的含量可达 6.16%（李燕丽等，2016）。花青素存在多种异构体，在不同酸碱度的溶液中具有不同的颜色特征。当溶液呈酸性（pH<7）时，花青素呈红色；当溶液呈中性（pH=7～8）时，花青素呈紫色；而当溶液呈碱性（pH>11）时，花青素则呈蓝色。这些颜色变化与花青素分子结构在酸碱环境下的特定转变紧密相关。

6. 酚酸类

酚酸是一类分子中具有羧基和羟基的芳香族化合物，根据碳骨架的不同可以分为两类：苯甲酸类（C6-C1 结构，如没食子酸和原儿茶酸）、羟基肉桂酸类（C6-C3 结构，如对香豆酸和阿魏酸）。茶叶中的酚酸类物质多为白色结晶，易溶于水和含水乙醇，约占茶鲜叶干重的 5%。自 19 世纪中叶以来，在茶叶中已经发现了多种酚酸类物质，如没食子酸、对香豆酸、鞣花酸、咖啡酸、阿魏酸、间双没食子酸、绿原酸、异绿原酸、对香豆酸和茶没食子素等。奎宁酸是茶叶中一种主要的有机酸，不属于酚酸，但是可与羟基肉桂酸形成多种酚酸（酯化物），如绿原酸、隐绿原酸、新绿原酸、3, 5-二咖啡酰奎宁酸和 3, 4, 5-三咖啡酰奎宁酸等。对于茶叶品质而言，酚酸类物质具有滋味属性，可参与茶汤滋味形成。日本抹茶中，没食子酸和茶没食子素具有涩味属性，且涩味阈值分别为 0.2 mmol/L 和 0.09 mmol/L，同时两者对茶汤鲜味具有增强作用（Kaneko et al., 2006）。此外，绿原酸也具有涩味属性，对白茶滋味品质有重要贡献（Yang et al., 2018）。

7. 其他复杂多酚类

茶红素（thearubigins，TRs）是一类分子量差异极大的复杂红褐色酚性化合物，其分子量一般为 700～40000，甚至更大，占红茶干重的 6%～15%。茶红素外观呈棕红色，能溶于水。在红茶加工过程中，儿茶素经酶促氧化催化作用，最终聚合形成茶红素，但也涉及许多复杂的中间产物，这些中间产物能与氨基酸、核酸、蛋白质等物质发生偶联氧化形成茶红素（萧伟祥等，1997）。因此，茶红素作为一类复杂的聚合物，不仅包含儿茶素经酶促氧化和缩合反应所形成的化合物，同时也包含儿茶素氧化后与其他多种成分如多糖、蛋白质、核酸以及原花色素等通过偶联氧化形成的产物，这些复杂成分的共存，共同赋予了茶红素的独特属性和功能。自20世纪50年代Roberts提出茶红素这一概念，根据溶剂萃取法可将茶红素分为三部分：TRs SI（溶于乙酸乙酯）、TRs SIa（既溶于水又溶于乙醚）和TRs SII（溶于水）（Roberts et al., 1957；Roberts, 1958）。基于此，后续有许多学者尝试从多角度解析茶红素的结构：基质辅助激光解吸/电离飞行时间质谱分析表明，原花青素、聚酯型儿茶素和茶黄素可以聚合形成茶红素（Menet et al., 2004）；水解分析发现，苯并䓬酚酮和邻醌结构是茶红素的基本单元（Ozawa et al., 1996）。然而，尽管分离纯化技术不断发展，但由于茶红素结构的复杂性，多种技术的应用仍未能完全解析茶红素的结构及组成。在红茶中，茶红素还是红茶汤色的主体物质，可参与冷后浑的形成。此外，茶红素的含量与茶叶品质紧密有关，含量太高易使滋味淡薄，汤色变暗，反之则易使茶汤的红浓度不足。

茶褐素（theabrownin, TB）是一类复杂的非透析性高聚化合物，其能溶于水，但不溶于氯仿、乙酸乙酯和正丁醇等有机溶剂，分子质量一般在5~100 kDa。茶褐素呈深褐色，溶于水，不溶于氯仿、乙酸乙酯和正丁醇。茶褐素主要存在于黑茶中，尤其在普洱茶中含量最高，一般占干物质总量的7%~12%，也存在于红茶和乌龙茶中。迄今为止，茶褐素的确切化学结构尚不清楚，但有不少学者仍致力于对茶褐素结构及组成的解析。茶褐素是茯砖茶等黑茶中含量最高的茶色素，其结构中含有羟基、羧基、烷基和苯环类似物等（Wang et al., 2011）。彭春秀等采用居里点热裂解仪分析普洱茶茶褐素热解产物，推测普洱茶茶褐素的前体包括各种多酚、茶色素、生物碱、多糖、蛋白质和脂类（Peng et al., 2013）。此外，茶褐素也是红茶中的重要成分，占红茶干物质的4%~9%。茶褐素是导致红茶茶汤色泽偏暗以及滋味缺乏收敛性的关键因素之一，因此其含量与红茶品质呈负相关。此外，茶褐素在降血脂、降血糖、抗氧化和抗癌抗肿瘤等方面表现出良好的生理活性也已被报道（张云天等，2017）。

1.3.3 氨基酸

氨基酸是蛋白质的基本单位，是含有氨基（—NH$_2$）和羧基（—COOH）官能团的有机化合物。茶叶中已鉴定出26种氨基酸，涵盖了20种蛋白质氨基酸和6种非蛋白质氨基酸。其中，L-茶氨酸是最主要的非蛋白质氨基酸，广泛分布于茶树的各个部位，尤其富集在芽叶、嫩茎及幼根中，而在新梢芽叶中，茶氨酸的含量占游离氨基酸总量的 70%，茶鲜叶中 L-茶氨酸的含量通常在 1%～2%。L-茶氨酸的含量与多种因素有关，包括种植地点和种植方法、茶叶等级和品种以及收获时间。通常而言，生长在阴凉地区或阳光直射较少地区的茶叶含有较高水平的 L-茶氨酸。

1. L-茶氨酸

L-茶氨酸（theanine），化学系统命名为 N-乙基-γ-L-谷氨酰胺（N-ethyl-γ-L-glutamine），属于酰胺类化合物。L-茶氨酸是一种无色针状结晶固体，分子式为 $C_7H_{14}N_2O_3$，分子量为 174.2，熔点为 217～218℃（王锡洪等，2021）。L-茶氨酸极易溶于水，而不溶于无水乙醇和乙醚，其溶解性表现为随着温度的上升而增大。茶氨酸的分子结构中含有一个不对称碳原子，表明其理论上存在两种手性异构体，即 D-茶氨酸和 L-茶氨酸。其中，L-茶氨酸是较为常见的一种，其分子结构如图 1-3 所示。L-茶氨酸是由植物中的 L-谷氨酸生物合成的，因此在自然界中均以 L 型对映体形式存在，而人工合成的茶氨酸通常是 L 型和 D 型的外消旋混合物（Mu et al.，2015）。

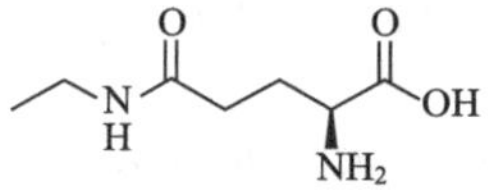

图 1-3　L-茶氨酸的结构式

L-茶氨酸是茶叶中的重要鲜味物质，其水溶液呈微酸性，具有类似味精的鲜爽味。L-茶氨酸能缓解茶的苦涩味，增强甜味，并产生明显的焦糖香气，有助于茶叶香气品质的形成。L-茶氨酸可参与 2,5-二甲基吡嗪的形成，而 2,5-二甲基吡嗪是乌龙茶中烘焙花生风味形成的关键物质（Guo et al.，2018）。此外，L-茶氨酸还可参与茶叶汤色品质的形成。从白茶中分离出两种具有颜色特征的 L-茶氨酸与 EGCG 的加合产物——N-乙基-2-吡咯烷酮取代的黄烷-3-醇可用于指示白茶的储藏过程（Dai et al.，2021）。

L-茶氨酸作为一种独特的氨基酸，在茶树的不同生长阶段呈现出特定的分布。在茶树幼苗中，L-茶氨酸主要存在于子叶、嫩芽以及根部，其生物合成过程依赖于两种关键原料：谷氨酸和乙胺，而在此过程中，L-茶氨酸合成酶起着关键的催化作用（图 1-4）。在成熟植物中，生物合成主要发生在根部，由一分子谷氨酸与一分子乙胺在 L-茶氨酸合成酶作用下合成 L-茶氨酸，并从根中通过韧皮部，经过茎转移到生长中的芽中，然后在发育中的叶片中积累。在叶子中，L-茶氨酸可以通过暴露在阳光和一定热量下并在 L-茶氨酸氨基水解酶的作用下水解成其母体成分（Vuong et al.，2021）。L-茶氨酸是参与氮素代谢的一种重要化合物，其合成和分解与茶树的呼吸代谢和某些物质的代谢有关，并与茶叶品质的形成和茶树碳、氮代谢的调节和控制有关。L-茶氨酸的生物合成途径如图1-4所示。

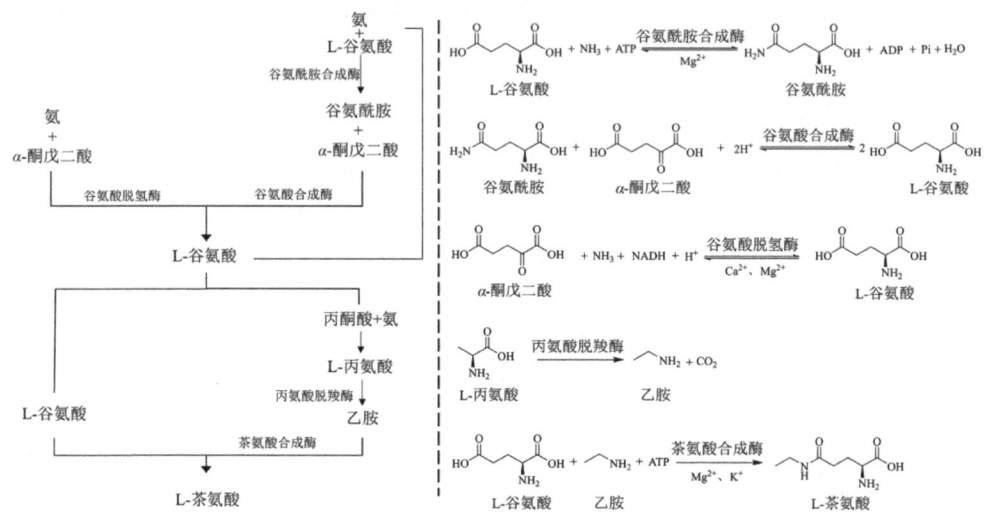

图1-4　L-茶氨酸的生物合成途径及主要的酶促反应（宛晓春，2003）

作为茶叶中的重要活性物质，大量研究表明L-茶氨酸具有多种功能活性，可以保护神经系统。此外，L-茶氨酸还具有抗抑郁、降血压、缓解疲劳、促进睡眠、延缓衰老、调节免疫力、抗肿瘤、提高学习能力和记忆力等多种功效（Mu et al.，2015；刘杉和李炜，2020）。

2. γ-氨基丁酸

γ-氨基丁酸（γ-aminobutyric acid，GABA）是茶叶中另一种代表性的非蛋白质氨基酸。GABA是一种四碳非蛋白质氨基酸，属于谷氨酸衍生物，分子式为$C_4H_9NO_2$，分子量为103.12。GABA外观为白色结晶或白色结晶粉末，极易溶于水，微溶于热乙醇，不溶于冷乙醇、乙醚和苯。L-谷氨酸是GABA合成的重要前体，经L-谷氨酸脱羧酶的催化脱羧形成GABA。GABA在茶叶中的含量较低，但当茶树在缺氧胁迫、冷害、热刺激、机械刺激、干旱、盐胁迫等多种逆境条件时，GABA含量均会升高（刘宗岸等，2008；Yu et al.，2020）。其中，缺氧对GABA含量具有显著影响，缺氧胁迫下的茶树，茶叶中的GABA含量迅速升高，最高可达正常值的8倍（Tsushida and Murai，1987）。因此，真空和氮气处理等措施常被用于提高茶叶中GABA的含量（周洁等，2020）。此外，GABA的健康功效也已被研究报道，如降血压、提高记忆力、抗焦虑、治疗癫痫、改善脂质代谢、防止动脉硬化、醒酒等（殷美华等，2013；沈强等，2023）。

1.3.4 生物碱

生物碱是指一类来源于生物界的含氮有机化合物,在植物界分布较广。在茶叶中,生物碱主要有两类:嘌呤类生物碱(嘌呤碱)和嘧啶类生物碱(嘧啶碱)。其中,嘌呤碱是茶叶中主要的生物碱,而嘧啶碱含量较少。茶叶中的嘌呤碱类物质在化学结构上具有共性,其核心是由嘧啶环和咪唑环相互稠合构成的嘌呤环骨架,这种独特的结构赋予了嘌呤碱一系列独特的生物活性。茶叶中的嘌呤碱主要有咖啡碱(caffeine)、可可碱(theobromine)、茶碱(theophylline)和苦茶碱(theacrine),化学结构如图 1-5 所示。

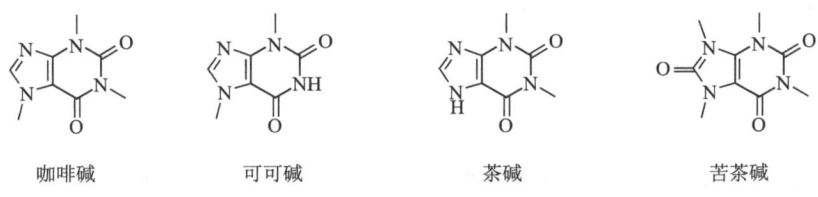

咖啡碱　　　可可碱　　　茶碱　　　苦茶碱

图 1-5　茶叶中主要的嘌呤碱

嘌呤环所带的基团及其位置有所差别,有带氨基的腺嘌呤和鸟嘌呤,或带甲基的嘌呤衍生物(主要有咖啡碱、可可碱和茶碱)。常规茶树品种中,嘌呤碱以咖啡碱为主,其次是可可碱,而茶碱相对含量占第三位。我国特有的茶树种质资源——苦茶(也称苦茶变种)中含有一种独特的嘌呤碱,即苦茶碱,是苦茶中的主要生物碱(秦丹丹等,2021)。1999 年,叶创兴等首次从苦茶中分离出苦茶碱,其占茶叶干物质的 1.29%。嘌呤碱为无色结晶,有苦味,在 272~274 nm 处有最大吸收峰。茶叶中的嘌呤碱可与大多数生物碱沉淀剂作用生成难溶于水的复盐或大分子络合物等。嘌呤碱是茶叶中主要的功能性成分之一,是茶汤苦味的最主要来源。

1. 咖啡碱

咖啡碱是茶叶中含量最多生物碱,化学式为 $C_8H_{10}N_4O_2$,外观呈白色针状结晶,失去结晶水后成为白色粉末,熔点为 235~238℃。咖啡碱能溶于水,易溶于 80℃以上热水,能溶于乙醇、丙酮,易溶于氯仿,较难溶于苯和乙醚。茶叶中咖啡碱的含量一般在 2%~4%,但茶树的生长条件及品种差异也是影响咖啡碱含量的重要因素。一般而言,遮光条件下栽培的茶树中咖啡碱的含量较高,细嫩茶叶比粗老茶叶含量高,夏茶比春茶含量高。因此,咖啡碱含量可以作为判断茶树鲜叶老嫩的依据之一。在红茶加工中,萎凋工序有利于其含量增加。咖啡碱也是茶叶中重要的滋味物质,其与茶黄素以氢键缔合后形成的复合物具有鲜爽味,对茶叶品质有重要贡献。作为茶叶中主要的生物碱,咖啡碱的兴奋中枢神经、助消化、利尿、松弛平滑肌等药理功能已被研究报道（杨巍，2006）。

2. 可可碱

可可碱，化学式为 $C_7H_8N_4O_2$，外观呈白色粉状结晶，略有苦味，熔点为357℃，加热至290～295℃时能升华，难溶于冷水、乙醇，能溶于沸水，几乎不溶于苯、乙醚及氯仿。可可碱是由 7-甲基黄嘌呤甲基化形成的，为茶碱的同分异构体，也是咖啡碱的重要合成前体。可可碱存在于茶树各部位，茶叶中的含量一般为0.05%，4～5 月含量最高，随后逐渐下降。可可碱是二甲基黄嘌呤衍生物，不但碱性很弱，还能溶解在氢氧化钠水溶液中生成钠盐，表现为两性化合物的性质。研究发现，可可碱具有兴奋中枢神经、保护神经、增强认知、抗炎、预防肾结石等功效（李金，2014）。

3. 茶碱

茶碱，化学式为 $C_7H_8N_4O_2$，外观呈白色粉状结晶，无臭，味苦，熔点为272～274℃，易溶于热水，微溶于冷水、乙醇、氯仿，难溶于苯，在茶叶中的含量约为0.002%。与可可碱相似，茶碱也属于二甲基黄嘌呤衍生物，碱性很弱。茶碱具有强心、利尿、兴奋中枢神经、扩张冠状动脉和松弛支气管平滑肌等功效（董金娅等，2023）。

4. 苦茶碱

苦茶碱，即 1, 3, 7, 9-四甲基尿酸，化学式为 $C_9H_{12}N_4O_3$，外观呈白色或灰白色固体，熔点为 226℃，微溶于甲醇、氯仿。作为一种在苦茶中发现的特殊嘌呤生物碱，苦茶碱的化学结构与咖啡碱相似，区别在于其结构比咖啡碱多一个甲基和一个酮基基团（秦丹丹等，2021）。与咖啡碱兴奋中枢神经的药理功效不同，苦茶碱却具有镇静安眠的功效（Xu et al.，2007）。此外，苦茶碱还具有保护肝脏、抗炎止痛以及抗抑郁等药理活性（龚频等，2017；龚频等，2019；胡惠华，2015）。

1.3.5 茶多糖

茶多糖（tea polysaccharide，TPS），也称茶活性多糖或茶叶多糖，是指茶叶中的一类具有生物活性的复合多糖，是一类结构复杂、具有生理活性的水溶性酸性不均一多糖，主要由氨基酸、单糖、蛋白质以及无机元素等组成，分子质量为1.2～3900 kDa（程利增等，2021）。在茶树的不同器官中，茶花多糖的分子量最大；而在不同茶类中，普洱茶多糖分子量最大，红茶多糖分子量最小。在茶多糖的结构单元中，目前研究发现茶多糖中主要含有 8 种单糖（葡萄糖、鼠李糖、阿拉伯糖、甘露糖、核糖、木糖、半乳糖和岩藻糖）和 2 种糖醛酸（半乳糖醛酸和葡萄糖醛酸），单糖之间通过多种糖苷键连接，如 1→2、1→3、1→4、1→6 等（Xiao et al.，2015；Zhou et al.，2020）。多种连接方式以及单糖分子中的多个羟基易被氨基、甲基、乙酰基等取代，均促成了茶多糖结构的复杂性。按照茶多糖中糖醛酸比率，茶多糖可以分为中性茶多糖和酸性茶多糖。中性茶多糖的总糖含量约为 82.7%，其中糖醛酸占 12.9%；而酸性茶多糖的总糖含量约为 85.5%，其中糖醛酸占 39.8%（Du et al.，2016）。茶多糖外观呈灰白色、浅黄色至灰褐色的固体粉末，随干燥时温度的升高，色泽加深。茶多糖主要为水溶性多糖，易溶于热水，但不溶于乙醇、丙酮、乙酸乙酯、正丁醇等有机溶剂。作为茶叶中一种重要的生理活性成分，茶多糖的生物活性和保健功效也不断被挖掘。研究表明，茶多糖具有降血糖、降血脂、抗肿瘤和免疫调节、减少脂肪和体重、治疗糖尿病、调节肠道菌群、抗疲劳、抗氧化等多种生物活性（Du et al.，2016；翁蔚等，2021；邓董华等，2023）。

茶叶中茶多糖的含量和结构受到多种因素的影响，如茶树品种、叶片成熟度、不同茶类和茶树器官等。茶叶中多糖含量与品种相关，并随着茶叶成熟度的增加而增加（Chen et al.，2016），且呈现黑茶＞绿茶＞红茶的规律（宋励修和秦建，2016）。茶叶多糖、茶花多糖和茶籽多糖的单糖有相似组成，均含有阿拉伯糖、鼠李糖、葡萄糖、半乳糖、木糖、半乳糖醛酸和葡萄糖醛酸，但茶花多糖中还含有甘露糖，茶叶多糖中还含有甘露糖和核糖（Wang et al.，2012）。

1. 绿茶多糖

陈小强等采用碱提取法从绿茶渣中分离得到了茶多糖 TPC-A，分子质量为 11.78 kDa，对其组分进行分析发现，多糖链主要由鼠李糖、岩藻糖、阿拉伯糖、木糖、甘露糖、葡萄糖、半乳糖组成，其蛋白质含量达 9.23%（Chen et al.，2019）。Park 等（2017）采用脱色、离心、透析、冷冻干燥、柱层析等技术从绿茶中分离得到三种茶多糖（GTE-I、GTE-II和GTE-III），并对茶多糖 GTE-II 研究发现，其分子质量为 9 kDa，主要由中性糖（鼠李糖、阿拉伯糖和半乳糖）和糖醛酸（半乳糖醛酸）组成，两者分别占 54.2%和 43.6%。

2. 普洱茶多糖

徐平等分别从陈化 1 年、3 年和 5 年的普洱茶中分离出 3 种茶多糖（PTPS-1、PTPS-3 和 PTPS-5），分析发现随着陈化时间的延长，茶多糖的产量和蛋白质含量显著增加，且茶多糖对 α-糖苷酶的抑制活性也逐渐增强（Xu et al.，2014）。汪明佳等从茯砖茶中分离得到一种茶多糖 FBTPS-3，其分子质量为 741 kDa，组成成分中碳水化合物及糖醛酸的分别占 44.78%和 40.4%，但并未检测到蛋白质与多酚（Wang et al.，2019）。

3. 红茶多糖

红茶多糖的分子质量（3.8～32.7 kDa）和乌龙茶多糖的分子质量（5.3～100.9 kDa）远低于绿茶多糖的分子质量（9.2～251.5 kDa），这与三种茶类的加工工艺，尤其是发酵程度有关（Chen et al.，2009）。吴涛等从红茶中分离出茶多糖，研究发现其组成主要包括中性糖、糖醛酸和蛋白质，三者分别占 54.77%、20.92% 和 16.54%（Wu et al.，2016）。

4. 乌龙茶多糖、白茶多糖

陈海霞等从乌龙茶中分离出一种茶多糖 OTPS，其成分主要包括中性糖（26.67%）、糖醛酸（40.65%）和蛋白质（19.59%），中性糖由鼠李糖、阿拉伯糖、半乳糖和葡萄糖组成，分子质量为 1280 kDa（Chen et al.，2009）。郑德勇等（2010）以白茶为原料，提取出一种分子质量为 1453～1468 Da 的特殊多糖，由鼠李糖、阿拉伯糖、葡萄糖和半乳糖等八个单糖分子组成，单糖分子通过苷键紧密连接，形成了稳定的多糖结构，然而从中并未发现氨基酸或其他酸性基团的存在。

1.3.6 其他功能性成分

1. 茶皂苷

皂苷是由糖链通过碳氧键与三萜类、甾体或甾体生物碱相连接而形成的代谢产物。茶皂苷，也称茶皂素，是一种齐墩果烷型皂苷，属于五环三萜类，其结构主要由三个重要部分组成：亲水基（糖体）、疏水基（有机酸）和皂苷元。其中，糖体部分主要包括葡萄糖醛酸、阿拉伯糖、木糖和半乳糖，这些糖体通过特定的苷键与配基环上的羟基相连。而有机酸则包括当归酸、惕格酸、乙酸和肉桂酸等，主要与环上的羟基形成酯（Sagesaka et al.，1994）。茶皂苷的配基是 β-香树素衍生物，目前已经分离出 7 种皂苷元配基。由于皂苷元配基的不同，糖体、有机酸的连接方式和顺序的不同，茶皂苷的结构呈现多样性。在茶叶中，茶皂苷的存在部位不同，其配基也有所不同，因此茶皂苷的理化性质也存在差异。目前已从茶树的不同组织中分离鉴定出 100 多种皂苷，其中大部分种类的皂苷存在于茶籽中（Chen et al.，2018）。

纯茶皂苷外观呈乳白色或淡黄色无定形粉末，分子式为 $C_{57}H_{90}O_{26}$，熔点为 224℃。茶皂苷极性较大，易溶于含水甲醇、含水乙醇及冰醋酸等溶剂，难溶于无水甲醇、乙醇，不溶于丙酮、石油醚和乙醚等有机溶剂（杜金婷等，2021）。茶皂苷结构中存在 α、β-不饱和共轭双键，因此在紫外光谱中显示出在 215 nm 波长处有最大吸收峰，这一特征可用于茶皂苷的结构鉴定。此外，茶皂苷与香草醛-浓硫酸之间的显色反应也是其特有的化学性质，该反应在 545 nm 波长处有特征吸收峰,这对于茶皂苷的定量测定具有重要作用。

作为次生代谢物,茶皂苷的含量随茶树生理阶段的变化而变化。在成熟过程中,油茶种子中茶皂苷含量先增加后减少,在成熟后期趋于稳定,其在种子各部位的分布为果仁＞果壳＞种壳(李好等,2013)。而对于茶树的生长阶段而言,研究发现,随着树龄的增加,茶树叶片中茶皂苷的含量随之增加,在15年左右达到最大值(闫荣玲等,2015)。此外,茶树的品种差异及其生长环境的多变性对茶皂苷的种类具有显著影响。不仅如此,即便是同一棵茶树的不同部位,茶皂苷的结构也会表现出显著差异性,这种差异性主要源于茶皂苷配基、糖体及组合方式的多样性。

茶皂苷具有多种生物活性,可广泛应用于多个领域。如基于其抗菌活性,茶皂苷可用于研发绿色环保抗菌剂(Cheok et al.,2014);基于其促进植物吸收污染物的活性,可用于研发土壤净化剂(Yu and He,2018);基于其肠胃保护、降血脂等活性,可用于研制安全高效的合成替代药物以治疗疾病(刘渝港等,2020)。

2. 茶蛋白

茶蛋白(tea protein),即茶叶中蛋白质的统称,占茶叶干重的15%~30%,根据化学性质及组成成分的不同,可分为单纯蛋白和结合蛋白。其中,单纯蛋白是茶蛋白的主要成分,包括非水溶性的谷蛋白、醇溶蛋白、球蛋白以及水溶性的清蛋白等四类,而结合蛋白含量甚微,且均为非水溶性蛋白,包括核蛋白、糖蛋白、脂蛋白、色蛋白等(顾谦等,2002)。茶蛋白绝大部分不溶于水,只有1%~2%能溶于水,且在茶叶加工过程中,茶蛋白受到多种因素的影响,会发生变性凝固,使得部分蛋白的水溶性进一步降低。茶蛋白中含有丰富的氨基酸,如谷氨酸、丙氨酸、天冬氨酸、丝氨酸等含量较高,这对于人体补充必需氨基酸来说具有重要营养价值。李娟(2006)研究了茶蛋白中氨基酸的组成,发现茶蛋白的氨基酸组成丰富,但并未检测到蛋氨酸和色氨酸。除了氨基酸组成,茶蛋白优良的理化性质也被挖掘出来。王忠英(2006)通过对比茶蛋白与大豆分离蛋白的多种性质发现,茶蛋白的乳化性、吸油性及稳定性更佳。作为茶叶中的功能性成分之一,茶蛋白也具有一定的保健功效,如抗辐射突变、抗氧化、降血脂、清除自由基、抗凝血等(王威威等,2022;郑天芝,2018)。

(赖国平,张 梁)

本章责任人:王黎明

参 考 文 献

程利增, 朱将雄, 周慧, 等. 2021. 茶多糖提取纯化、结构活性及应用研究进展[J]. 中国茶叶, 43(8): 7-15.

邓董华, 王悦, 吴苗苗. 2023. 茶多糖的提取方法、生物学功能以及在畜禽生产中的应用[J]. 动物营养学报, 35(12): 7605-7616.

董金娅, 何小芳, 杜晓翠, 等. 2023. 茶碱和可可碱对高脂饮食小鼠体质量和胰岛素抵抗的影响[J]. 食品研究与开发, 44(16): 68-75.

杜金婷, 李雁, 张雁, 等. 2021. 茶皂素提取纯化技术及生物活性研究进展[J]. 广东农业科学, 48(3): 167-176.

高晨曦, 孙威江, 任春凤, 等. 2024. 茶行业标准体系建设状况分析[J]. 中国茶叶, 46(6): 25-32.

龚频, 马逢乐, 何蓉蓉, 等. 2017. 云南苦茶提取物对镉致小鼠肝脏损伤的保护作用[J]. 陕西科技大学学报(自然科学版), 35(1): 134-138.

龚频, 杨倩, 何蓉蓉, 等. 2019. 四甲基尿酸对镉致小鼠肾脏损伤的保护作用[J]. 现代食品科技, 35(11): 1-6, 24.

顾谦, 陆锦时, 叶宝存. 2002. 茶叶化学[M]. 合肥: 中国科学技术大学出版社.

胡惠华. 2015. Theacrine 对水浸拘束应激负荷小鼠海马神经元增殖的影响及机制研究[D]. 广州: 暨南大学.

李国武. 2018. 茶叶籽茶皂素高效制备及体外抗癌活性研究[D]. 长沙: 湖南农业大学.

李好, 方学智, 钟海雁, 等. 2013. 油茶果成熟过程茶皂素含量分布状况[J]. 粮食与油脂, 26(9): 24-26.

李金. 2014. 茶树咖啡碱与可可碱含量、关键酶基因表达量及 cSNP 相关性分析[D]. 合肥: 安徽农业大学.

李娟. 2006. 非水溶性茶叶蛋白质提取及理化性质研究[D]. 乌鲁木齐: 新疆农业大学.

李燕丽, 罗琼仙, 关文玉, 等. 2016. '紫娟'茶花色苷的类型、组成及其质量分数的季节性变化[J]. 西南大学学报(自然科学版), 38(6): 1-6.

林杰, 段玲靓, 吴春燕, 等. 2010. 茶叶中的黄酮醇类物质及对感官品质的影响[J]. 茶叶, 36(1): 14-18.

刘杉, 李炜. 2020. L-茶氨酸药理作用的研究进展[J]. 神经药理学报, 10(2): 24-32.

刘渝港, 丁泽敏, 夏会平, 等. 2020. 茶皂素分离纯化及其在医药食品领域中的研究进展[J]. 中国粮油学报, 35(4): 195-202.

刘宗岸, 毛志方, 李强, 等. 2008. 茶叶中 γ-氨基丁酸富集方法的研究进展[J]. 中国茶叶加工, (2): 14-16.

罗海辉. 2008. 茶叶中黄酮类物质的色谱分析及相关性质研究[D]. 长沙: 湖南农业大学.

秦丹丹, 王秋霜, 李红建, 等. 2021. 苦茶及其特异性成分苦茶碱研究进展[J]. 食品科学, 42(13): 353-359.

沈强, 罗金龙, 张小琴, 等. 2023. 茶叶中 γ-氨基丁酸的形成机理及应用研究进展[J]. 贵茶, (1): 11-16.

宋励修, 秦建. 2016. 茶叶中茶多糖含量的比较分析[J]. 安徽农业科学, 44(23): 35-36, 71.

宋晓晓. 2014. 《茶叶分类》国家标准开始实施[J]. 质量探索, 11(11): 26.
宛晓春. 2003. 茶叶生物化学[M]. 3版. 北京: 中国农业出版社.
王水金. 2022. 浅析团体标准应用背景下紧压茶的发展[J]. 福建热作科技, 47(1): 70-72.
王威威, 昝丽霞, 张文夷, 等. 2022. 茶蛋白的提取方法及生物活性研究进展[J]. 农业技术与装备, (1): 102-104.
王锡洪, 梁慧玲, 毛斌瑀, 等. 2021. 茶氨酸的开发利用现状与展望[J]. 中国茶叶, 43(3): 6-10.
王忠英. 2006. 茶叶中蛋白的提取及理化性质的研究[D]. 杭州: 浙江工商大学.
翁蔚, 李书魁, 张琴梅, 等. 2021. 茶多糖的组成与保健功效研究进展[J]. 中华中医药杂志, 36(12): 7261-7264.
吴发辉. 2019. 基于HIS模型的茶叶分类技术研究[J]. 绥化学院学报, 39(6): 154-157.
萧伟祥, 钟瑾, 萧慧, 等. 1997. 茶红色素形成机理和制取[J]. 茶叶科学, (1): 3-10.
徐斌, 薛金金, 江和源, 等. 2014. 茶叶中聚酯型儿茶素研究进展[J]. 茶叶科学, 34(4): 315-323.
闫荣玲, 廖阳, 陈颖, 等. 2015. 油茶叶片中茶皂素和黄酮含量动态变化规律[J]. 河南农业科学, 44(1): 33-36.
杨巍. 2006. 咖啡碱的药理作用与开发利用前景[J]. 茶叶科学技术, (4): 9-11.
叶创兴, 林永成, 苏建业, 等. 1999. 苦茶 Camellia assamica var kucha Chang et Wang 的嘌呤生物碱[J]. 中山大学学报(自然科学版), (5): 82-86.
佚名. 2023. 茶叶分类ISO国际标准正式公布[J]. 茶业通报, 45(2): 64.
殷美华, 陈孝权, 赵亚华, 等. 2013. 茶叶中 γ-氨基丁酸的功效及含量测定研究进展[J]. 安徽农业科学, 41(21): 9063-9064.
尹祎. 2020. 《中国茶叶标准化工作》系列讲座之一 茶叶标准的分类及其标准体系[J]. 中国茶叶加工, (1): 68-70.
张云天, 姚晓玲, 鲁江, 等. 2017. 黑茶茶褐素的研究现状及进展[J]. 食品工业科技, 38(11): 395-399.
郑德勇, 杨江帆, 潘晓云, 等. 2010. 白茶多糖的提取与结构初探[J]. 茶叶科学, 30(S1): 551-555.
郑天芝. 2018. 茶渣多肽的制备及其活性研究[D]. 广州: 华南农业大学.
周洁, 范静怡, 周倩倩, 等. 2020. 茶叶中 γ-氨基丁酸的研究进展[J]. 河南农业, (10): 11-12.
Bailey R G, Nursten H E, Mcdowell I. 1991. Comparative study of the reversed-phase high-performance liquid chromatography of black tea liquors with special reference to the thearubigins[J]. Journal of Chromatography A, 542: 115-128.
Chen G J, Yuan Q X, Saeeduddin M, et al. 2016. Recent advances in tea polysaccharides: Extraction, purification, physicochemical characterization and bioactivities[J]. Carbohydrate Polymers, 153: 663-678.
Chen H X, Qu Z S, Fu L L, et al. 2009. Physicochemical properties and antioxidant capacity of 3 polysaccharides from Green Tea, Oolong Tea, and Black Tea[J]. Journal of Food Science, 74(6): C469-C474.
Chen H X, Wang Z S, Qu Z S, et al. 2009. Physicochemical characterization and antioxidant activity of a polysaccharide isolated from oolong tea[J]. European Food Research and Technology, 229(4): 629-635.

Chen X Q, Han Y, Meng H, et al. 2019. Characteristics of the emulsion stabilized by polysaccharide conjugates alkali-extracted from green tea residue and its protective effect on catechins[J]. Industrial Crops and Products, 140: 111611.

Chen Y Y, Zhou Y, Zeng L T, et al. 2018. Occurrence of functional molecules in the flowers of tea (*Camellia sinensis*) plants: Evidence for a second resource[J]. Molecules, 23(4): 790.

Cheng J, Wu F H, Wang P, et al. 2018. Flavoalkaloids with a pyrrolidinone ring from Chinese ancient cultivated tea Xi-Gui[J]. Journal of Agricultural and Food Chemistry, 66(30): 7948-7957.

Cheok C Y, Salman H A K, Sulaiman R. 2014. Extraction and quantification of saponins: A review[J]. Food Research International, 59: 16-40.

Dai W D, Lou N, Xie D C, et al. 2020. N-ethyl-2-pyrrolidinone-substituted flavan-3-ols with anti-inflammatory activity in lipopolysaccharide-stimulated macrophages are storage-related marker compounds for green tea[J]. Journal of Agricultural and Food Chemistry, 68(43): 12164-12172.

Dai W D, Ramos Jerz M, Xie D C, et al. 2021. Isolation of N-ethyl-2-pyrrolidinone-substituted flavanols from white tea using centrifugal countercurrent chromatography off-line ESI-MS profiling and semi-preparative liquid chromatography[J]. Molecules, 26(23): 1-14.

Dai W D, Tan J F, Lu M L, et al. 2018. Metabolomics investigation reveals that 8-C N-ethyl-2-pyrrolidinone-substituted flavan-3-ols are potential marker compounds of stored white teas[J]. Journal of Agricultural and Food Chemistry, 66(27): 7209-7218.

Du L L, Fu Q Y, Xiang L P, et al. 2016. Tea polysaccharides and their bioactivities[J]. Molecules, 21(11): 1449.

Guo X Y, Song C K, Ho C T, et al. 2018. Contribution of L-theanine to the formation of 2,5-dimethylpyrazine, a key roasted peanutty flavor in Oolong tea during manufacturing processes[J]. Food Chemistry, 263: 18-28.

Hashimoto F, Nonaka G I, Nishioka I. 1992. Tannins and related compounds. CXIV. Structure of novel fermentation products, theogallinin, theaflavonin and desgalloyl theaflavonin from black tea, and changes of tea leaf polyphenols during fermentation[J]. Chemical & Pharmaceutical Bulletin, 40: 1383-1389.

Hashimoto F, Nonaka G I, Nishioka I. 2009. Tannins and related compounds. LVI. Isolation of four new acylated flavan-3-ols from oolong tea. (1) [J]. Chemical & Pharmaceutical Bulletin, 35(2): 611-616.

Jiang H Y, Engelhardt U H, Thräne C, et al. 2015. Determination of flavonol glycosides in green tea, oolong tea and black tea by UHPLC compared to HPLC[J]. Food Chemistry, 183: 30-35.

Jiang Z D, Zhang H, Han Z S, et al. 2022. Study on *in vitro* preparation and taste properties of N-ethyl-2-pyrrolidinone-substituted flavan-3-ols[J]. Journal of Agricultural and Food Chemistry, 70(12): 3832-3841.

Kaneko S, Kumazawa K, Masuda H, et al. 2006. Molecular and sensory studies on the umami taste of Japanese Green Tea[J]. Journal of Agricultural and Food Chemistry, 54(7): 2688-2694.

Kochman J, Jakubczyk K, Antoniewicz J, et al. 2021. Health benefits and chemical composition of matcha green tea: A review[J]. Molecules, 26(1): 85.

Menet M C, Sang S, Yang C S, et al. 2004. Analysis of theaflavins and thearubigins from black tea extract by MALDI-TOF mass spectrometry[J]. Journal of Agricultural and Food Chemistry, 52(9): 2455-2461.

Mu W M, Zhang T, Jiang B. 2015. An overview of biological production of L-theanine[J]. Biotechnology Advances, 33(3-4): 335-342.

Ozawa T, Kataoka M, Morikawa K, et al. 1996. Elucidation of the partial structure of polymeric thearubigins from black tea by chemical degradation[J]. Bioscience, Biotechnology, and Biochemistry, 60(12): 2023-2027.

Park H R, Hwang D, Suh H J, et al. 2017. Antitumor and antimetastatic activities of rhamnogalacturonan-II-type polysaccharide isolated from mature leaves of green tea via activation of macrophages and natural killer cells[J]. International Journal of Biological Macromolecules, 99: 179-186.

Peng C X, Liu J, Liu H R, et al. 2013. Influence of different fermentation raw materials on pyrolyzates of Pu-erh tea theabrownin by Curie-point pyrolysis-gas chromatography-mass spectroscopy[J]. International Journal of Biological Macromolecules, 54: 197-203.

Roberts E A H. 1958. The phenolic substances of manufactured tea. II. Their origin as enzymic oxidation products in fermentation[J]. Journal of the Science of Food and Agriculture, 9(4): 212-216.

Roberts E A H, Cartwright R A, Oldschool M. 1957. The phenolic substances of manufactured tea. I. Fractionation and paper chromatography of water-soluble substances[J]. Journal of the Science of Food and Agriculture, 8(2): 72-80.

Sagesaka Y M, Uemura T, Watanabe N, et al. 1994. A new glucuronide saponin from tea leaves (*Camellia sinensis* var. sinensis) [J]. Bioscience, Biotechnology, and Biochemistry, 58(11): 2036-2040.

Sano M, Suzuki M, Miyase T, et al. 1999. Novel antiallergic catechin derivatives isolated from oolong tea[J]. Journal of Agricultural and Food Chemistry, 47(5): 1906-1910.

Shi J, Yang G Z, You Q S, et al. 2023. Updates on the chemistry, processing characteristics, and utilization of tea flavonoids in last two decades (2001-2021) [J]. Critical Reviews in Food Science and Nutrition, 63(20): 4757-4784.

Tanaka T, Watarumi S, Fujieda M, et al. 2005. New black tea polyphenol having *N*-ethyl-2-pyrrolidinone moiety derived from tea amino acid theanine: isolation, characterization and partial synthesis[J]. Food Chemistry, 93(1): 81-87.

Tian L W, Tao M K, Xu M, et al. 2014. Carboxymethyl- and carboxyl-catechins from ripe pu-er tea[J]. Journal of Agricultural and Food Chemistry, 62(50): 12229-12234.

Tsushida T, Murai T. 1987. Conversion of glutamic acid to γ-aminobutyric acid in tea leaves under anaerobic conditions[J]. Agricultural and Biological Chemistry, 51(11): 2865-2871.

Vuong Q V, Bowyer M C, Roach P D. 2021. L-Theanine: Properties, synthesis and isolation from tea[J]. Journal of the Science of Food and Agriculture, 91(11): 1931-1939.

Wang Q P, Peng C X, Gong J S. 2011. Effects of enzymatic action on the formation of theabrownin during solid state fermentation of Pu-erh tea[J]. Journal of the Science of Food and Agriculture,

91(13): 2412-2418.

Wang M J, Chen G J, Chen D, et al. 2019. Purified fraction of polysaccharides from Fuzhuan brick tea modulates the composition and metabolism of gut microbiota in anaerobic fermentation *in vitro*[J]. International Journal of Biological Macromolecules, 140: 858-870.

Wang Y F, Mao F F, Wei X L. 2012. Characterization and antioxidant activities of polysaccharides from leaves, flowers and seeds of green tea[J]. Carbohydrate Polymers, 88(1): 146-153.

Wang Y Y, Yang X R, Zheng X G, et al. 2010. Theacrine, a purine alkaloid with anti-inflammatory and analgesic activities[J]. Fitoterapia, 81(6): 627-631.

Wu T, Guo Y, Liu R, et al. 2016. Black tea polyphenols and polysaccharides improve body composition, increase fecal fatty acid, and regulate fat metabolism in high-fat diet-induced obese rats[J]. Food & Function, 7(5): 2469-2478.

Xiao J B, Huo J F, Jiang H X, et al. 2011. Chemical compositions and bioactivities of crude polysaccharides from tea leaves beyond their useful date[J]. International Journal of Biological Macromolecules, 49(5): 1143-1151.

Xiao J B, Jiang H X. 2015. A review on the structure-function relationship aspect of polysaccharides from tea materials[J]. Critical Reviews in Food Science and Nutrition, 55(7): 930-938.

Xu J K, Kurihara H, Zhao L, et al. 2007. Theacrine, a special purine alkaloid with sedative and hypnotic properties from *Cammelia assamica* var. kucha in mice[J]. Journal of Asian Natural Products Research, 9(7): 665-672.

Xu P, Wu J, Zhang Y, et al. 2014. Physicochemical characterization of puerh tea polysaccharides and their antioxidant and α-glycosidase inhibition[J]. Journal of Functional Foods, 6: 545-554.

Yang C, Hu Z Y, Lu M L, et al. 2018. Application of metabolomics profiling in the analysis of metabolites and taste quality in different subtypes of white tea[J]. Food Research International, 106: 909-919.

Yu X L, He Y. 2018. Tea saponins: Effective natural surfactants beneficial for soil remediation, from preparation to application[J]. RSC Advances, 8(43): 24312-24321.

Yu Z M, Yang Z Y. 2020. Understanding different regulatory mechanisms of proteinaceous and non-proteinaceous amino acid formation in tea (*Camellia sinensis*) provides new insights into the safe and effective alteration of tea flavor and function[J]. Critical Reviews in Food Science and Nutrition, 60(5): 844-858.

Zhang L, Han Z S, Granato D. 2021. Polyphenols in foods: Classification, methods of identification, and nutritional aspects in human health[J]. Advances in Food and Nutrition Research, 98: 1-33.

Zhang L, Ho C T, Zhou J, et al. 2019. Chemistry and biological activities of processed *Camellia sinensis* teas: A comprehensive review[J]. Comprehensive Reviews in Food Science and Food Safety, 18(5): 1474-1495.

Zhou K, Taoerdahong H, Bai J, et al. 2020. Structural characterization and immunostimulatory activity of polysaccharides from *Pyrus sinkiangensis* Yu[J]. International Journal of Biological Macromolecules, 157: 444-451.

第 2 章 茶叶品质评价技术

2.1 感官审评技术

茶叶种类繁多，每种茶都承载着独特的品质特征。快速准确地对茶叶品质作出评价，在茶叶种植、加工、贸易乃至科学研究等全链条中都具有举足轻重的意义。茶叶品质评价技术经过长期的探索和发展，逐渐形成了感官审评技术、理化审评（茶叶内含物质检测分析）技术，并发展出新兴的计算机视觉系统，近红外光谱和高光谱成像等光谱技术，电子鼻和电子舌等电化学技术（张欣然，2020）。

传统茶叶感官审评是审评专家运用视觉、嗅觉、味觉及触觉等感官功能，对茶叶的外形、汤色、香气、滋味以及叶底等品质特征进行系统性、综合性的分析与评价过程。此评价方法所使用的术语具有高度专业性，如"较、稍、尚"等程度副词，且术语的排列顺序反映了不同的品质特点。因此，茶叶的审评、审评报告的撰写以及结果解读，均依赖于具备丰富经验和专业训练的专家，这在很大程度上限制了茶叶的消费流通和品质控制的普及性。

为了克服传统感官审评的局限性，近年来，多种定量化的感官审评方法被引入茶叶品质研究中，包括定量描述分析法、闪现剖面法、适合项勾选法以及风味轮等。这些方法通过标准化的评分体系或选项，减少了审评人员个体差异对结果的影响，具有直观、快捷的特点，并显著提高了感官审评的客观性。这些方法的引入和应用，不仅丰富了茶叶品质评价的手段，也为进一步完善茶叶感官审评方法提供了重要的技术支持。

2.1.1 传统茶叶感官审评方法

茶叶自古以来就是重要的商品，随着茶叶贸易的兴起，对茶叶真伪的鉴别和品质等级的判别方法也随之产生。鉴于茶叶在出口创汇中的重要地位，国家高度重视茶叶产业的发展，并开始制定一系列茶叶感官审评标准。这些标准不仅规范了茶叶的感官审评方法，也为茶叶品质的提升和市场的健康发展提供了有力保障（张颖彬等，2019）。目前，我国现行的与茶叶感官审评相关的方法标准主要有《茶叶感官审评方法》（GB/T 23776—2018）、《茶叶感官审评术语》（GB/T 14487—2017）、《茶叶感官审评室基本条件》（GB/T 18797—2012）等。这些标准详细规定了茶叶感官审评的各个环节，包括审评前的准备、审评过程中的操作规范、审评结果的记录与报告等，为茶叶品质的客观评价提供了科学依据。同时，这些标准也促进了我国茶叶产业的规范化和国际化发展。

茶叶感官审评发展至今已经形成了较为完善的现代学科体系，主要通过术语和评分对茶叶品质进行评价。《茶叶感官审评方法》（GB/T 23776—2018）对审评条件、审评方法、审评结果与判定方法进行了详细的规定。在审评条件方面，审评环境和审评用水分别应符合《茶叶感官审评室基本条件》（GB/T 18797—2012）和《生活饮用水卫生标准》（GB 5749—2022）的要求；审评人员应获得《评茶员》国家职业资格证书和《食品从业人员健康证明》等；标准对审评台、评茶标准杯碗、评茶盘、分样盘、叶底盘、扦样匾（盘）、分样器、称量用具、计时器等审评设备都做了明确的要求。在审评方法方面，明确了取样方法、审评内容（包括审评因子及其审评要素）、审评方法（包括外形审评方法、茶汤制备方法与各因子审评顺序、内质审评方法）。在审评结果与判定方法方面，规定了级别判定方法、合格判定方法、品质评分和茶叶审评术语等品质评定方法，茶叶审评术语引用《茶叶感官审评术语》（GB/T 14487—2017）。

茶叶感官审评术语在茶叶品质评价中扮演着至关重要的角色，有助于审评人员更加准确评价茶叶的品质。我国于1993年首次颁布适用于我国饮茶习惯的标准《茶叶感官审评术语》（GB/T 14487—1993），共收录了涵盖六大茶类的302个术语；2008年修订的版本中，共收录术语396个；现行的2017年版本中，共收录术语402个。术语总体数量随版本更新而增多，一方面体现我国茶叶加工工艺的创新，另一方面也意味着现行的茶叶感官审评术语对茶叶品质的描述已较为系统（肖明霁等，2021）。

2.1.2 茶叶感官审评方法新探索

传统茶叶审评方法对于审评人员的专业素养有着极高的要求。审评人员不仅需要具备敏锐的感官分析能力，还需深入理解茶树栽培、茶叶加工、茶叶生物化学等专业知识，并拥有丰富的生产实践和审评经验（刘奇等，2022）。传统茶叶审评术语的掌握和准确应用一直是一个技术挑战。由于术语的专业性和抽象性，审评结果可能受到审评员个人喜好和技术水平的影响，导致结果的主观性较强。此外，这些专业术语对于普通消费者而言难以理解，使得他们难以根据审评结果准确判断茶产品的感官属性和品质等级。因此，在传统茶叶感官审评基础上引入更加客观、易理解的评定方法成为一个重要的研究和发展方向。

1. 定量描述分析法

定量描述分析（QDA）是由美国Targon公司在20世纪70年代开创的一种先

进的感官分析技术。这种方法的核心在于建立一个经过长期培训的评价员小组，该小组负责确定待评估茶叶样品的感官属性词汇表，选定合适的参比样作为评价基准，设计感官评定表并由优选评价员对待评价样品的感官特性进行定量描述分析，最后收集数据并采用多元统计分析等方法评价茶样的感官品质特征。目前，该审评方法已广泛应用于各类茶叶的感官审评，如绿茶（Feng et al., 2020；杨悦等，2015；金孝芳等，2012）、茯砖茶（Li et al., 2019；朱艳等，2023）、红茶（岳翠男等，2021；Mao et al., 2018；戴前颖等，2021b；曾亮等，2023）、乌龙茶（周玲，2006；陈躬瑞等，2013）、黄茶（戴前颖等，2021a；戴前颖等，2022）等。

定量描述分析法准确率相对较高，可以对感官属性进行全面描述、定义和评价，并且能够细化和量化感官属性的强度差异。但该方法评价步骤较为复杂，对评价员感官灵敏度和描述能力要求较高，且培训时间较长，不能从喜好的角度了解消费者感知。

在定量描述分析法的基础上，进一步将茶叶感官属性经过系统归类后，形成的具有特定结构和层次的图形化术语集合可绘制茶叶感官风味轮，包括滋味轮、香气轮、颜色轮等。风味轮可视化比较强，消费者更易于理解和使用，但无法覆盖茶叶的所有品质特征。目前已有多个关于不同品种、地理条件及加工方式的茶叶风味轮研究，如戴前颖（2021a）等开发出黄大茶的风味轮和属性词汇表，Li等（2019）开发出湖南茯砖茶的风味轮和属性词汇表。此外，还有许多关于绿茶（欧阳建等，2022）、普洱茶（陈国和等，2023；李向波等，2017）、六堡茶（吴平，2021）、花茶（黄丽繁等，2022）等茶类的感官风味轮。中国茶叶协会在2022年12月23日发布了团体标准《茶叶感官风味轮》（T/CTSS 58—2022）。

2. 适合项勾选法

适合项勾选（CATA）法是以消费者评价员代替专业感官评价员的一种快速感官分析方法。该方法将一组产品和一份CATA问卷提供给消费者评价员，消费者评价员在问卷中勾选出适合描述样品的描述词。该方法的一大优势在于无需对评价员进行专业培训和维护，节约评价时间和成本，并能够直接获取消费者对产品的直观感受和情绪反应，为企业提供更贴近市场的评价数据。CATA方法还可以结合使用5点标度法、9点标度法等量化评分方法，评估消费者对产品的整体喜好和对产品不同属性的偏好程度，为企业调整产品策略提供有力支持。

CATA问卷中的属性描述词在文献及实验室感官评价专家小组讨论确定的基础上，再由10名不参加CATA法的消费者集体讨论，根据样品本身的属性以及参与者的语言习惯对描述词进行调整后最终确定（韩颢颖等，2023）。当进行CATA时，消费者从描述词列表中选择感知到的描述词来描述产品，然后对各个描述词的勾选频率进行Cochran's Q检验、对应分析等，判断样品属性差异（孟欣等，2021）。

相较于定量描述分析法，CATA法提供了一种更为快速且成本效益较高的方式，从普通消费者中收集关于茶叶感官品质特征差异的信息，并能直接洞察消费者的感官体验和情绪感受，这对于理解市场趋势和消费者偏好至关重要，但该方法无法对茶叶的感官品质特征强度进行量化评估。

3. 闪现剖面法

闪现剖面（FP）法是一种基于自由选择剖面法发展而来的新方法（苏晓霞等，2013），该方法摒弃了传统方法中培训评价员的环节，引入了样品排序环节。即消费者评价员被允许根据个人的感官体验，独立构建各自的感官属性词汇表和强度判断标尺，无需形成标准化的描述语言，极大地缩短了实验时间，提高了评价效率。对收集来的排序结果进行广义普鲁克分析和层次聚类分析判断样品间的差异。

该方法是首先向消费者评价员介绍产品，评价员根据个人的理解形成感知描述词清单。然后评价员参考其他评价员的描述词清单，可以在自己的清单上增加新的描述词，或者替换、修改原有的描述词，以形成更具个性化和全面性的感官属性词汇表。在排序阶段，允许重复品尝样品，根据自己的强度判断标尺将样品按由低到高的顺序排列。评价小组无需形成标准化的描述词表，也不需要使用参比样。该方法能简单、快速地区分茶叶间感官品质的差异，但不能提供相应的感官品质特征描述词。不同茶叶品质评价方法在应用方面的优缺点见表2-1。

表2-1 不同感官评价方法比较

指标	传统审评方法	QDA法	CATA法	FP法
评价员要求	多年茶叶审评经验，专家评价员	一定评审经验的优选评价员，经20~30 h培训	无审评背景知识、无长期饮茶经验的消费者评价员	无审评背景知识、无长期饮茶经验的消费者评价员
评价方法	茶叶感官审评术语，打分	描述词，打分	描述词，勾选	描述词，排序
数据分析	无	方差分析（ANOVA）、主成分分析（PCA）	Cochran's Q检验、对应分析	广义普鲁克分析、层次聚类分析
优点	专业、快速、区分力强	感官属性细化、量化，有参比样	快速简单，能获得消费者的情绪感受	感官属性形象化，快速简单
缺点	对专家技术能力要求高，主观性强，消费者较难理解评价报告	优选评价员培训时间长，评价过程复杂时间长	难以判断特征属性强度	难以判断优次

（王黎明，赵瑾凯）

2.2 茶叶生物活性成分分析技术

2.2.1 茶叶生物活性成分的定量分析

随着检测技术的发展和完善，如传统的化学分析法、光谱分析法、仪器分析法及近年来广泛采用的多种分析手段联用，不同活性成分的检测方法在不断改进和优化。

1. 茶多酚

茶多酚（茶鞣质）是茶叶中酚类化合物的总称，属于多羟基类化合物，在茶叶的颜色、气味和口感形成中具有关键作用。按照发展顺序排序，茶多酚的检测方法可分为以下几种（表2-2）。茶叶科学分级、品质鉴定及监测控制的实现，依赖于合适、高效、灵敏的茶多酚检测方法，对于促进茶叶在食品、工业及医疗等领域的开发利用具有重要意义（穆小婷等，2022）。

表2-2 茶多酚检测方法列表

指标	方法分类		优点	缺点
茶多酚	滴定法	高锰酸钾滴定法 硫酸铈氧化法 络合滴定法	成本低	滴定终点较难掌握，指示剂配制流程烦琐
	比色法	草酸酞钾比色法 佛林顿尼斯法	—	—
	光谱分析法	分光光度法 三维荧光光谱法 近红外光谱法	操作简便，检测快速，结果准确	—
	色谱分析法	高效液相色谱法 高效薄层色谱法	精确度和灵敏度高，可同时进行多组分检测	操作要求高，费用也较高
	电化学分析法	电特性检测技术	重复性、准确性较好，检测用时短，常用于快速检测	—
	毛细管电泳法		简便快速	重复性相对较差，分析精度不高
	高光谱成像技术	结合空间图像数据信息和光谱技术所获得的光谱特征	对物体内部、外部的全面检测技术，被用于无损检测	—

目前使用广泛的检测方法有光谱分析法、色谱分析法、电化学分析法、毛细管电泳法等。光谱分析法包括分光光度法、三维荧光光谱法及近红外光谱法等，分光光度法的原理是在特定波长下，被测物质具有特定的吸光度，根据吸光度与被测物质浓度之间的线性关系进行检测分析；三维荧光光谱法则是基于某些物质在受到特定波长荧光照射时，会产生具有独特特征和强度的荧光光谱，通过在不同激发波长下收集和分析这些荧光光谱，可以实现物质的定性定量分析；近红外光谱法是一种非破坏性光谱分析技术，依赖于分子内部振动频谱信息，通过分析振动频谱，可获得与分子内部结构、官能团以及分子状态相关的定量和定性信息，因其快速、准确和无需样品预处理的特点，在食品、农业、制药和纺织等行业得到广泛应用。色谱分析法是一种基于物质在两相（固定相和流动相）之间分配系数差异的物理化学分离技术，其中高效液相色谱法和高效薄层色谱法是两种常用的色谱分析方法。高效液相色谱法是根据物质在不同两相中的分配系数不同，经洗脱剂洗脱，使混合物中各组分达到分离的效果，从而实现定性和定量分析。高效液相色谱可同时测定多组分，对茶多酚中的各组分进行测定。当样品待测数量较大、耗时较多、检测费用也高时，高效薄层色谱法能较好地解决高效液相色谱法每次只能进样一个的局限，达到同时多样品多组分的分离目的。电化学分析法是基于茶多酚的电化学性质及其变化规律，通过监测电化学参数（如电位、电流、电导等）与被测物质浓度间的关系进行定性和定量分析。这一分析方法依赖于电化学传感器或电极在特定电解质溶液中与茶多酚分子发生氧化还原反应时所产生的电化学信号，具有灵敏度高、选择性好、响应速度快等优点，适用于现场快速检测和实时在线监测等应用。毛细管电泳法则是利用不同粒子迁移速度间的差异，根据粒子到达检测处的不同速度，按照时间分布形成电泳图谱，进而进行检测分析。

2. 茶黄酮

黄酮类化合物是茶多酚的一种，基本结构为 2-苯基色原酮，所以黄酮类化合物是 2-苯基色原酮的系列衍生物。针对黄酮类化合物的检测方法研究已较为成熟，涵盖了从传统的比色分析到现代的高通量筛选技术，通常采用三氯化铝显色法、硝酸铝显色法，但易受茶汤底色影响，对结果产生干扰。亚硝酸-硝酸铝-氢氧化钠显色法用于其他含黄酮类化合物的检测，但该法不是黄酮类的专属反应，凡含有邻苯二羟基的物质均可以显色。近年来，陆续有研究团队在原有显色法的基础上进行优化，建立准确度较高的总黄酮检测方法。此外，作为茶叶中含量相对较高的槲皮素、山奈酚、杨梅素、芦丁等黄酮类化合物通常采用高效液相色谱法进行分析（表 2-3）。

表 2-3 茶黄酮检测方法列表

指标	方法分类		优点	缺点
茶黄酮	显色法	三氯化铝法 硝酸铝法 亚硝酸-硝酸铝-氢氧化钠法	方法简单、成本低	易受茶汤底色影响，对结果产生干扰
	色谱分析法	高效液相色谱法	结果准确，并能使槲皮素、山柰酚、杨梅素得到较理想的分离	操作要求高、费用较高

三氯化铝法是黄酮类化合物与三氯化铝反应生成黄色络合物（颜色深浅与黄酮含量呈比例关系），在 420 nm 波长处测定吸光度，从而进行黄酮含量的测定分析。比色法操作简单，但难以实现黄酮、黄酮醇、异黄酮等的有效区分。高效液相色谱法相比于其他方法，分离度、灵敏度、重现性及分离速度均较高，可结合质谱分析对黄酮类化合物实现定量检测分析。

3. 生物碱

生物碱是茶叶植物体内的一类含氮杂环结构的化合物，以嘌呤类生物碱为主，包括咖啡碱、可可碱、茶叶碱、鸟嘌呤、腺嘌呤、黄嘌呤、次黄嘌呤及拟黄嘌呤等多种成分。最早采用经典的重铬酸钾滴定法对茶叶中的生物碱含量进行测定，此外可采用重量法、定氮法、比色法、碘量法等进行分析，近年来应用较为广泛的方法有分光光度法、近红外光谱法、液相色谱法、薄层色谱法、气相色谱法、质谱法、毛细管电泳法等（表 2-4）。

表 2-4 生物碱检测方法列表

指标	方法分类	优点	缺点
生物碱	滴定法	重铬酸钾滴定法	测定生物碱的经典方法	滴定终点不易掌握、指示剂配制烦琐
	光谱分析法	紫外分光光度法 近红外光谱法	分析前不需要样品预处理	只能测得生物碱总量，不能测定各组分含量
	色谱分析法	液相色谱法 薄层色谱法	可实现不同组分的分离测定	操作要求高，费用也较高 薄层色谱法干扰因素较多，带来的误差较大
	质谱分析法	液相色谱-质谱联用法	灵敏度高，选择性高，可进行多组分的同时测定	—
	毛细管电泳法		简便快速	灵敏度较低，重现性差，对峰面积的积分有较大的误差

在茶叶生物碱的定量分析中，紫外分光光度法是一种常用的检测方法。该方法基于嘌呤生物碱结构中嘌呤环共轭双链体系的独特光学性质，在特定波长范围内展现出特定的吸收光谱。当嘌呤生物碱的溶液受到紫外光照射时，其嘌呤环的共轭双链体系可在272~274 nm的波长范围内显示出强烈的吸收峰（即最大吸收值），通过测量茶叶提取物溶液在此波长范围内的吸光度，并结合标准曲线或适当的计算方法，可准确测定茶叶中生物碱的含量。近红外光谱法则是利用含氮基团的吸收，结合化学计量学方法实现对生物碱的定量分析。高效液相色谱法常选用 C_{18}（4.6 mm×250 mm，5 μm）色谱柱进行生物碱含量的检测分析，不同茶叶检测时，液相色谱的参数设置如流速、流动相、检测波长等略有不同。薄层色谱法基于生物碱中各组分在固定相（如硅胶、氧化铝等）上的吸附性差异，通过在薄层色谱板上进行色谱分离，实现生物碱组分的有效分离和定量分析。薄层色谱法具有操作简便、分离效果好、灵敏度高和分辨率高等优点，特别适用于茶叶生物碱的定性和定量分析。此外，该方法还可以用于茶叶品质鉴定、质量控制和科学研究等领域。质谱技术在化合物分析中展现出高灵敏度、高准确性以及多组分同时测定的显著优势。该技术常与色谱技术（如气相色谱、液相色谱）进行联用，形成如气相色谱-质谱联用和液相色谱-质谱联用等高效分析平台，以实现复杂样品中多种化合物的定性和定量分析。在茶叶生物碱分析领域，质谱联用技术能够提供化合物的精确质量数，结合其碎裂模式进行结构解析，进而实现对生物碱等复杂成分的准确鉴定。同时，该技术的高灵敏度确保了即使样品中目标化合物含量极低，也能被有效检出。质谱联用技术已广泛应用于茶叶生物碱的定性和定量分析。

4. 氨基酸

在茶叶的化学成分中，氨基酸占据显著地位，占茶叶干重的2%~4%，是茶叶鲜味的主要贡献者。氨基酸的检测方法主要包括：①茚三酮比色法，基于茚三酮与氨基酸反应生成有色化合物的原理进行定量测定；②非水滴定法，利用氨基酸在非水介质中的酸碱性质进行滴定分析；③碱式碳酸铜法，依赖于氨基酸与碱式碳酸铜反应形成的有色络合物进行比色分析；④氨基酸自动分析法；⑤高效液相色谱法，利用不同氨基酸在色谱柱上的保留时间差异进行分离，并通过检测器进行定量分析；⑥气相色谱法，结合适当的衍生化技术，可用于氨基酸的检测分析；⑦液相色谱-质谱联用法，特别适用于复杂样品中氨基酸的鉴定和定量；⑧毛细管电泳法，以其高分辨率、高效率和快速分析，在氨基酸分析领域也展现出独特优势；⑨液相色谱-蒸发光散射检测器法；⑩阳离子交换色谱-积分脉冲安培法，结合阳离子交换色谱的高分离能力和积分脉冲安培检测器的高灵敏度，适用于生物样品中氨基酸等带电离子的分析（表2-5）。

表 2-5　氨基酸检测方法列表

指标	方法分类		优点	缺点
氨基酸	比色法	茚三酮比色法	测定游离氨基酸总量的常规方法	只适用于检测茶叶中游离氨基酸总量，不能检测游离氨基酸各组分含量
	滴定法	碱式碳酸铜法 非水滴定法	—	只能用于纯品检测
	氨基酸自动分析法		适用于大量常规样品分析及未知复杂样品分析，可更好地分析茶叶中氨基酸组成及差异	该法受仪器型号及实验条件影响较为明显，灵敏度不高
	色谱分析法	高效液相色谱法	因稳定性好、仪器普及面广、结果准确等优点而被广泛使用，可对茶叶中氨基酸进行定性定量分析	操作要求高，费用较高
		气相色谱法	分离时间短，柱效高	衍生条件苛刻，衍生干扰因素多，专一性差
		阳离子交换色谱-积水脉冲安培法（HPIC-IPAD）	无需衍生化处理，可直接分离检测氨基酸，灵敏度、分辨率高	使用金工作电极时，氨基酸的氧化产物可能吸附在电极表面，导致电极污染，影响检测信号的稳定性和重复性；电极清洗困难；适用范围受限
	质谱分析法	液相色谱-质谱联用法	分离能力高，选择性高，灵敏度高，具有无需衍生化、分析时间短、灵敏度和选择性高的特点	操作要求高，费用较高
	毛细管电泳法		快速，高效，灵敏度高，测试成本低，溶剂消耗少，对样品处理要求低	检出限低，重现性差

目前，测定游离氨基酸总量最常用的方法为茚三酮比色法，在 pH 为 8 的条件下，氨基酸可与茚三酮发生共热生成氨，氨与还原型茚三酮发生反应，形成紫色络合物，络合物在波长 570 nm 处有吸收，氨基酸浓度与吸光度成正比，从而实现游离氨基酸总量的测定。氨基酸自动分析法是一种柱后衍生离子交换色谱法，氨基酸在阳离子交换树脂上被吸附后，通过洗脱程序，采用不同离子强度、pH 的缓冲液将吸附程度不同的氨基酸洗脱下来，与茚三酮溶液发生反应，实现氨基酸组分定量分析的目的。柱前衍生高效液相色谱法先利用衍生试剂将氨基酸转化为具有可见光、紫外生色团或者能产生荧光的衍生物，通过紫外、荧光等检测器测定氨基酸含量，目前常用的衍生试剂包括邻苯二甲醛、2,4-二硝基氟苯、9-芴甲基氯甲酸酯、异硫氰酸苯酯和丹酰氯等。气相色谱法的原理是待测样品气化后，由气体流动相携带通过色谱柱，因与固定相结合能力差异形成差速迁移，达到不

同氨基酸组分的分离与分析。由于氨基酸结构中含有氨基、羧基、羟基等极性基团，选择合适的衍生剂，将氨基酸衍生为易于气化的衍生物，从而实现氨基酸组分的气相色谱法检测分析。由于氨基酸衍生化反应操作步骤烦琐，衍生产物不稳定，运行时间较久等问题，将质谱与色谱系统联用，在目标物经质谱离子化后，利用各离子在液相的固定相和流动相中的作用力及洗脱速度的差异，达到分离的目的，实现单个或混合物的定性定量分析。

5. 茶色素

茶色素主要由儿茶素等多酚类化合物经过酶促或非酶促氧化聚合反应形成，是茶叶中重要的酚性色素。根据其溶解性差异，茶色素可分为脂溶性色素和水溶性色素两大类。在水溶性色素的检测中，茶黄素的检测分析尤为常见。茶黄素是一类具有苯并䓬酚酮结构的混合物，主要由儿茶素和没食子儿茶素配对氧化缩聚而成，目前已分离并鉴定出 12 种不同的组分。相较于水溶性色素的广泛研究，脂溶性色素的分析方法相对较少。目前，脂溶性色素的分析方法主要包括丙酮研磨法、丙酮浸提法、分光光度法、薄层色谱法以及高效液相色谱法等。

综上所述，针对茶色素的检测与分析包括但不限于 Roberts 法、α-氨基乙基二苯硼酸酯（Flavognost）试剂分析法、氯化铝比色法、柱层析法、高效液相色谱法、气相色谱法、液相色谱-质谱联用法以及毛细管电泳法等。其中，高效液相色谱法因其高分离效能和准确性，成为茶黄素分析中最为常用的技术之一，它能够有效分离和检测茶叶中的多种茶黄素及其结合物组分。此外，液相色谱-质谱联用技术结合了色谱的高分离效能和质谱的高选择性，为茶色素的鉴定和定量分析提供了更为强大的工具（表 2-6）。

表 2-6 茶色素检测方法列表

指标	方法分类		优点	缺点
茶色素	Roberts 法	Roberts 等于 1961 年提出的茶黄素检测方法	方法简单，试剂价格便宜，且可同时测定茶红素的含量	重复性差，测定含量偏低
	α-氨基乙基二苯硼酸酯试剂分析法	Hiton 于 1973 年提出的一种茶黄素快速测定法	与 Roberts 法相比，具有更好的重现性	条件敏感，且受到提取液、提取水温、水的 pH 等因素影响
	氯化铝比色法	Likoleche-Nkhoma 等于 1988 年用 AlCl$_3$ 代替了 Flavognost 试剂	测定值和 Flavognost 法没有显著差异，且铝盐较容易买到	加入铝使得茶汤变得浑浊，即使经过处理仍有 20%的茶黄素留在水层中
	Sephadex LH-20 柱层析法		能有效地分离茶黄素，且能对茶黄素的主要组分进行定量分析	操作复杂，层析柱较难购买到

续表

指标	方法分类		优点	缺点
茶色素	色谱分析法	高效液相色谱法	结果准确,并能使各茶黄素单体得到较理想的分离,是目前常用的方法	操作要求高,费用较高
		气相色谱法	分离时间短,柱效高	衍生条件苛刻,衍生干扰因素多,专一性差
	质谱分析法	液相色谱-质谱联用法	无需衍生化,分析时间短,分离能力高,选择性高,灵敏度高	操作要求高,费用较高
	毛细管电泳法		—	处在研究阶段

Roberts 法是一种针对茶黄素和部分茶红素（S I 型游离态,即能溶于乙酸乙酯的部分）的定量分析方法,其原理基于这些色素在乙酸乙酯或 4-甲基-戊酮中的溶解性,以及溶于碳酸氢钠溶液的特性。在该方法中,茶黄素和部分茶红素被萃取至有机相（乙酸乙酯或 4-甲基-戊酮）,随后通过碳酸氢钠溶液进行分离。S II 型茶红素（即不溶于乙酸乙酯但溶于正丁醇的部分）则留在水层中。Roberts 法操作简便,但在实际应用中,存在重复性差和测定结果偏低的问题,这可能是由色素之间的相互作用或萃取过程中部分组分的损失所导致的。α-氨基乙基二苯硼酸酯试剂分析法则是一种基于茶黄素结构中苯并䓬酚酮核与 Flavognost 试剂之间特异性反应的定量分析方法,该反应会形成绿色络合物,通过测定络合物的吸光度,可以实现对茶黄素的定量分析。这种方法具有较高的选择性和灵敏度,适用于茶叶样品中茶黄素的准确测定。氯化铝比色法原理是铝盐与茶黄素复合产生红色,在波长 525 nm 处具有最大吸收,从而实现对茶黄素的检测分析。高效液相色谱法能够对四种茶黄素进行分离纯化分析,在色谱柱选择上,需要考虑茶黄素的苯并䓬酚酮结构（弱极性）,可选择普适性强、保留值较大的分析柱进行分离。近年来,研究团队在茶色素分析领域取得了显著进展,特别是在对传统 Roberts 法的优化升级方面,通过一系列的研究和改进,该方法已经实现了对茶红素和茶褐素的定量分析,进一步提高了茶色素分析的准确性和可靠性。

6. 茶多糖及可溶性糖

茶多糖,作为茶叶多糖复合物的简称,实际是一种酸性糖蛋白复合物,其独特之处在于其复杂的组成,不仅包含大量的多糖成分,还结合了果胶、矿物质以及灰分等多种物质,这种复合结构使得茶多糖的纯度无法以传统化合物的衡量标准来评价。目前茶多糖的检测方法主要有：①凝胶层析色谱法,进行茶多糖种类及含量的测定；②高压电泳法测定茶多糖纯度,因不同多糖与硼砂形成的复合物存在差异，复合物所带电荷的差异可进行多糖种类的判定，但方法灵敏度较低；③分光光度法，是茶多糖检测的常用方法，包括苯酚-硫酸比色法和蒽酮-硫酸比色法。因茶叶品种、分离提取方法的不同，茶多糖组分存在差异，传统检测方法存在一定的局限性，运用多种检测方法联用，对于茶多糖的定向定量分析尤为重要。

茶叶中的可溶性糖主要包括单糖和双糖，其中单糖以葡萄糖、半乳糖、甘露糖（mannose）和果糖较为常见，而双糖则以蔗糖为主，加工过程中还偶见少量麦芽糖。此外，茶叶中还存在少量的三糖和四糖，如棉子糖和水苏糖。可溶性糖是茶汤甜醇品质的主要贡献者，在茶叶的加工过程中，它们能与氨基酸、蛋白质等化合物发生美拉德反应，生成糠醛类、吡嗪类、吡咯类等重要香气物质，这些化合物对茶叶的香气形成具有显著影响。茶叶中可溶性糖的组成受到多种因素影响，如茶树品种、生长环境、采摘标准和加工工艺等。因此，对茶叶中可溶性糖的检测和分析具有重要意义。目前，主要的检测方法包括酶法、高效液相色谱法、气相色谱-质谱联用法、薄层色谱法以及毛细管电泳法等，这些方法的应用为深入了解茶叶中可溶性糖的组成和含量提供了有力的技术支撑（表2-7）。

表 2-7 可溶性糖检测方法列表

指标	方法分类		优点	缺点
可溶性糖	酶法	多以试剂盒形式开展	操作简单，稳定性好	方法耗时较久，可检测的糖组分有限，难以同时对多种糖进行检测，效率低
	色谱分析法	高效液相色谱法	灵敏度高，检测限低	前处理过程烦琐，对操作人员专业要求高，基线平衡时间长
		薄层色谱法	对设备要求不高，操作简单，成本低	精密度，准确度略差，应用范围较窄
	质谱分析法	气相色谱-质谱联用法	能有效分离糖组分，对同分异构体也能达到较好的分离，样品消耗少，选择性好	需要衍生，操作相对复杂、耗时长
	毛细管电泳法		具有较高的分辨能力，分析时间较短	直接检测的灵敏度较低，衍生后可提高检测灵敏度，衍生操作较复杂、耗时长、技术要求高

酶法检测是一种高效、特异性强且灵敏度高的分析方法，它依赖于特定酶与底物之间的催化反应。基于单糖的酶促反应原理，如蔗糖的水解、葡萄糖和果糖的磷酸化等生化过程，可开发相应的酶法检测技术，以实现样品中葡萄糖、果糖、蔗糖、淀粉以及总多糖等成分的定量分析。在糖类检测中，常用的酶包括蔗糖酶（用于蔗糖的水解）、己糖激酶（用于葡萄糖的磷酸化）以及果糖激酶（用于果糖的磷酸化）等，这些酶能够特异性地催化相应的底物发生反应，产生可测定的产

物或信号变化,通过精确控制酶促反应的条件和参数,如酶浓度、底物浓度、反应时间、温度等,可以确保反应的准确性和稳定性。同时,结合适当的检测技术和设备,如分光光度计、色谱仪等,可以实现对反应产物的定量检测,从而计算出样品中糖类成分的含量。

高效液相色谱法配有蒸发光散射检测器、示差检测器和脉冲安培检测器等,能够用于可溶性糖检测的分析。薄层色谱法可用于分析茶多糖中单糖的组成。气相色谱-质谱联用法中,气相色谱能够实现多糖组分及同分异构体的分离,以质谱为检测器,进行可溶性糖的检测分析。毛细管电泳法利用电场驱动带电分子在充满电解质溶液的毛细管中进行迁移,迁移速度取决于分子的电荷、大小和形状,通过优化电泳条件,调整毛细管长度和直径、缓冲溶液 pH、电压、温度等条件,可以实现对茶多糖中不同组分的精确分离和检测。

2.2.2　组学技术在茶叶成分分析中的应用

组学技术是探索精确生命科学的重要方法,主要包括转录组学、蛋白质组学、代谢组学、脂质组学、基因组学等。多组学研究是将多个组成领域的技术整合在一起,随着高通量技术的发展,在模式植物中开展的大量组学研究,在茶叶领域发展快速,已经成为当今茶叶领域的又一主流和热门方向,能够实现复杂组分的分离分析,为后续开发提供了充分的依据。

1. 转录组学

转录组学是一门专注于从核糖核酸(RNA)水平研究基因表达情况的学科,提供在整体水平上分析细胞中基因转录活动及其调控规律的框架。转录组学通过高通量测序技术和其他分子生物学方法,对细胞或组织内所有 RNA 分子的种类、数量、结构以及它们在不同生理条件或疾病状态下的变化进行系统性研究(吴琼等,2010)。转录组受外部环境和内部因素的共同控制,形成在不同发展阶段基因的差异表达情况(Lockhart and Winzeler,2000;Wang et al.,2020a)。研究方法包括基于微阵列技术的基因表达分析、基于高通量测序技术的 RNA 测序(RNA-Seq)以及单细胞转录组测序等。通过转录组学分析,能够比较不同细胞类型、不同发育阶段或不同生理条件下的基因表达谱,从而发现与特定生物学过程或疾病相关的基因和分子机制。此外,转录组学还可以用于预测基因的功能、发现新的基因标记物以及评估药物疗效等方面。目前,转录组学技术在茶叶领域的应用主要包括茶树资源、品种选育、抗性机制以及次级代谢产物生物合成调控机制等。

2. 蛋白质组学

蛋白质组的概念于 1994 年被澳大利亚科学界首次提出,是指一个基因组、细胞或者组织表达的所有蛋白质成分。蛋白质组学则是对蛋白质组进行大规模研究的科学,通过蛋白质组学的研究,能够快速分离鉴定与控制植物重要蛋白质,采用逆向遗传学方法进行基因功能鉴定,利用基因工程手段实现作物产量、品质和抗逆性的提升(程晓梅等,2014;刘迪等,2019)。蛋白质组学研究方法主要有双向凝胶电泳和双向荧光差异电泳(Klose,1975;Chien et al.,2016;李勤等,2019)。

随着高通量测序、色谱技术、质谱技术、核磁技术的快速发展及联合应用,茶叶分子生物学研究已实现多组学联合,实现同时对多个基因/蛋白质的系统研究,以揭示其活动规律。蛋白质组学技术主要应用于品种选育、次级代谢产物合成与调控、白化机制、茶叶健康功效(调节血脂、控制体重、抗癌等)作用机制等方面。

3. 代谢组学

代谢组学,作为继基因组学、转录组学和蛋白质组学之后兴起的一个新兴学科领域,始于20世纪90年代。该学科的核心在于对生物体在特定生理或病理状态下产生的小分子代谢物进行定性和定量分析。代谢组学的目标是通过研究生物体系在外部胁迫或基因变异后代谢产物的变化,来揭示其生命活动的内在规律与调节机制。代谢组学的研究融合了生命科学、分析科学、化学统计学等多学科的理论和方法,主要分析方法包括核磁共振技术(Wei et al.,2014;Mozumder et al.,2020)、液相色谱-质谱联用技术(韩铭鑫等,2019;刘洪川等,2020)、气相色谱-质谱联用技术(Wang et al.,2020b;白云等,2020)等,这些技术具有高灵敏度、高分辨率和高通量等优点,能够有效地对生物样品中的代谢物进行分离、鉴定和定量。核磁共振技术利用原子核在磁场中的共振信号来获取分子的结构和化学信息,适用于代谢物的结构鉴定和定量分析。液相色谱-质谱联用技术则结合了液相色谱的高分离能力和质谱的高灵敏度,能够同时检测和分析多种代谢物,特别适用于复杂生物样品中代谢物的分析。气相色谱-质谱联用技术则适用于挥发性代谢物的分析,通过气相色谱将样品中的代谢物分离后,利用质谱进行鉴定和定量。代谢组学的发展为理解生物体代谢过程的复杂性和多样性提供了新的视角和工具,对于生物医学研究、药物研发以及临床诊断等领域具有重要的应用价值。

根据研究目的和策略的不同,代谢组学可分为靶向代谢组学、非靶向代谢组学以及近年来兴起的类靶向代谢组学(表2-8),旨在从不同的角度和层面揭示生物体内代谢物的变化及其与生物体生命活动之间的关系。非靶向代谢组学主要是全局代谢物分析及代谢指纹图谱分析,实现尽可能多地检测、识别和半定量样品中的代谢物,同时力求检测到样品中更多的代谢物,绘制代谢物指纹图谱。代谢组学的研究需借助分析科学及化学计量学平台,联合多种分析技术,实现多维、分散数据的降维处理及判别分析,解读数据中的生物学变化规律,进而揭示代谢产物与生物体代谢之间的关系,主要的分析方法包括:主成分分析法、聚类分析法、辨别式功能分析法、最小二乘投影法等。随着数据量的不断增加,各种机器学习方法也被应用于大数据的计算,如遗传算法、蚁群算法、粒子群算法、人工神经网络、支持向量机等。

表 2-8 代谢组学技术比较

技术分类	研究目的	技术优势	技术劣势
非靶向代谢组学	无偏向性地对所有小分子代谢物同时进行检测分析	无偏向性,高通量,样本无需特殊处理且一次进样分析	需要进行复杂的生物信息学分析;只能获得相对定量的结果
靶向代谢组学	对特定的某一类代谢物进行分析,特别是针对一种或几种途径的代谢产物	灵敏度高,绝对定量,可得到样本中代谢物的浓度	需要购买标准品,进行分析方法的开发、验证,研究成本高
类靶向代谢组学	更高通量地检测某几类代谢物	灵敏度高,检测低丰度代谢物;准备性高,重复性好	依赖自建库,只能相对定量,样本处理烦琐

目前,代谢组学在茶叶领域中的应用主要包括茶树品种选育、农药残留、抗性机制、代谢产物生物合成及调控、加工工艺优化、真伪鉴定等方面(Lindon et al., 2008)。在功能品质成分分析方面,可用于不同品种、产地来源、工艺、存储条件等的化合物差异分析,从而实现对茶叶品质的判定分析(Zhou et al., 2019; Ge et al., 2019; Yuan et al., 2019)。

4. 脂质组学

脂类是生物体内至关重要的生物分子,在茶叶细胞凋亡、信号传导、物质运输、能量储存等多个方面发挥重要作用。脂质组学分析技术日益多元化(崔益玮等, 2019; Shevchenko and Simons, 2010; 刘虎威和白玉, 2017; Tang et al., 2020),主要包括核磁共振波谱、液相色谱-质谱联用、气相色谱-质谱联用、薄层色谱(Stander et al., 2019)、毛细管电泳-质谱联用、电喷雾电离质谱、"鸟枪法"(Han and Gross, 2022)、基质辅助激光解吸电离飞行时间质谱等(Jovall et al., 2021),为深入揭示脂类在生物体内的复杂功能和作用机制提供了强有力的技术支持。脂质组学相比于其他组学起步较晚,在植物研究方面具有巨大潜力(Luque de Castro and Quiles-Zafra, 2020)。在植物学和茶学领域中开展脂质组学研究,将为茶学发展开辟一个全新的研究视角,这一领域的深入研究将有助于我们更全面地理解脂类在茶叶生长、发育、生理过程以及品质形成中的重要作用,为茶树的遗传改良、品质提升和生理调控提供新的科学依据和技术支持。

(侯 粲)

2.3 技术应用及典型案例分析

组学技术在茶学领域已成为重要研究手段，结合数据运算、机器学习、算法应用等方法，广泛应用于茶叶生长发育、分级分类、产地溯源、品质监测、贮藏保存等方面。多组学数据的整合使我们能够深入剖析茶叶基因表达与各种生物系统代谢机制之间的复杂关系，为揭示茶叶生长发育、品质形成以及生理响应等过程的分子机制提供了更为全面和深入的见解。

2.3.1 组学技术应用于茶叶分级分类

1. 组学技术应用于鲜叶分级

机采茶原料中单片鲜叶存在老嫩不均的现象，不经分级直接加工成大宗茶，使得嫩度高的鲜叶错失了加工成优质茶的机会，机采茶经济效益未得到充分发挥。针对上述问题，安徽农业大学团队（浦宇文，2022）采用近红外光谱结合机器学习技术，对茶鲜叶样品进行等级标定、光谱数据采集、预处理及特征提取，利用支持向量机、极限学习机（extreme learning machines，ELM）和 k-最近邻（k-nearest neighbor，KNN）算法模型，实现对三种等级茶鲜叶的分级（图2-1和图2-2）。

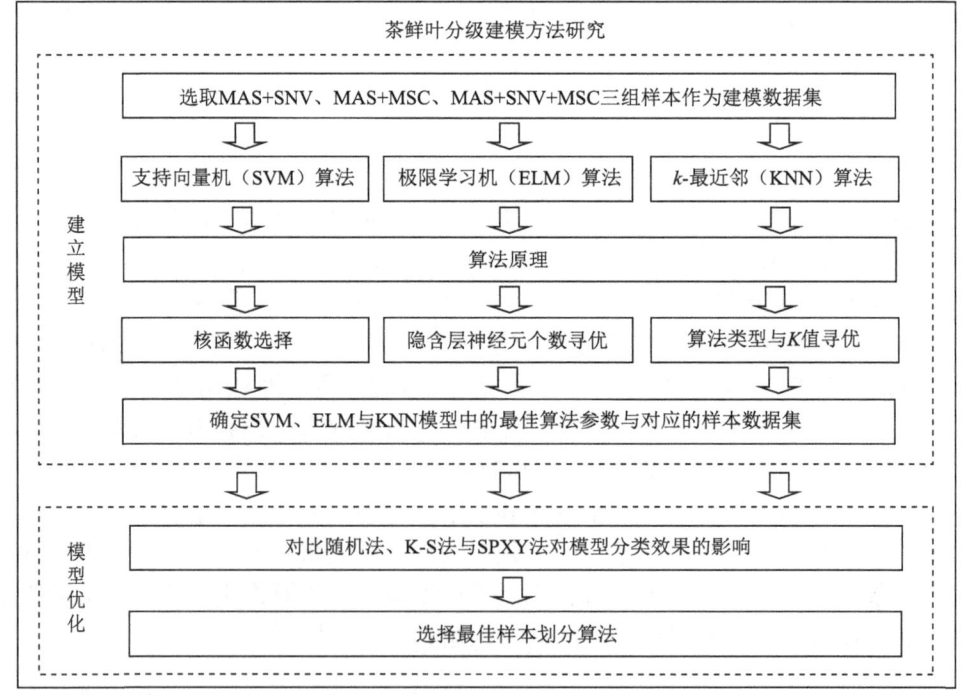

图2-1　茶鲜叶分级建模方法示意图（浦宇文，2022）

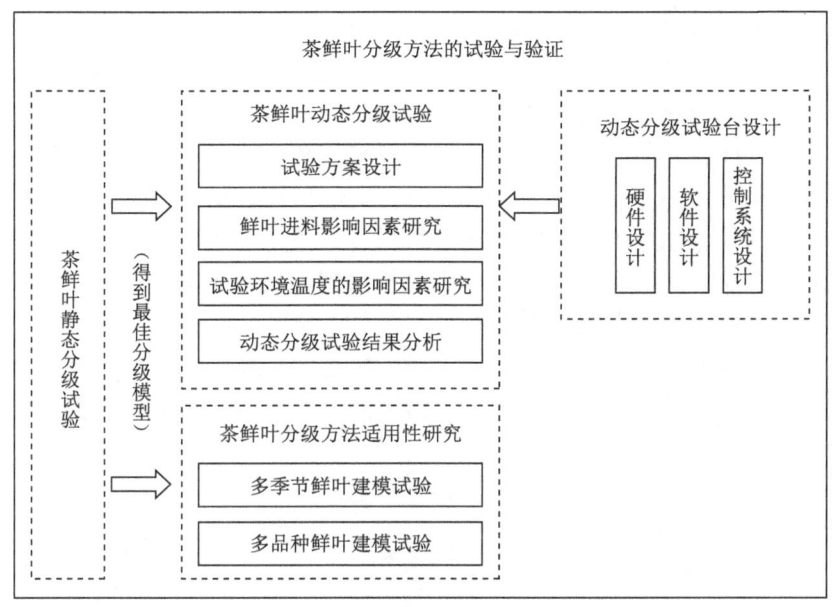

图 2-2 茶鲜叶分级方法验证示意图（浦宇文，2022）

结果表明，不同季节、不同品种鲜叶模型的测试集预测准确率可分别达到 92.777%、95.833%，所建模型对不同季节、品种的鲜叶均具有较好的分级效果，具有一定适用性及落地应用价值。

2. 组学技术应用于产品等级区分

为探索红茶生物活性成分与等级之间的相关性，韦玲冬等（2021）通过应用通径分析法，计算全氮量、水浸出物、茶多酚、咖啡碱、游离氨基酸、粗纤维与红茶等级之间的通径系数及间接系数，以明确影响红茶等级的主要生物活性成分。进一步地，建立相应的回归方程，以量化成分对红茶等级的具体影响。结果表明，红茶的生物活性成分与其等级之间的相关性系数均达到显著水平（$P<0.05$），显示出这些成分在决定红茶品质等级中的重要地位，其中水浸出物含量对红茶等级的影响最为显著，是影响红茶等级的最大因素，茶多酚含量是影响红茶等级的最小因素。深入分析显示，茶多酚对红茶等级的影响主要通过水浸出物和咖啡碱的间接作用实现。这一发现揭示了茶叶中不同成分之间复杂的相互作用关系，以及化合物相互作用共同影响红茶品质等级的方式。利用茶叶中的主要成分进行红茶等级的判定是具有一定可行性的，不仅为红茶品质评价提供了新的视角，也为传统分级方式提供了一种有益的补充。

绿茶具有鲜醇高爽，同时带有栗香、兰花香等香气特点。因其原料嫩度较高，保留了较多的茶树初级代谢产物，汤晨（2021）以不同等级的烘青绿茶（黄山毛峰、太平猴魁、舒城小兰花）为研究对象，解读不同等级烘青绿茶茶汤中的滋味物质和香气物质的差异（图 2-3）。采用固相微萃取结合全二维气相色谱-嗅闻-质谱技术，对不同等级烘青绿茶茶汤中的香气物质进行分析，聚类分析热图结果显示，芳樟醇、D-柠檬烯、月桂烯含量与等级呈正相关，且可作为甲级烘青绿茶的标志性香气物质。基于高效液相色谱-三重四极杆质谱和高效薄层色谱-解吸电喷雾电离质谱的代谢组学方法，对不同等级烘青绿茶茶汤中滋味成分进行分析，结合主成分分析法、正交偏最小二乘判别分析法判定没食子酰葡萄糖、二没食子酰葡萄糖、三没食子酰葡萄糖、没食子酸、小木麻黄素、表儿茶素-表没食子儿茶素没食子酸[(E)C-(E)CG]作为区分不同等级的标志物。此研究探讨了茶汤中风味物质组成和含量与茶叶等级之间的规律，为区分不同等级绿茶提供了科学依据。

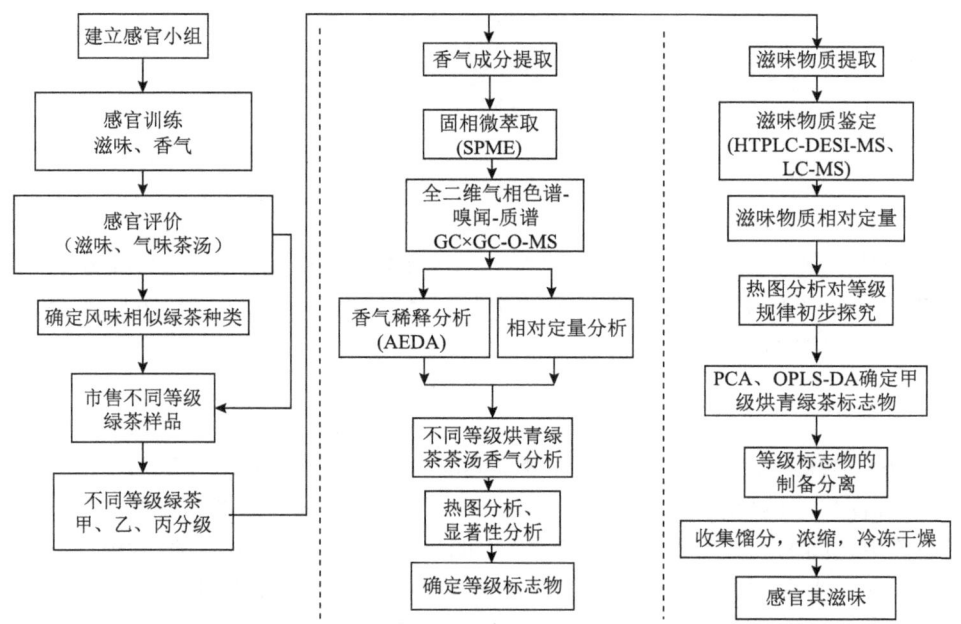

图 2-3　甲级烘青绿茶等级标志物质谱鉴定与风味表征研究路线图（汤晨，2021）

3. 组学技术应用于产品分类

王黎明等（2022）以不同类型的普洱熟茶为分析对象，深入探讨普洱熟茶样品的厚滑度和甜度这两项传统感官审评指标与其生物活性成分之间的关联性（表 2-9）。通过靶向检测及相关性分析，认为茶多酚和咖啡因是影响普洱熟茶厚滑度的主要生物活性成分，而茶多酚和茶黄素则是影响普洱熟茶甜度的关键成分。进一步采用通用全局优化算法，成功构建针对普洱熟茶的"成分-感官品质得分"数学预测模型，以普洱熟茶的生物活性成分为输入变量，通过数学计算预测出对应的感官品质得分，这种基于数学模型的品质评估方法，为普洱熟茶的品质控制和分类提供了新的工具。该模型不仅能够实现对普洱熟茶的分类，还为其品质评估提供了物质成分标准和数字化标识标签，实现了对传统感官审评方法的定量化和可视化升级，研究成果对于提升普洱熟茶的品质控制水平、促进茶产业的可持续发展具有积极意义。

表 2-9　普洱熟茶分类及物质成分标准（王黎明等，2022）

普洱熟茶类型	物质成分标准
普洱熟茶甜厚型	$P+1.4\times C \geqslant 17.4\%$ 且 $P+7.1\times T \leqslant 11.5$
普洱熟茶醇厚型	$P+1.4\times C \geqslant 17.4\%$ 且 $P+7.1\times T > 11.5$
普洱熟茶甘甜型	$P+1.4\times C < 17.4\%$ 且 $P+7.1\times T \leqslant 11.5$
普洱熟茶普通型	$P+1.4\times C < 17.4\%$ 且 $P+7.1\times T > 11.5$

2.3.2　组学技术应用于产地溯源

气候、土壤条件、加工方式一定程度上决定了茶叶独特的香气及其口感，茶叶的地理来源是其质量的关键决定因素之一。袁玉伟等（2013）利用稳定同位素质谱技术、等离子发射光谱-质谱技术精确测定茶叶中同位素比率（δ_{15N}、δ_{13C}、δ_D、δ_{18O} 等）以及元素含量（Li、Be、Na 等），结合主成分分析和线性判别分析法，建立茶叶产地判别模型，对来自不同省市的茶叶进行产地溯源判定（图 2-4）。结果表明，不同产地的茶叶样品在稳定同位素比率上存在显著的数值范围差异，27 种矿物元素的含量上也显示出明显的地域特征性差异。单独采用主成分分析法能够区分来自不同产地的茶叶样品，但也存在部分样品重合的现象。采用主成分分析结合线性判别法，能够准确区分不同产地来源的茶叶，其中福建省、山东省和浙江省的产地判定准确率为 99%，浙江省余姚市、金华市和西湖产区的产地判定准确率为 86%。该模型实现了不同产地来源茶样的溯源，为茶叶产区鉴别、认证及真伪鉴别提供了科学依据。

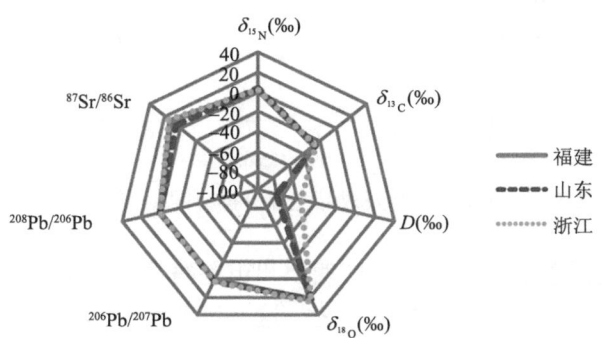

图 2-4　不同产地茶叶中稳定同位素雷达图（袁玉伟等，2013）

由于茶叶的地理来源对茶叶的质量和价格影响很大，因此明确特定地区生产绿茶的地理来源具有重要意义。Gu 等（2022）首次利用高效液相色谱二极管阵列检测器采集的新型二维指纹图谱，用于鉴定中国绿茶的地理来源。采用多元曲线分辨率交替最小二乘法算法从 78 份茶叶样品的二维指纹图谱中提取了 62 种化学成分。采用主成分分析和正交偏最小二乘判别分析对茶样进行提取成分分类，主成分分析结果显示，来自两种不同地理产地的茶样具有明显的聚类趋势，正交偏最小二乘判别分析模型总识别率达 92.86%，模型预测度和拟合度均大于 0.75，最终筛选出 17 个特征成分，作为区分浙茶和山东茶的特征标志化合物，为识别绿茶的地理来源提供依据。

2.3.3 组学技术应用于茶叶品质监测

侯粲等（2020）借助超高效液相色谱-四极杆静电场轨道阱质谱技术，并结合主成分分析方法，深入探讨发酵工艺对陈皮黑茶化学成分的影响。主成分分析结果表明，发酵过程显著改变了陈皮黑茶原料的化学构成特性，使得发酵前后的陈皮黑茶样品在化学成分上呈现显著区别，得分图（图 2-5）中不同发酵阶段的样品能够被很好地区分开来。研究发现，来自不同厂家的陈皮黑茶在成分上存在差异性，采用厂家 1 的黑毛茶原料进行发酵的陈皮黑茶，在存放不同时间后，其成品间的化学成分差异不显著，显示出较高的质量稳定性。而使用厂家 2 的黑毛茶原料发酵制作的陈皮黑茶成品，在存放不同时间后，其化学成分差异显著，质量稳定性相对较低，这种差异可能是源于原料及发酵工艺的不稳定性，以及贮藏条件的变化等因素。因此，为确保陈皮黑茶的质量稳定性，应严格控制原料质量、优化发酵工艺，并合理控制贮藏条件，以减少成品在存放过程中的化学成分变化，提高产品的整体品质。

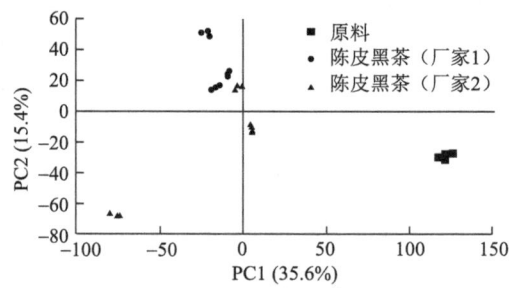

图 2-5　陈皮黑茶原料及成品主成分得分图（侯粲等，2020）

六堡茶，属黑茶的一种，源自广西梧州市苍梧县的微生物发酵型茶叶，其独特之处在于长达半年至三年的窖藏工艺，这一环节使得其与其他茶叶区分开来。为了深入探究六堡茶在加工过程中关键化学成分的动态变化，张均伟等（2019）

运用超高效液相色谱-四极杆静电场轨道阱质谱技术,结合主成分分析方法,对六堡茶在渥堆发酵及窖藏工艺中的化学成分演变进行系统分析(图2-6)。主成分分析结果显示,渥堆发酵及窖藏前后的六堡茶样品与原料在化学成分上存在显著差异。进一步数据库比对分析揭示了这些变化中涉及的主要化合物,共鉴定出29种显著变化的化合物,主要包括酚酸类、黄烷醇类、黄酮及黄酮苷类等物质,部分预测为酚酸类、黄酮及苷类的物质在渥堆发酵过程中其相对含量有所下降,但在随后的窖藏阶段中呈现回升趋势。此研究为解释六堡茶在加工过程中的品质形成机制提供了新的视角,为今后六堡茶的品质控制和加工工艺的优化提供了重要的参考,同时也为定义六堡茶品质的关键成分以及预测其潜在的健康功效提供了有力的科学依据。

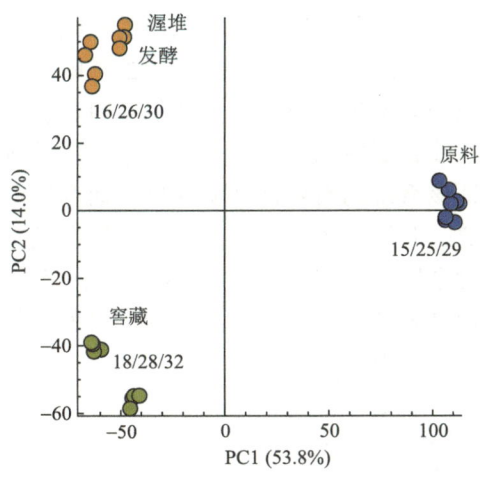

图2-6 六堡茶样品主成分分析得分图(张均伟等,2019)

乌龙茶,作为中国特有的茶叶品种,以其馥郁的香气、醇厚回甘的口感及明亮的色泽而备受赞誉。乌龙茶中的挥发性化合物不仅是香气的核心构成,更对茶叶整体感官品质有重要影响。烘焙工艺,作为精制乌龙茶的关键工序,通过内部挥发性化合物产生直接的物理化学反应,塑造并决定了乌龙茶的品质。陈志雄等(2022)采用气相色谱-离子迁移色谱法,对不同烘焙阶段的乌龙茶中的挥发性有机物进行分离与鉴定,通过主成分分析法,对烘焙前后的乌龙茶样品进行分类,剖析挥发性物质的组成及其变化(图2-7)。结果显示,烘焙工艺对乌龙茶中挥发性化合物的组成产生了显著影响,挥发性化合物物质组成存在差异,呈青气的挥发性组分在烘焙工艺后呈现减少趋势,呈焦糖香、烘烤香等独特香气的挥发性组分则显著增加。此研究结果不仅揭示了烘焙工艺对于乌龙茶品质形成的重要性,也为乌龙茶的品质控制提供了科学依据。

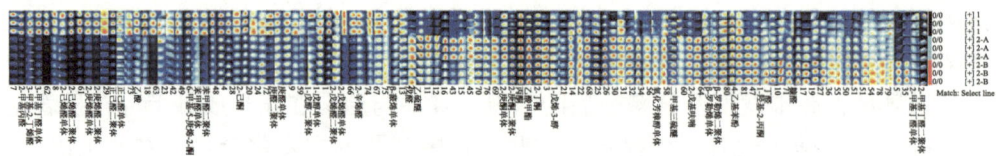

图 2-7 乌龙茶样品烘焙前后 Gallery Plot 图（指纹图谱）（陈志雄等，2022）
数字代表化合物出峰的顺序

蒋建东等（2019）设计并构建了针对茶叶加工全过程的远程物联网监测平台。该平台不仅实现了对茶叶状态参数以及加工设备工艺参数的实时远程监测和监控，还有效保障了茶叶生产线的远程设备运行参数监控以及茶叶品质的精确溯源（图 2-8）。在综合考虑鲜叶采摘信息和全面的生产信息后，研究者运用层次分析法（AHP）深入剖析了生产过程参数对茶叶品质的影响，成功构建针对茶叶加工过程的溯源评价模型，模型综合考虑生产过程中的关键因素及茶叶品质的评价标准。基于该模型，研究团队通过整合茶叶生产的实时数据和历史数据，进一步建立了茶叶生产离线与在线数据库的融合质量评价系统，实现了对茶叶生产全过程的监控和评价。为验证该系统的有效性和实用性，研究团队以黄山毛峰茶的初制加工生产线为试验对象，开展远程监控系统开发与溯源信息的采集验证试验。通过运用层次分析法和融合质量评价系统，茶叶生产企业能够更好地控制生产过程，提高茶叶品质，满足消费者的需求。同时，溯源信息的采集和验证也为茶叶的品牌建设和市场推广提供了有力保障。

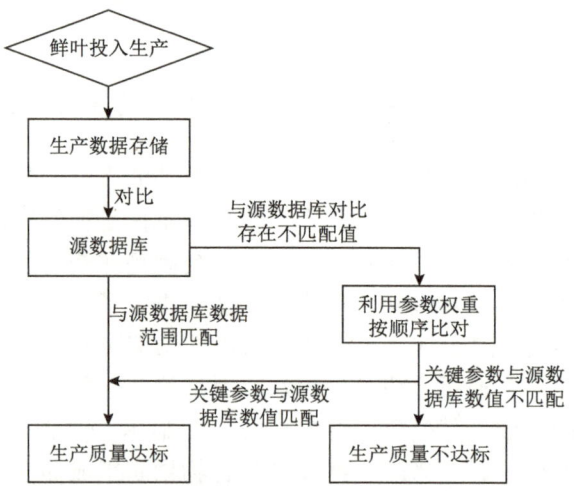

图 2-8 茶叶生产质量评价对比流程图（蒋建东等，2019）

云南普洱茶的后发酵工艺赋予其特殊的香气和品质。蒙肖虹（2009）针对普洱茶的快速发酵技术进行了深入研究，通过实时监测发酵过程中的感官和理化指标，判定最佳的快速发酵工艺参数组合。在晒青毛茶经发酵工艺向普洱茶的转变过程中，茶叶的感官品质（特别是滋味和香气）发生了显著变化。渥堆发酵后，茶多酚、EGCG、ECG、儿茶素（C）、EC、EGC 和咖啡碱等化合物的含量均有不同程度的减少，而水浸出物含量则显著增加。为深入探究普洱茶快速发酵过程中化学成分与品质之间的内在联系，应用相关性分析及多元线性回归方法，构建普洱茶品质的预测模型：$Y=38.793+9.216X_1-15.415X_2-4.867X_3-7.389X_4$，其中，$Y$ 代表普洱茶的品质得分，X_1 代表水浸出物的含量，X_2 代表茶多酚的含量，X_3 代表 EGCG 的含量，X_4 代表 ECG 的含量。模型分析结果显示，品质得分 Y 与水浸出物、茶多酚、EGCG 和 ECG 的含量之间存在高度相关性，其相关系数分别为 0.893、-0.925、-0.945 和-0.947。在特定范围内，普洱茶的品质与水浸出物的含量呈现正相关关系，即水浸出物含量越高，普洱茶的品质得分也越高。相反，普洱茶的品质与茶多酚、EGCG、ECG 的含量呈现负相关关系，即这些化合物含量的适当减少有助于提高普洱茶的品质。此研究不仅为普洱茶的品质控制和工艺优化提供了有力的科学依据，而且为深入理解普洱茶加工过程中化学成分与品质之间的相互作用机制奠定了基础。

采收时间是影响高山绿茶品质的关键因素之一。目前，茶叶品质随采收期变化的机理尚未阐明。采用感官评价、代谢组学、转录组学分析、高通量测序等方法，对清明和谷雨采收的鲜茶（qmlc 和 gylc）和加工茶（qmgc 和 gygc）及其内生细菌进行分析（Xiao et al., 2023）（图 2-9）。结果表明清明采收加工茶的氨基酸、可溶性糖相对含量较高，儿茶素、茶黄素、黄酮醇相对含量较低，感官品质优于谷雨采收加工茶，清明采收加工茶具有浅绿色、鲜爽度高、甜味浓郁和轻度苦味的特征。此外，黄酮和黄酮醇的生物合成及苯丙氨酸代谢是区分清明采收加工茶和谷雨采收加工茶质量的关键途径，茶叶中的内生细菌通过调节茶树的生

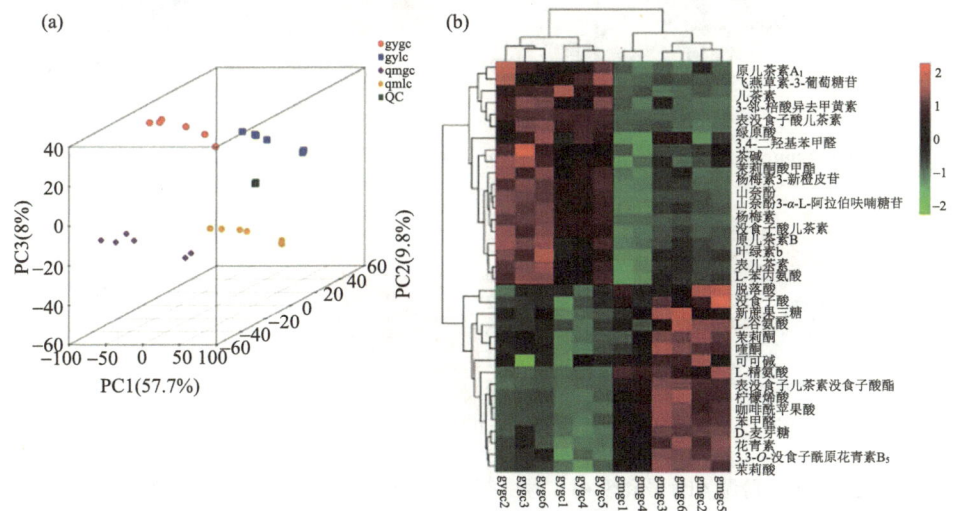

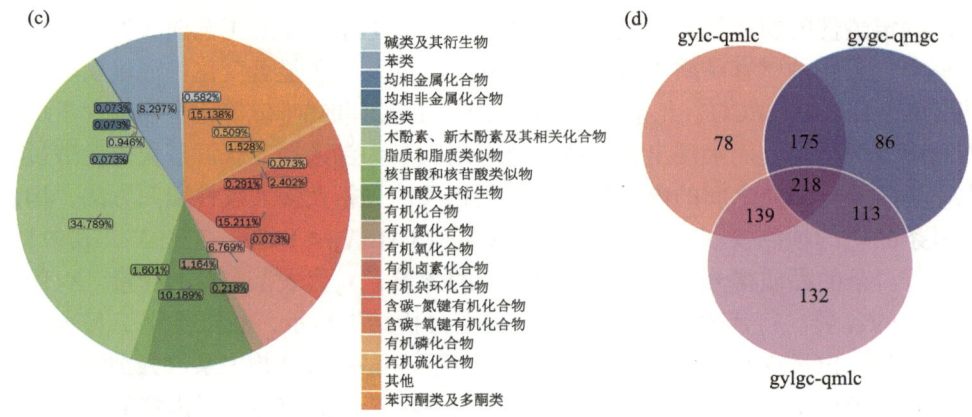

图 2-9　清明茶、谷雨茶代谢组学分析图（Xiao et al., 2023）

长和增强茶树的抗病性来进一步影响茶树的品质，此研究结果为茶叶采摘在面对产品质量和经济效益的冲突时追求平衡提供了新的线索。

采用转录组和蛋白质组比较分析黔湄 419 号和黔福 4 号山茶品种营养品质相关分子机制（Yao et al., 2023）（图 2-10）。通过叶片功能分析、RNA 测序、等压标记相对和绝对定量技术，将转录组和蛋白质组结合，研究与黔湄 419 号和黔

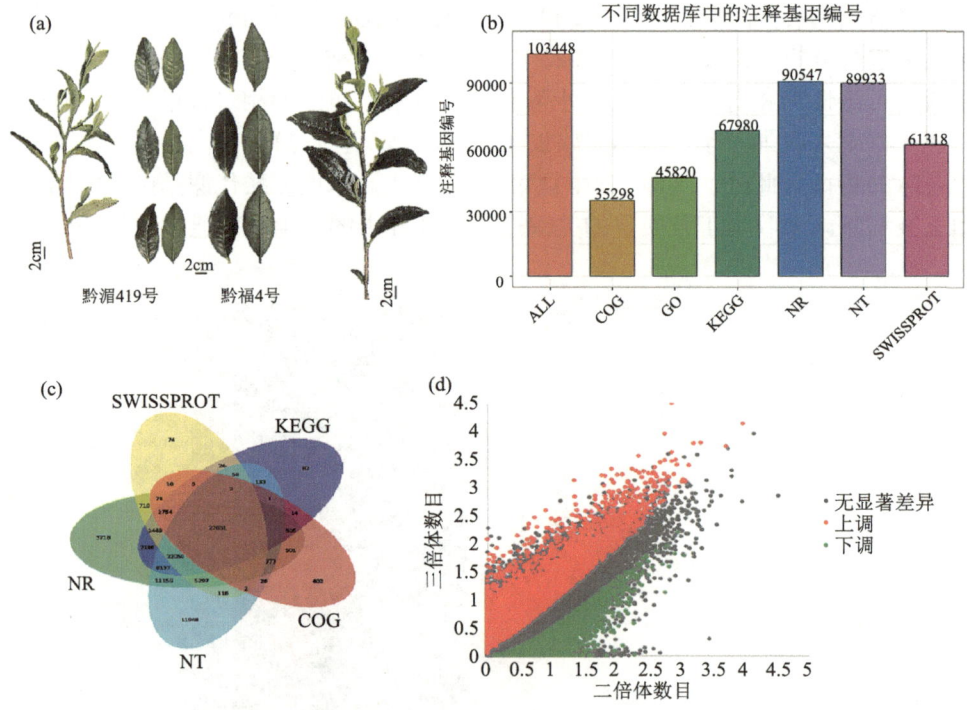

图 2-10　黔湄 419 号和黔福 4 号山茶品种差异分析图（Yao et al., 2023）

福4号营养品质相关的分子机制。结果表明,黔湄419号和黔福4号共有23813个基因和361个蛋白质表达水平存在差异;黄酮类生物合成、咖啡因代谢、茶氨酸生物合成和氨基酸代谢通路与茶叶营养品质有关。此研究识别了与营养物质代谢和积累相关的关键基因和蛋白质,有助于阐明营养物质差异的分子机制。

2.3.4 组学技术应用于茶叶存储

茶叶的品质不仅取决于其本身的等级,同时也受贮藏环境与时间等外部因素的影响。即使是同一等级的茶叶,在贮藏过程中其品质也会随时间的推移而逐渐变化。鲍俊宏和薛大为(2017)以黄山毛峰茶为研究对象,利用电子鼻技术对7个不同贮藏时间段的干茶进行检测分析,探索茶叶贮藏时间的预测方法。根据电子鼻传感器阵列响应选择特征变量,以特征变量作为自变量,以茶叶贮藏时间为因变量,构建黄山毛峰茶贮藏时间的神经网络反向传播法预测模型,模型的最大预测误差控制在42.1天,显示了较高的预测精度和可靠性。研究所建立的茶叶贮藏时间神经网络预测模型不仅能够有效地预测茶叶的贮藏时间,而且为茶叶的贮藏管理提供了有力的技术支持,具有实际应用价值。

白牡丹茶的感官特征随贮藏时间的延长而显著变化,基于广泛靶向代谢组学分析的液相色谱-串联质谱法对贮藏年龄为1~13年的白牡丹茶进行分析,旨在阐明白牡丹茶在储存过程中与感官质量相关的化学变化(Fan et al., 2021)(图2-11)。采用加权基因共表达网络分析对代谢物与色差值、味觉属性等感官特征进行相关

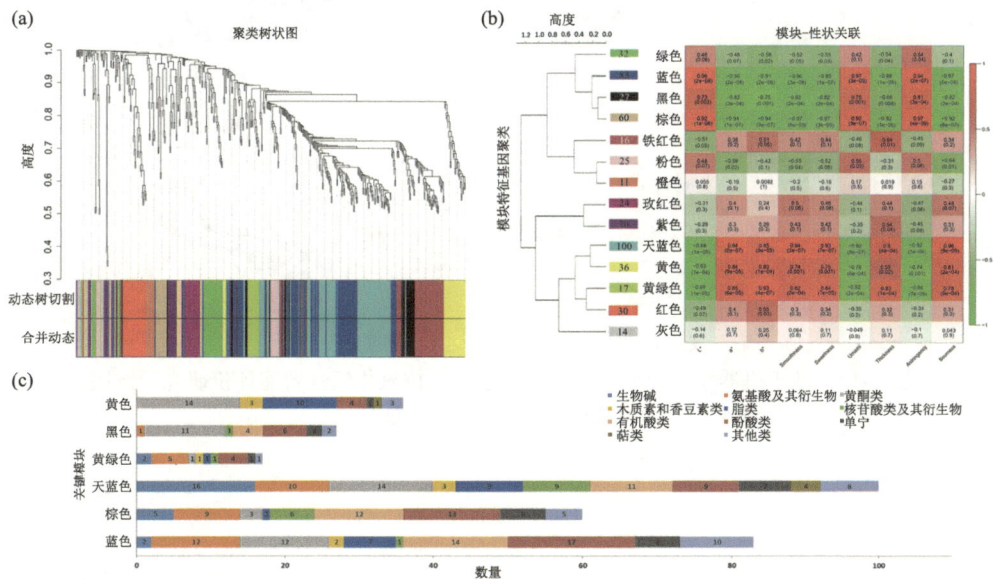

图2-11 基于加权基因共表达网络分析的代谢物与感官属性相关性研究(Fan et al., 2021)

性分析，从6个关键模块中获得323个感官性状相关代谢产物，并通过多因素分析进行验证。黄酮类化合物、单宁酸和氨基酸的减少和转化与茶汤的涩味、鲜味降低和褐变增加有关，果酸和有机酸的总含量随贮藏时间的延长而增加，此研究为化合物与食物各种感官特征的关联提供了一种高通量方法。

抗氧化活性是评价茶产品质量和功效的重要指标，采用电化学分析方法建立绿茶产品抗氧化活性变化智能监测模型，用于智能评价绿茶产品储存过程中抗氧化活性变化（Jiang and Zheng，2023）（图2-12）。研究检测了15种绿茶产品贮藏0、3、6、9、12个月的电化学响应信息，提取10个电化学特征参数。结合偏最小二乘判别分析和层次聚类分析，选取5个投影值大于1且重要度可变的参数作为特征变量；建立了人工神经网络预测模型，用于预测贮藏绿茶中抗氧化活性描述因子的变化。所建立的神经网络可以从电化学参数预测茶叶产品的抗氧化活性，预测模型可靠、准确。电化学特征与人工神经网络模型相结合，通过自学习训练，有效压缩数据，缩短分析时间，有助于茶叶产品的智能调控。

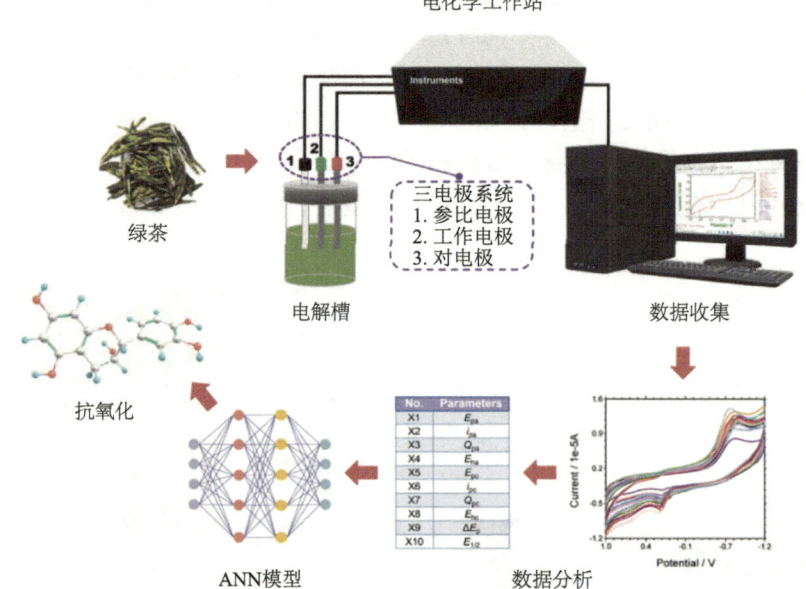

图2-12 基于机器学习的绿茶产品存储过程中抗氧化活性智能评价研究示意图
（Jiang and Zheng，2023）

（侯粲）

本章责任人：侯粲

参 考 文 献

白云, 钱冲, 胡光辉, 等. 2020. 反应分解法-气相色谱-质谱联用法测定具色泡沫网套及其色母粒中偶氮染料的迁移行为[J]. 食品安全质量检测学报, 11(18): 6543-6551.

鲍俊宏, 薛大为. 2017. 茶叶贮藏时间电子鼻检测方法[J]. 电子世界, 511(1): 85-86.

陈躬瑞, 林惠玉, 刘志彬, 等. 2013. 武夷岩茶的感官定量描述分析[J]. 中国食品学报, 13(7): 222-228.

陈国和, 胡腾飞, 谢贺, 等. 2023. 普洱茶与茯砖茶风味轮的构建及应用[J]. 茶叶科学, 43(5): 631-644.

陈志雄, 侯粲, 李颂, 等. 2022. 精制乌龙茶烘焙工艺及关键风味品质变化[J]. 福建茶叶, 44(11): 17-20.

程晓梅, 黄建安, 刘仲华, 等. 2014. 茶树蛋白质组学研究进展[J]. 湖南农业科学, (23): 28-31.

程悦, 严志勇, 卢嘉丽, 等. 2010. 高速逆流色谱分离制备苦茶中的苦茶碱[J]. 中山大学学报(自然科学版), 49(3): 65-69.

崔益玮, 王利敏, 戴志远, 等. 2019. 脂质组学在食品科学领域的研究现状与展望[J]. 中国食品学报, 19(1): 262-270.

戴前颖, 安琪, 郑芳玲, 等. 2022. 基于定量描述分析法和适合项勾选法的黄大茶香气感官特性及喜好度分析[J]. 食品科学, 43(21): 23-33.

戴前颖, 叶颖君, 安琪, 等. 2021a. 黄大茶感官特征定量描述与风味轮构建[J]. 茶叶科学, 41(4): 535-544.

戴前颖, 叶颖君, 李明泇, 等. 2021b. 定量描述分析法和 Flash Profile 法在祁门红茶香气评价中的应用[J]. 食品科学, 42(22): 224-231.

韩颢颖, 王亚东, 韩兆盛, 等. 2023. 基于 CATA 和 GC-MS/O 的不同牧场牛奶感官特性及香气活性物质分析[J]. 食品科学, 45(1): 143-149.

韩铭鑫, 李方彤, 张琰, 等. 2019. 稀有原人参二醇型皂苷的人肠道菌群生物转化[J]. 高等学校化学学报, 40(7): 1390-1396.

侯粲, 杜昱光, 王曦, 等. 2020. 发酵陈皮黑茶的化学成分差异及体外活性[J]. 食品科学, 41(18): 226-232.

黄丽繁, 李强, 韩徐, 等. 2022. 基于古籍研究的中国花茶感官术语形成与风味轮构建[J]. 农产品加工, (6): 62-65.

蒋建东, 周倩, 潘柏松, 等. 2019. 茶叶加工过程远程云监控与溯源研究及系统设计[J]. 茶叶科学, 39(6): 742-752.

金孝芳, 罗正飞, 童华荣. 2012. 绿茶茶汤中主要滋味成分及滋味定量描述分析的研究[J]. 食品工业科技, 33(7): 343-346.

李勤, 程晓梅, 李永迪, 等. 2019. 白叶 1 号白化过程中叶绿体蛋白质组差异分析[J]. 茶叶科学, 39(3): 325-334.

李向波, 刘顺航, 贾黎晖, 等. 2017. 普洱茶感官品质分析及风味轮构建[J]. 中国茶叶, 39(11): 32-34+37.

刘迪, 陈佳伟, 张聪, 等. 2019. 组学技术在人参皂苷活性研究中的应用进展[J]. 食品工业,

40(10): 285-288.

刘洪川, 李鹏飞, 胡婷, 等. 2020. 双内标高效液相色谱-质谱联用法测定人血浆中美罗培南浓度[J]. 中国临床药理学杂志, 36(17): 2706-2709.

刘虎威, 白玉. 2017. 脂质组学及其分析方法[J]. 色谱, 35(1): 86-90.

刘奇, 欧阳建, 刘昌伟, 等. 2022. 茶叶品质评价技术研究进展[J]. 茶叶科学, 42(3): 316-330.

蒙肖虹. 2009. 普洱茶快速发酵工艺及品质监测的研究[D]. 昆明: 昆明理工大学.

孟欣, 吴梦洁, 杨洁, 等. 2021. CATA 方法应用于手膜的消费者感官研究[J]. 日用化学品科学, 44(7): 38-44.

穆小婷, 郑溪, 林建勇, 等. 2022. 茶叶中主要活性成分检测方法综述[J]. 广东茶业, 184(4): 2-7.

欧阳建, 黄纯勇, 李适, 等. 2022. 黄金茶绿茶风味轮及滋味分类模型的构建[J]. 食品与发酵工业, 48(24): 139-146.

浦宇文. 2022. 基于近红外光谱的茶鲜叶分级研究与试验[D]. 合肥: 安徽农业大学.

苏晓霞, 黄序, 黄一珍, 等. 2013. 快速描述性分析方法在食品感官评定中应用进展[J]. 食品科技, 38(7): 298-303.

汤晨. 2021. 甲级烘青绿茶等级标志物的质谱鉴定与风味表征[D]. 北京: 北京工商大学.

王黎明, 肖杰, 侯粲, 等. 2022. 普洱熟茶滋味品质预测模型建立及感官数字化标签研究[J]. 中国食物与营养, 28(11): 19-23.

韦玲冬, 张雯, 王春波, 等. 2021. 基于通径分析的不同等级红茶与化学成分相关性研究[J]. 茶叶通讯, 48(2): 300-305.

吴平. 2021. 六堡茶风味轮的构建及解析[J]. 茶叶, 47(2): 89-98.

吴琼, 孙超, 陈士林, 等. 2010. 转录组学在药用植物研究中的应用[J]. 世界科学技术(中医药现代化), 12(3): 457-462.

肖明霁, 庄映菁, 肖梦暄, 等. 2021. 中国茶叶感官审评的发展与溯源[J]. 茶业通报, 43(2): 62-66.

杨悦, 华再欣, 张海伟, 等. 2015. 定量描述分析在茶汤滋味评定中的应用[J]. 食品安全质量检测学报, 6(5): 1619-1625.

袁玉伟, 张永志, 付海燕, 等. 2013. 茶叶中同位素与多元素特征及其原产地 PCA-LDA 判别研究[J]. 核农学报, 27(1): 47-55.

岳翠男, 秦丹丹, 蔡海兰, 等. 2021. QDA 和 GC-MS 结合 PLSR 分析宁红茶中的风味物质[J]. 食品与发酵工业, 47(7): 225-231.

曾亮, 张博闻, 魏芳, 等. 2023. 南川大树茶红茶 QDA 分析条件优化与风味轮建立[J]. 茶叶通讯, 50(2): 141-152.

张均伟, 侯粲, 杜昱光, 等. 2019. 基于高分辨质谱结合主成分分析技术评价发酵过程对六堡茶关键品质成分的影响[J]. 食品科技, 44(12): 328-334.

张欣然. 2020. 茶叶审评技术研究进展[J]. 中国野生植物资源, 39(12): 46-51.

张颖彬, 王国庆, 于良子, 等. 2019. 我国茶叶感官审评技术的形成与发展[J]. 中国茶叶, 41(1): 19-21.

周玲. 2006. 乌龙茶香气挥发性成分及其感官性质分析[D]. 重庆: 西南大学.

朱艳, 胡腾飞, 黄甜, 等. 2023. 茯砖茶感官特征定量描述与风味轮构建[J]. 食品与生物技术学报, 42 (9): 1-9.

Chien H J, Chu Y W, Chen C W, et al. 2016. 2-DE combined with two-layer feature selection accurately establishes the origin of oolong tea[J]. Food Chemistry, 211 (15): 392-399.

Fan F Y, Huang C S, Tong Y L, et al. 2021. Widely targeted metabolomics analysis of white peony teas with different storage time and association with sensory attributes[J]. Food Chemistry, 362: 130257.

Feng Z H, Li M, Li Y F, et al. 2020. Characterization of the orchid-like aroma contributors in selected premium tea leaves[J]. Food Research International, 129: 108841.

Ge Y H, Bian X Q, Sun B Q, et al. 2019. Dynamic profiling of phenolic acids during Pu-erh tea fermentation using derivatization liquid chromatography-mass spectrometry approach[J]. Journal of Agricultural and Food Chemistry, 67 (16): 4568-4577.

Gu H W, Yin X L, Peng T Q, et al. 2022. Geographical origin identification and chemical markers screening of Chinese green tea using two-dimensional fingerprints technique coupled with multivariate chemometric methods[J]. Food Control, 135: 108795.

Han X, Gross R W. 2005. Shotgun lipidomics: Electrospray ionization mass spectrometric analysis and quantitation of cellular lipidomes directly from crude extracts of biological samples[J]. Mass Spectrometry Reviews, 24 (3): 367-412.

Han X, Gross R W. 2022. The foundations and development of lipidomics[J]. Journal of Lipid Research, 63 (2): 100164.

Jiang L, Zheng K. 2023. Towards the intelligent antioxidant activity evaluation of green tea products during storage: A joint cyclic voltammetry and machine learning study[J]. Food Control, 148: 109660.

Jovall N E, Oddvar O, Marianne G, et al. 2021. Identification of streptococcus dysgalactiae using matrix-assisted laser desorption/ionization-time of flight mass spectrometry, refining the database for improved identification[J]. Diagnostic Microbiology and Infectious Disease, 99 (1): 115207.

Klose J. 1975. Protein mapping by combined isoelectric focusing and electrophoresis of mouse tissues[J]. Humangenetik, 26 (3): 231-243.

Li H H, Luo L Y, Wang J, et al. 2019. Lexicon development and quantitative descriptive analysis of Hunan fuzhuan brick tea infusion[J]. Food Research International, 120: 275-284.

Lindon J C, Nicholson J K. 2008. Spectroscopic and statistical techniques for information recovery in metabonomics and metabolomics[J]. Annual Review of Analytical Chemistry, (1): 45-69.

Lockhart D J, Winzeler E A. 2000. Genomics, gene expression and DNA arrays[J]. Nature, 405 (6788): 827-836.

Luque de Castro M D, Quiles-Zafra R. 2020. Lipidomics: An omics discipline with a key role in nutrition[J]. Talanta, 219: 121197.

Mao S H, Lu C Q, Li M F, et al. 2018. Identification of key aromatic compounds in Congou black tea by partial least-square regression with variable importance of projection scores and gas chromatography-mass spectrometry/gas chromatography-olfactometry[J]. Journal of the Science of Food and Agriculture, 98 (14): 5278-5286.

Mozumder N H M R, Lee Y R, Hwang K H, et al. 2020. Characterization of tea leaf metabolites dependent on tea (*Camellia sinensis*) plant age through 1H NMR-based metabolomics[J]. Applied Biological Chemistry, 291(63): 10.

Shevchenko A, Simons K. 2010. Lipidomics: Coming to grips with lipid diversity[J]. Nature reviews Molecular Cell Biology, 11(8): 593-598.

Stander E A, Williams W, Rautenbach F, et al. 2019. Visualization of aspalathin in rooibos (*Aspalathus linearis*) plant and herbal tea extracts using thin-layer chromatography[J]. Molecules, 24(5): 938.

Tang X M, Guo J L, Chen L, et al. 2020. Application for proteomics analysis technology in studying animal-derived traditional Chinese medicine: A review[J]. Journal of Pharmaceutical and Biomedical Analysis, 191: 113609.

Wang P J, Chen S R, Gu M Y, et al. 2020a. Exploration of the effects of different blue LED light intensities on flavonoid and lipid metabolism in tea plants via transcriptomics and metabolomics[J]. International Journal of Molecular Sciences, 21(13): 4606.

Wang S Y, Zhao F, Wu W X, et al. 2020b. Comparison of volatiles in different jasmine tea grade samples using electronic nose and automatic thermal desorption-gas chromatography-mass spectrometry followed by multivariate statistical analysis[J]. Molecules, 25(2): 380.

Wei F F, Furihata K, Miyakawa T, et al. 2014. A pilot study of NMR-based sensory prediction of roasted coffee bean extracts[J]. Food Chemistry, 152: 363-369.

Xiao H S, Yong J, Xie Y J, et al. 2023. The molecular mechanisms of quality difference for Alpine Qingming green tea and Guyu green tea by integrating multi-omics[J]. Frontiers in Nutrition, 9: 1079325.

Yao X Z, Qi Y, Chen H F, et al. 2023. Comparative transcriptomic and proteomic analysis of nutritional quality-related molecular mechanisms of 'Qianmei 419' and 'Qianfu 4' varieties of *Camellia sinensis*[J]. Gene, 865: 147329.

Yuan H B, Chen X Q, Shao Y D, et al. 2019. Quality evaluation of green and dark tea grade using electronic nose and multivariate statistical analysis[J]. Journal of Food Science, 84(12): 3411-3417.

Zhou J, Wu Y, Long P P, et al. 2019. LC-MS-based metabolomics reveals the chemical changes of polyphenols during high-temperature roasting of large-leaf yellow tea[J]. Journal of Agricultural and Food Chemistry, 67(19): 5405-5412.

第 3 章 茶的营养健康评价技术

3.1 临床前研究方法

茶及其提取物的临床前研究主要借鉴药理学、生物学等研究方法。由于茶是一种普通食品，因而其研究还广泛借鉴了营养学、公共卫生等研究策略。临床前研究主要包括体外研究及体内研究。体外研究主要有计算机模拟筛选技术、细胞与器官芯片、体外酶学研究等，体外研究的优势在于通量高、早期筛选成本低、靶向性及可重复性较好，但无法反映消化、吸收、代谢等多时空作用场景和复杂的生理过程；网络药理学与分子对接等计算机模拟筛选技术有助于多成分、多靶点的互作研究，但其准确度仍存在局限。动物试验的主要优点是模拟体内真实生理环境，在严格的实验设计下，可有效排除混杂因素，在人群研究之前开展有效、合理、充分的动物研究，可有效揭示产品的健康功效、作用机制、用法用量，同时可积累充分的毒理学证据，为后期人群研究提供坚实基础，但是存在伦理学的限制。

3.1.1 体外研究方法

1. 计算机虚拟筛选技术

计算机虚拟筛选技术是一种以结构化学、分子药理学、生物化学等多学科为基础，与高通量筛选互补的便捷工具，普遍用于新型药物筛选和发现工作。在新药研发的过程中，可先行在虚拟筛选数据库中进行目标化合物的初筛，缩小目标化合物范围。目前，随着计算机辅助筛选的需要，出现了许多专门用于筛选化合物的数据库（刘玉甜等，2020）（表 3-1）。

表 3-1 常用的计算机虚拟筛选数据库（刘玉甜等，2020）

数据库名称	化合物数目	权限	备注
ZINC	约 150000	免费	数据量非常全，包含多种格式，提供一个基于 Web 的应用程序来支持快速复杂查询及下载功能
ACD 数据库	约 250000	收费	提供分子 3D 结构形式，化合物化学正确性高

续表

数据库名称	化合物数目	权限	备注
ChemBank 数据库	900000	免费	小分子化合物和数据研究，注明了其分子所具有的功能，用于指导新化合物的化学合成，2D 数据库，不适合结构化的化合物筛选
CHEMnet BASE（Dictionary of Natural Products，DNP）	290000	收费	天然产物数据库中较为全面的数据库
Super NaturalII	325508	免费	包括相应理化性质、二维结构、预测的毒性类别，可提供潜在供应商信息等
AfroDb	1000	免费	药用植物天然产物数据库，包括分子的三维结构，可用于虚拟筛选
CHEMnet BASE（Dictionary of Marine Natural Products）	55000	免费	针对来自海洋生物的化合物
TemTec NPL	800	免费	来自动物、植物、真菌、细菌的化合物
TCM Database	37170	免费	目前世界上最大、收录最全的中药小分子数据库

计算机虚拟筛选技术主要基于分子模拟（计算化学）等分子设计技术，又可分为基于受体结构的药物设计和基于配体的药物设计。分子对接作为一种新兴技术，能够通过计算机算法预测分子靶向结合位点采用的配体构象（表3-2）。当受体（蛋白质）和配体（小分子化合物）的结构明确时，可以使用化学计量学方法模拟它们之间的相互作用。从已知化学结构的蛋白受体和配体出发，根据几何互补、能量互补等原则，计算出配体小分子和受体大分子的连接方式、作用力及亲和力大小。通过预测受体-配体复合物的结构以及稳定性，可以评估小分子化合物的潜在生物活性。由于分子对接技术筛选快速，成本低，已广泛应用于药物分子设计和天然产物生物活性成分的筛选。

表 3-2 常用的分子对接软件（杜海涛等，2024）

软件/算法/平台	基本情况介绍
AutoDock	AutoDock 软件由 AutoGrid 和 AutoDock 两个程序组成。其中 AutoGrid 主要负责格点中相关能量的计算，而 AutoDock 则负责构象搜索及评价。它应用半柔性对接方法，采用拉马克遗传搜索算法和基于经验的打分函数，允许小分子的构象发生变化，以结合自由能作为评价对接结果的依据
AutoDock Vina	AutoDock Vina 提高了结合模式预测的平均准确度，通过使用更简单的打分函数加快了运行速度，可在多核处理器上并行运算，在处理约 20 个可旋转键的体系时仍然能提供重现性较好的对接结果

续表

软件/算法/平台	基本情况介绍
Sybyl	商业平台，集成了分子对接、药效团识别、虚拟筛选、定量构效关系、组合化学、同源建模等多个模块，被学术界和制药企业广泛应用于药物设计各阶段
Discovery studio	商业平台，基于 BIOVIA Pipeline Pilot 构建的面向生命科学领域的综合分子建模和模拟平台。一共包含 32 个计算模块，涉及大分子和小分子等多种体系。应用领域不只局限于药物相关研究，还在酶工程、免疫学、病毒学、蛋白质工程、食品科学、环境毒理研究等方面都有涉及
Maestro	商业平台，提供了直观、高级的图形用户界面，用于发现分子见解和访问集成解决方案，Schrödinger FEP 方法优于其他方法，80%的推荐分子表现出更高的亲和力，而其他方法推荐的分子仅 10%表现出高亲和力
Glide	提供全方位的速度与精度选项，从用于高效丰富、数百万化合物库的高通量虚拟筛选模式，到用于可靠对接数万至数十万化合物库的标准精度模式，从高精度配体到超精密模式，通过更广泛的采样和高级评分进一步消除误报，从而实现更高的富集
Flex X	Flex X 采用碎片生长方式搜索到最优构象，依据对接自由能的大小选取最优构象。具有速度快、效率高、操作方便等优点，主要可以应用于小分子数据库的虚拟筛选
LeDock	可快速准确地将小分子灵活对接到蛋白质，曾通过 LeDock 进行高通量虚拟筛选并发现了新的激酶抑制剂和结构域拮抗剂
rDock	一种快速通用的开源对接程序，主要用于小分子与蛋白质和核酸的对接，专为高通量虚拟筛选和结合模式预测研究而设计
Surflex	一种快速准确的分子对接方式，采用独特的经验打分函数和拥有专利的搜索引擎，将配体分子对接到蛋白的结合位点
Rosettadock	可以提交相互作用残基与非相互作用残基。在已知位点时，限制对接的位点。通常用于精细优化结合模式
ZDOCK	基于快速傅里叶变换的刚性蛋白对接程序，能够搜索 2 个蛋白质的所有的平移以及旋转空间，然后给每一种可能的 Pose 进行打分，打分函数为基于能量的打分函数，可计算分子间势能、电场力，并预测空间互补性，用于预测蛋白分子间的拼合模型
FlexPepDock	一种基于折叠模拟的对接算法，可用于预测肽段与蛋白分子间的拼合模型。可实现与另一个蛋白质分子结合后折叠的柔性肽在活细胞中介导大量调节相互作用，并可能提供高度特异性的识别模块
SwissDock	专门用于将小分子停靠在目标蛋白质上的 Web 服务器。它基于 EADock DSS 引擎，结合设置脚本来解决常见问题并准备目标蛋白和配体输入文件。设计并实现了一个高效的 Ajax/HTML 界面，以便轻松地提交对接和检索预测的复合物

　　茶中富含潜在生物学活性物质，在已知受体结构的情况下，可以对数据库中的小分子采用分子对接或者基于配体的药效团搜索的方法，评估小分子可能对受体结构的作用方式以及匹配程度，挑选命中化合物。随着计算机辅助设计和化合物推广的需要，出现了一些茶类用于筛选化合物的数据库，如安徽农业大学依托茶树种质创新与资源利用全国重点实验室已经建立了茶代谢组数据库（Tea Metabolome

Database，TMDB），迄今已鉴定出 1271 个小分子化合物（Yue et al.，2014）。

有研究使用分子对接方法对茶叶中所含的 747 种成分与临床降血糖药物的 11 个关键蛋白靶标之间的潜在相互作用进行探究，结果显示，茶中有效成分降血糖作用机制与血糖干预药物罗格列酮相似。筛选结果显示 GCG、ECG3′Me、TMDB-01443 和 CG 与 5ji0、2xyw 和 5kjy 等噻唑烷二酮类药物的蛋白靶标具有很强的靶向结合能力（Sun et al.，2020）。病毒 SARS CoV-2 的主要蛋白酶（Mpro）是影响病毒复制的关键成分，被认为是 COVID-19 药物开发的主要目标。有研究使用分子对接技术，对茶多酚与 Mpro 潜在作用进行探究，结果显示：EGCG、ECG 和 GCG 与 Mpro 的催化残基（His41 和 Cys145）具有强相互作用，分子动力学模拟进一步显示该复合物高度稳定，构象波动小。因此这三种多酚可以作为 SARS CoV-2 Mpro 的潜在抑制剂，是相关药物开发的潜在候选成分（Ghosh R et al.，2021）。

2. 网络药理学

网络药理学最早于 2007 年由 Hopkins 提出，主要通过系统生物学、药理学、计算机科学等多学科，构建起"药物-靶点-基因-疾病"的交互网络，通过网络分析和数据梳理，探究药物与疾病间的相互作用，探索阐明药物作用机制。网络药理学主要应用 TCMSP、Uniprot、GeneCards 等数据库，通过在数据库中检索有效成分、靶蛋白并与主要疾病的作用靶点取交集，构建交互网络，并使用相关算法探索疾病与药物间的互作关系，探索潜在作用机制（Liang et al.，2014）。一项研究对六堡茶水提物进行网络药理学分析，Gene Card 和 Swiss Target Prediction 数据库的分析结果表明，六堡茶水提物的 139 个活性代谢物中共有 483 个靶基因。以"退行性改变"为重点，共筛选出 4727 个靶基因。Venn 分析显示它们之间有 277 个交叉基因。KEGG 分析结果表明，与六堡茶水提物活性成分作用退行性变化相关的靶基因主要富集在癌症通路、脂质动脉粥样硬化、阿尔茨海默病、钙信号通路、神经营养蛋白信号通路、细胞衰老等信号通路。这些通路与癌症、神经退行性疾病、衰老、糖脂代谢、能量代谢等退行性变化密切相关（Pan et al.，2023）。

3. 体外酶生化模型

在人体胃肠道中有多种消化酶类，如脂肪酶、蛋白酶、淀粉酶等，茶中富含的多酚、生物碱等有效成分可能通过与酶的结合，使消化酶分子结构发生变化，从而影响酶活性。

α-葡萄糖苷酶是一类能够催化水解葡萄糖基的酶的总称。由于餐后血糖水平与碳水化合物的消耗量及消化率密切相关，控制餐后血糖的治疗方式主要是延迟碳水化合物的消化和吸收。当小肠内 α-葡萄糖苷酶活性被抑制后，能够延缓或抑制葡萄糖在肠道的吸收，从而有效降低餐后血糖。α-葡萄糖苷酶抑制剂如临床口服抑制剂阿卡波糖可以用于治疗糖尿病，能够降低血糖水平和减少并发症发生。目前，许多天然产物也被认为具有抑制 α-葡萄糖苷酶的作用。α-葡萄糖苷酶抑制试验通常使用从动物肠道分离出的消化酶或商业化酶，以蔗糖、麦芽糖或糖结构类似物作为底物，阳性对照可选用经典 α-葡萄糖苷酶抑制剂阿卡波糖，通过检测反应产物计算酶抑制率。相关研究显示，多酚、多糖等天然产物中的有效成分具有抑制 α-葡萄糖苷酶的潜在作用。有研究探索了绿茶、红茶及乌龙茶的水提物及茶渣醇提物对 α-葡萄糖苷酶（分离自 SD 大鼠）活性作用，结果显示，绿茶水提物及茶渣醇提物对 α-葡萄糖苷酶抑制效果最好，半抑制浓度（IC_{50}）分别为（2.04±0.31）mg/mL 和（1.95±0.37）mg/mL（Oh J et al.，2015）。

脂肪酶是一类能够水解甘油三酯中的酯基生成脂肪酸和甘油的酶。由于膳食摄入脂肪的 95%通过脂肪酶催化在小肠中被吸收，因此抑制其活性被认为是降低甘油三酯从而预防和改善肥胖的重要途径之一。奥利司他作为特异性胃肠道脂肪酶抑制剂，可以通过直接阻断人体脂肪消化过程，从而达到减重等目的。脂肪酶抑制试验通常使用商业化酶（如猪胰脂肪酶），以奥利司他为阳性对照，通过检测反应产物计算酶抑制率。有研究通过体外试验证实，红茶中茶黄素及其衍生物可以有效抑制脂肪酶活性，进一步研究显示没食子酰酯的存在和位置对脂肪酶的抑制效果发挥有至关重要的作用（Glisan et al.，2017）。

4. 细胞模型与微流控芯片

在多种天然产物的开发和研究中，体外细胞水平测试是重要的环节之一。茶中富含多种多酚、黄酮、多糖、皂苷等物质，因此在心脏保护、抗炎、抗肿瘤、抗病毒、糖脂代谢调控、神经认知等方面有诸多益处，目前多种不同生理、病理状态的细胞模型已被应用于探索茶叶中不同成分的健康功效及作用靶点。如在茶改善神经认知方面，常用的细胞模型包括 SH-SY5Y、PC-12 神经细胞的 β-淀粉样蛋白模型，过氧化氢诱导的氧化损伤模型等。而在糖脂代谢疾病方面，主要的模型包括 Caco-2 葡萄糖转运模型，肝、肌肉、脂肪等细胞的胰岛素抵抗模型，3T3-L1 前脂肪细胞分化和葡萄糖转运模型等。此外，茶中主要化合物在抗肿瘤细胞增殖、促进凋亡方面也有潜在作用，因此 HepG2、HCT116 等肿瘤细胞系也可作为细胞模型，用于探究茶的抗肿瘤特性。

传统的孔板研究使细胞静态地暴露于受试物，忽略了细胞外微环境。同时，对体内吸收、分布、代谢和消除特性模拟效果不足，这使得体外研究可靠性不足，参考意义有限。微流控器官芯片将细胞、组织与流体精准操控系统结合起来，可以模拟细胞与受试物的互作，具有体积小、通量高等优点。

器官芯片通常具有毫米级别的细胞培养系统，可以提供稳定可控的细胞培养微环境，以实现多种细胞的长期共培养。目前，多种细胞已被混合培养，用于模仿组织、器官功能和结构单元，对于生物医药的发展和天然产物的应用具有至关重要的作用。

肝作为重要的物质合成代谢器官，其体外器官芯片的研发也较为充分。有研究制备了三维肝细胞芯片，将肝祖细胞、星状细胞和内皮细胞通过明胶包裹，经3D 打印附着于多孔膜上，培养孵育去除明胶后，转移至具备微通道的芯片载体上。该芯片可应用于肝纤维化的研究，探讨药物及天然产物对细胞凋亡、胶原蛋白积累等的作用（Lee et al.，2020）。除此之外，有研究在三维肝细胞芯片的基础上细化了器官芯片的组织结构，优化了肝脏局部精细结构，模拟了肝脏内的血流微环境，使用多种维持肝脏生理功能所必需的细胞类型，构建了肝小叶器官芯片、肝血窦器官芯片等，重点探究强调不同组织结构的细胞组成、空间位置、物质交换等关系（Nawroth et al.，2021；Du et al.，2021）。

肠是消化管中最为重要的一部分，许多功能性物质都是通过口服，经小肠吸收进入血液循环，因此制备肠芯片评价吸收是一个重要环节。区别于传统的细胞静态培养，器官芯片拥有动态的流体环境，可以对肠道微环境进行完整的模拟。利用器官芯片培养 Caco-2 细胞可以逐渐分化成具有绒毛结构的类肠特征组织，细胞间产生紧密连接，可以用于评价小肠的吸收功能。同时，可以与可分泌黏液的HT-29 细胞实施共培养，共培养芯片具有三维绒毛结构，可表达肠上皮细胞的多种功能，可重现肠道黏液层，利用微通道模拟肠腔中的转运系统可模拟肠腔中的营养运输和物质转换（向云青等，2020）。

随着器官芯片的可靠性不断提升，目前已逐渐从单器官芯片发展成为多器官集成，在同一器官芯片模拟多器官，用于体外药理及药代动力学等研究，探索物质转运及交换过程。有研究构建了多细胞器官芯片，分别模拟小肠对药物的吸收代谢、肝对药物的代谢及肾脏的排泄作用，同时利用蠕动微泵分别驱动模拟血液循环和排泄循环。尽管器官芯片已经历从传统的 3D 培养到多细胞共培养，最终到微流控芯片技术模拟微环境等不同历程，但是目前大部分器官芯片的应用仍停留在对疾病模型的模拟和对药代动力学等的研究，尚未达到替代动物模型研究及早期临床试验等目的。同时，器官芯片的应用多为单一单元系统，尚未实现大规模、高通量的筛选和分析。随着微流控、细胞生物及组织工程学技术的进一步发展，未来期待在构建组成及功能模拟上日趋真实，同时可全面实现大规模高通量筛选（荆柏林，2020）。

3.1.2 体内研究方法

由于很多疾病或生理状态在真实世界中具有偶发性，在天然产物的研究和开发上，使用遗传背景清楚的模式生物及其相关动物模型有助于保证结果的准确性、科学性及可重复性，以便更好地了解天然产物的毒性和安全性、药代动力学、作用靶标及疗效评价等。常见的模式生物主要包括小鼠（拉丁名：*Mus musculus*）、大鼠（拉丁名：*Rattus norvegicus*）、斑马鱼（拉丁名：*Danio rerio*）、果蝇（拉丁名：*Drosophila melanogaster*）、秀丽隐杆线虫（拉丁名：*Caenorhabditis elegans*）等。

小鼠和大鼠是目前应用最为广泛的模式生物，由于其在生理上与人类非常相似，且具有清晰的遗传背景，是生理及疾病状态研究的理想模式生物。目前，其高分辨遗传和物理连锁图谱、全基因组序列已得到充分研究，因此，在传统通过膳食、药物诱导模型构建的基础上，还可通过基因修饰等方式构建动物模型，用于分析遗传、环境之间的交互关系，目前已成功开发了糖尿病、肥胖、阿尔茨海默病、溃疡性结肠炎、肿瘤等多种重要疾病的动物模型。小鼠、大鼠的给药方式根据实际需求不同主要包括添加进入饲料及饮用水中、口服灌胃或腹腔注射等，在茶叶功能成分研究中，最为常见的给药方式为口服灌胃。小鼠及大鼠模型广泛应用于糖尿病的研究，可展现多种糖尿病相关并发症，如糖尿病肾病等，还可诱导糖尿病合并高血压、高脂血症等多种复杂模型。此外，小鼠及大鼠模型还应用于神经退行性疾病、肠道健康等方面的评价。湖南农业大学刘仲华院士团队利用葡聚糖硫酸钠诱导小鼠结肠炎模型，探讨不同年份武夷岩茶对结肠炎的缓解作用及对肠道菌群的影响。相关研究显示，陈年武夷岩茶可以有效缓解结肠炎小鼠体质量减轻、腹泻、便血以及结肠长度缩短等症状，减少炎性细胞浸润，并能显著抑制炎症因子的分泌，同时还可调节肠道中大肠杆菌（*Escherichia coli*）和嗜黏蛋白阿克曼菌（*Akkermansia muciniphila*）等微生物的相对丰度，维护肠道稳态（曾鸿哲等，2023）。另一项研究应用链脲佐菌素腹腔注射并成功建立高血糖模型小鼠，红茶及其发花红砖茶可以有效改善胰岛素水平、血糖水平、口服糖耐量等，并可有效提升过氧化氢酶等抗氧化酶活性（周阳等，2019）。

斑马鱼作为一种脊椎动物，由于具有遗传同源性高、繁殖力强、发育快以及易观察等特点，已被广泛应用于发育及疾病模型构建等领域，近些年逐渐在天然产物及药物的开发、药理学评价、毒理学以及功效评价等方面发挥作用。斑马鱼的给药方式根据实验目的不同，主要为直接添加进入饲料中、添加进入培养环境中、口服灌胃或腹腔注射。在天然产物活性相关研究中，可采用偶氮二异丁脒盐酸盐、过氧化氢、脂多糖等处理斑马鱼，诱导产生氧化应激从而构建抗氧化评价模型。斑马鱼体内代谢产生的活性氧，可以通过特异性染料染色用于检测。斑马鱼虽不具有淋巴结，但具有丰富的淋巴和胸导管，且具有先天免疫和获得性免疫，与哺乳动物具有高度相似性，可通过探究免疫功能相关因子，探索其免疫调控功能活性。斑马鱼还可参与天然产物提取物心脏保护、脂质代谢、肠道健康等方面的评价（尹娜等，2022）。有研究以斑马鱼幼鱼为对象，采用葡萄糖单独与四氧嘧啶联用，成功构建了基于非胰岛素依赖型糖尿病和胰岛素依赖型糖尿病斑马鱼模型，白茶水提物可有效降低模型斑马鱼的血糖水平（刘均等，2023）。

秀丽隐杆线虫也是分子和细胞生物学研究的重点模式生物之一，被广泛用于基因功能研究、发育生物学、神经生物学和老化研究等领域。作为模式生物，秀丽隐杆线虫体型小、易于培养，成年期线虫一般会达到 1.0 mm，可以在培养皿中孵化发育，培养简单。由于其通体透明，结构简单，可使用特异性染料及荧光标记物示踪定量，从而有效研究线虫的发育及功能等。此外，秀丽隐杆线虫繁殖率高，生命周期短，且通过分子生物学手段可为线虫提供更多的基因蛋白的突变及功能获得和缺失，用于遗传及基因研究。线虫的干预方式主要是将干预物置于线虫培养基中，观察线虫状态并进行后续分子生物学及组学研究等（王亚超，2022）。秀丽隐杆线虫和人类遗传背景相似，大约有40%基因和人类基因具有同源性，主要应用于发育生物学以及老化相关研究，也可用于了解人类疾病进程。有研究显示，与对照组相比，高糖饮食秀丽隐杆线虫脂质积累和甘油三酯含量显著增加。高糖饮食下，秀丽隐杆线虫的固醇调节元件结合蛋白的 $sbp\text{-}1$（同源人 SREBP）基因和乙酰辅酶 A 羧化酶 α（同源人 ACACA）$pod\text{-}2$ 基因显著升高，而德昂族酸茶能够通过下调 $sbp\text{-}1$ 和 $pod\text{-}2$ 的表达来抑制脂质合成，在高糖饮食条件下作用效果更显著（潘联云等，2024）。

由于目前没有一种动物模型可以完全模拟人的情况，因此对于茶及茶提取物的功效评价，主要围绕减少疾病风险、预防和改善疾病状态和进程等方面开展。由于茶及茶的粗提物仍属于食品范畴，并非治疗用药，作用效果有限，因此在实际造模阶段，应根据试验目标和试验条件，选择合适的模型进行研究，避免因模型选择不合适或疾病造模过重，导致茶及茶提取物难以得到准确的评价。

（肖　杰，王　曦）

3.2　人群研究方法

人群研究方法即流行病学方法学范畴。流行病学（epidemiology）是研究人群中疾病与健康的分布及其影响因素，并研究防治疾病及促进健康的策略和措施的科学（詹思延，2014）。流行病学在具体细分领域可形成独立的交叉学科，茶叶作为食品，其人群研究属于流行病学与营养学的交叉学科——营养流行病学。

营养流行病学是应用流行病学方法研究人群营养及营养与健康、疾病关系的科学（孙长颢，2018）。主要目的是预防疾病和改善人群健康状况，达到该目标主要包括以下路径：通过监测食物消费、营养素摄入量和人群营养状态等研究人群营养状况评价；研究与营养有关疾病的分布，确定与营养有关的疾病病因（如寻找新证据以支持或反驳现有假说，检验或验证膳食因素与疾病的关系）；研究膳食营养因素在慢性疾病中的作用，研究营养与疾病的关系，制定膳食指南和人群营养的干预措施，还可以对干预措施进行效果评价等，特别是非传染性慢性病的研究，通过流行病学研究方法建立膳食营养因素与疾病结局的因果关系后，将研究结果转化为面向广大人民群众的膳食建议，来提升人群整体健康水平、降低慢性病的发病风险等（吕全军，2018）。

营养流行病学作为一门方法学，从一定意义上讲，就是在研究人群中暴露和结局之间的关联。暴露也被称为研究因素，一般是指饮食习惯、行为方式、食物或营养素等，包括危险因素和保护因素。结局是指研究者期望观察到的结果事件，可以是疾病、死亡与否等定性指标，如营养缺乏性疾病、营养过剩性疾病、慢性疾病患病与否、死亡与否等，也可以是疾病的严重程度、生物学标志物、人体测量学等定量指标，一般是营养相关疾病和身体指标的定量改善水平等。关联的判断基于不同的流行病学研究设计类型或不同的分析方法而存在差异。不同的研究设计类型有着不同的关联表示方法，例如，通过横断面研究可以了解某个时间点某条件暴露之下的某疾病患病率，可作为暴露与疾病的关联判断指标；通过病例对照研究可发现某疾病患病与否的人群中不同饮食/营养因素的暴露率存在差异，则表示暴露与结局存在关联，可用比值比（odds ratio，OR）和归因分数（attributable fraction，AF）来评估关联强度；通过队列研究，可发现不同饮食/营养暴露组的某疾病发病率（incidence rate）存在差异，则表示暴露与结局存在关联，可用相对危险度（relative risk，RR）和归因危险度（attributable risk，AR）来评估关联强度；通过实验流行病学研究，发现某饮食/营养因素的干预带来结局的发生率存在差异，通过有效率、治疗率、病死率、不良事件发生率、相对/绝对危险度等进行关联强度的评估。不同的分析方法也能生成不同的表示关联强度的指标，如不论何种研究设计类型，均可通过相关性分析得到相关系数（r），来评估饮食/营养暴露与结局的关联性；前瞻性研究（如队列研究）可以得到 RR 等常规评价指标，但变换分析方法，如使用 Cox 比例风险回归模型，就可以得到风险比（hazard ratio，HR）作为暴露与疾病的关联强度指标。

营养流行病学除了上述提及的研究设计和方法类型，还有一些其他的常用方法。接下来以各方法及代表性茶叶相关研究作为案例进行介绍。

3.2.1 营养流行病学研究方法及茶叶相关研究案例

营养流行病学研究方法包括原始研究方法和二次研究方法。其中原始研究方法包括观察性研究和实验性研究，二次研究可以理解为对原始研究的整合、评价，如系统综述和 Meta 分析。研究的具体分类见图 3-1。

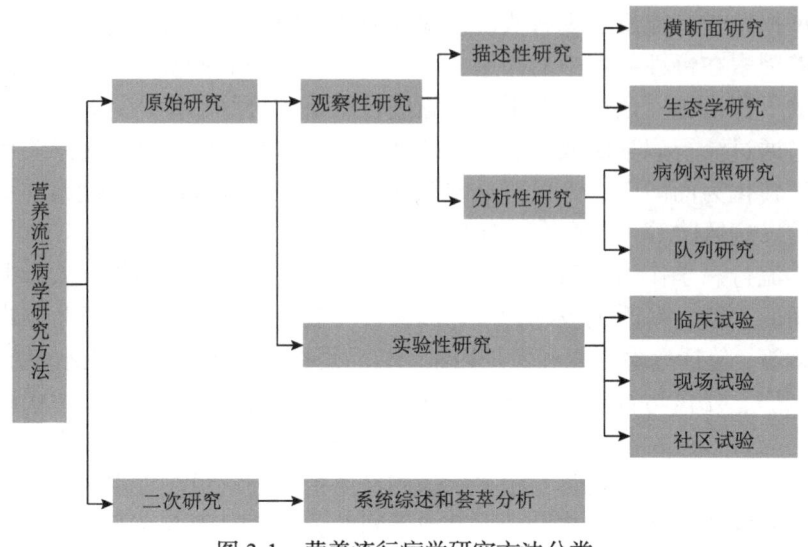

图 3-1 营养流行病学研究方法分类

1. 横断面研究

横断面研究，主要调查某个时间点（或期间）、特定人群的营养、健康、疾病及相关因素，从而描述该疾病或健康状况的分布及其与相关因素的关系，可使人们在短时间内了解某人群在特定时间内疾病与健康状况的分布及其影响因素，提出病因假设，为进一步调查研究提供线索；通常用来描述目标人群中某疾病的患病率及其分布状况，了解人群的营养健康水平，提供病因线索，确定高危人群，评价疾病防治措施的效果，以及确定人群中各项营养相关生理指标和正常参考范围等。

横断面研究属于观察性研究，未对观察对象施加干预措施，即不改变研究对象暴露和疾病状态，观察疾病、健康状况及某些因素的自然分布规律，探讨特定时点与特定范围人群中有关变量（食物消耗量、营养状况等）与疾病或健康状况的关系。研究开始时一般不设立对照组，但在后续资料分析时，可根据研究对象的疾病及暴露特征，自然产生出的疾病与非疾病、暴露与非暴露进行比较。该类研究的期限一般较短，常在某特定时间点进行，因此也比较节约成本。在该类型研究实施时暴露与疾病是共存的，因此不能区分出因果关联的时间顺序，而不能作为因果推论，仅仅可以为因果联系的建立提供线索，因此提供的证据强度较低。因研究时限短，在人群中观察到的是疾病现症患者，很少观察到新发病例，对慢性非传染性疾病尤其如此，所以难以获取发病率。反之，只能得到患病率，这也是该类型研究中常用的评估关联指标。

2017 年开展了消费者日常茶叶饮用习惯的调查，发现消费者的饮茶习惯存在明显差异,对于茶类选择的分析发现,占比最高的是选用绿茶。通过饮用量计算摄入的儿茶素含量,发现调查对象每日人均儿茶素摄入量为 675.0 mg,相比于既往研究提出的预防疾病需至少达到 1000 mg 的摄入标准,这一数值偏低,未能达到健康饮茶标准(李艳霞等,2017)。1996 年开展的饮茶与血压关系的调查,发现饮茶者的平均血压值显著高于不饮茶者,提示饮茶与高血压的患病可能存在一定关系(沈洪兵等,1996)。2006 年开展了茶叶对高血压患者的辅助作用研究,发现相比于不经常饮茶者,常饮茶的老年高血压患者的血压波动情况、血脂异常发生率均显著降低,提示饮茶可能是老年高血压病的一个保护因素(黄绍宽等,2006)。上述三个研究均属于横断面调查,能初步得到调查对象在某个时间点的暴露(即饮茶)情况,以及饮茶与血压和血脂之间的可能关系,但并不能确定因果关系,也因此出现了两项研究结果不一致的情况,若要明确饮茶与结局的关系,还需深入开展因果关联研究,如分析性流行病学研究和实验流行病学研究。

2. 生态学研究

生态学研究是研究生物群体与其环境关系的一种研究方法,是在群体的水平上观察、描述某种疾病患病情况及具有某暴露因素者的占比,并分析该疾病的分布与哪些暴露因素分布相接近,从而在众多因素中探索病因线索的一种方法。主要用于从群体角度提供膳食因素作为病因的线索和评价营养干预对群体疾病或健康状态的影响。相比于其他研究,生态学研究可节省时间、人力和经费,较快得到结果。对于一些个体暴露剂量难以测量的情况,生态学研究是唯一的研究方法。在一些情况下,若不是个体层面上直接控制危险因素,而是通过综合方式(如大规模的营养改善,食盐加碘、饮用水加氟等)降低人群中某危险因素的暴露,对于该干预措施的评价只需要在群体水平上进行,那么生态学研究更为合适。但生态学研究也存在局限性,该类型研究只是粗略的描述性研究,群体水平暴露与疾病结局之间的关联不一定代表个体水平上也同样存在,将群体的结果推论到个体可能会发生错误,这种错误称为生态学谬误或生态学偏倚,因此,对生态学研究结果下结论或做推论时应非常慎重。

Takezaki 等(1999)等通过开展生态学研究,对比中国江苏省胃癌高发区和低发区的生活方式,发现经常食用葱属蔬菜可能是导致胃癌死亡率低的一个因素,这就是一个典型的生态学研究案例。后续该团队联合其前期的生态学研究(Takezaki et al., 1999)和后续开展的病例对照研究(Takezaki et al., 2001),发现食用葱属蔬菜有助于降低食管癌和胃癌的死亡率,同时在这个病例对照研究中发现,饮茶者与不饮茶者相比,食管癌和胃癌死亡率会降低,但差异不存在统计学意义。

3. 病例对照研究

病例对照研究是以现在确诊的某特定疾病患者作为病例，以不患有该病但具有可比性的个体作为对照，通过询问、实验室检查等，搜集既往各种可能因素的暴露史并进行两组暴露比例的比较，若两组暴露比例存在差别，则认为暴露因素与疾病之间可能存在关联。

病例对照研究属于观察性研究，没有对调查对象施加任何干预，且是一种回顾性研究方法，由结果探索到病因，是疾病发生之后去追溯病因因素，因此因果论证强度较弱。主要用于在病因不明时，从众多与疾病发生有关的可疑因素中，筛选危险因素和保护因素；还可以深入研究疾病发生的影响因素，在描述性研究探索病因的基础上，进一步用病例对照研究检验病因假设；另外，可研究健康状况的影响因素，对于健康相关事件，如生活质量、肥胖与超重等事件的影响因素研究，为制定健康改善和促进相关策略和措施提供依据。病例对照研究中用来表示暴露与结局关联的常用指标是 OR 值和 AF 值。

病例对照研究是从疾病结局出发且不需要太多受试者即可开展，因此特别适用于罕见病的研究。相比于后续即将介绍的队列研究和实验性研究，病例对照研究相对更省力、省钱、省时间，并且较易于组织实施。具备前述优点的同时，病例对照研究也存在局限性，如不适于研究人群中暴露比例很低的因素，此时需要很大的样本量。另外，此研究在回忆暴露史的过程中难以避免回忆偏倚。

吴鑫（2019）发现喝茶杯数＞1 杯/d 者、饮绿茶年限 1～10 年者和茶叶消费量 500～1000g/年者，结直肠癌发病风险分别降低 65%（OR=0.35，95%CI：0.23～0.52）、61%（OR=0.39，95%CI：0.28～0.55）和 71%（OR=0.29，95%CI：0.18～0.49）。杨纪龙等（1999）发现调整吸烟等混杂因素后，饮茶者食管癌、贲门癌、其他胃癌的发病风险分别降低 75%（OR=0.25，95%CI：0.09～0.66）、36%（OR=0.64，95%CI：0.40～1.49）和 68%（OR=0.33，95%CI：0.12～0.87）；饮茶年限≤15 年者，消化道癌症发病风险降低 39%（OR=0.61，95%CI：0.29～1.26）；饮茶年限＞15 年者，发病风险降低 62%（OR=0.38，95%CI：0.20～0.70）；每月用茶量≤100g 者，发病风险降低 46%（OR=0.54，95%CI：0.21～1.10）；每月用茶量＞100g 者，发病风险降低 61%（OR=0.39，95%CI：0.21～0.75）。罗剑锋（2010）采用巢式病例对照研究（nested case-control study，NCC）的设计，发现茶叶中的表儿茶素能降低乳腺癌的发病风险，表儿茶素摄入的中间三分位数组与摄入最低水平组相比，乳腺癌风险降低 41%（OR=0.59，95%CI：0.40～0.89）。该研究中涉及的 NCC 是病例对照研究的衍生类型，也称队列内病例对照研究，是将传统的病例对照研究和队列研究结合形成的一种新研究方法，相较于传统病例对照研究，NCC 的病例和对照都是从同一队列中选取出来，更具可比性，同时具备队列研究的优点，研究顺序是由过去到现在，可更好地控制回忆偏倚，因果推断的时间顺序也更明确。相较于传统队列研究，NCC无需对队列内所有成员进行生物标本的检测，因此更省时、省力，同时具备病例对照研究的优点，可用于罕见病研究，这是队列研究所不具备的。

4. 队列研究

队列研究是指在某一特定人群中根据目前或过去某个时期是否暴露于某个待研究的因素，将研究对象分为暴露组和非暴露组，或按不同暴露水平分成不同亚组（如低剂量组、中剂量组、高剂量组），通过对暴露组和非暴露组或不同暴露剂量亚组进行随访观察，比较两组或多组间结局事件发生率，来评价暴露因素与结局的关系。如果暴露组某结局的发生率显著高于非暴露组，则可推测暴露与结局之间可能存在因果关系。队列研究常用于检验病因假设、评价某种干预措施的预防效果等。

队列研究属于观察性研究，不给研究对象施加任何干预措施，研究中的暴露与否以及暴露程度都是自然存在于人群中的，也因此能够观察疾病自然史。根据人群暴露情况与随访观察结局事件的发生，符合因果时序关系，不仅回忆偏倚降低，而且能确证暴露与结局的因果关系，因果论证强度优于前文中的横断面研究、生态学研究和病例对照研究。队列研究能够计算发病率，也可得到RR、AR等反映关联强度的指标，是检验或验证病因假设的主要分析性研究方法。具备上述优点的同时，队列研究也存在一定局限性。若研究对象的依从性差，随访率低，结果会发生偏倚，同时不适用于罕见病的研究，因为此时需要观察非常大的人群，实际研究中不可能实现。从研究开始一直观察到疾病发生为止，需要很长时间，因此研究成本高。

Chung等（2020）整合了39项前瞻性队列研究进行综述，分析发现每日饮用一杯茶（236.6 mL）可降低人群全因死亡率1.5%，对于老年人群，饮茶能使全因死亡率降低更多（调整RR=0.92，95%CI：0.90～0.94）。Huang等（2018）开展了茶叶摄入与成年人血脂水平关系的调查，通过问卷调查获取饮茶信息，将暴露分为不饮茶或每月饮茶<1次、每月饮茶1～3次、每周饮茶1～3次、每周饮茶≥4次四个等级，通过采集并检测空腹静脉血中的血脂作为结局的评估，研究发现平均HDL-C（高密度脂蛋白胆固醇）浓度在随访的6年期间呈现下降趋势，同时TG/HDL-C（甘油三酯/高密度脂蛋白胆固醇）和TC/HDL-C（总胆固醇/高密度脂蛋白胆固醇）呈现上升趋势，在调整了运动、吸烟、饮酒等混杂因素后，频繁饮茶与HDL-C浓度下降速度较慢有关（$P_{趋势}<0.0001$），同时与TG/HDL-C（$P_{趋势}=0.16$）和TC/HDL-C（$P_{趋势}=0.007$）增加的减缓有关，提示饮茶对于血脂是一个保护因素。Hu等（2022）通过开展典型的队列研究，并通过Cox比例风险回归模

型进行数据分析，探讨饮茶与老年痴呆发病风险之间的关联，发现与不饮茶者相比，饮茶者的老年痴呆发病风险降低16%（HR=0.841，95%CI：0.767~0.921），且每天饮用茶1~2杯（HR=0.857，95%CI：0.767~0.959）、3~4杯（HR=0.801，95%CI：0.721~0.890）、5~6杯（HR=0.859，95%CI：0.759~0.960）均能降低风险，提示饮茶可显著降低老年痴呆的发生风险。李立明等利用队列研究，探讨喝茶与癌症发生和六种国人主要癌症（肺癌、胃癌、结直肠癌、肝癌、女性乳腺癌和宫颈癌）的发病率是否相关，通过Cox比例风险回归模型进行数据分析，发现与不饮茶者相比，饮用茶叶4g/d并未降低全部癌症（HR=1.03，95%CI：0.93~1.13）、肺癌（HR=1.08，95%CI：0.84~1.40）、结直肠癌（HR=1.08，95%CI：0.81~1.45）、肝癌（HR=1.08，95%CI：0.75~1.55）的发病风险，甚至升高了胃癌发生风险（HR=1.46，95%CI：1.07~1.99），因此提示饮茶对癌症发生不具有降低风险作用（Li et al.，2019）。

5. 实验流行病学研究

实验流行病学研究又称干预试验，是指研究者根据研究目的，将研究对象随机分到实验组和对照组，对实验组人为施加或减少某种因素作为干预措施，而对照组不施加干预措施或施加"空"措施或施加一种对比措施，然后追踪观察该因素的作用结果，比较两组的结局，从而判断干预效果。

实验流行病学研究常被用来验证暴露因素的防病/致病作用或验证暴露因素（如某营养素、某食物、某种饮食模式等）的有益/有害作用，同时确定某种暴露因素与疾病或健康状况的剂量-效应关系。实验流行病学研究通过采用严格设置对照和随机化分组将研究对象随机分为实验组和对照组，两组具有非常高的可比性，可以更好地研究干预措施本身的效果。在实验过程中，通过随访观察每个研究对象的干预及过程中的反应和结局，因而检验和验证假设的能力及因果论证能力较强。实验性流行病学研究存在的局限性是：整个实验设计和实施条件要求高、成本高、难度大，实际难以做到；受干预措施适用范围的约束，所选择的研究对象代表性不够等，会不同程度地影响实验结果推论到总体；需随访较长时间，难以保证受试者依从性，或研究过程中，因受试者死亡/病重、搬迁等造成难以避免的脱落失访，从而影响研究真实性；有时对照组不使用药物或其他疗法，只用安慰剂，或受试食品/药品的疗效不如传统药物、存在副作用等，就会存在对受试者弊大于利等伦理学问题。

对膳食与疾病关系假设的最好的验证方法是随机对照试验（RCT），特别是验证膳食中的微量营养素（如矿物质或维生素）预防和改善疾病的效果。除了单一营养素，食物或食物组合和膳食模式的健康作用评估也可使用此类研究方法，不过相较于营养素的研究实施难度会加大。实验流行病学研究的一个新趋势是在高危人群中采用生物标志物作为研究的中间结局或终点。这是因为传统上的终点是疾病或死亡的发生,达到这个终点需要很大的样本和很长的研究时间。而采用生物标志物作为中间结局或终点结局指标,可极大地降低研究成本。

茶叶研究领域有大量实验流行病学研究的开展,广泛探讨茶的饮用对于某些疾病的防控效果。表3-3是检索到的一些茶叶相关实验性流行病学研究的简单介绍。

表3-3 茶叶相关实验性流行病学研究举例

研究	研究设计及分组	干预	目标指标	受试者纳入、排除标准
Ryu 等（2006）	随机对照交叉设计	每天饮用9 g绿茶泡制的900 mL水共4周	检测脉搏波传导速度（PWV）、血脂、血糖、胰岛素、脂联素、炎性因子IL-6、C反应蛋白、胰岛素抵抗（IR）	纳入：55名2型糖尿病患者。排除：未控制的糖尿病、活动性感染或摄入已知会干扰血管功能的药物（如降脂药、抗血小板药、血管扩张剂或抗氧化维生素补充剂）
Basu 等（2010a）	分层单盲随机对照试验,年龄±5岁和性别匹配,先根据条件匹配上人,再随机分3组	干预8周,绿茶4杯/d（每天440 mgEGCG,928 mg儿茶素）,绿茶提取物2粒胶囊（每天460 mgEGCG,870 mg儿茶素）+4杯水/d,对照为水4杯/d。绿茶提取组和对照组是2周、4周、6周、8周随访,绿茶组每天来研究中心当场喝2杯茶,再带走2杯,在后面6~8 h内喝完	第4周和第8周进行空腹抽血、血压和人体测量（身高、体重、体脂率、腰围）。检测胰岛素、血糖[空腹血糖（FBG）和糖化血红蛋白（HbA1c）]、血脂[总胆固醇（TC）、甘油三酯（TG）、高密度脂蛋白胆固醇（HDL-C）、低密度脂蛋白胆固醇（LDL-C）]以及安全性指标（如总蛋白、白蛋白、电解质、血液学以及肝、肾和甲状腺相关指标）	纳入：具有以下5项特征中的任意3项：男性腰围≥102 cm,女性腰围≥88 cm,甘油三酯≥150 mg/dL,HDL男性≥40 mg/dL或女性≥50 mg/dL,血压≥130/85 mmHg,或空腹血糖≥100 mg/dL。排除：<21岁；有既往疾病（如糖尿病、癌症、心脏病）、肝脏或肾脏疾病或贫血；服用1 g/d的抗氧化剂/鱼油补充剂；当前吸烟者、定期饮酒（社交饮酒除外）；怀孕或哺乳期；服用降血糖和降血脂药物
Fukino 等（2008）	交叉随机对照试验,无盲法和受试样品洗脱期	干预4个月。受试样品由绿茶提取物和绿茶粉以9:1的比例混合而成,一包共含有544 mg多酚（456 mg儿茶素）和102 mg咖啡因,要求受试者每天1包,在每顿饭或点心结束时喝下溶解在热水中的1/3~1/4包受试样品	在基线、2个月、4个月后进行身体测量、采血检测和营养调查。测量/检测血压、身高、体重、空腹血糖、血脂、胰岛素和糖化血红蛋白	纳入：最近1次健康检查空腹血糖>6.1 mmol/L或非空腹血糖>7.8 mmol/L。排除：退出的研究者,在基线抽血时吃过早餐者

续表

研究	研究设计及分组	干预	目标指标	受试者纳入、排除标准
Diepvens 等（2006）	双盲、安慰剂对照、平行设计	绿茶（n=23）或安慰剂（n=23），干预时长 87 d	在第 4 d、32 d 和 87 d 空腹测量，指标包括体重、身高、腰/臀围和血压，TG、游离脂肪酸、甘油三酯、β-羟基丁酸酯、葡萄糖、HDL、LDL、TC 和瘦素	纳入：超重女性，体重指数（BMI）在 25～31 kg/m^2。最终纳入 46 个，年龄 19～57 岁。受试者是通过当地报纸上的广告招募的。选择的受试者（n=46）是中度咖啡因使用者（200～400 mg/d）、身体健康、不吸烟、血压正常、不使用药物和最多适度饮酒
Suliburska 等（2012）	前瞻性、随机、双盲设计	所有患者随机接受每天一粒胶囊的绿茶提取物或安慰剂，干预 3 个月，在早餐时服用受试样品。一粒胶囊含有 379 mg 绿茶提取物和 208 mgEGCG	在基线和 3 个月后，进行人体测量、血压测量和其他实验室检查。实验检查包括：血清中的铁、铜、锌、钙和镁，TC、TG、HDL、LDL、血糖和总抗氧化状态	纳入：年龄 30～60 岁，BMI≥30 kg/m^2，体重稳定（在过去 3 个月内自我报告变化<3kg）。排除：高血压；糖尿病，葡萄糖耐量受损，相关药物治疗；冠状动脉疾病、脑卒中（包括短暂性脑缺血发作）、充血性心力衰竭或恶性肿瘤的病史；前 3 个月内使用任何膳食补充剂等
Shimada 等（2004）	交叉随机对照。开始 2 周洗脱期，接着 4 周治疗，分组喝水或乌龙茶。4 周后，进行第二个 2 周洗脱	从三得利有限公司（日本大阪）获得 3.0 g 袋装的足以用于整个研究的单一茶叶来源。在需要乌龙茶的 1 个月研究过程中，对于所有患者，每天早上将两袋茶（总茶叶含量为 6 g）作为一个批次在 1000 mL 热水中浸泡 10 min	干预前和干预 4 周后检测血浆脂联素水平、低密度脂蛋白颗粒大小、TC、TG、HDL、LDL、血糖和 HbA1c，以及以下数据：年龄、性别以及是否存在危险因素，即高血压、糖尿病、高胆固醇血症、肥胖	纳入：心肌梗死患者和心绞痛患者。最终纳入 22 个，包括 12 名既往心肌梗死患者和 10 名稳定型心绞痛患者，门诊接受治疗，并且已经接受了诊断性冠状动脉造影和经皮冠状动脉介入治疗。排除：患有或曾经患有大手术或创伤、严重活动性传染病、恶性肿瘤、慢性炎症性疾病、严重左心室功能障碍或炎症性肠病的患者

续表

研究	研究设计及分组	干预	目标指标	受试者纳入、排除标准
Hosoda 等（2003）	单盲交叉随机对照，性别匹配	干预组：每天饮用 1500 mL 乌龙茶，每天早上在五个茶包（15 g 茶叶）中加入 1500 mL 开水并浸泡 10 min。每天喝茶 5 次。对照组：喝 1500 mL 水，但不喝茶	基线、第一次洗脱期后、第一次干预期后、第二次洗脱期后、第二次干预期后，共进行 5 次测量和抽血。测量身高、体重、BMI、身体活动、血压、葡萄糖、果糖胺	纳入：2 型糖尿病纳入标准为空腹血糖浓度≥126 mg/dL 和 75 g 葡萄糖负荷后 2 h 血糖水平≥200 mg/dL。受试者在医生的监督下口服降血糖药物治疗。受试者单独服用磺脲类药物（$n=11$）或联合双胍类药物（$n=9$）；在整个研究中，服药类型和数量都是恒定的
Nagao 等（2009）	双盲平行对照。4 周磨合期+12 周干预期+4 周随访期	通过将绿茶提取物添加到冲泡绿茶中制备对照和富含儿茶素的饮料。1 罐（340 mL）的儿茶素含量在富含儿茶素的饮料中为 582.8 mg，在对照饮料中为 96.3 mg。1 罐（340 mL）的咖啡因含量在富含儿茶素的饮料中为 72.3 mg，在对照饮料中为 75.0 mg	在第 0、4、8、12 和 16 周检测体重、腰围、臀围和体脂比、血压、胰岛素、TG、TC、游离脂肪酸（FFA）、总酮体（TK）、残余样脂蛋白胆固醇、脂联素肝功、肾功、血常规、糖脂代谢指标等	纳入：2 型糖尿病患者。2 型糖尿病尚未进展为胰岛素治疗且处方药和饮食疗法不太可能改变的患者。排除：糖尿病并发症，如肾病；用降低甘油三酯的药物治疗高脂血症；研究调查员判断不合格
Neyestani 等（2010）	随机对照	每个茶包含有 2.5 g Nooshineh Chaay 牌干茶（伊朗拉希扬），在 150 mL 热水中浸泡 2 min。在试验组中，每日摄入量每周增加 150 mL（1 杯），在第 2 周、第 3 周和第 4 周分别增加到 300 mL、450 mL 和 600 mL。要求对照组在整个干预期间保持 150 mL/d 的 BTE	测量身高、体重、腰围、臀围、身体成分，抽取空腹血样。血液指标：FBG、TG、TC、HDL、LDL、HbA1c、胰岛素、胰岛素抵抗。评估氧化应激水平：血清总抗氧化能力（TAC）、丙二醛、谷胱甘肽、超氧化物歧化酶、C 反应蛋白、纤维蛋白原	纳入标准是：由医生根据临床和实验室证据确诊为 2 型糖尿病；病程为 3～8 年；在 3 个月内未服用任何抗氧化剂和/或鱼油补充剂。46 名已知患有 2 型糖尿病的受试者参加。排除：伴有临床疾病（肾脏、甲状腺、肝脏和心脏）的患者和正在使用外源性胰岛素的患者
Hsu 等（2011）	随机、双盲、安慰剂对照 RCT	干预 16 周。安慰剂由纯微晶纤维素组成。干预组胶囊含有 500 mg 脱咖啡因的 GTE 提取物或纤维素。要求受试者在饭后 30 min 服用一粒胶囊，每天 3 次，持续 16 周	基线和干预 16 周后，身体测量和检测。身体测量包括 BMI、腰围、臀围、血压。血液指标包括 FBG、HbA1c、胰岛素、胰岛素抵抗、ALT、尿酸（UA）、激素肽、血脂	纳入：年龄 20～65 岁，BMI>25 kg/m^2，中国人，诊断 2 型糖尿病 1 年以上。排除：丙氨酸氨基转移酶（ALT）>80 U/L，血清肌酐>2.0 mg/dL，哺乳期或妊娠期，诊断为心力衰竭、急性心肌梗死、脑卒中或重伤，其他经主治医师评价不适宜试验的情况

续表

研究	研究设计及分组	干预	目标指标	受试者纳入、排除标准
Mousavi 等（2013）	随机对照	2 周洗脱期和 8 周治疗期，G1 组，每天喝 4 杯绿茶（n=26）；G2 组，每天喝两杯 GT（n=25）；对照组每天不摄入 GT（n=14）。G1 和 G2 组被要求用 2.5 g 茶包在 200 mL 开水中冲泡 5 min	干预前和后采血样检测，包括血糖、血脂、总抗氧化能力	纳入：FBG 为 126～180 mg/dL，年龄 35～65 岁、BMI 25～35 kg/m^2，以及参与研究的意愿。共有 65 名受试者参加。排除：有胰岛素治疗和脑卒中、癌症或临床糖尿病肾病病史者，在研究期间不得不更换药物者
Liu 等（2014）	双盲、随机和安慰剂对照	GTE EGCG（A 组）或安慰剂（纤维素；B 组），为期 16 周。实验组和安慰剂组的治疗使用不透明的胶囊，分别含有 500 mg 脱咖啡因的绿茶提取物或纤维素。要求受试者在饭后 30 min 服用一粒胶囊，每天 3 次，持续 16 周	测量 TG、体重、身高、BMI、腰围和臀围，空腹血糖、糖化血红蛋白、TC、LDL、HDL、高敏 C 反应蛋白、瘦素、胰岛素、生长素释放肽、脂联素、载脂蛋白 A1、载脂蛋白 B100 和胰高血糖素样肽 1	纳入：年龄在 20～65 岁之间，诊断为 2 型糖尿病一年以上，BMI≥18 kg/m^2 且 BMI≤30 kg/m^2，空腹 TG≥150 mg/dL 或空腹 LDL≥100 mg/dL 排除：血清丙氨酸氨基转移酶＞80 U/L，血清肌酐＞1.8 mg/dL，母乳喂养或妊娠，心力衰竭、急性心肌梗死、脑卒中、重伤等
Unno 等（2018）	随机安慰剂对照，单盲	饮用测试抹茶（n=19）和抹茶安慰剂（n=20），干预 11 周，抹茶每天 3 g，并且在整个实验过程中不要饮用富含茶氨酸和咖啡因的饮料	测量压力、焦虑、抑郁指标	纳入：39 名健康学生（23±1.1）岁。排除：任何急性或慢性疾病、定期服用药物或习惯性吸烟
Mukamal 等（2007a）	随机对照单盲试验	红茶粉和水分别作为干预组和对照组，干预 6 个月。每天将 6 g 脱水的可溶性红茶粉分装至 3 个容器，每个容器中儿茶素含量为（106±7）mg，每天 318 mg，不限制添加牛奶或甜味剂，用热水或冷水冲调或在一天中的任意时间食用	在干预前、干预 2 周、3 个月、6 个月进行随访，每次随访评估生命体征和药物变化及副作用等。检测 IL-6、TNF-α、VCAM-1 和 ICAM-1、C 反应蛋白、组织纤溶酶原激活物、白蛋白、葡萄糖和血脂、同型半胱氨酸、血常规、纤维蛋白原、MRI 检查心电图	纳入：年龄在 55 岁及以上的社区居民，患有糖尿病或其他两种心血管危险因素（高血压、当前吸烟、LDL-C≥130mg/dL、HDL-C＜40mg/dL 或早发冠心病家族史）。排除：确定的心血管疾病（充血性心力衰竭、心肌梗死、冠状动脉、颈动脉或外周动脉血运重建手术、脑卒中、心绞痛或间歇性跛行）、MRI 禁忌证（严重幽闭恐惧症、对先前 MRI 检查不耐受、起搏器、耳内植入物或颅内夹）等

续表

研究	研究设计及分组	干预	目标指标	受试者纳入、排除标准
Bahorun 等（2012）	随机对照临床试验	治疗组每天饮用 3 次 200 mL 红茶（每杯含 3 g 红茶，浸泡 5 min），持续 12 周，不加牛奶或糖，然后 3 周洗脱期，每天消耗相同体积的热水。对照组在同一干预期内消耗等量的热水	基线、干预 12 周后、洗脱期 3 周后禁食 10 h 抽血，检测空腹血糖、血脂四项和抗氧化状态、铁还原能力	纳入：性别不限、25～60 岁的年龄组、不吸烟或戒烟时间大于 6 个月的前吸烟者、酒精摄入量少于 2 标准酒精/d、绝经后妇女未接受激素替代治疗、射血分数大于 40%
Chan 等（2006）	随机对照双盲	绿茶提取物组：6 个胶囊（540 mgEGCG）每天分三次服用，安慰剂组：与干预胶囊外型一样的胶囊	基线和干预后测量身高、体重、BMI、体脂率、腰围、臀围、口服葡萄糖耐量试验（OGTT）、黄体生成素（LH）、卵泡刺激素（FSH）	纳入：25～40 岁女性，BMI≥28 kg/m²，患多囊卵巢综合征（PCOS）。排除：慢性病、激素治疗、减肥治疗、其他内分泌异常
孙颖等（2022）	自身前后对照	金花香橼茶，每日 6 g，饮用 3 个月	基线、干预中期和干预末期测量身体成分、身体围度、血糖、血脂、非酒精性脂肪肝和肠道菌群	纳入：年龄 18～80 岁；血脂异常（TC≥6.4 mmol/L 或 TG≥2.0 mmol/L 或 LDL-C≥3.1 mmol/L）患者或非酒精性脂肪肝患者。排除：糖尿病患者、重大疾病患者；服用影响脂代谢和肝功能的药物等
孙颖等（2023）	自身前后对照	Y562 普洱茶，每日 8 g，饮用 3 个月	基线、干预中期和干预末期测量身体成分、身体围度、血糖、血脂、非酒精性脂肪肝、肝功能、肠道菌群、骨密度等	纳入：超重/肥胖患者（中心性肥胖优先）或合并非酒精性脂肪肝、血糖异常升高、血脂异常升高患者。排除：糖尿病患者、重大疾病患者；服用影响脂代谢和肝功能的药物等

6. 系统综述和 Meta 分析

系统综述是指针对某一具体问题，系统全面地查找发表或未发表的研究证据、采用严格评价方法对所获得的证据进行评价，然后采用定量或定性的方法对所获得的资料进行综合分析，得出概括性结论，且会随着新的临床证据出现而不断地更新，从而为研究人员提供当前最好的研究证据。系统综述又称系统评价，同类研究有系统综合、荟萃分析（meta-analysis，即 Meta 分析）、集成分析、研究综合等。近年来，Meta 分析已逐渐被视为定量系统综述的同义词（黄悦勤，2022）。

Meta 分析是对多个具有相同研究目的且相互独立的研究结果进行系统、综合定量分析的一种研究方法。应用该方法，可以提高统计学检验效能，解决单个研究间的矛盾，发现既往单项研究未明确的新问题。

一项共纳入 88 项研究的系统综述探讨了食品调节慢性疾病炎症和代谢的功能，其中有 8 项研究涉及绿茶，通过综述研究发现饮用绿茶至少 3 个月，可减轻肥胖患者的炎症并改善新陈代谢，此外，它还可以帮助调节血压（Luvián-Morales et al.，2022）。一项共纳入 279 项临床试验的系统综述和 Meta 分析发现，绿茶、普洱茶及其活性成分对治疗肥胖和代谢综合征有效，绿茶的摄入显著改善了体重、体重指数、腰围、臀围和总胆固醇（Payab et al.，2020）。一项 Cochrane 系统综述探讨了绿茶与癌症的关联，共计纳入 142 项已完成的研究（11 项实验性研究和 131 项非实验性研究）和 2 项正在进行的研究，结果发现饮用绿茶/绿茶提取物可降低前列腺癌的发生风险（RR=0.50，95%CI：0.18～1.36），但增加妇科癌症的发生风险（RR=1.50，95%CI：0.41～5.48），在非实验性研究（如队列研究和病例对照研究）中发现了不一致的结果，将 3 项研究中绿茶摄入量最多组与最少组进行比较，发现饮茶与总体癌症发病率较低有关（RR=0.83，95%CI：0.65～1.07），根据 8 项研究发现饮用绿茶与癌症相关死亡率之间没有关联（RR=0.99，95%CI：0.91～1.07）。总的来说，实验和非实验流行病学研究的综述结果产生了不一致的结论，此外，大多数纳入的研究都是在以绿茶摄入量高为特征的亚洲人群中进行的，因此限制了研究结果在其他人群中的外推，因此建议后续进行设计精良且样本量充足的随机对照试验来探讨绿茶与癌症之间的关系，以得出更加可靠的结论（Filippini et al.，2020）。

以上内容就是营养流行病学的几种研究方法，为了方便读者有更好的理解，对各方法及重要特征进行总结，见图 3-2。

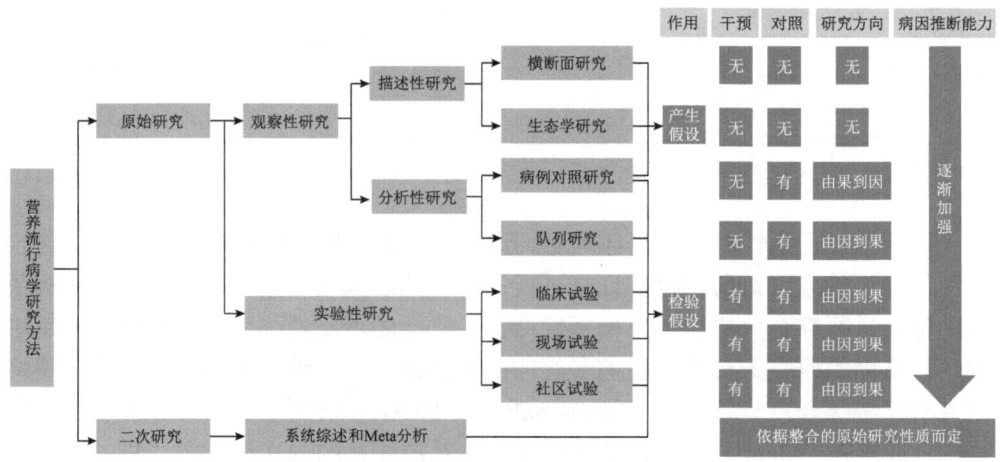

图 3-2　营养流行病学研究方法及其重要特征

3.2.2 伦理问题

营养流行病学研究及流行病学其他各分支学科，均以人作为研究对象。为了确保研究对象的安全，防止在研究中出现自觉或不自觉的不道德行为，必须在研究中遵循伦理道德。为了不违反伦理道德，开展的研究需注意以下问题：

（1）研究必须科学，有充分的科学依据、严格的设计和充分的准备，能保证研究结果有科学价值。

（2）有明确的实验方案，并将方案提交伦理审批委员会审核。伦理委员会要审查方案是否符合伦理道德标准，是否符合《世界医学协会赫尔辛基宣言》。

（3）受试人群能够从研究的结果中受益，即不能采用对受试者有害的操作。特别是设置对照时必须以不损害受试者身心健康为前提，安慰剂对照和空白对照是一种常用的设置对照的方法，不是欺骗受试者，且在干预措施被证实有效之后，安慰剂组或空白对照组还要给予受试者一定的善后处理，即在研究结束之后给予他们有效的干预措施进行一定补偿。

（4）受试者必须是自愿参加且对研究项目有充分了解，包括了解实验目的、方法、预期效果以及可能的危险性，要征得受试者（或监护人）的同意并签署知情同意书。

（5）尊重受试者保护自身的权利，采取有效措施尊重受试者的隐私、对患者资料进行保密并将对受试者身体、精神及人格的影响降到最低。

3.2.3 膳食暴露的评价

营养流行病学与流行病学的其他分支学科有一个特别大的不同之处，即营养流行病学研究中需开展严格的膳食暴露评价。因为营养流行病学主要研究人群营养与健康、疾病之间的关系，营养具有高度的复杂性，不止因为食品和营养素本身多种多样，膳食行为也多种多样，研究目标物（如茶叶）属于食品的一种，目标干预措施（如饮茶行为）只是膳食行为的一部分，为了评估和控制其他食品或膳食行为对目标结局的影响，更好地评估目标干预物（如茶叶）或目标干预措施（如饮茶）与目标结局之间的关系，需要在营养流行病学研究中进行膳食暴露情况的严格评价和控制。

膳食暴露的评价简称膳食调查，是对人群及个体在一定时期内的膳食摄入量进行调查、评估，从而了解其各种营养素摄入状况、膳食结构和饮食习惯，常用于膳食营养因素与疾病相关关系的营养流行病学研究。调查方法包括膳食回顾法、膳食记录法、食物频率法、称重法、记账法、化学分析法等。通过对茶叶相关营养流行病学研究的检索，发现在研究中应用的膳食调查方法，以 24 小时膳食回顾法（Fukino et al., 2008, Hosoda et al., 2003, Neyestani et al., 2010, Mousavi et al.,

2013）应用最多，其次是 3 天膳食回顾法（Basu et al., 2010, Mukamal et al., 2007）和膳食记录法（Nagao et al., 2009）。

3.2.4 营养实验性流行病学研究与药物实验性流行病学研究的比较

药物流行病学的研究内容主要包括药物上市前临床研究和上市后研究，其中上市后研究可根据研究目的使用流行病学的各种研究方法，而药物上市前临床研究仅指通过实验流行病学方法开展的研究。此处将营养实验性流行病学研究和药物实验性流行病学研究（即药物上市前临床实验）的异同点进行梳理（表 3-4），方便读者理解和区分。

表 3-4 营养实验性流行病学研究与药物实验性流行病学研究的异同

项目	营养实验性流行病学研究	药物实验性流行病学研究
开展条件	伦理委员会审查和通过,研究者具备相应的财力、人力、物力等	药物上市的硬性要求，经过实验室研发和临床前研究后，需向国家药品监督管理局申请临床研究并被正式批准方可开展，且需伦理委员会审查并通过，研究者具备相应的财力、人力、物力等
伦理	研究开始前均需要向伦理委员会申请，接受伦理委员会的审查，通过后方可进行研究	
知情同意	均需在研究前通过书面或口头方式告知受试者关于研究各方面全面、具体的情况，同意参加研究后，均需在知情同意书上签字	
研究目的	探讨和比较某营养素或食物对健康的改善或对疾病的治疗和预防效果，为正确的决策提供科学依据	多为临床的防治性研究，探讨和比较某一种新药对疾病的治疗和预防效果，为药物上市的决策提供科学依据
干预措施*	多为一级预防	多为二级和三级预防
研究过程	相对简单	药物的上市应用要经历前期的动物试验，证实安全有效和严格的Ⅰ、Ⅱ、Ⅲ三期临床试验评价临床药理学、人体安全性、有效性、适应证、不良反应、药物间相互作用等，新药批准上市后还会有进一步的临床研究即Ⅳ期临床试验，监测观察药物的效果、适应证、药物间相互配伍及疗效，并观察远期或罕见的不良反应等
评价膳食暴露	需要严格和科学的膳食暴露评价	往往不需要严格的膳食暴露评价
成本	所需人力、物力、财力和时间相对较少	研究所需人力、物力、财力和时间相对较多
法律法规要求	几乎无，认为满足基本法律法规、伦理和科学性要求即可	除满足基本法律法规、伦理和科学性要求，药物的临床试验有其他严格的法律法规约束，如《关于深化审评审批制度改革鼓励药品医疗器械创新的意见》《药物临床试验机构管理规定》《药品注册管理办法》《药物临床试验质量管理规范》《药物临床试验数据现场核查要点》《药品注册核查工作程序（试行）》等（曹丽亚等，2023；尤玉芳等，2023）

续表

项目	营养实验性流行病学研究	药物实验性流行病学研究
研究难点	由于人体的复杂性、人类行为的多样性（吸烟、饮酒、运动、职业等）和人类膳食的复杂性，所构成的膳食与疾病之间的关系非常复杂，研究中要严格控制混杂因素，同时分析时注意应用多因素技术等方法更好地探讨营养与疾病的关系，否则研究的结果存疑	研究时效性、成本问题以及国家对药物临床实验采取最严谨的标准、最严格的监管、最严厉的处罚、最严肃的问责

*一级预防、二级预防和三级预防是流行病学中的经典"三级预防"概念。在疾病发生前针对病因或危险因素的预防为一级预防，在临床症状出现前的早发现、早诊断和早治疗等预防活动为二级预防，在临床疾病期开展的缓解症状、预防残疾、促进康复和提高生活质量等的活动为三级预防。

（孙　颖）

3.3　含茶饮食的营养评价

营养学研究人体营养规律以及改善措施、机体代谢与食物营养成分之间的关系。根据我国卫生部 2007 年印发的《食品营养成分标示准则》，"营养成分指食品中具有的营养素和有益成分，包括营养素、水分、膳食纤维等。营养素指食品中具有特定生理作用，能维持机体生长、发育、活动、繁殖以及正常代谢所需的物质，缺少这些物质，将导致机体发生相应的生化或生理学的不良变化，包括蛋白质、脂肪、碳水化合物、矿物质、维生素五大类。"根据食物营养成分表，茶的 100 g 可食部的能量为 5 kJ、蛋白质含量为 0.1 g、脂肪含量为 0 g、碳水化合物含量为 0.2 g，因此茶在整体饮食中对于常规营养素的贡献不高。在日本、英国等国家的膳食指南中，通常将饮用淡茶作为一种健康的水分来源，作为其最主要的营养价值。近年来，茶逐渐被视为健康膳食模式的组成。开展含茶饮食的营养健康评价、评估饮茶对于整体膳食模式的贡献、评价饮茶是否影响其他食物的营养健康特征都是有意义的。目前针对食物的营养评价有两类。一类如生物价（biological valence，BV）、氨基酸评分（amino acid score，AAS）、营养质量指数（index of nutrition quality，INQ）、食物消化率、血糖生成指数等，这些指标大多是从某一个或一类营养素角度对食物营养价值进行评价；另外一类如营养素含量、健康饮食指数、膳食炎症指数、抗氧化指数，是对食物整体营养价值进行评价。其中，关于炎症指数、抗氧化指数的描述超出了常规营养素含量统计的范围，兼顾了饮食对人体的常见健康作用，适用于膳食模式评价，是当下营养学关注的一个方向。评价茶对整体饮食营养健康价值的影响，有两个维度的考察：①茶作为整体饮食的一部分，对评价结果有直接贡献，如膳食炎症指数、抗氧化指数即属于这一类型；②茶本身并非评价的主体，但饮茶通过影响其他食物的利用而影响评价结论，饮食的升糖指数即属于这一类型。

3.3.1 基于营养素的膳食营养评价

1. 营养素度量法

食物营养素度量法评价是指以营养素含量为依据对食物进行分级评价，是国际上能够较好地体现食物整体营养价值的一类评价方法，可以综合体现食物中多种营养成分的交互作用，反映食物的营养质量以及营养素之间的平衡关系。相对于限制能量，营养素度量法更注重食物的营养素密度，兼顾营养需求与能量平衡，同时也关注限制影响健康的营养素（张坚等，2009）。目前，食物营养素度量法正迅速成为管理营养标签和健康声称的基础。我国营养学家自 2006 年起，也开始研究适合中国人群膳食结构和健康状况的食物营养素度量法，并特别关注老年及儿童组。

营养素度量法模型可基于以下三点搭建：①已知对健康有益的营养素，如维生素和微量元素；②过量摄入不利于健康作用的营养素，如脂肪、糖和钠；③两者兼而有之。目前，只有那些有每日摄入量标准的膳食成分才被包括在营养素度量法中，如膳食纤维通常被包括在内；而缺少参考摄入量标准的植物来源的植物化学物，如多酚和黄酮等则未包括，这也限制了含茶饮食利用营养素度量法衡量营养价值的应用。

2. 健康饮食指数

健康饮食指数（healthy eating index，HEI）是用来评估个体或群体饮食质量的标准工具，其目的是衡量人们的饮食是否符合专家推荐的膳食模式，从而提供关于饮食质量的综合信息。HEI 包括一系列的食物组和营养素，每个部分都有一个预设的目标值，反映了特定营养指南中对某些食物组的最低摄入量或最高摄入量的要求，最终提供一个综合的饮食质量得分。例如，HEI-2015 版本包含 13 个成分，这些成分反映了 2015～2020 年美国饮食指南的建议，其中包括对全谷物、蔬菜、水果、乳制品、肉类、饱和脂肪、添加糖等的摄入要求。

HEI 依据各国的膳食指南来评估居民的膳食质量，而膳食指南中更多地强调了食物组而不是特定的饮品，因此 HEI 通常不将茶作为单独的一项。尽管 HEI 可能不会直接给出关于茶饮的分数，但它鼓励摄入多种食物、维持均衡的饮食，而茶可以作为均衡饮食中的一部分。例如，如果选择了不加糖的茶饮料而非含糖饮料，或者在进餐时搭配茶水而非碳酸饮料，这可能会被看作是更健康的选择，从而间接地对 HEI 的评分产生正面影响。

3. 特定膳食营养评价

从某一类营养素角度对食物营养价值进行评价，包括 BV、AAS 等。BV 是一种评估蛋白质营养价值的生物方法，指每 100 g 食物来源蛋白质转化成人体蛋白质的质量，由必需氨基酸的绝对质量、必需氨基酸所占比例、必需氨基酸与非必需氨基酸的比例、蛋白质的消化率和可利用率共同决定。AAS 是比较各样品的氨基酸组成、评价样品中氨基酸质量，将各样品氨基酸含量转化为每克蛋白质中含氨基酸的毫克数，再根据 FAO/WHO 最佳配比模式进行营养价值评定。BV 和 AAS 评价的都是膳食中蛋白质的整体质量。茶对膳食蛋白质的贡献小，因此传统的生物价、氨基酸评分难以反映茶的营养价值。

3.3.2 基于健康效应的特殊指数评价

基于人体健康效应的特殊指数，以特定的生理指标反映食物的营养价值。目前主要有血糖生成指数、膳食炎症指数、抗氧化指数等。血糖生成指数主要评价膳食的碳水化合物质量，其计算主要基于对人体血液指标的测定值，因此含茶饮食的血糖生成指数是可以评估的。膳食抗氧化指数、炎症指数主要是基于多种营养素以及植物化学物的联合权重分析，从而建立膳食质量与特定人体健康问题之间的关联。茶具备较强的抗氧化、抗炎活性，是形成膳食抗氧化、抗炎能力的重要贡献物质。因此，前述指数均适用于含茶饮食的营养评价，但仍有完善的空间。

1. 血糖生成指数

血糖生成指数（glycemic index，GI）于 1981 年提出，反映的是食物碳水化合物升高血糖水平的能力，GI 的变化主要源于食物中碳水化合物消化或吸收速度的差异（Jenkins et al.，1981）。通常精制谷物的 GI 较高，豆类和未加工的谷物 GI 适中，非淀粉类水果和蔬菜的 GI 较低。

GI 的测定应采用我国食品血糖卫生行业标准 WS/T 652—2019《食物血糖生成指数测定方法》中规定的方法。人体试验是测试 GI 的金标准方法，但由于需要采集志愿者的血液，对医学伦理、试验环境和试验操作的要求高；且由于志愿者之间存在个体差异，试验结果存在统计学差异，特别是不同实验室的重现性存在一定的挑战，因此人体试验更适用于经典食物及成熟产品的升糖能力判定，而难以满足企业研发阶段进行前期原料和配方筛选的需要。为此，使用体外淀粉消化率方法计算预估血糖生成指数（expected glycemic index，eGI）成为常见的体外替代研究方法（Englyst et al.，1992）。

低 GI 饮食对于糖尿病前期、糖尿病、肥胖症和心血管疾病患者均有益（Liu and Willett，2002；Willett et al.，2002），因此美国糖尿病学会建议食用低 GI 食物用于健康人群糖尿病管理和代谢调节的饮食干预。低 GI 主食的创制涉及原料选择、配方设计、加工工艺开发等维度（Cui et al.，2024），降低碳水化合物自身的可消化性，或者抑制人体对碳水化合物的消化能力，都是可行的方法。

茶及其功能成分具有抑制胃肠淀粉消化酶如 α-淀粉酶、α-葡萄糖苷酶活性的作用，因此可以减小碳水化合物的消化速率（Fu et al.，2020）。在碳水化合物类食物中添加茶及其成分，理论上能够降低食物的 GI。例如，在米饭中添加 3%的抹茶可以显著降低米饭的体外淀粉消化率，使快速消化淀粉含量从 72.96%降至 60.99%，消化速率常数从 11.4×10^{-2} min^{-1} 降至 8.68×10^{-2} min^{-1}，eGI 从 77.55 降至 66.86（Fu et al.，2020）。米粒有序晶体结构的增加是淀粉消化率降低的主要因素。抹茶可以起到改变年糕的结晶度、提高抗性淀粉含量、降低淀粉消化率、降低 eGI 的作用，抹茶对于糯米年糕消化率的降低作用强于日本米糕和印度米糕（Wei et al.，2023）。以膨化甘薯淀粉粉丝（ESPSV）为模型发现，任何形式的茶制品都可以延缓淀粉的消化，其中 EGCG 效果最好。添加 EGCG 后，ESPSV 的 eGI 从 82.50 降至 65.46。效果源于两方面，一是淀粉在挤压下与茶叶形成较大的分子聚集体，EGCG 作为茶单体更容易进入直链淀粉的螺旋腔，形成 V 型包合物，使淀粉不易被消化；二是消化过程中释放的多酚可使消化酶活性降低 15.53%（Li et al.，2023）。

2. 膳食炎症指数

膳食炎症指数（dietary inflammatory index，DII）用于量化个体饮食的炎症潜力，因此既与食物相关，也与人的食物摄入情况相关。慢性炎症反应与肥胖、心血管疾病、癌症等慢性病的发生发展紧密相关，与抑郁症、痴呆等神经系统疾病也存在关联。与炎症相关的生物标记物主要有 C 反应蛋白（C-reactive protein，CRP）、白介素（interleukin，IL）、肿瘤坏死因子（tumor necrosis factor，TNF）等。研究发现，西式饮食富含红肉、高脂乳制品、精制谷物和简单碳水化合物，与较高的 CRP 和 IL-6 水平有关；地中海饮食富含全谷类、鱼类、水果和绿色蔬菜，与较低的炎症水平有关。特定营养素如 n3-多不饱和脂肪酸、膳食纤维、维生素 E、维生素 C、β-胡萝卜素和镁也一直被证明与较低的炎症水平有关。

美国南卡罗来纳大学的 Cavicchia 等（2009）基于胆固醇水平季节性变化研究（Seasonal Variation of Cholesterol Levels Study，SEASONS）的纵向数据定义 DII，并验证了 DII 可以预测超敏 C 反应蛋白（hypersensitive C-reactive protein，hs-CRP）水平的变化。将特定食物和成分的调整炎症效应分数乘以每个参与者的摄入量，并进行必要的系数调整,其中食物和成分摄入量数据通过 24 小时膳食回顾法获得。之后将每个食物和成分的调整炎症效应分数的乘积相加,从而为每个参与者创建总体炎症效应分数。将总体炎症效应分数除以 100,以帮助解释统计分析的结果,即 DII。

结果表明,在参与研究的 494 名成年男女中,炎症指数得分与 hs-CRP 之间存在负相关,说明得分增加(代表向抗炎饮食转变)与 hs-CRP 降低有关。因此,抗炎饮食可能保护个人免受 hs-CRP 水平升高所表征的炎症反应,从而间接防止癌症、心血管疾病和其他与炎症相关的慢性健康状况的发展。从表 3-5 中看出,茶的抗炎潜力在所纳入的饮食中处于较高的分位,槲皮素、花青素、表儿茶素等茶中常见的黄酮类化合物也被计算为抗炎成分。

表 3-5 DII 中纳入的茶及常见茶成分的调整炎症效应分数

食物或成分	调整的炎症效应分数	单位
茶	0.552	g/d
硒	0.021	mg/d
咖啡因	0.035	g/d
槲皮素	0.49	mg/d
花青素	0.13	mg/d
表儿茶素	0.12	mg/d

Shivappa 等(2014b)对 2007～2010 年发表的近 1943 篇同行评审期刊文章进行了评审,改进评分算法,并更新了 DII 评分系统。新的 DII 系统将 45 种膳食成分划分为 36 种抗炎成分、9 种促炎成分。其中,绿茶及红茶的炎症反应评分为负数,因而被认为是饮食中的抗炎因子。但是,DII 未对不同来源、工艺的茶进行区分,可能是因为 DII 的计算主要依赖于英文文献以及国外的数据库。近年来的研究认为,不同的茶叶在抗炎潜力方面存在差异,随着研究文献的积累,未来或可以对茶叶种类作进一步细分。

由于膳食总能量摄入对确定膳食总体炎症潜能有着重要作用,2019 年提出计算经能量调整的膳食炎症指数(energy-adjusted dietary inflammatory index,E-DII)以改善可能存在的混杂效应。E-DII 是在 DII 逻辑的基础上,按每 1000 卡食物计算,从而实现对不同来源的数据的标准化处理。对茶及茶中常见成分的炎症指数进行统计,如表 3-6 所示。

表 3-6 膳食炎症指数中包含的食物参数、炎症效应评分以及来自
全球综合数据集的日均摄入量（茶及常见茶成分）

食物参数	原始炎症效应评分	总体炎症效应评分	全球日均摄入量
绿茶/红茶/g	−0.536	−0.536	1.69
咖啡因/g	−0.124	−0.110	8.05
硒/μg	−0.191	−0.191	67
黄烷-3-醇/mg	−0.415	−0.415	95.8
黄酮类化合物/mg	−0.616	−0.616	1.55
黄酮醇类化合物/mg	−0.467	−0.467	17.7
二氢黄酮类化合物/mg	−0.908	−0.25	11.7
花青素类/mg	−0.449	−0.131	18.05
异黄酮类化合物/mg	−0.593	−0.593	1.2

DII 代表了一种评估饮食炎症潜力的新工具，可以应用于任何收集了饮食数据的人群，不仅可以定性区分膳食的抗炎/促炎倾向，还可以量化个体饮食结构的整体炎症潜力。例如，在美国爱荷华妇女健康研究中，DII 每增加 1 个单位，女性罹患结直肠癌的风险比增加 1.07。茶作为饮食统计的重要组成，第五五分位的摄入量比第一五分位低 26%，提示喝茶提高饮食抗炎能力，或有助于降低女性结直肠癌风险（Shivappa et al., 2014a）。

基于 DII 的理念和案例，在日常饮食中增加茶的摄入，可以促进饮食的抗炎能力，从而带来一系列健康收益；但能量总量的控制以及多种营养摄入均衡是必要的，否则将削弱整体饮食的抗炎作用，抵消饮茶可能带来的健康益处。

3. 膳食抗氧化指数

膳食抗氧化能力的意义与抗炎有一定的相似之处，主要通过降低氧化应激或炎症生物标志物发挥作用。膳食抗氧化能力的评价主要基于实验室分析或者食物频率计算。目前，对于膳食抗氧化能力的评价主要有两类：第一类通过测定体外清除自由基的能力来预测抗氧化活性，如氧化自由基吸收能力；第二类通过基于食物频率问卷，计算食物中抗氧化型营养素的组成对饮食的整体抗氧化能力进行划分，如膳食抗氧化质量分数和复合膳食抗氧化指数。

1) 氧化自由基吸收能力

体外研究清除自由基的研究方法较多，分别测定测试样品对不同类型自由基的清除能力，但不能直接反映对人体抗氧化能力的影响。根据国际纯粹与应用化学联合会报告（Reşat et al., 2013），测定天然抗氧化能力/活性的方法主要包括：

DPPH（2, 2-二苯基-1-吡啶基肼）自由基清除试验，铁离子还原抗氧化能力测定法（ferric reducing antioxidant power，FRAP）、氧自由基吸收能力测定法、ABTS[2, 2′-azino-bis(3-ethylbenzothiazoline- 6-sulfonic acid)]自由基清除试验，铜离子还原抗氧化能力测定法。

氧化自由基吸收能力（oxygen radical absorbance capacity，ORAC），是用来衡量食物、保健品、药品中抗氧化物含量的国际通用标准单位，由美国国家老龄化研究所的科学家于1992年开发。1999年，美国农业部的网站列举了以ORAC衡量最强的抗氧化食物。该网站引用发表在《营养杂志》《美国临床营养杂志》《神经科学杂志》等学术期刊上的论文指出，食用高ORAC的水果和蔬菜，或者简单地增加水果和蔬菜的摄入量（两者都天然富含抗氧化剂）可以使血液的抗氧化能力提高13%～25%，并可能延缓身体和大脑衰老。以ORAC衡量茶的抗氧化能力，通常发酵程度低的绿茶、生普洱茶抗氧化能力更强；富含花青素的紫鹃茶、富硒茶等，也可能具有更强的抗氧化能力。尽管ORAC指数很受欢迎，但美国农业部在2012年放弃了ORAC，并阻止膳食补充剂以此作为声称，理由是ORAC不一定能预测体内抗氧化活性。

与体外清除自由基能力最为相关的是膳食总抗氧化能力（dietary total antioxidant capacity，DTAC）。DTAC考虑食物中的抗氧化型维生素、矿物质、多酚化合物具有相加或协同效应。其通常基于食物频率问卷数据，通过一系列生化测试来评估食物中的抗氧化潜力，包括维生素C当量、ORAC、Trolox当量抗氧化能力、总自由基捕获抗氧化参数（TRAP）和FRAP等。目前，计算DTAC最大的数据库是基于FRAP法，包含了超过3100种不同的食物、饮料、香料、草药和膳食补充剂。研究发现，较高的DTAC与较低的低密度脂蛋白氧化水平等积极的健康结局相关。

波兰的一项横截面研究在计算食物抗氧化能力时，考虑了：①来自食物和膳食补充剂的抗氧化维生素（维生素C、维生素E和β-胡萝卜素）和矿物质（锌、铁、锰和铜）的摄入量；②使用在线Phenol-Explorer数据库及自建数据库估计了膳食总多酚摄入量；③基于FRAP法，综合数据库和实验室检测评估DTAC。结果显示，较高的DTAC与多酚、抗氧化维生素和矿物质的摄入量较高相关。此外，DTAC的四分位数较高与波兰人群中心血管疾病的降低概率相关。因此认为通过FRAP方法测量的DTAC可以被认为是健康饮食质量的指标（Małgorzata et al.，2022）。

2）膳食抗氧化质量分数和复合膳食抗氧化指数

膳食抗氧化质量分数（dietary antioxidant quality score，DAQS）是一种分级算法，基于食物频率问卷中得出的六种抗氧化维生素和矿物质（维生素A、维生素C、维生素E、硒、锰和锌）的摄入量来计算（Rivas et al.，2012）。首先计算这六种营养素/矿物质的每日摄入量与美国食品药品监督管理局确定的每日推荐摄入量的比率。然后，将这个比率分配一个值，要么是 0，要么是 1，比率＜2/3 的分配值为 0，比率≥2/3 的分配值为 1，DAQS 的总和将介于 0（低质量）到 6（高质量）之间。将 DAQS 进一步分为三组：1~2（低质量）、3~4（平均质量）和 5~6（高质量）。

复合膳食抗氧化指数（composite dietary antioxidant index，CDAI）最早由 Wright 等（2004）开发。以下抗氧化营养素或成分被纳入了分析：α-胡萝卜素、β-胡萝卜素、β-隐黄素、γ-胡萝卜素、叶黄素+玉米黄质和番茄红素（所有广泛归类为"类胡萝卜素"），儿茶素、表儿茶素、山奈酚、杨梅素和槲皮素（所有广泛归类为"黄酮类"），α-生育酚、γ-生育酚、α-生育三烯酚和 β-生育三烯酚（所有广泛归类为"维生素 E"），硒，以及维生素 C。每组都是由结构相关的营养素组成的，因此分别对类胡萝卜素、黄酮和维生素 E 组进行主成分分析。将特定营养素的标准化摄入量与其相应的权重或因子载荷相乘，然后对所有贡献的营养素求和以获得每个研究参与者的得分。后续研究也将维生素 A、维生素 C、维生素 E、硒、镁和锌这六种抗氧化维生素和矿物质标准化，再将这些维生素和矿物质的标准化摄入量相加并赋予相等的权重来计算 CDAI，如下所示：

$$复合膳食抗氧化指数 = \sum_{i=1}^{6} \frac{个体摄入量 - 平均值}{标准差}$$

在 $n=3853$ 的上海女性健康研究中，研究评估了 DAQS 和 CDAI 与人体抗氧化及抗炎能力的关联。纳入考察的 10 种氧化应激或炎症生物标志物包括：尿中 F2-异前列烷、F2-异前列烷代谢物、前列腺素 E2 代谢物、CRP、IL-1β、IL-6、TNF-α、可溶性 TNF 受体 1、可溶性 TNF 受体 2 和可溶性 GP130。结果发现，DAQS 与 CDAI 高度相关（$r=0.72$），且两者均与 IL-1β 及 TNF-α 水平呈显著负相关；DAQS 与 IL-6、可溶性 TNF 受体 2 负相关；但氧化应激相关指标或其他炎症生物标志物均未显示出显著的相关性。因此，DAQS 和 CDAI 可能更适用于测量膳食抗炎症而不是抗氧化属性的潜在总和（Luu et al.，2015）。

（应　剑）

本章责任人：肖杰

参 考 文 献

曹丽亚, 谢林利, 谢江川, 等. 2023. 2020 版《药物临床试验质量管理规范》实施后药物临床试验数据现场核查的要点与浅析[J]. 中国新药杂志, 32: 264-269.

杜海涛, 王琳, 丁洁, 等. 2024. 分子对接在中药开发的应用现状与挑战[J]. 中国中药杂志, 49(3): 671-680.

国家卫生健康委员会. 2019. 食物血糖生成指数测定方法: WS/T 652—2019[S]. 北京：中国标准出版社.

黄绍宽, 陈智超, 邓永萍. 2006. 茶叶对老年高血压病患者的辅助作用[J]. 心血管康复医学杂志, 238-240.

黄悦勤. 2022. 临床流行病学[M]. 5版. 北京: 人民卫生出版社.

荆柏林. 2020. 肿瘤、肠器官芯片的构建及壳寡糖活性评价[D]. 北京：中国科学院大学(中国科学院过程工程研究所).

李艳霞, 李含芬, 赵磊, 等. 2017. 消费者日常茶叶饮用习惯对健康的影响[J]. 农学学报, 7: 91-95.

刘均, 李强, 谭蓉. 2023. 基于斑马鱼模型评价白茶的降糖作用[J]. 现代食品科技, 39(3): 45-54.

刘玉甜, 赵诗雨, 吕邵娃. 2020. 基于分子对接的计算机虚拟筛选技术在新药发现中的应用进展[J]. 化学工程师, 34(2): 59-63.

罗剑锋. 2010. 尿茶多酚、谷胱甘肽转移酶基因多态性与乳腺癌发病风险的巢式病例对照研究[D]. 上海：复旦大学.

吕全军. 2018. 营养流行病学[M]. 北京: 科学出版社.

潘联云, 冉隆珣, 杨恺清, 等. 2024. 不同饮食条件下德昂酸茶调控秀丽隐杆线虫脂质代谢的研究[J]. 茶叶通讯, (2): 250-255.

沈洪兵, 钮菊英, 姚才良, 等. 1996. 饮茶与血压关系的流行病学调查[J]. 高血压杂志, 1996, (2): 156-158.

孙长颢. 2018. 营养与食品卫生学[M]. 8版. 北京: 人民卫生出版社.

孙颖, 陈鑫, 杨华, 等. 2022. 饮用金花香橼茶3个月对小样本高脂血症人群糖脂代谢的改善效果研究[J]. 茶叶科学, 42(4): 561-576.

孙颖, 李艳, 王黎明, 等. 2023. 普洱熟茶对糖脂代谢异常改善效果的临床研究[J]. 食品科学: 45(12): 144-156.

王亚超. 2022. 以秀丽隐杆线虫为模型对水果发酵液在抗衰老等生理功效方面的研究[D]. 长春：吉林大学.

吴鑫. 2019. 绿茶和葱属蔬菜的摄入降低结直肠癌的发病风险：一项基于医院的病例对照研究 [D]. 沈阳: 中国医科大学.

向云青, 权菲菲, 温慧, 等. 2020. 基于仿生微流控技术的肠道器官芯片构建[J]. 集成技术, 9(3): 56-65.

杨纪龙, 王明荣, 郭春华, 等. 1999. 饮茶与食管癌和胃癌关系的病例对照研究[J]. 中国公共卫生学报, 1999, (6): 367-368.

尹娜, 陈秋燕, 王瑞芳, 等. 2022. 模式生物斑马鱼在植物多糖生物活性评价中的应用进展[J]. 中国实验动物学报, 30(5): 705-712.

尤玉芳, 高菲菲, 许璇, 等. 2023. 备案制后我国药物临床试验机构现状分析[J]. 中国新药与临床杂志, 42: 170-174.

曾鸿哲, 方雯雯, 周方, 等. 2023. 陈年武夷岩茶对葡聚糖硫酸钠诱导小鼠结肠炎的缓解作用及肠道菌群的影响[J]. 食品科学, 44(13): 67-78.

詹思延. 2014. 流行病学[M]. 7 版. 北京: 人民卫生出版社.

张坚, 赵文华, 陈君石. 2009. 营养素度量法——一个新的食物营养评价指标[J]. 营养学报, 31(1): 1-5.

周阳, 肖文军, 林玲, 等. 2019. 红茶及其发花红砖茶对高血糖模型小鼠的降血糖作用[J]. 茶叶科学, 39(4): 415-424.

Bahorun T, Luximon Ramma A, Neergheen Bhujun V S, et al. 2012. The effect of black tea on risk factors of cardiovascular disease in a normal population[J]. Preventive Medicine, 54: S98-S102.

Basu A, Sanchez K, Leyva M J, et al. 2010. Green tea supplementation affects body weight, lipids, and lipid peroxidation in obese subjects with metabolic syndrome[J]. Journal of the American College of Nutrition, 29: 31-40.

Capriles V D, Arêas J A. 2016. Approaches to reduce the glycemic response of gluten-free products: *in vivo* and *in vitro* studies[J]. Food & Function, 7(3): 1266-1272.

Cavicchia P P, Steck S E, Hurley T G, et al. 2009. A new dietary inflammatory index predicts interval changes in serum high-sensitivity C-reactive protein[J]. Journal of Nutrition, 139(12): 2365-2372.

Chan C C, Koo M W, Ng E H, et al. 2006. Effects of Chinese green tea on weight, and hormonal and biochemical profiles in obese patients with polycystic ovary syndrome—A randomized placebo-controlled trial[J]. Journal of the Society for Gynecologic Investigation, 13: 63-68.

Chung M, Zhao N S, Wang D, et al. 2020. Dose-response relation between tea consumption and risk of cardiovascular disease and all-cause mortality: A systematic review and meta-analysis of population-based studies[J]. Advances in Nutrition, 11: 790-814.

Cui C L, Wang Y, Ying J, et al. 2024. Low glycemic index noodle and pasta: Cereal type, ingredient, and processing[J]. Food Chemistry, 431: 137188.

Diepvens K, Kovacs E M, Vogels N, et al. 2006. Metabolic effects of green tea and of phases of weight loss[J]. Physiology & Behavior, 87: 185-191.

Du K, Li S B, Li C P, et al. 2021. Modeling nonalcoholic fatty liver disease on a liver lobule chip with dual blood supply[J]. Acta Biomaterialia, 134: 228-239.

Englyst H N, Kingman S M, Cummings J H. 1992. Classification and measurement of nutritionally important starch fractions[J]. European Journal of Clinical Nutrition, 46: S33-S50.

Filippini T, Malavolti M, Borrelli F, et al. 2020. Green tea (*Camellia sinensis*) for the prevention of cancer[J]. Cochrane Database of Systematic Reviews, 3: Cd005004.

Fu T T, Niu L Y, Li Y, et al. 2020. Effects of tea products on *in vitro* starch digestibility and eating quality of cooked rice using domestic cooking method[J]. Food & Function, 11(11): 9881-9891.

Fukino Y, Ikeda A, Maruyama K, et al. 2008. Randomized controlled trial for an effect of green tea-extract powder supplementation on glucose abnormalities[J]. European Journal of Clinical Nutrition, 62: 953-960.

Ghosh R, Chakraborty A, Biswas A, et al. 2021. Evaluation of green tea polyphenols as novel corona virus (SARS CoV-2) main protease (Mpro) inhibitors—An in silico docking and molecular dynamics simulation study[J]. Journal of Biomolecular Structure & Dynamics, 39(12): 4362-4374.

Glisan S L, Grove K A, Yennawar N H, et al. 2017. Inhibition of pancreatic lipase by black tea theaflavins: Comparative enzymology and in silico modeling studies[J]. Food Chemistry, 216: 296-300.

Hopkins A L. 2008. Network pharmacology: The next paradigm in drug discovery[J]. Nature Chemical Biology, 4(11): 682-690.

Hosoda K, Wang M F, Liao M L, et al. 2003. Antihyperglycemic effect of oolong tea in type 2 diabetes[J]. Diabetes Care, 26: 1714-1718.

Hu H Y, Wu B S, Ou Y N, et al. 2022. Tea consumption and risk of incident dementia: A prospective cohort study of 377 592 UK Biobank participants[J]. Translational Psychiatry, 12: 171.

Huang S, Li J J, Wu Y T, et al. 2018. Tea consumption and longitudinal change in high-density lipoprotein cholesterol concentration in Chinese adults[J]. Journal of the American Heart Association, 7(13): e008814.

Hsu C H, Liao Y L, Lin S C, et al. 2011. Does supplementation with green tea extract improve insulin resistance in obese type 2 diabetics? A randomized, double-blind, and placebo-controlled clinical trial[J]. Alternative Medicine Review, 16: 157-163.

Jenkins D J, Wolever T M, Taylor R H, et al. 1981. Glycemic index of foods: A physiological basis for carbohydrate exchange[J]. American Journal of Clinical Nutrition, 34(3): 362-366.

Lee H, Kim J, Choi Y, et al. 2020. Application of gelatin bioinks and cell-printing technology to enhance cell delivery capability for 3D liver fibrosis-on-a-chip development[J]. ACS Biomaterials Science & Engineering, 6(4): 2469-2477.

Li X Y, Yu C Q, Guo Y, et al. 2019. Association between tea consumption and risk of cancer: A prospective cohort study of 0.5 million Chinese adults[J]. European Journal of Epidemiology, 34: 753-763.

Li Y, Niu L Y, Wu L Y, et al. 2023. Polyphenol-fortified extruded sweet potato starch vermicelli: Slow-releasing polyphenols is the main factor that reduces the starch digestibility[J]. International Journal of Biological Macromolecules, 253(8): 127584.

Liang X J, Li H Y, Li S. 2014. A novel network pharmacology approach to analyse traditional herbal formulae: The Liu-Wei-Di-Huang pill as a case study[J]. Molecular BioSystems, 10(5): 1014-1022.

Liu C Y, Huang C J, Huang L H, et al. 2014. Effects of green tea extract on insulin resistance and glucagon-like peptide 1 in patients with type 2 diabetes and lipid abnormalities: A randomized, double-blinded, and placebo-controlled trial[J]. PLoS One, 9: e91163.

Liu S, Willett W C. 2002. Dietary glycemic load and atherothrombotic risk[J]. Current Atherosclerosis Reports, 4(6): 454-461.

Luu H N, Wen W, Li H, et al. 2015. Are dietary antioxidant intake indices correlated to oxidative stress and inflammatory marker levels?[J]. Antioxidants & Redox Signaling, 22(11): 951-959.

Luvián-morales J, Varela-Castillo F O, Flores-Cisneros L, et al. 2022. Functional foods modulating inflammation and metabolism in chronic diseases: A systematic review[J]. Critical Reviews in Food Science and Nutrition, 62: 4371-4392.

Małgorzata E Z, Anna W, Anna M W, et al. 2022. Dietary total antioxidant capacity—A new indicator of healthy diet quality in cardiovascular diseases: A polish cross-sectional study[J]. Nutrients, 14(15): 3219.

Mousavi A, Vafa M, Neyestani T, et al. 2013. The effects of green tea consumption on metabolic and anthropometric indices in patients with type 2 diabetes[J]. Journal of Research in Medical Sciences, 18: 1080-1086.

Mukamal K J, Macdermott K, Vinson J A, et al. 2007. A 6-month randomized pilot study of black tea and cardiovascular risk factors[J]. American Heart Journal, 154: 724.e721-726.

Nagao T, Meguro S, Hase T, et al. 2009. A catechin-rich beverage improves obesity and blood glucose control in patients with type 2 diabetes[J]. Obesity, 17: 310-317.

Nawroth J C, Petropolis D B, Manatakis D V, et al. 2021. Modeling alcohol-associated liver disease in a human Liver-Chip[J]. Cell Reports, 36(3): 109393.

Neyestani T R, Shariatzade N, Kalayi A, et al. 2010. Regular daily intake of black tea improves oxidative stress biomarkers and decreases serum C-reactive protein levels in type 2 diabetic patients[J]. Annals of Nutrition and Metabolism, 57: 40-49.

Oh J, Jo S H, Kim J S, et al. 2015. Selected tea and tea pomace extracts inhibit intestinal alpha-glucosidase activity *in vitro* and postprandial hyperglycemia *in vivo*[J]. International Journal of Molecular Sciences, 16(4): 8811-8825.

Pan W J, Li W S, Wu H, et al. 2023. Aging-accelerated mouse prone 8 (SAMP8) mice experiment and network pharmacological analysis of aged liupao tea aqueous extract in delaying the decline changes of the body[J]. Antioxidants-basel, 12(3): 685.

Payab M, Hasani ranjbar S, Shahbal N, et al. 2020. Effect of the herbal medicines in obesity and metabolic syndrome: A systematic review and meta-analysis of clinical trials[J]. Phytotherapy Research, 34: 526-545.

Reşat A, Shela G, Volker B, et al. 2013. Methods of measurement and evaluation of natural antioxidant capacity/activity (IUPAC Technical Report)[J]. Pure and Applied Chemistry, 85(5): 957-998.

Rivas A, Romero A, Mariscal Arcas M, et al. 2012. Association between dietary antioxidant quality score (DAQS) and bone mineral density in Spanish women[J]. Nutricion Hospitalaria, 27: 1886-1893.

Ryu O H, Lee J, Lee K W, et al. 2006. Effects of green tea consumption on inflammation, insulin resistance and pulse wave velocity in type 2 diabetes patients[J]. Diabetes Research and Clinical Practice, 71: 356-358.

Shakya P R, Melaku Y A, Shivappa N, et al. 2021. Dietary inflammatory index (DII®) and the risk of depression symptoms in adults[J]. Clinical Nutrition, 40(5): 3631-3642.

Shimada K, Kawarabayashi T, Tanaka A, et al. 2004. Oolong tea increases plasma adiponectin levels and low-density lipoprotein particle size in patients with coronary artery disease[J]. Diabetes Research and Clinical Practice, 65: 227-234.

Shivappa N, Prizment A E, Blair C K, et al. 2014a. Dietary inflammatory index and risk of colorectal cancer in the Iowa Women's Health Study[J]. Cancer Epidemiology, Biomarkers & Prevention, 23(11): 2383-2392.

Shivappa N, Steck S E, Hurley T G, et al. 2014b. Designing and developing a literature-derived, population-based dietary inflammatory index[J]. Public Health Nutrition, 17(8): 1689-1696.

Suliburska J, Bogdanski P, Szulinska M, et al. 2012. Effects of green tea supplementation on elements, total antioxidants, lipids, and glucose values in the serum of obese patients[J]. Biological Trace Element Research, 149: 315-322.

Sun Y, Wang L, Shaughnessy L K, et al. 2020. Exploring the antihyperglycemic chemical composition and mechanisms of tea using molecular docking[J]. Evidence-based Complementary and Alternative Medicine, 9: 1-12.

Takezaki T, Gao C M, Ding J H, et al. 1999. Comparative study of lifestyles of residents in high and low risk areas for gastric cancer in Jiangsu Province, China; with special reference to allium vegetables[J]. Journal of Epidemiology, 9: 297-305.

Takezaki T, Gao C M, Wu J Z, et al. 2001. Dietary protective and risk factors for esophageal and stomach cancers in a low-epidemic area for stomach cancer in Jiangsu Province, China: Comparison with those in a high-epidemic area[J]. Japanese Journal of Cancer Research, 92: 1157-1165.

Unno K, Furushima D, Hamamoto S, et al. 2018. Stress-reducing function of matcha green tea in animal experiments and clinical trials[J]. Nutrients, 10(10): 1468.

van den Berg A J, van den Worm E, van Ufford H C, et al. 2008. An *in vitro* examination of the antioxidant and anti-inflammatory properties of buckwheat honey[J]. Journal of Wound Care, 17(4): 172-174, 176-178.

Wei R, Qian L, Kayama K, et al. 2023. Cake of Japonica, Indica and glutinous rice: Effect of matcha powder on the volatile profiles, nutritional properties and optimal production parameters[J]. Food Chemistry X, 18: 100657.

Willett W. 2006. 营养流行病学[M]. 2 版. 北京: 人民卫生出版社.

Willett W, Manson J, Liu S M. 2002. Glycemic index, glycemic load, and risk of type 2 diabetes[J]. American Journal of Clinical Nutrition, 76(1): 274S-280S.

Wright M E, Mayne S T, Stolzenberg Solomon R Z, et al. 2004. Development of a comprehensive dietary antioxidant index and application to lung cancer risk in a cohort of male smokers[J]. American Journal of Epidemiology, 160: 68-76.

Yue Y, Chu G X, Liu X S, et al. 2014. TMDB: A literature-curated database for small molecular compounds found from tea[J]. BMC Plant Biology, 14: 243.

第 4 章 茶的体内过程

茶的体内过程，包括消化、吸收、代谢、分布和排泄等生理过程。一些成分直接作用于人体消化酶、肠道微生物、肠道屏障等肠道组件，影响营养物质的吸收、内毒素的转运，并通过调控肠道微生态稳态对人体健康发挥深远影响；还有一些成分在肠道及肝脏中代谢，转化为葡萄糖醛酸、硫酸盐、甲基代谢物以及其他小分子物质，通过作用于人体内受体发挥生物学效应。应用多种体内和体外模型研究茶的体内过程，以及该过程中与人体的相互作用特征，对于深入研究茶的生理活性及机制具有重要意义。当前，茶的体内过程研究主要集中在茶与消化酶、茶与微生物消化、茶与体内蛋白受体的相互作用等方面。本章将着重探讨茶的体内过程对人体健康的重要影响，特别是其整体消化及代谢过程在慢性疾病、老年健康、传染病和神经系统疾病等社会性健康问题上的影响，并介绍相应的研究工具。

4.1 茶的体内过程概述

4.1.1 茶叶成分的体内过程

茶叶中的化学成分极其丰富，包括糖类、多酚类、脂类、生物碱（咖啡碱为主）、有机酸、氨基酸（茶氨酸为主）、茶色素、茶多糖、维生素、矿物质和芳香物质等。

热水冲泡茶叶，醇、酮、醛、酸、酯类等芳香物质的挥发速度加快，最先进入鼻腔的上皮细胞，继而被神经元捕捉，通过嗅神经将信号传递给大脑，也可以直接发挥调节神经系统的作用；大多数茶叶功能成分通过口腔进入人体，再依次经过胃、小肠、结肠完成体内消化，经肠道转运入血后分布至作用部位。

饮茶后 1 min，口腔中的唾液腺分泌唾液增加。唾液富含消化酶，能够分解碳水化合物。茶多酚是茶叶中最重要的抗氧化成分，具有抗炎杀菌作用，有助于缓解口腔溃疡和咽喉肿痛等症状，并维持口腔微生物健康、预防龋齿。茶叶的涩味主要源于多酚类化合物（如儿茶素、没食子儿茶素等）及其氧化产物（如茶黄素、茶红素等）、酚类、酚酸和醛类化合物。多酚类的游离羟基容易与蛋白质中的氨基酸结合，从而使蛋白质沉淀；因此其与口腔黏膜上皮组织蛋白质结合，并凝固成不透水的薄膜，从而产生一种涩感。羟基较少的多酚类化合物形成的薄膜不牢固，容易逐步离解，产生先涩后甘的味觉；简单儿茶素由于羟基较少，刺激性弱，味道爽口；而复杂儿茶素则具有较强的收敛性和更重的涩味。这些特征形成了不同品质茶的口感差异（王岳飞，2013）。

饮茶后 10 min，茶到达胃，含有的生物碱促进胃液分泌，而黄烷醇类化合物则能显著增强肠胃蠕动，从而促进消化。茶叶成分与胃肠道微生态相互作用，产生广泛的生理效应；尤其是茶多酚等成分对一些肠道致病菌有显著抑制和杀伤作用。例如，黑茶中的儿茶素和皂苷化合物可以抑制或杀灭螺旋菌、大肠杆菌、伤寒和副伤寒杆菌、葡萄球菌等多种病原菌（夏昕然，2016）。

饮茶后 30~60 min，茶叶成分通过小肠黏膜逐步吸收入血。未被小肠吸收的酚类进入大肠，在细菌酶（如酯酶、葡萄糖苷酶）的作用下，经过脱甲基、脱羟基、脱碳酸等过程，生成酚酸和短链脂肪酸。这些代谢产物部分具有抑菌或杀菌作用，并可被肠道黏膜吸收，在肠道或尿道细胞中发挥抗菌效果（Etxeberria et al.，2013）。

饮茶后 120 min，未被消化吸收的茶叶成分逐渐进入结肠。茯砖茶中的水溶性物质可能提高粪便含水量，促进肠道蠕动，通过 5-羟色胺受体和血管活性肠肽受体发挥通便作用（曾婷玉，2013；Dai et al.，2022）。茶中的咖啡碱在 45 min 内被胃和小肠完全吸收，随血液分布至各器官，能够唤醒大脑、增强心肌收缩、加快代谢，并刺激泌尿系统，具有利尿功能（刘莉，2018）。儿茶素通过胃肠道吸收进入血液中，有研究表明，血液中儿茶素含量在摄取 1~2 h 后达到峰值（Chow et al.，2001；Kotani et al.，2003；Unno et al.，1996）。利用液相色谱-电喷雾电离质谱（LC-ESI-MS）对口服绿茶饮料提取物中的儿茶素在人体血浆中的含量进行测定，志愿者口服儿茶素饮料 2 h 后取血样检测，结果 8 种儿茶素单体在人体血液中均能被检测到（Masukawa et al.，2006）。血液、尿液及排泄物中的儿茶素占摄入总量的 1.68%。EGCG 的生物利用度较低，除非被迅速代谢或储存，否则摄入的儿茶素只有极少部分被利用（Warden et al.，2001）。

饮茶 5 h 后，茶氨酸跨越血脑屏障进入大脑。在脑组织中，茶氨酸帮助释放代谢神经递质，使人感到镇静安宁、快乐愉悦。研究还发现，茶氨酸促进大脑区域更有效地联系，改善认知功能，增强记忆和智力（方开星等，2016）。

饮茶后 6~24 h，体内的咖啡因代谢完毕，茶多酚被分解或通过尿液排出。随后，茶氨酸的代谢活动逐渐结束，逐渐分解消失。血液和肝脏中的茶氨酸在约 1 h 达到峰值，而脑中茶氨酸在 5 h 达到最高，之后逐渐下降，24 h 后几乎检测不到。

4.1.2 茶叶成分的体内代谢

儿茶素在人体内容易被代谢酶和微生物转化。其中一部分由小肠和肝脏中的Ⅰ相代谢酶和Ⅱ相代谢酶转化为甲基化儿茶素、葡萄糖醛酸化儿茶酚和硫酸化儿茶素。Ⅰ相代谢,一个侧重于功能性修饰的阶段,主要通过氧化、还原、水解等手段,为化合物增添或激活官能团。细胞色素P450酶系是参与Ⅰ相代谢的关键酶类,主要进行催化羟化、去甲基化、环氧化等反应。Ⅱ相代谢则将已经经过Ⅰ相代谢的化合物与小分子物质(如葡萄糖醛酸、硫酸、谷胱甘肽等)进行共价结合,生成更易溶于水、极性增强的结合产物。EGCG 的甲基化通常由儿茶酚氧位甲基转移酶完成,生成 4′-O-Me-EGC。EC 和 ECG 甲基化产物分别为 3′-O-Me-EC、4′-O-Me-EC 和 4″-O-Me-ECG。由此可见,简单儿茶素发生甲基化的位置主要以黄烷-3-醇 B 环的 3′位点和 4′位点为主(Renouf et al.,2011)。除此之外,在酯型儿茶素的化学结构中,位于没食子酸酯取代基上的 4″位点同样能够经历甲基化的转变(Meng et al.,2002)。硫酸化由硫酸基转移酶催化完成,这一酶类负责将硫酸基供体分子中的硫酸基团精确地转移到醇类或胺类化合物的分子结构上(Runge-Morris et al.,2013)。在生物体内,如大鼠肝脏及人类肝脏的胞液环境中,EC、EGC 以及 EGCG 均能被转化为硫酸化儿茶素衍生物,但是这些硫酸化儿茶素的化学结构目前仍是一个尚未完全解开的谜题。葡萄糖醛酸化主要通过 UDP-葡萄糖醛酸基转移酶(UDP-glucuronosyl-transferase,UGT)催化完成。EGCG 在人、大鼠和小鼠肝微粒体的主要葡萄糖醛酸化产物是 EGCG-4″-O-葡萄糖醛酸结合物,EGC 的主要葡萄糖醛酸化产物是 EGC-3″-O-葡萄糖醛酸结合物,且 EGCG 比 EGC 更容易发生葡萄糖醛酸化(Crespy et al.,2004)。此外,大部分儿茶素到达结肠部位,由肠道菌群所代谢,发生环裂解、还原、脱羧、β-氧化及去羟基等反应,最终也降解为酚酸及其甘氨酸结合物等简单复合物。

儿茶素的甲基化过程,与众多黄酮类及酚酸类化合物的甲基化转变相类似,增加了其在体内的滞留时间和血浆蛋白结合率,并且有助于儿茶素的体内运转。儿茶素的硫酸化和葡萄糖醛酸化是典型的Ⅱ相代谢酶反应,这种结合产物明显增加了儿茶素的水溶性,有利于儿茶素在体内的运输和排泄。儿茶素在肠道菌群作用下发生微生物降解,这与大部分的黄酮类成分、原花青素类成分的肠道降解相似,都会形成一系列的简单酚酸类成分,并且部分微生物降解产物还可以被吸收入血,经过尿液排泄。

茶氨酸是茶叶中特有的氨基酸,是一种非蛋白质类生物氨基酸,存在着两种同分异构体,即 L-茶氨酸和 D-茶氨酸。L-茶氨酸更易被肠道吸收,而 D-茶氨酸易随尿液排出(Desai et al.,2005)。目前有关茶氨酸在人体内代谢的研究甚少,具体机制尚不清楚。有研究报道认为 L-茶氨酸被人体快速吸收后会被水解成乙胺和谷氨酸（Scheid et al., 2012）。茶氨酸可能与谷氨酸共用一个 Na^+ 偶联的协同转运蛋白，通过 Na^+ 转运系统进入小肠（Warden et al., 2001）。肠黏膜细胞膜上的氨基酸转运载体依据细胞内外 Na^+ 的浓度梯度转运茶氨酸，但其亲和力低于谷氨酸。吸收的茶氨酸迅速进入血液、肝脏和脑等。氨基酸主要在肾脏代谢，一部分分解为乙胺和谷氨酸并通过尿液排出，另一部分直接排出体外（Scheid et al., 2012）。

茶多糖是茶叶中一类与蛋白质结合在一起的酸多糖或酸性蛋白，主要由中性糖、糖醛酸和蛋白质组成，其化学结构复杂，在胃和小肠中几乎不被消化分解。茯砖茶中的多糖成分在经历模拟的唾液、胃及小肠消化过程后，其分子量、单糖组成及还原糖含量均保持相对稳定，表明这些多糖能够顺利通过消化系统而不受显著破坏，直至抵达大肠，随后被该区域的肠道菌群进一步分解与利用，从而发挥生物活性（Chen et al., 2007）。相比之下，绿茶多糖在唾液消化阶段展现出较强的稳定性，但在模拟的胃肠消化环境中则会被部分降解成更小的分子片段。这些降解产物不仅成为肠道菌群的重要能量与碳源，还促进了菌群的生长，并诱导其产生一系列对健康有益的代谢产物（Chen et al., 2018）。从江西婺源的绿茶中提取茶多糖，并用不同剂量（低、中、高，分别为 25 mg/kg、50 mg/kg、100 mg/kg）的茶多糖来干预正常的小鼠，经过连续 21 天灌胃处理后，小鼠肠道内短链脂肪酸（SCFAs）的浓度明显增加（李海珊等，2017）。茯砖茶多糖大部分能够到达肠道，且被肠道菌群分解和利用（Chen et al., 2018）。由此说明，茶多糖主要由肠道菌群分解代谢，从而产生短链脂肪酸。

咖啡碱在吸收后按一级化学动力学反应在肝脏中代谢，通过细胞色素 P450 酶系统脱甲基，生成三种二甲基黄嘌呤：副黄嘌呤（1,7-二甲基黄嘌呤，占 84%）、可可碱（占 12%）和茶碱（占 4%），其中副黄嘌呤可加速脂解，增加血浆中甘油和游离脂肪酸含量。咖啡碱脱下的甲基通过四氢叶酸转移到其他化合物（如胆碱）中。咖啡碱的半衰期在个体间差异较大，取决于年龄、肝功能、怀孕状态、同时摄入的其他药物及肝脏中相关酶的数量。健康成人的咖啡碱半衰期为 3~4 h，吸烟等因素可缩短这一时间。

（陈　杰，朱　炫）

4.2　茶与消化酶

消化酶是由消化系统分泌的促消化酶类，主要作用是将食物分解为人体易于接纳并高效利用的小分子形态。根据消化对象不同，人体消化酶大致可分为淀粉酶、脂肪酶、蛋白酶等。茶叶成分对消化酶活性有较大影响。

淀粉酶：人体消化道中的淀粉酶包括 α-淀粉酶、α-葡萄糖苷酶、脱支酶等多种酶类。这些酶帮助分解淀粉等多糖类物质，使其转化为人体能够吸收的单糖。

茶具有较强的抑制 α-淀粉酶和 α-葡萄糖苷酶的作用。茶叶中能够显著抑制淀粉酶活性的关键成分涵盖了茶多酚、茶色素以及茶多糖等成分。值得注意的是，根据茶类差异，核心成分或有所不同。茶多酚存在于所有茶叶中，其含量通常与发酵程度成反比。茶多酚的多个组分对 α-淀粉酶和 α-葡萄糖苷酶均有抑制作用（Odegaard et al.，2008），绿茶茶多酚、乌龙茶茶多酚均体现出此类活性（Nakahara et al.，1993），其功能成分涉及儿茶素、茶黄素、茶红素等。阮妙芸和张根义（2008）确认了抑制淀粉酶活性如下：茶多酚类提取物混合（28.3%）＞EGC（22.5%）＞EGCG（19.5%），且抑制率与作用底物相关，表明复合茶多酚的作用可能强于单一的儿茶素类化合物。茶多糖和没食子酸也存在于所有茶叶中，其含量通常与发酵程度成正比。研究表明，采用不同提取技术获取的绿茶茶多糖均展现出对 α-淀粉酶及 α-葡萄糖苷酶的显著抑制效应，并且对 α-淀粉酶的活性抑制作用低于对 α-葡萄糖苷酶的活性抑制作用（Wang et al.，2010）。乌龙茶多糖对 α-葡萄糖苷酶活性也有显著的抑制作用，并且其作用与糖醛酸含量成正比（Wang et al.，2012）。普洱茶多糖对 α-糖苷酶活性的抑制作用与浓度呈正相关（Huang et al.，2013），普洱茶没食子酸则对 α-淀粉酶有较强的抑制活性（张冬英等，2009）。

中粮营养健康研究院利用体外酶生化试验，对我国典型茶叶抑制 α-淀粉酶和 α-葡萄糖苷酶的作用进行了评价，并建立了茶叶主要成分与活性抑制强度之间的关联，阳性对照为阿卡波糖。结果表明，不同来源、工艺的茶均有较强的 α-葡萄糖苷酶抑制活性，以红茶、白茶最为显著。但是，不同茶类对 α-淀粉酶的活性作用存在较大的差异，且受浓度的影响较大。具体表现为，红茶对 α-淀粉酶的抑制作用最强，而黑茶的抑制作用最弱且在高浓度下转化为促消化作用。检测红茶主要成分含量，并建立其主要成分与酶活性抑制能力之间的多元关联，发现茶黄素、茶红素、儿茶素均有直接抑制作用，且茶红素＞茶黄素＞儿茶素，咖啡因、茶褐素则具有协同作用（应剑等，2021）。基于这一发现，定向筛选茶叶原料，调控茶叶成分，所制备的茶叶浸提物具有改善小鼠餐后血糖反应、胰岛素功能的作用，并通过下游"肠道-代谢"轴调控，激活线粒体解偶联蛋白1（UCP1），促使机体产热、减肥（Ma et al.，2023）。

脂肪酶：胰脂肪酶是最主要的肠道脂肪酶，由胰腺分泌，进入十二指肠后发挥作用。胰脂肪酶能够分解食物中的甘油三酯，将其转化为甘油一酯和游离脂肪酸，以便于肠道吸收。其他还有胃脂肪酶、肠脂肪酶、细菌脂肪酶等。含25%儿茶素的绿茶提取物可以干预脂质乳化过程、抑制脂肪酶的活性（Juhel et al.，2000）。红茶多酚抑制脂肪酶活性的 IC_{50} 为 0.254 mg/mL，其中含没食子酰基的茶黄素抑制胰脂肪酶活性的 IC_{50} 约为 0.5 mg/mL，低于红茶多酚，而强于不含没食子酰基的茶黄素（TF1），茶黄素与 EGCG、ECG、EGCG 和 ECG 混合物的抑制作用相似（Kobayashi et al.，2009）。Oh 等也提出，红茶中的茶黄素可以有效抑制胰脂肪酶活性，以甘油三酯为底物，IC_{50} 为 0.28 mg/mL（Oh et al.，2009）。茶褐素和茶多糖对胰脂肪酶也有良好的抑制作用（李祥龙等，2018）。因此，多酚复合物对脂肪酶的抑制活性可能强于单一的化合物，与理化反应、生物反应均相关。中粮营养健康研究院利用体外酶生化试验，对我国典型茶叶抑制胰脂肪酶的作用进行评价，并建立茶叶主要成分与活性抑制强度之间的关联。结果表明，不同来源、工艺的茶均有较强的脂肪酶抑制活性，以红茶为最强，或能抑制脂肪在体内的消化与吸收过程，有助于辅助减肥目标的实现。

蛋白酶：肠道中的蛋白酶包括胰腺分泌的胰蛋白酶、糜蛋白酶、弹性蛋白酶，胃液分泌的蛋白酶原，小肠黏膜细胞分泌的氨基肽酶、羧基肽酶，以及肠道菌群分泌的蛋白酶等。其中胰腺和胃液分泌的蛋白酶原在肠道中被激活。茶对蛋白酶活性的影响较为复杂。例如，有研究以肉鸡为模型，灌胃 0.06 g/kg·bw 茶多酚，发现茶多酚抑制了小肠脂肪酶、腺胃胃蛋白酶、淀粉酶的活性，提高了肉鸡的肌胃胃蛋白酶、胰脏胰蛋白酶、胰脏脂肪酶活性，但是对肉鸡的小肠胰蛋白酶活性影响不显著（李华丽，2015）。还有研究对大白鼠和小白鼠进行普洱茶干预，发现普洱茶可以使胃蛋白酶的分泌增加并且酶活力提高（何国藩等，1988）。边金霖（2015）等认为雅安藏茶中的茶黄素、儿茶素和茶红素可以对胃蛋白酶活性起到良好促进能力。然而也有相反证据，如周阳等（2018）则认为绿茶、黄茶、白茶、乌龙茶、黑茶、红茶六大茶类对胰蛋白酶活性具有抑制作用。袁冬寅等（2017）等以 L-茶氨酸为原料，通过建立最佳酶促反应体系，发现 L-茶氨酸对胰蛋白酶活性有抑制作用。

综上所述，茶对消化酶的影响总体表现为抑制脂肪酶、淀粉酶的活性，对胃蛋白酶活性具有促进作用，但特定条件下也存在相反案例，具体机制有待探讨。

（张亚林，朱　炫）

4.3　茶与微生物消化

4.3.1　肠道微生态理论

结肠中生活着 $10^{13}\sim10^{14}$ 个微生物，是人体所有细胞总量的 100 倍，因此肠道微生物也被称为"独立的器官"或者"第二基因组"（Kałużna-Czaplińska et al.，2017）。肠道微生物已确定有将近 1000 种细菌、5 个古细菌属、66 个真菌属，另外还有未被鉴定的病毒和噬菌体（Canfora et al.，2015）。细菌在肠道中占肠道微生物总量的 98%，而这 98%的肠道细菌又由厚壁菌门（Firmicutes）、拟杆菌门（Bacteroidetes）、放线菌门（Actinobacteria）和变形菌门（Proteobacteria）四大门组成，剩下小部分细菌包含疣微菌门（Verrucomicrobia）等微生物（Thomson et al.，2018）。厚壁菌门是一类革兰氏阳性细菌，共有 241 个菌属，包括乳杆菌属（Lactobacillus）、芽孢杆菌属（Bacillus）、梭菌属（Clostridium）、葡萄球菌属（Staphylococcus）、链球菌属（Streptococcus）等，其中梭菌是肠道中丁酸的重要生产者。拟杆菌门是一类革兰氏阴性细菌，包含 128 个菌属，如另枝菌属（Alistipes）、拟杆菌属（Bacteroides）和普氏杆菌属（Prevotella），部分拟杆菌也是丁酸盐和丙酸盐生产者。放线菌门中的大多数是革兰氏阳性细菌，包含放线菌属（Actinomyces）、柯林斯氏菌属（Collinsella）、链霉菌属（Streptomyces）和典型益生菌——双歧杆菌属（Bifidobacterium）。变形菌门是一类最大的革兰氏阴性细菌，包含 452 种属，其中包括多种致病菌或条件致病菌，如布鲁氏杆菌属（Brucella）、幽门螺杆菌属（Helicobacter）、沙门氏菌属（Salmonella）和埃希氏菌属（Escherichia）。埃希氏菌属中除了志贺杆菌及其他产毒素菌株外，大部分菌株在肠道中是有益的；低水平的大肠杆菌对维持肠道健康至关重要（Rémésy and Demigné，1989）。疣微菌门是一类阴性的细菌，有 12 个属，包括以肠黏膜为碳源的益生菌嗜黏蛋白阿克曼菌属（Akkermansia）（Koh et al.，2016）。真菌在肠道中的分布不如细菌丰富，酵母属（Saccharomyces）和念珠菌属（Candida）是肠道中最丰富的真菌属，曲霉属（Aspergillus）、隐球菌属（Cryptococcus）、毛霉属（Mucor）、红酵母属（Rhodotorula）、毛孢子菌属（Trichosporon）也都存在于人体中。目前对肠道微生物的研究大多基于肠道细菌的研究，也有很少一部分研究已经提出肠道真菌或许参与肠道细菌的相互作用（Kapitan et al.，2019）。基于人群间肠道微生物组成的差异，Arumugam 等在 2011 年初步将肠道菌群分为 3 种肠型，即 B 肠型（Bacteroides）、P 肠型（Prevotella）、R 肠型（Ruminococcus），并一直沿用至今（Arumugam et al.，2011）。

获取能量，是肠道微生物的重要功能之一。肠道微生物在食物消化中起到了重要作用。例如，一些植物细胞壁多糖的降解酶并非来自宿主细胞编码，而是来源于某些肠道菌基因的特异表达。一些食物需要经肠道微生物分解之后才能被肠道细胞吸收，为宿主提供营养和能量，并影响宿主的生理健康。碳水化合物、蛋白质和脂肪是人类饮食中的三种宏量营养素，未被小肠充分吸收的部分进入结肠，成为微生物的主要营养来源。肠道微生物的复杂组成使得肠道环境的整体代谢相当复杂，但也存在着共性的代谢模式。短链脂肪酸、醇、二氧化碳、氢气、甲烷主要由未消化的碳水化合物分解后产生，氨、支链脂肪酸、胺、硫化物（硫化氢）、酚类化合物、吲哚产自蛋白质和氨基酸，甘油和胆碱衍生物一般由脂质分解得到。其他分解代谢活动还包括生物活性食品成分如异黄酮类、黄酮类和植物木质素的激活与灭活，维生素的生产以及胆汁酸和外源性物质的转化等（Verbeke et al., 2015；Oliphant and Allen-Vercoe, 2019）。

肠道微生物、代谢物及遗传物质统称为肠道微生态，它们在肠道内相互作用、相互影响，与人体的健康和疾病密切相关。宿主与肠道微生物之间的相互作用是维持人体健康的重要因素之一。在健康的宿主体内，数以万亿计的结肠微生物在维持自身平衡的同时，帮助宿主吸收能量和营养、改善和维持宿主健康、预防各种疾病的发生。肠道微生物参与致病菌感染的抑制、免疫系统的增强及维生素的合成（Barratt et al., 2017）等过程，与胃炎、炎症性肠炎、肠易激综合征、肠乳糜泻等胃肠道疾病，肥胖、糖尿病、胰岛素抵抗等代谢疾病，阿尔茨海默病、自闭症谱系障碍、帕金森病和临床抑郁症等神经性疾病有关（Kałużna-Czaplińska et al., 2017；Vogt et al., 2017；Thomson et al., 2018）；反之，机体的疾病会进一步加重肠道菌群失调。基于调节肠道微生物以促进健康的过程被称为肠道微生态理论，该理论认为，肠道微生物群落的组成和数量对人体健康至关重要。健康状态下，肠道微生物群落能够保持相对稳定的平衡，确保人体正常生理功能。平衡被打破可能导致多种疾病，如肠道炎症、肥胖、糖尿病和自身免疫性疾病等（Guinane et al., 2013；Flint et al., 2012）。

4.3.2 茶叶成分调节肠道微生态的证据及健康效应

近年来越来越多的研究表明，茶对肠道微生态的调节具有重要的作用。茶多酚、咖啡因、茶多糖、氨基酸等茶叶成分，影响肠道微生态，从而对人体健康产生深远影响。

茶多酚具有抗氧化、抗炎和抗菌作用，可以促进肠道中有益菌的繁殖，抑制有害菌的生长，从而维持肠道微生态的平衡。摄入的茶多酚有 90%～95%到达大肠，其在人体内的吸收与代谢主要依赖肠道微生物的生物转化，代谢成低分子量的代谢物，转化后生物活性得以提高（Scalbert et al., 2002；Williamson and Clifford et al., 2010；爱德华·伊西古罗等，2021；Feng et al., 2006）。鉴定为能够代谢茶多酚的肠道细菌种类有 *Eubacterium* sp. *strain SDG-2*、*Flavonifractor plautii aK2*、*Flavonifractor plautii DSM 6740*、*Eggerthella lenta rK3*、*Klebsiella pneumoniae*、*Bifidobacterium longum* sp. *infantis*、*Enterobacter aerogenes*、*Raoultella planticola*、*Clostridium coccoides*、*Bifidobacterium infantis* 等（Rowland et al., 2018；Chen and Sang, 2014）。茶多酚经过结肠细菌酶糖基化、肠道微生物脱羟基和去甲基化形成相应的苯基戊酸和苯基-γ-戊内酯，再经过 β-氧化或 α-氧化最终得到更小的酚酸：3-羟基苯甲酸、4-羟基苯甲酸、3-羟基苯基丙酸和 4-羟基苯基丙酸（Chen et al., 2020）。代谢物 3-羟基苯甲酸和 3-羟基苯基丙酸在大脑中积聚并阻碍与阿尔茨海

默病相关的神经毒性 β-淀粉样蛋白聚集体的出现（Angelino et al., 2019）。此外，中间代谢物羟苯基-γ-戊内酯能够通过血脑屏障，也与潜在的神经保护作用有关（Shortt et al., 2017）。这些成分的体内转化提示了体内处置过程对"肠脑轴"的贡献。茶黄素（TF）在肠道中表现出过氧化、胺化、清除内源性代谢毒素、缓解和预防肠道炎症的作用（Zhang et al., 2021）。茶黄素-3, 3′-双没食子酸（theaflavin-3, 3′-digallate，TFDG）与表没食子儿茶素没食子酸酯（EGCG）相比，降解速度更慢，并产生截然不同的代谢特征。TFDG 的主要代谢物是茶萘醌，同时也形成了许多低浓度的羟基化苯基羧酸。TFDG 和 EGCG 经历了不同的微生物代谢途径，但它们的肠道微生物群调节作用却相似，包括对拟杆菌、粪杆菌、副杆菌和双歧杆菌的生长促进作用，以及对普氏菌和梭杆菌的抑制作用（Liu et al., 2021）。此外，茶多酚还能显著缓解抗生素治疗引起的肠道微生物群丰度和多样性的下降，并显著增加有益微生物的相对丰度，如乳酸杆菌、嗜黏蛋白阿克曼菌、布劳特氏菌（*Blautia*）、罗斯氏菌（*Rothia*）和真杆菌，调节肠道微生物群落的组成和代谢活动，恢复因抗生素使用而导致的肠道菌群失调，并改善肠道健康（Wang et al., 2020c）。饮茶产生的健康作用来自多元物质的协同，如低剂量 EGCG [40 mg/(kg·d)] 和咖啡因 [20 mg/(kg·d)] 联合使用可以产生与高剂量 EGCG [160 mg/(kg·d)] 相当的协同抗肥胖效果；在改变肠道微生物群方面也表现出协同效应，包括降低厚壁菌门水平和增加双歧杆菌水平，增加粪便中乙酸、丙酸和总短链脂肪酸含量，减少 GPR43 表达，增加肠道微生物胆盐水解酶的基因拷贝量，促进非共轭胆汁酸（BA）的产生和粪便 BA 的损失，这些因素对调节脂肪代谢有所贡献（Zhu et al., 2021）。

  茶多糖的生物学效应与肠道微生态的调节紧密相关。茶多糖主要由葡萄糖、阿拉伯糖、木糖、岩藻糖、核糖、半乳糖等组成，包含多种优质的益生元（Bai et al., 2022）。茯砖茶多糖（Fu brick tea polysaccharides, FBTP）能够通过调节肠道菌群失调、促进微生物代谢和修复肠道屏障，有效缓解溃疡性结肠（UC）。FBTP 不仅缓解了 UC 引起的肠道微生物群紊乱，还促进了有益菌如乳酸杆菌和嗜黏蛋白阿克曼菌的增殖，显著提高了短链脂肪酸水平和色氨酸代谢，增加粪便中吲哚-3-乙醛和吲哚-3-乙酸的含量。此外，FBTP 还增加了结肠炎小鼠结肠中芳香烃受体和 IL-2 的表达，并进一步促进了肠紧密连接蛋白 ZO-1 和闭合蛋白的表达，保护肠道屏障，从而减轻 UC 的炎症反应（Yang et al., 2021）。在葡聚糖硫酸钠（DSS）诱导的 UC 小鼠中，茯砖茶粗多糖能够降低小鼠结肠中脂质运载蛋白-2（lipocalin-2）的表达，减少血清中的炎性细胞因子（IL-6、IL-1β、IFN-γ 和 TNF-α）和脂多糖的产生（Zeng et al., 2022）。这些研究表明，茶多糖通过调节肠道菌群在免疫调节中发挥重要作用。Bai 等的研究进一步证实了这一点，他们用 FBTP 干预环磷酰胺处理的小鼠免疫抑制模型，结果表明 FBTP 通过增加毛杆菌科的相对丰度，减少螺杆菌科、梭菌科、脱硫弧菌科和脱铁杆菌科的相对丰度，促进短链脂肪酸的产生，改善免疫功能（Bai et al., 2022）。

茶多糖在预防饮食诱导的肥胖及代谢并发症方面也具有巨大潜力。小鼠粪便移植研究表明，FBTP 通过丰富有益细菌（如乳杆菌、副杆菌、嗜黏蛋白阿克曼菌、双歧杆菌和罗斯氏菌）来改善肠道菌群失调，并有助于脂肪褐变和产热，从而减轻宿主肥胖、葡萄糖稳态、血脂异常及其相关的肝脂肪变性（Du et al., 2022）。黑毛茶多糖也表现出与肠道微生物的相对丰度改变密切相关的抗肥胖作用，其中杜氏菌属（*Dubosiella*）和罗姆布茨菌属（*Romboutsia*）的丰度与体重呈负相关，并与肩胛间棕色脂肪组织指数正相关，其机制可能涉及 *Ucp1*、*Prdm16* 和 *Pgc1α* 等一系列产热基因的表达（Wang et al., 2022）。此外，茶多糖通过肠道菌群介导改善对 2 型糖尿病症状，不仅维持了肠道微生物群的多样性，并恢复了一些因糖尿病而减少的细菌属［毛螺菌属（*Lachnospira*）、食物谷菌属（*Victivallis*）、罗氏菌属（*Roseburia*）和 *Fluviicola*］的相对丰度（Li et al., 2020）。这些研究揭示黑毛茶多糖发挥益生元作用，通过作用于"肠道-代谢"轴，最终促使脂肪燃烧和能量消耗。

茶褐素主要在普洱熟茶等充分发酵的后发酵茶中富集。动物试验发现，茶褐素调节高糖饮食大鼠糖脂代谢关键酶，降低胰岛损伤程度，并抑制血糖升高和体重增加。Huang 等发现，茶褐素抑制与肠道合成胆盐水解酶（BSH）活性相关的微生物，主要表现为乳杆菌属、芽孢杆菌属、链球菌属和乳酸球菌属（*Lactococcus*）的相对丰度降低。茶褐素抑制肠道 FXR-FGF15 信号通路，伴随替代胆汁酸合成途径中酶的基因表达增加，肝脏鹅去氧胆酸的产生，肝脏 FXR 的激活，以及肝脏脂肪分解（Huang et al., 2019）。因此，减少肠道合成胆盐水解酶的微生物和/或减少 FXR-FGF15 信号可能是潜在的抗高胆固醇血症和抗高脂血症疗法。中国茶叶股份有限公司通过可控发酵技术，在普洱熟茶中定向富集茶褐素，形成中茶 3T 普洱；联合中粮营养健康研究院、香港中文大学（深圳）第二附属医院的研究发现，针对糖代谢异常人群，3T 普洱相比于传统普洱，改善肝脏脂肪沉积的作用更为突出，且对肠道微生态的干预特征更倾向于对胆汁酸系统的调控。

发酵茶中的微生物也参与肠道微生物的调节，如冠突散囊菌（*Eurotium cristatum*）是形成茯砖茶品质的优势菌，灭活的冠突散囊菌和 FBTP 联合使用，可以协同改善 UC，表现为肠道炎症水平降低，紧密连接蛋白表达增加，大肠杆菌、粪肠球菌、产气荚膜杆菌、粪拟杆菌、空气罗斯氏菌（*Rothia aeria*）和产黑素普雷沃菌（*Prevotella melaninogenica*）减少，而芬氏另枝菌（*Alistipes finegoldii*）和粪便拟杆菌（*Bacteroides stercoris*）富集；小鼠粪菌移植实验进一步证实了冠突散囊菌联合 FBTP 有成为新型食物抗炎剂的潜力，可通过调节肠道生态失调来缓解 UC（Lu et al., 2022）。此外，冠突散囊菌的胞内多糖在体外表现出免疫调节活性，可以减轻环磷酰胺诱导的肠屏障损伤，促进紧密连接蛋白和黏蛋白的表达，增强肠道屏障功能（Xie et al., 2022）。

L-茶氨酸是一种存在于茶叶中的氨基酸，也具有潜在的抗炎特性，并能调节化学诱导性结肠炎小鼠的肠道微生物群（Wang et al., 2020a）。总的来说，茶的生物活性化合物与肠道微生物群之间的相互作用已广泛证明对人类健康的影响。除了单一的活性成分，多项研究表明饮茶可以改善肠道微生态，且具有益生元作用（鸿哲等，2022），与单一茶叶活性成分表现不同。

4.3.3 饮茶调节肠道微生态的证据及健康效应

1. 绿茶

绿茶可以通过塑造和调节肠道微生物群影响肠道炎症、肥胖和代谢综合征（Pérez-Burillo et al., 2021）。研究发现，饮用绿茶后厚壁菌门减少，拟杆菌门以剂量依赖性方式增加（Xu et al., 2020b）。这部分归因于茶多酚对革兰氏阳性菌的抑制作用，具体来说，儿茶素分子可以结合革兰氏阳性菌细胞膜中的肽聚糖，从而破坏菌膜。相反，由于外膜和带负电荷的脂多糖排斥儿茶素，革兰氏阴性菌不受这种抑制机制的影响（Yoda et al., 2004）。

在一项粪菌移植研究中，将喂食绿茶或正常饮食的小鼠的肠道微生物群移植到患有化学诱导性结肠炎的小鼠身上，结果显示肠道微生物群得到了正向调节，潜在有益细菌如嗜黏蛋白阿克曼菌或乳球菌的丰度更高，而潜在致病菌苏黎世杆菌属（*Turicibacter*）或罗姆布茨菌属（*Romboutsia*）减少。接受绿茶喂养小鼠粪便移植的小鼠表现出较少的肠道炎症和组织损伤（Liu et al., 2020）。总的来说，绿茶喂养小鼠的粪便移植导致肠道微生物群的积极调节，并且炎症减少（Vogt et al., 2017; Wang et al., 2020b），其机制可能是绿茶治疗下调了与脂多糖（LPS）下游相关的 TLR4/MyD88/NF-κB 炎症通路（Ushiroda et al., 2019），且该作用强于 L-茶氨酸的单独应用。

饮用绿茶还能通过塑造肠道微生物群结构改善糖脂代谢。例如，在高脂饮食诱导的 C57BL/6J 肥胖小鼠中，绿茶增加了肠道中另枝菌属、毛螺菌科（*Lachnospiraceae*）或嗜黏蛋白阿克曼菌属等与肥胖负相关的有益菌的相对丰度（Liu et al., 2016）。在另一项同类研究中，饮用绿茶与体重减轻和代谢综合征症状改善有关，可能减少 LPS 产生并增加短链脂肪酸（Liu et al., 2019）。绿茶通过激活 IRS-1-PI3K/Akt-GLUT2 信号通路，显著调控血清代谢特征、肝糖代谢中关键酶的活性以及与糖脂代谢相关的基因或蛋白质的表达，促进了异杆菌属（*Allobaculum*）、乳杆菌属和苏黎世杆菌属的相对丰度，同时降低梭菌目（Clostridiales）和拟杆菌属的相对丰度，显示出抗糖尿病作用（Zhou et al., 2023）。

2. 白茶

白茶对肠道微生物调节健康的证据相对较少。一项大鼠实验研究比较了红茶、绿茶、乌龙茶和白茶如何影响体重增加和胆汁酸代谢。结果表明与对照组相比，乌龙茶具有显著的减重作用，而红茶、绿茶和白茶则未表现出影响。但血浆UPLC-MS/MS（超高效液相色谱-质谱联用）分析显示，饮用绿茶、乌龙茶和白茶后，牛磺酸和异石胆酸水平均有所降低（Sun et al., 2019）。在针对云南省大叶茶的研究中，中茶科技团队、中粮营养健康研究院、浙江工商大学通过体外批式发酵模拟肠道微生物消化，发现大叶种白茶可降低厚壁菌门/拟杆菌门 [Firmicutes/Bacteroidetes（F/B）] 比值，改变肠道微生物组成同时提高短链脂肪酸含量（李颂等，2024），其对肠道微生态的调控结果有别于大叶种普洱茶，初步说明白茶对肠道微生物和机体健康的调节具有潜在作用，且发挥作用的特征、剂量-效应关系应与茶叶来源、工艺均相关，仍有待进一步探讨。该研究同时发现，同一种茶对普通人群和便秘人群肠道的调控作用存在大的差异，饮茶是否促进健康，应放在特定人群的角度考量。

3. 黄茶

黄茶具有抗氧化、抗炎症、抗肥胖、抗癌、预防代谢综合征和调节肠道菌群的健康功效。刘仲华等发现，黄茶提取物可通过改善粪便含水量、排便重量和胃肠道通过率来缓解便秘症状。黄茶提取物也可调控便秘状态相关基因，提高 *5-HT3* 和 *5-HT4* 表达，降低 *AQP3* 和 *AQP4* mRNA 表达，并改变肠道微生物群的组成，增加群落多样性和丰度，提高罗氏菌属、毛螺菌科（*Lachnospiraceae_UCG-006*）、双歧杆菌属相对丰度，降低 *norank_f_Clostridiales_vadinBB60_group*、拟杆菌属（*Bacteroides*）相对丰度（Cao et al., 2021）。在一项研究中，大黄茶表现出比绿茶更好的抗糖尿病和降脂作用，明显激活沉默调节蛋白6（SIRT6）并降低大鼠肝脏中关键脂肪生成相关分子甾醇调节元件结合蛋白1（SREBP1）、脂肪酸合成酶（FAS）和二酰甘油酰基转移酶1（DGAT1）的表达，通过增加肠道微生物群多样性和产生短链脂肪酸的微生物群的丰性，如瘤胃菌科（*Ruminococcaceae*）、粪杆菌属（*Faecalibaculum*）、产丁酸肠单胞菌属（*Intestinimonas*）和另枝菌属，来显著改善微生物群失调，减轻代谢综合征（Wu et al., 2022）。

4. 乌龙茶

乌龙茶具有抗肥胖、降血脂、抗炎和调节肠道菌群的作用。在一项肥胖小鼠模型研究中，为期8周的乌龙茶摄入对高脂饮食诱导的肥胖和肠道菌群失调具有显著的调节作用，表现为显著降低高脂小鼠体重、脂肪组织质量、血清甘油三酯、胆固醇及低密度脂蛋白水平，同时缓解了脂肪堆积、肝损伤、糖耐量异常和内毒素血症，并通过降低促炎因子水平减轻炎症。此外，乌龙茶也恢复了肥胖小鼠中因菌群多样性降低和 F/B 比值增加而失调的肠道微生态，与一些肥胖参数呈负相关的细菌属，如臭气杆菌属（*Odoribacter*）、肠杆菌科（*Enterobacteriaceae*）、厌氧链球菌属（*Anaerostipes*）、巨单胞菌属（*Megamonas*）、光岗菌属（*Mitsuokella*）和梭形杆菌属（*Fusicatenibacter*）等则得以增殖。这些肠道菌可能是乌龙茶预防肥胖的有效靶标（Li et al., 2022a）。另一项研究也发现，乌龙茶提取物可以通过调节脂质代谢和肠道微生物群分布来减少脂肪组织中脂质的积累，缓解体重增加，其可能机制为减少脂肪生成相关蛋白 SREBP1 和脂肪酸合成酶（FASN）的表达，并增加了产热相关的过氧化物酶体增殖物激活受体 γ 辅激活因子 1α（PGC-1α）和 UCP1 在附睾脂肪组织中的表达（Tung et al., 2022）。

乌龙茶对肠道菌群介导的缓解肥胖有所贡献，这一作用可能因乌龙茶年份不同而存在差异。Fang 等（2023）通过不同年份的武夷岩茶[400 mg/(kg·d)]喂养小鼠 8 周，发现 2001 年和 2011 年的武夷岩茶均通过调节脂质代谢和激活 AMPK/SREBP-1 通路改善肥胖；2011 年和 2020 年的武夷岩茶均调节肠道微生物群失调，促进有益细菌（尤其是嗜黏蛋白阿克曼菌）的生长，且 2011 年的武夷岩茶在减重和改善肝脏氧化应激方面比其他年份的茶更有效，这是随着年份变化，乌龙茶成分相应地发生改变所导致的。乌龙茶在肠道菌群介导调节小鼠昼夜节律紊乱方面也显示出积极效果，喂养 8 周乌龙茶多酚通过改善肠道微生态改善了昼夜节律（Guo et al., 2019），可能与改善氧化应激损伤有关。

5. 红茶

红茶通过多种机制在肠道健康、代谢调节、抗肥胖、肝脏保护和抗炎症等方面提供显著的益处。一项大鼠研究以 1.5g/kg 剂量，持续 4 周饲喂红茶，丰富了几种短链脂肪酸生产菌，但抑制了乳酸杆菌属。随后的体外试验表明，这是由于肠道中的胆汁酸抑制乳酸杆菌菌株，而非红茶中的抑菌成分，而乳酸杆菌属水平的减少不影响红茶对肠道屏障的保护作用和脂质的调节作用（Gao et al., 2020）。红茶水提物可逆转高脂饮食（HFD）诱导的肠道微生态失调，改变组织基因表达，改变主要表观遗传修饰（DNA 甲基化）的水平，并防止高脂饮食喂养小鼠的肥胖。并且红茶水提物诱导的组织基因表达变化和高脂饮食诱导的小鼠肥胖的预防依赖于肠道微生物群，揭示了红茶中生物碱、多糖是红茶中潜在的益生元，生物碱显示出与红茶全水提取物对高脂饮食诱导的小鼠肥胖产生的相似的预防作用，红茶多糖具有轻微的抗肥胖作用，但红茶多酚没有作用（Liu et al., 2022）。中国医学科学院药物研究所、中粮营养健康研究院等对富集茶色素的红茶粉开展深入研究，发现"肠道-CO_2-CA2-UCP1"可能是此类红茶促进能量代谢、改善肥胖的时序通路（Ma et al., 2023），其中按每日推荐饮用量换算的剂量对 CA2-UCP1 通路的改善效果最佳。黄金芽红茶含有低水平的茶多酚，但具有调节糖脂代谢的作用，下调成脂基因的表达，上调脂肪酸氧化相关基因的表达，从而缓解肝脂肪变性。黄金芽红茶还促进胰岛素/Akt 信号传导，改善胰岛素抵抗，并调节胆汁酸代谢，促进二级/原发性胆汁酸比值（Xu et al., 2020a），说明红茶提取物可减轻胰岛素抵抗并调节胆汁酸代谢过程减轻肥胖。

Li 等（2022）研究评估和探讨了不同红茶和黑茶对长期高脂饮食暴露诱导的非酒精性脂肪酸的保护作用及其对肠道菌群的调控。不同红茶和黑茶提取物补充可显著抑制高脂饮食喂养小鼠的能量摄入，缓解内脏脂肪异常积累，不同程度地预防肥胖、肝脏异常脂质沉积和肝脏脂肪变性。富硒红茶和六堡茶组体重增加的下降幅度最大，分别为48.90%和48.18%，主要归因于它们减少能量摄入的作用。滇红茶可显著降低厚壁菌与拟杆菌的比例，富硒红茶可显著降低放线菌的相对丰度。此外，这些茶可以部分改变异杆菌属、罗氏菌属和杜氏菌属的相对丰度。此外，红茶还能通过调节肺-肠轴核心微生物毛螺菌科（*Lachnospiraceae_NK4A136_group*），减轻空气颗粒物对小鼠的肺损伤（Zhao et al., 2021）。

6. 黑茶

黑茶通过多种机制显著调节高脂饮食引起的肠道菌群失调和代谢异常，有助于减轻肥胖、改善肝脏脂肪沉积、增强胰岛素敏感性和稳定血糖水平。

冠突散囊菌发酵的茯砖茶是我国典型黑茶。刘仲华院士团队揭示了茯砖茶水提物能通过调节大鼠肠道微生物群结构和功能，影响肠-肝胆汁酸代谢循环，增强机体抗氧化作用，促进全身性脂质消耗，抑制高脂饮食环境下大鼠体质量的过快增长，并对肝脏与肠道的结构和功能具有明显保护作用（李秀平等，2022）。也揭示了以冠突散囊菌发酵的安化黑茶具有显著的降脂减肥作用。动物实验表明安化黑茶可下调关键成脂转录因子（C/EBPα、PPARγ 和 SREBP1c）及其下游靶基因（*aP2* 和 *FAS*），并上调棕色脂肪细胞特异性基因（包括 *UCP1*）的表达，促进皮下脂肪组织的褐变及能量消耗，从而抑制脂肪和肝脏组织中的脂肪生成。同时通过增加高脂小鼠肠道中乙酸盐和丁酸盐产生菌的数量，调节肠道真菌和细菌组成，有效调节肠道菌群和缓解肥胖（李勤等，2023）。冠突散囊菌发酵过的陈皮黑茶也同样具有改善高脂饮食诱导的小鼠糖脂代谢紊乱的作用，但对肠道的调节作用聚焦于抑制与革兰氏阳性菌富集、黏附相关脂磷壁酸的合成（肖杰等，2022）。冠突散囊菌发酵的乌龙茶金花香橼则是通过提高双歧杆菌的丰度，降低脱硫弧菌（*Desulfovibrio*）的丰度，减弱脂多糖合成途径进而调节肠道稳态来缓解肥胖（Xiao et al., 2023）。

普洱茶提取物能够降低高脂饮食动物模型中肠道的 F/B 比值，减轻体重增加、血脂和脂肪堆积，并增加嗜黏蛋白阿克曼菌、罗氏菌、另枝菌、乳杆菌、普氏菌等有益菌属（Lu et al.，2022；路晓杰等，2018；蒋慧颖等，2018）。每天饮用 10 g 普洱茶持续 4 周，可以促进嗜黏蛋白阿克曼菌（*Akkermansia muciniphila*）和普拉梭菌（*Faecalibacterium prausnitzii*）等有益菌的生长，降低腰围/臀围比值，提高 HDL-C/LDL-C 比值和改善肝功能（高晓余，2017）。普洱茶通过抑制胆盐水解酶活性相关微生物，增加回肠结合胆汁酸水平，抑制肠道 FXR-FGF15 信号通路，从而减少肝脏胆固醇和脂肪生成（Huang et al.，2019）。然而，不同成分的普洱茶对肠道和健康的调节作用存在差异。例如，仅用茶褐素干预高脂饮食下的小鼠时，F/B 比值有所增加，但能够降低肥胖风险；而仅用茶多酚、咖啡因、茶多糖干预时，F/B 比值增加效果显著，但在增加益生菌和降低促炎细菌方面更有效。生普洱茶和熟普洱茶均可抑制体重增加，改善胰岛素敏感性和葡萄糖稳态，调节血脂水平并减轻慢性炎症（Gao et al.，2018）。生普洱茶在调节血糖、减轻炎症和抑制部分脂肪生成方面更有效，而熟普洱茶在抑制脂肪分解方面更为显著。熟普洱茶可能通过促进乳杆菌和毛螺菌科_NK4A136_group 等有益微生物的增殖，更有效地恢复高脂饮食引起的菌群失调（Deng et al.，2023）。临床研究也进一步证实熟普洱茶对糖脂代谢异常的改善效果（孙颖等，2024）。

中粮营养健康研究院与南方医科大学的中西医结合的人群研究表明，六堡茶改善痰湿的机制可能与干扰胆汁酸代谢相关（侯粲等，2021）。这表明基于胆汁酸代谢通路开发功能性食品，有助于改善肝脏脂肪沉积、胰岛素抵抗和糖脂代谢异常。

茶对肠道菌群介导的健康调节与茶种类、成分、年份有关，不同种类的茶的处理效果可能会有所不同。一项研究显示，六种茶提取物通过调节大鼠肠道菌群减轻高脂饮食诱导的代谢综合征，提高 F/B 比值，减少了在高脂饮食中增加的异杆菌属、布劳特氏菌属（*Blautia*）、脱硫弧菌属、埃希氏-志贺氏菌属（*Escherichia-Shigella*）、幽门螺杆菌属、副萨特氏菌属（*Parasutterella*）有害菌属，富集了嗜黏蛋白阿克曼菌、拟杆菌和双歧杆菌的相对丰度，黑茶提取物表现出富集了最高相对丰度的嗜黏蛋白阿克曼菌和乳杆菌，改善了代谢综合征，但白茶在控制体重方面表现更好，黑茶在保护肠道屏障方面更具优势（Zhou et al.，2022）。另一项研究评估了六种茶对高脂饮食小鼠葡萄糖和脂质代谢及肠道微生物群的影响。结果表明，绿茶通过调节腺苷 5'-单磷酸活化蛋白激酶（AMPK）和肉碱棕榈酰转移酶-1（CPT-1）的表达来调节脂质代谢；黑茶和白茶利用乙酰辅酶 A 羧化酶（ACC）的活性减轻肝脏重量；黄茶表现出最佳的抗炎和抗氧化作用及恢复肠道微生物群紊乱的效果。这些差异可能源于不同茶叶所含独特的化学成分，它们能够调节脂质和葡萄糖代谢相关蛋白质。尽管成分和代谢反应有所不同，但茶总体上是一种有效的抗肥胖和降血糖剂（Wang et al.，2023）。

总的来说，饮茶可以通过肠道菌群介导调节肥胖、糖尿病、肠道炎症、非酒精性脂肪肝、肺部健康等问题。由于现有研究中个体、剂量和试验时间的差异，需要更多的研究来确定不同类型茶的作用与机制。如针对健康男性单次饮用红茶的研究显示，机体摄入红茶后，由于肠道微生物群组成和丰度的差异，机体代谢茶多酚能力因人而异（van Duynhoven et al.，2014）。然而，更需要注意的是，不同种类的茶叶和不同的饮用方式可能对肠道微生态的影响有所不同，因此在饮用茶叶时需要适量，并根据自身的情况选择合适的茶叶和饮用方式。此外，饮茶调节肠道微生态的研究还面临着一些挑战。一方面，茶叶的种类、制作工艺、采摘季节等因素都可能对其成分和功效产生影响，因此需要进行更为精细的研究。另一方面，人体肠道微生态是一个复杂的系统，受到许多因素（如年龄、性别、生活方式、饮食习惯等）的影响，因此在研究茶叶对肠道微生态的影响时，需要考虑这些因素的干扰。

总之，饮茶调节肠道微生态的证据逐渐增多，茶叶的健康效应也越来越受到人们的关注。未来应该进一步深入探究茶叶中不同成分对肠道微生态的影响机制，并发展更加个性化的饮茶策略，以实现更好的健康效应。

（向沙沙，朱　炫）

4.4　茶与肠道-靶器官轴

4.4.1　茶与肠道-代谢轴

茶与肠道-代谢轴之间的关系在近年来的研究中逐渐受到重视。茶及其功能成分通过改善肠道屏障功能、减少炎症和氧化应激、改善系统性慢性炎症，起到调节代谢功能的重要作用。

肠道微生态的改善可以通过多个途径影响宿主的代谢健康。例如，良好的肠道微生物群落能够通过调节肠道菌群减少内毒素 LPS 的合成，同时促进短链脂肪酸的合成。这些短链脂肪酸可以通过与下游 G 蛋白受体结合保护肠道屏障，减少 LPS 的易位，阻止其进入周边代谢组织、引起炎症反应。中粮营养健康研究院利用肥胖大鼠模型验证了冠突散囊菌发酵型乌龙茶金花香橼的代谢促进作用。基于肠道菌群的通路富集分析显示，金花香橼在结肠抑制 LPS 合成，有助于维持肠道稳态。研究发现相当于人在每天饮用 7g 茶的情况下，金花香橼抑制脂多糖合成的作用最为明显；进一步的临床研究表明，连续饮用 3 个月，高脂血症人群体重、内脏脂肪等级、血清总胆固醇、空腹血糖均显著降低（肖杰等，2022；孙颖等，2022）。

富含茶色素的红茶可能通过干扰肠道菌群的碳代谢，进一步影响宿主代谢功能。通过调节肠道菌群,促进产 CO_2 肠菌增殖,增加体内碳酸氢根浓度,继而活化碳酸酐酶;进一步地,通过 Akt 介导激活线粒体内膜 UCP1 的特异性表达,增强脂肪组织的非震颤性产热功能,降低肥胖等糖代谢风险因素,改善胰岛素抵抗和血糖水平(Ma et al., 2023)。

普洱茶对肠道-代谢轴的调节作用主要与胆汁酸代谢相关。胆汁酸在脂肪消化和代谢中起着重要作用,茶中的活性成分能够调节胆汁酸的水平和组成,从而影响脂质代谢和能量平衡。普洱茶提取物和茶褐素能够抑制胆盐水解酶活性相关微生物,增加回肠结合胆汁酸水平,抑制肠道 FXR-FGF15 信号通路,促进肝脏胆汁酸的生成和粪便排泄,从而减少肝脏胆固醇和脂肪生成(Huang et al., 2019)。前文所述,中国茶叶股份有限公司开发的富集茶褐素的 3T 普洱茶,对肠道微生态的干预特征也更倾向于对胆汁酸系统的调控(孙颖等,2024)。

饮茶调控肠道-代谢轴的作用存在剂量-效应关系特征。首先,肠道微生态并非肠道的全部。上消化道的消化酶同样参与了肠道-代谢轴的作用。茶通过抑制消化酶,促使更多未消化的碳水化合物进入结肠,为肠道菌群合成短链脂肪酸提供更为丰富的底物。茶对蛋白质和脂肪消化的影响,同样干扰微生物消化的过程。过量的碳水化合物进入结肠,可能导致产气量突增,进而导致腹胀、腹痛等问题,并可能引起后续的炎症反应,这与阿卡波糖的临床副作用机制相似,但具体生物学机制仍有待探明。在"靶向肠道稳态的糖代谢的食品筛选方法及其应用"这一专利中,纳入了对剂量-效应关系的考量,关注适度的酶抑制活性(应剑等,2023)。其次,过量饮茶对肠道微生物的过度干扰可能导致副作用。例如,浙江工商大学陈锋等利用 16S rDNA 序列和短链脂肪酸分析技术,发现肠道菌群在高浓度茶水所致草酸钙肾结石的病理进程中扮演了重要角色,特定肠道乳杆菌和适宜短链脂肪酸浓度可促进茶水中草酸在肠道中的降解,从而预防茶叶所致草酸钙肾结石的形成(Chen et al., 2021)。

尽管茶的种类和成分对肠道-代谢轴的具体调节机制仍需进一步研究,但现有的研究结果已经表明,茶不失为一种具有改善肥胖和糖代谢潜力的益生元。通过深入了解茶在肠道-代谢轴中的作用机制,可以为肥胖、糖尿病和其他代谢性疾病的预防和管理提供新的策略和方法。中粮营养健康研究院基于"肠道-糖代谢"多维时序互作理论,开展了"多组分-多靶点"评价技术、发酵茶糖代谢主动靶向设计与发酵精准调控关键技术、标准化生产及个性化营养干预应用方面的系统研究,取得了多项创新性成果。特别是在产业化实践中,提出了发酵茶的"主动靶向设计-精准加工-个性化营养"技术解决方案,集成分析靶向通路、剂量-效应关系、有效性、安全性、质量控制等要素,建立以健康评价为导向的发酵茶产品研发技术体系(应剑等,2023)。

未来的研究应进一步探讨茶叶成分对肠道微生态和代谢轴的具体调节机制,

并发展更加个性化的饮茶策略,以实现更好的健康效应。这一领域的发展将有望为代谢性疾病的治疗提供新的思路和方法,促进公共健康。

4.4.2 茶与脑-肠轴

脑-肠轴通过神经、免疫和内分泌途径将肠道和大脑连接起来。肠道微生态也可能进一步影响血液脑屏障的完整性,使得有害物质更容易进入脑内并引发多种中枢神经系统功能障碍。当前,研究茶对脑-肠轴的影响更加关注茶与茶叶制品活性成分对神经系统发育、退化和相关疾病发展中的各种生理和病理过程的影响,以及饮茶对神经系统整体健康的影响。

肠道屏障损伤促使炎症因子可以通过血液循环进入大脑,并引发神经炎症,导致神经元损伤。失衡的肠道微生态与神经系统疾病,如焦虑、抑郁和认知功能障碍等相关。不仅如此,还有证据表明肠道微生态的紊乱可能与神经系统的炎症过程密切相关。茶的抗氧化和抗炎特性可能有助于降低肠道微生态的炎症水平,减少有害微生物的增殖,促进有益微生物的生长。良好的微生物群落有助于减少炎症反应,维护肠道黏膜的完整性。这些变化可能会减轻神经系统疾病的炎症进程,从而改善神经系统的功能。

神经退行性疾病,如阿尔茨海默病、帕金森病和亨廷顿病等,是神经系统逐渐受损和退化的疾病,通常伴随认知和运动功能的丧失。尽管这些疾病的确切病因尚不清楚,但越来越多的证据表明肠道微生态可能在其发病机制中扮演重要角色,可能通过产生炎症性蛋白或者免疫系统异常影响神经退行性疾病的发展。例如,某些细菌可以产生 β-淀粉样蛋白,这些蛋白与阿尔茨海默病的发病机制有关。此外,肠道微生物的活动也可以影响血液中的 C 反应蛋白和维生素 D 等物质,这些物质与神经系统健康有关。肠道微生态还可能通过影响神经传递物质的产生来影响神经系统功能。茶饮可在某种程度上调控多巴胺能神经元及谷氨酸能神经元的脑内投射,从而在多种神经环路内提升或抑制神经元的兴奋性。

茶的体内代谢对神经系统的改善有所贡献。EGCG 在体循环中的浓度非常低且存在时间短。EGCG 在小肠中经历微生物降解,随后在大肠中经历微生物降解,形成各种微生物环裂变代谢物,这些代谢物可在血浆和尿液中以游离和结合的形式被检测到。体外实验表明,EGCG 及其代谢物可以穿过血脑屏障到达脑实质并诱导神经突发生。这些结果表明,除了 EGCG 的有益活性之外,EGCG 的代谢物可能在减少神经退行性疾病方面发挥重要作用。

虽然上述研究和理论表明,饮茶调节肠道微生态可能对神经系统疾病产生积极影响,尤其是通过减轻炎症反应维护脑-肠轴的平衡,这一作用可能与茶具有抗氧化和抗炎特性相关。未来的研究应该着重于揭示具体的微生物种类、代谢产物和炎症介质，以及它们如何与神经系统健康相关。此外，探讨通过调节肠道微生态来预防或治疗神经退行性疾病的潜在策略也是一个备受期待的研究方向。未来的研究应该重点关注茶的种类、饮用量和持续时间等因素，以更全面地了解饮茶与神经系统健康之间的关系。此外，进一步的临床研究将有助于验证饮茶对神经系统疾病的预防和管理是否确实具有潜在益处。

（杜立达，应　剑，向沙沙，朱　炫）

4.5　茶的体内过程研究工具

4.5.1　ADME/T 的经典理论与工具

ADME/T 是源自药物研究的一个综合性概念，用于描述药物在体内的行为和效应。这个缩写分别代表吸收、分布、代谢、排泄和毒性。这些过程共同决定了药物在体内的生物利用度、作用时间的长短以及所需的剂量大小。例如，药物的吸收过程涉及药物从给药部位进入血液循环的过程，而分布过程则是药物在体内的运输，包括通过细胞膜屏障到达各个组织和器官。代谢过程则是指药物在体内发生的化学反应，这些反应可能改变药物的活性和毒性。排泄过程涉及药物或其代谢产物离开身体的方式。最后，毒性则与药物的副作用和安全性有关，通常与 ADME 过程紧密相关，因为它们都可能影响药物的安全性和有效性。

吸收研究采用体内及体外评价方法。吸收过程受多个因素影响，包括茶的类型（绿茶、红茶、乌龙茶等）、制备方法（浸泡、煮沸、发酵等）以及个体差异。通过动物模型或人体试验等体内实验模型，在口服或注射茶提取物后监测血浆中活性成分的浓度随时间的变化。这有助于确定不同类型的茶对应的吸收速度、程度差异。利用体外模型，如 Caco-2 细胞单层，可以模拟肠道吸收，可以评估茶成分的渗透性和转运机制，有助于预测其在肠道内的吸收情况。通过体内和体外评估方法，可以揭示吸收过程的复杂性，帮助我们理解茶中活性成分在胃肠道中的吸收速度和程度差异，进而为茶的健康效应提供更深入的认识。

分布阶段涉及将吸收的茶叶有效成分输送到各个组织和器官的过程。最新的研究方法通过高分辨率成像技术，如正电子发射断层扫描（PET）和核磁共振成像（MRI），提供了对茶中活性成分在体内分布的更详细介绍。这些技术可以用来观察儿茶素、咖啡碱等成分在大脑、心脏、肝脏等器官中的分布情况。同时，利用荧光标记技术，也可以跟踪茶中活性成分的分布，并研究其在不同器官中的停留时间，从而揭示它们对不同器官的影响，为茶的健康效应提供更具体的信息。

代谢是茶的活性成分在体内转化和分解的过程，针对代谢过程的研究主要用于揭示茶中活性成分的代谢途径，以及这些代谢产物对健康的潜在影响。近期的研究采用高分辨质谱技术，鉴定茶中活性成分的代谢产物，从而确定代谢产物中关键成分的体内代谢途径。评价代谢过程对于理解哪些代谢产物具有生物活性以及它们如何影响人体健康至关重要。此外，个体差异在茶成分代谢中也扮演重要角色，因为不同个体的酶系统和代谢途径可能存在差异，这同时也解释了为什么特定人群对茶的健康效应更为敏感。

排泄是指茶成分在体内的排泄途径，通常通过尿液和粪便分析来研究。最新的研究利用质谱分析等技术，确定茶中活性成分的代谢产物是否存在于尿液和粪便中。此外，也关注茶中活性成分的潜在毒性。通过使用细胞模型和动物实验，科研人员可以评估茶成分对细胞和器官的毒性，以确定其在适当剂量下是否安全。

例如，茶的多种活性成分在多种病理条件下对神经系统有比较强的保护作用，并在近年来被认为是调控神经系统功能、缓解神经系统疾病的重要候选活性成分。咖啡碱、儿茶素和茶多酚等活性成分被认为有助于改善认知功能、延缓神经退行性疾病的发展。最新的 ADME/T 研究深入探讨了茶的有效成分在体内的代谢和分布情况。通过分析咖啡碱在大脑中的分布发现，咖啡碱可以影响神经传递物质的释放，提高警觉度和认知功能。此外，儿茶素和茶多酚通过抑制氧化应激、减轻神经炎症和促进神经细胞的生存，有助于保护神经系统。

4.5.2 体外仿生消化

近年来，体外仿生消化方法在茶的健康领域上有诸多应用。冷雪（2014）通过体外模拟消化测定发现不同茶多酚添加量、老化时间和淀粉种类均影响淀粉消化性。童大鹏等（2019）发现在不同焙烤条件下，低极性茶多酚的生成会降低红茶面包的淀粉消化率，因此焙烤条件和茶原料是开发低血糖生成指数（GI）焙烤食品的关键因素。王玉婉等（2021）发现添加质量分数 2.0%超微红茶粉可以更好地改善全麦面包烘焙品质，提高面包抗氧化性和抑制淀粉消化特性。韦铮等（2020）发现茶多糖在经过模拟胃肠消化后，具有明显的抗氧化作用，且浓度越高，抗氧化能力越强。李玉壬等（2021）通过模拟消化模型分析茶多酚在肠部的降解能力比在胃部的更显著。吴伟等（2021）研究得出在体外模拟消化后，EGCG 添加量的增加导致米糠蛋白的初始消化速率和消化率逐渐下降。

肠道菌群的研究可从动物、人体、体外三个层面进行，探索在疾病状态下，饮食、药物等对肠道菌群的影响。但在人体试验中，个体差异较大，且受伦理约束，难以实现不同部位的肠道菌群采样，而且人体试验多采用粪便样品，难以实现对肠道菌群的实时动态监控，难以判断其对肠道菌群的影响。另外，由于宿主代谢产物的存在，对微生物的生物化学作用研究具有一定的局限性。体外肠道模拟体系为研究某一或几部分小肠，或者整条小肠的菌群结构提供了一种快速、简便、成本低廉的方法。娄云梦等（2024）经胃肠道模拟消化后的超微富硒绿茶渣用人粪便进行体外发酵，可增强肠道菌群酶活性，改善肠道菌群结构，降低与肥胖、肠道炎症相关的细菌丰度。朱炫等合作发表的研究表明利用正常及肠杆菌型便秘人群的粪便样本构建体外肠道微生物消化模型，发现普洱熟茶组较为显著地提高了肠道菌群多样性，酸茶最为显著地增加了便秘模型的短链脂肪酸含量（李颂等，2024）。李浩楠等（2022）研究表明 EGCG 和 EGCGGIT（消化后的 EGCG）处理的肠道菌群均在科、属以及种水平丰度呈现显著差异。相比于对照组，消化前后的 EGCG 均能显著降低有害菌梭菌属的丰度。目前已报道的各种体外模型均存在一定的缺陷，特别是缺乏上皮黏膜、宿主免疫相互作用和神经内分泌系统功能，从而不能准确仿生。但是，体外模型的确可以通过细菌的数量以及与疾病、基质、抑制剂等相关的代谢活性来监控菌群的改变。

1. 批式发酵

批式发酵（batch fermentation）是目前最常用的一种离体模型，它是将多种不同消化组分或微生物组合在一起，组成一个复杂的微生态体系，以考察某些物质的消化性能及对肠道微生物的影响。这一过程一般在小的反应器或管道中完成，通过对特定消化代谢物、菌株等的检测，确定它们对不同底物的消化和代谢能力。例如，Minekus 等（2014）通过模拟口腔、胃、小肠等不同肠段的离室分批模型，很好地模拟了营养物质和非营养物质的生物可及性或宏量营养素的消化率。结合朱炫等（2020）专利模型——小型静态体外结肠模拟系统，实现了食物从口腔到排出的全过程模拟，比较经不同工艺制备而成的大叶种白茶、普洱生茶、普洱熟茶及酸茶对不同人群肠道微生态的影响（李颂等，2024）。批式发酵最大的优点就是快速、便捷，还避免了免疫、饮食等菌群影响因素对益生元调节菌群作用的干扰，使得评估和筛选潜在益生元底物对肠道菌群结构和功能的调节作用变得更加便捷、经济和高效。它的优点不仅仅体现在评估和筛选方面，还可以帮助我们更好地理解益生元对肠道菌群的调节作用，从而更加深入地研究益生元底物对肠道菌群结构和功能的调节机制。目前批式发酵已经应用于多种测试底物对肠道菌群调节作用的比较和筛选，以及同一测试底物对不同供体的肠道菌群的调节作用的比较。在研究益生元对短链脂肪酸等菌群代谢产物的影响时，这一方法具有优势，避免了产生的代谢物被人体吸收利用而导致无法捕获其变化的情况。在潜在益生元底物的筛选研究中，批式发酵模型的应用最普遍。

批式发酵也有缺点，即缺乏生理条件的因子，并受到代谢物积累的影响，抑制进一步的消化酶和微生物活性。所以，结肠培养一般需要 24 h 及以上的时间，才能使得发酵完成。而在更复杂的动力学系统中，这些化合物的发酵速度要快得多，通常在 4 h 内，这表明了批式发酵的局限性。事实上，由于其中 pH、氧化还原电位和群落结构的变化，这些系统将无法提供准确的结果。

2. 三相连续发酵

批式发酵提供了一个非常简单和灵活的筛选工具。然而，它往往过于简化了发酵过程中的实际复杂性。良好设计的连续动态模型的应用允许在代表性环境条件下深入研究胃肠道消化体系，以及所选食物分子或饮食的消化性、活性及对肠道微生物群的组成的影响。下面讨论连续模拟消化的七个多隔室模型。

1) SHIME 模型

SHIME 模型是一个动态的多相连续发酵系统，又称人体肠道微生态模拟器，1993 年由比利时根特大学发明。SHIME 通常由五个双层反应容器组成，分别模拟了消化道中的胃、小肠、升结肠、横结肠和降结肠区域的条件。每个反应容器上面有 8 个端口，分别用于输入和输出培养基、液相和气相取样、连接 pH 电极、输入酸和碱调节 pH 以及冲洗容器顶空，连续的反应容器之间使用沃森-马洛 101UR/2 泵转移内容物。SHIME 是一个高度灵活的实验装置，五个反应容器通过磁力搅拌器连续搅拌。pH 控制系统采用 HCl 和 NaOH 溶液自动控制，保持升结肠、横结肠和降结肠 pH 分别在 5.6~5.9、6.2~6.5 和 6.6~6.9，反应容器中的液体体积分别为 500 mL、800 mL 和 500 mL，控温系统将整个内部环境维持在 37℃。不同的容器之间不存在气体交换，每天两次向容器顶空通入 15 min 的氮气以确保无氧条件。

2004 年，Wiele 等评估菊苣多糖在 SHIME 模型中的益生元效应，发现添加菊苣多糖后系统中丙酸和丁酸的产量增加。2010 年 Van 等利用 SHIME 模型将人类结肠微生物分别与砷污染的土壤和未受砷污染的土壤共培养从而研究肠道微生物的砷代谢。2012 年，余应新等在比利时根特大学人体肠道微生态系统模拟装置技术基础上，针对东方人群的生活习性，对原有的 SHIME 体外装置加和各项参数加以改进，以达到在体外条件下重现东方人体胃肠道系统的目的。随着 SHIME 模型的不断改进，近年来也出现了将消化道细分为六相 SHIME 模型。例如，2016 年 Reygner 等利用六相 SHIME 模型（表 4-1）分子生物学方法，研究食物中残留的农药毒死蜱对肠道菌群结构的影响。结果发现，毒死蜱使得肠杆菌和拟杆菌数量增加、双歧杆菌数量减少，并造成体系中的短链脂肪酸和乳酸含量发生微小变化。

表 4-1　SHIME 模型的部分参数

反应罐	体积/mL	停留时间/h	pH
胃	200	3	2
十二指肠	300	3	7
盲肠	300	4	7
升结肠	1000	20	5.6～5.9
横结肠	1600	32	6.2～6.5
降结肠	1200	24	6.6～6.9

2）EnteroMix 模型

Danisco 公司的 EnteroMix 模型由四个玻璃容器组成，分别代表升结肠、横结肠、降结肠和远端结肠。可以使用相同的粪便接种物同时平行运行 4 个单元。容器的工作体积较小（6～12 mL）。容器中的 pH 水平与体内条件相似（pH 分别为 5.5、6.0、6.5 和 7.0）。将接种物在第一个容器中混合，然后将 10 mL 混合培养物泵入下一个容器中。此后每三小时，将新鲜的模拟器培养基输送到第一容器。发酵和每三小时的流体转移将持续 48 h，之后停止模拟并从每个容器收集样品。

3）Lacroix 模型

Lacroix 模型是瑞士的一个团队开发的三级模型，使用固定化微生物群代表结肠中以浮游状态和固着状态存在的复杂细菌群落。将粪便接种物固定在 1～2 mm 直径的凝胶珠中，凝胶珠由结冷胶、黄原胶和柠檬酸钠组成。系统中的参数专门针对婴儿肠道进行调整。将进料流速调节至 25 mL/h，将总体积为 325 mL 的系统中的总平均保留时间设定为 13 h，三个连续容器中的平均保留时间分别为 4 h、5 h 和 4 h。前两个容器中的 pH 分别设定为 5.9 和 6.2，第三个容器中的 pH 不受控制，但稳定在 6.6～6.7 的生理范围内。Lacroix 模型已经对源自婴儿的微生物群进行了几项研究。

4）TIM-1 模型

TIM-1 模型由荷兰 TNO 公司开发，是模拟胃肠和小肠的动态计算机控制模型（图 4-1），利用数学建模和幂指数方程使得计算机能准确模拟胃肠的膳食转运，将 pH 和胆盐浓度控制在生理范围内，并且实现了葡萄糖在小肠阶段的吸收。该模型主要用于研究食品、药品、微生物等在胃肠转运期间的情况。2011 年，Lafond 等利用 TIM-1 模型研究了两种小麦中的多糖的消化情况以及补充酶的效率。2014 年，David 等使用 TIM-1 模型来比较不同消化条件下蓝莓花青素的肠吸收和生物可接受度。2015 年，Villemejane 等使用 TIM-1 对富含蛋白质和纤维的饼干进行体外消化。

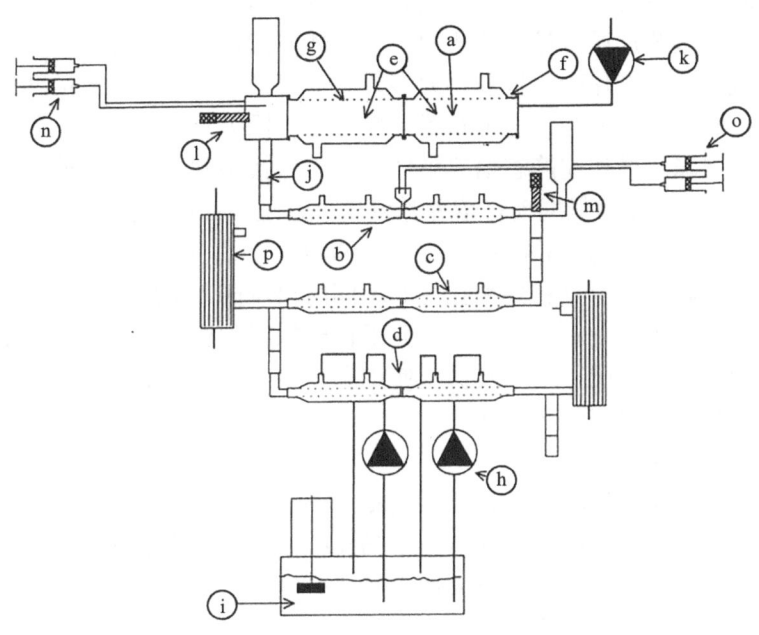

图 4-1　TIM-1 模型示意图

a. 胃室；b. 十二指肠室；c. 空肠室；d. 回肠室；e. 基本单元；f. 玻璃外壳；g. 弹性膜墙；h. 旋转泵；i. 水浴；j. 蠕动阀；k. 蠕动泵；l、m. pH 电极；n、o. 注射泵；p. 空心装置

5）TIM-2 模型

TIM-2 模型是 Minekus 等于 1999 年基于 TIM-1 系统发明的。该模型由四个相互连接的玻璃外壳组成，每个玻璃外壳内部都有弹性膜。在玻璃外壳和膜之间是用于维持温度的水（人 37℃，猪 39℃，鸟类 41℃）。温度由温度传感器控制。通过以一定的间隔和一定的顺序对水施加压力使弹性膜收缩或舒张，从而引起蠕动波来推动管腔内容物通过。通过监测 pH 并添加 1 mol/L NaOH 溶液以中和微生物群产生的酸，从而使整个系统的 pH 恒定在 5.8。为防止模型中积累微生物的代谢物导致微生物受到抑制或死亡，TIM-2 模型配备了由透析膜和用于收集透析液的瓶子组成的透析系统。该透析系统维持着模型内微生物代谢物的浓度，将短链脂肪酸浓度控制在 80～120 mmol/L 的生理范围内。

实验证明，TIM-2 模型实验产生的数据与临床试验类似。使用该模型系统可用于筛选某些功能的饮食组分，或确定膳食底物的可能作用机制等诸多研究。由于该模型是计算机控制的，因此具有很高的可重复性。TIM-1 模型和 TIM-2 模型常串联用于研究食品成分的营养价值和药品的功效。

6）肠道芯片（Gut-on-a-chip）模型

肠道芯片模型的主体包括通道或腔室以及任何其他嵌入式元件，如传感器、电极或阀。肠道芯片通常是光学透明的、气体可渗透的，以允许更好地观察和促进气体如氧气和二氧化碳的扩散。大多数肠道模型涉及某种形式的两个微通道，它们被多孔和柔性膜分开，这种布置是常见的，因为其用于模拟肠腔和引流脉管系统之间的屏障。最初在静态培养条件下将细胞接种到通道中以确保细胞黏附，随后使用注射器、压力或蠕动将培养基泵送进通道，从而模拟体内的动态微环境。通常，一个容器代表肠腔并内衬有肠上皮细胞，而另一个容器代表血管并衬有血管内皮细胞。膜可以由具有各种孔径的不同材料制成，虽然材料可能不同，但膜的核心功能保持不变——允许可溶性分子在模拟肠和血管之间运输。虽然大多数的肠道芯片系统使用膜（由于其易于使用和制造），但是最近的工作已经消除了膜，以提高与天然组织的相似性。

7）CDMN 模型

朱炫团队首次使用汉语拼音 Changdao Moni（CDMN）定义了准真实人体体外肠道模拟系统。CDMN（人体体外结肠模拟系统）是由浙江工商大学设计的一套四联玻璃发酵罐，来模拟研究人体小肠、升结肠、横结肠、降结肠四个不同的肠段肠腔消化过程中微生物的动态变化，利用氧化还原电位（ORP）和 pH 双反馈调控，也能满足黏膜中微生物的动态研究，与同时具备这两个条件的肠道芯片模型比，整体模型大小更趋近于真实人体肠道。基于 CDMN 系统，通过引入和构建代谢互养模型，实现了结肠内定点原位丙酸合成，实现了菌群代谢的定点控制，构建了肠内菌群合成调控理论（Xiang et al., 2021）。此外，初步阐明了木糖醇靶向调控菌群代谢流的机制，从而明确了木糖醇的靶向益生功能，拓宽了木糖醇应用范围，再次提高了糖醇产业的附加值。

在 CDMN 系统的每个发酵罐中加入肠道培养基 300 mL 和 15 颗黏膜小球，粪便微生物以 10%的接种量分别接入到 4 个发酵罐中。通过设置 CDMN 发酵系统的参数，自动补充 0.5 mol/L NaOH 溶液和 0.5 mol/L HCl 溶液来调节发酵 pH 在 5.5 左右，温度恒定在 37℃，模拟人体升结肠的发酵环境。每日早、中、晚对每个发酵罐通氮气以保持厌氧环境。接种培养 24 h 之后，每日补给和排出 100 mL 肠道培养基模拟人体摄食与消化。每日用 5 个新的黏膜小球替换罐中的黏膜小球，以模拟黏膜的再生。

如图 4-2 所示，模拟消化分为两个阶段。阶段 1，粪便微生物接种后连续发酵一个星期左右，发酵罐内微生物结构逐渐趋于稳定；阶段 2，添加所需样品。

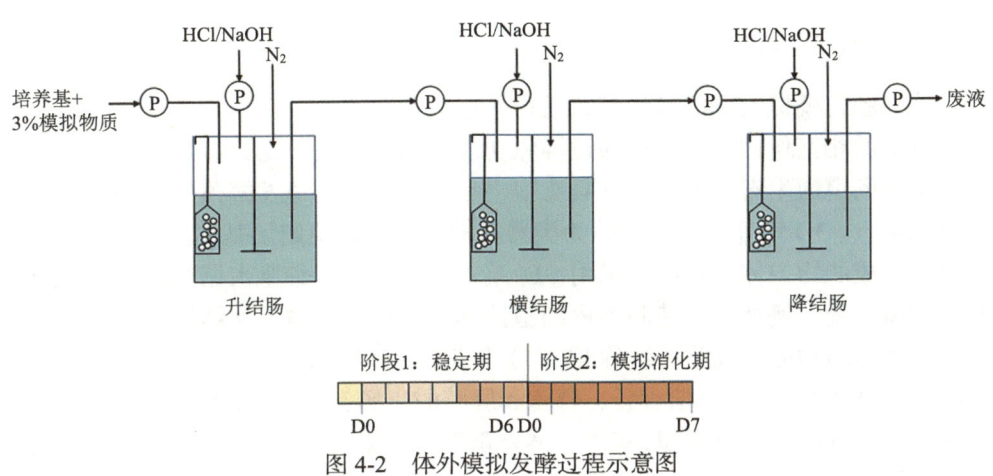

图 4-2 体外模拟发酵过程示意图

近年来,这些体外模型从单容器的批式发酵逐渐发展到更复杂的且更接近于人体的多级连续培养。表 4-2 为现有体外肠道模型比较。

表 4-2 现有体外肠道模型比较

体外模型	模拟部位	容器体积	pH	pH、温度、体积自动控制系统	黏膜模拟
批式发酵	任何部位(一般升结肠)	不定	6.8	无	无
三相连续发酵	升结肠	80 mL	5.5	无	无
	横结肠	100 mL	6.2		
	降结肠	120 mL	6.8		
EnteroMix	结肠	6~15 mL	5.0~7.0	无	无
PolyFermS	升结肠	300 mL	5.5	有	无
SHIME	胃到结肠	300~1600 mL	2.0~7.0	无	无
M-SHIME	胃到升结肠	300~1600 mL	2.0~7.0	无	有
TIM-1	胃到回肠	200 mL	1.8~6.5	有	无
TIM-2	升结肠	200 mL	5.8	有	无
HMI	结肠	—	5.6~5.9	有	有
Gut-on-a-chip	结肠	700 μL	不控制	有	有
CDMN	小肠	—	—	有	有
	升结肠	300 mL	5.5		
	横结肠	450 mL	6.2		
	降结肠	300 mL	6.8		

4.5.3 类器官模型

体外肠道模拟发酵的模型都缺乏宿主这一重要角色，宿主与肠道微生物之间存在复杂的相互作用，宿主可通过屏障功能、调节激素分泌、参与病原体免疫应答等影响肠道微生态。如何建立具有宿主参与的体外肠道发酵模型，是本领域的重点和难点。3D 培养技术的成熟为类器官模型的出现奠定了基础。与传统的细胞培养所形成的均匀体系不同，采用 3D 培养技术可培养细胞占据三维空间并形成复杂的微环境。例如，促使肠上皮细胞持续分化形成肠绒毛状结构。目前国外已有许多诱导多功能干细胞（统称 hPSC）分化成 3D 组织的研究报道。迄今为止，hPSC 已经能被分化成包括小肠、胃窦和肝脏的胃肠类器官。hPSC 分化形成的肠组织与婴儿肠组织十分相似，实现了体外重现人肠组织的消化和病原体防御功能。胃肠类器官模型在结构和功能复杂性上远远超越了传统的胃肠细胞模型。传统细胞模型如 T84、Caco-2 和 HT29 细胞，通常用于研究小肠和结肠的细胞吸收、健康和疾病状态下的肠道运输以及病原菌定殖等细菌对肠道的影响。但是这些细胞是永生化的癌细胞，不能较好地代表健康的人群的肠道。因此，类器官模型的出现将成为研究干细胞生物学和肠上皮细胞生理学乃至整个消化道的有力工具。Sina Bartfeld 等基于小鼠的 3D 培养技术，开发了一套人胃类器官培养体系，并用显微注射的方法注射幽门螺杆菌来感染宿主，从而研究上皮细胞应答幽门螺杆菌感染的反应。目前，我国在这一领域的研究还处于空白，还没有建立能够应用于肠道微生物研究的类器官模型，这些类器官模型还面临着构建过程复杂、构建时间长、容易受到污染等问题。

4.5.4 肠道代谢流

许多代谢途径在人体肠道的微生物群细胞中进行，不同微生物群体间的代谢差异和相互代谢作用、同种微生物细胞中的不同区室的差异导致肠道具有复杂的代谢环境。针对肠道消化环节，基于宏基因组测序、16S rDNA 测序、靶向/非靶向代谢组等多组学技术进行数据获取，运用主成分分析（PCA）/主坐标分析（PCoA）/非度量多维标度分析（NMDS）、皮尔逊（Pearson）/斯皮尔曼（Spearman）相关分析和典范对应分析（CCA）、网络药理学等分析手段综合为一体的研究技术，整合原代细胞株培养等靶代谢器官模型、动物模型、临床研究技术和同位素示踪技术，构建了基于体外肠道消化模型的"菌群丰度-肠道（菌群）代谢通路分析-代谢互养分析"肠道微生物代谢流（intestinal microbial metabolic flow，IMMF）研究技术，应用于功能评价及机制研究，甚至实现菌群的重组和定向增殖。

1. 数据获取

1）16S 扩增子测序

16S rRNA 由于核苷酸数目适中、信息量大、具有高度稳定性、易于提取和分析，是细菌系统分类学研究中最常用的方法。16S rDNA 是编码原核生物核糖体小亚基 rRNA（16Sr RNA）的 DNA 序列，长度约为 1540 bp，存在于所有细菌染色体基因组中。16S rDNA 分子序列中包含 9 个可变区和 10 个恒定区，保守序列区域反映了生物物种间的亲缘关系，而高变异序列区域则能体现物种间的差异。通过聚合酶链式反应（PCR）扩增 16S rDNA 并进行测序，将测序得到的 16S rDNA 序列在 NCBI 网站进行 BLAST 比对，即可获知与该序列同源性较高的已知序列，为代谢流研究过程中菌株的分类提供依据。

2）宏基因组测序

宏基因组（metagenome），也称元基因组。宏基因组测序是对环境样品中的微生物群落的基因组进行高通量测序，主要研究微生物种群结构、基因功能活性、微生物之间的相互协作关系以及微生物与环境之间的相互作用。宏基因组学作为一种在 DNA 水平上解析菌群功能的常用手段，其精度较高，能够更好地反映菌群的整体功能。宏基因组测序技术相对于传统的微生物研究方法，避免了大多数微生物不能培养、痕量菌无法检测的缺陷。但其结果存在着数据规模大、数据处理难度大、成本高等问题。

3）多组学检测

"组学"就是从整体水平上以全局眼光对机体的生命活动规律进行研究，"多组学"研究就是将两个及以上的单一组学联合起来进行全面综合分析，包括除了基因组学以外的蛋白质组、代谢组、脂质组、糖组和转录组等，突破单一组学研究的局限性，对不同的组学数据进行联合分析，在有限的数据中挖掘更多有意义的信息，构建机体调控网络，深层次理解各个分子之间的调控及因果关系。常用的多组学整合分析包括转录组与蛋白组、转录组与代谢组、转录组与脂质组联合分析，蛋白组与代谢组、蛋白组与脂质组联合分析，代谢组与微生物组联合分析，以及转录组、蛋白组、代谢组联合分析等。例如，朱炫等发明了一种基于代谢流调控的肠道菌群定向扩增的方法，该方法利用代谢组学和功能基因组学评估肠道菌群的代谢功能和代谢途径，结合代谢流调控策略，实现对目标菌群的有针对性的扩增和定向增殖，用于筛选调控因子以及解决粪菌移植供体不稳定、数量有限的问题。通过多组学对肠道微生物代谢流研究后，我们会得到大量有关微生物与其代谢物相关靶基因的信息，把这些信息资源构建成数据库。在此，以 gutMGene 数据库为例进行介绍：gutMGene 记录了人类来源的 332 种肠道菌群、207 种菌群相关代谢物、223 个基因之间的 1331 种关联以及小鼠来源的 209 种肠道菌群、149

种菌群相关代谢物、554个基因之间的2349种关联,每个条目都包含了菌群-代谢物-基因相互关联的具体信息,此外还有实验技术和平台、参考文献等信息,用户可进行浏览、检索、下载和上传等操作,为基于代谢组角度探讨肠道微生物调节宿主病理生理过程及机制相关研究提供极大便利。

2. 同位素示踪技术

利用放射性同位素或经富集的稀有稳定核素作为示踪剂(常用的标记元素为^{13}C、^{14}N和^{18}O),被标记的示踪剂是由示踪原子或分子组成的物质。示踪原子是其核性质易于探测的原子,含有示踪原子的化合物称为标记化合物。理论上,几乎所有的化合物都可被示踪原子标记。如果将同位素示踪技术和基因组学手段相结合,改变了传统研究微生物个体和群落的方法,实现了直接将微生物间相互作用及其代谢功能与微生物种群联系起来的目的。同位素示踪技术不依赖微生物室内分离培养,通过向样品中添加同位素标记底物,利用分子生物学方法对形成的含有标记元素的生物标志化合物(如DNA、RNA、蛋白质或磷脂脂肪酸)进行对比分析,从而鉴定微生物种群或研究微生物的代谢机制。在对肠道微生物群建立代谢模型的基础上,引入代谢流技术,基于肠道复杂的生态系统采用同位素示踪技术进行通量追踪和路径选择,并对肠道代谢中的能量产生循环途径进行追踪。

3. 代谢流分析

代谢流分析是把多组学数据运用PCA/PCoA/NMDS、Pearson/Spearman、CCA、网络药理学等分析手段综合为一体的研究技术,结合细胞、动物、人体等试验验证的一种科研方法。虽然不同组学采用的基础方法不一,但其共同点均是在纷杂、庞大的数据中找到代谢流向和规律。对于肠道代谢流分析,常规的方法是先分析微生物组测序数据,利用α和β多样性分析反应组间差异情况,经过菌群门、纲、目、科、属、种的显著性差异分析和LEfSe分析,确定差异标注菌和菌群的变化趋势,结合PICRUSt2代谢功能预测,可聚焦到不同组别和人群的肠道菌群有什么功能代谢、发挥什么样的功能,一定程度上解释了肠道微生物及其代谢对肠道调节和宿主的影响。但PICRUSt2对代谢功能的预测有一定的误差,因此需要结合靶向代谢物或代谢组学进行整合分析,代谢物的量化更能反映代谢流向和代谢强弱。例如,Chen等(2021)利用16S rDNA测序和短链脂肪酸检测分析研究了肠道菌群对高茶水所致草酸钙肾结石患者形成的影响;揭示了肠道中适当调整肠道菌群或短链脂肪酸以促进食物中草酸的降解代谢,通过增加肠道中乳酸菌相对丰度,控制草酸和草酸钙代谢流向,从而预防茶叶所致草酸钙肾结石的形成。一般来说,结合KEGG数据库和NCBI数据库可人为聚焦的相应靶点,也可利用网络药理学的方法,通过计算聚焦到不同疾病模型下的潜在多靶点调控机制。例如,朱炫等利用 16S rDNA 测序、宏转录组测序、靶向代谢物检测等探究了木糖醇靶向调控菌群代谢流机制，未被吸收的木糖醇以能量型代谢流方式，经磷酸戊糖途径重要酶体系的相互支撑，被拟杆菌、乳酸杆菌、毛螺菌、双歧杆菌依次脱氢化、磷酸化、乙酰化实现向丙酸合成转化，并要求低水平大肠杆菌（0%≤相对丰度<5%）作为养分支撑其生长，间接参与其代谢，形成了木糖醇与肠道蠕动关系剂量-效应模型：Probit（腹泻率）=4.874×log（木糖醇摄入量）-2.386，减缓炎症损伤（肠道屏障损伤标志物 D-LA 含量减少 5.02%，紧密连接蛋白 ZO-1 含量增加 14.53%），建立特征菌群与木糖醇添加量之间的数学关系，木糖醇耐受腹泻率降低 72%，实现了不同剂量的木糖醇、膳食纤维类添加剂对菌群系统的代谢流定向干预和调控，进而实现肠道菌群结构和单菌调控，指导术前能量补充液使用剂量和模式，为木糖醇的应用提供了新的思路（Xiang et al.，2021；左齐乐等，2022）。

4.5.5 多维时序互作模型

多维时序互作模型的概念对应于"肠 X 轴"的研究需要。例如，针对肠道-代谢轴的时序互作指的是食物以"多组分-多靶点"相互作用模式，依次经过胃肠酶消化、结肠微生物消化、代谢靶器官的体内过程，且三个环节存在时序关联。互作包括人体对食物的处置、食物对人体的影响、食物组分之间的相互作用，以及人体内部靶标的互作关系。时序互作模型，将位于生理时序通路上的不同靶标有序组合，主要利用系统生物学的手段，洞察人与食物的相互作用关系。

在研究糖代谢调控型发酵茶的过程中，中粮营养健康研究院联合浙江工商大学等多家研究团队，针对发酵茶组分复杂、与人体呈现多靶点相互作用的特征，建立了"体内-体外"相印证、干湿试验相结合的多维度仿生分析工具：基于体内糖代谢通路，将酶生化及细胞模型、胃肠仿生消化模型、结肠微生物发酵模型动态组合，量化淀粉消化及葡萄糖释放，观测食物与肠道微生态的交互作用，预测糖代谢作用特征及肠道安全性。特别是确定了与改善糖代谢、降低肠道不良反应紧密相关的组合肠道评价指标，为配方及饮用剂量的优化提供"功能+安全"平衡的早期筛选方法；针对结肠段的微生物消化环节，基于 CDMN 体外肠道模型，将 16S rDNA 测序、PICRUSt2、靶向/非靶代谢组、Pearson、CCA 等分析手段有序结合，构建了"菌群丰度-代谢通路-代谢互养"肠道代谢流研究技术，较以往工作对健康肠道微生态的描述，更关注菌群稳态关系和时序相互作用关系对于健康的影响；以肠道消化代谢流模型为通用核心技术，整合代谢器官模型、网络药理学、动物模型、临床研究等技术，形成较为系统的"肠道-糖代谢"组合评价技术，应用于功能评价及机制研究。

在此基础上，为丰富"多组分-多靶点"的预测能力，中粮营养健康研究院构建茶叶功能成分组计算分析方法，研究多种茶成分调节特定机能的协同作用，将茶叶健康的物质基础从单因素相加提升到 4 个以上多因素相互作用；并发明一种文献信息数据挖掘及语义分析法，通过指定特定功能、食物种类及功能成分的关键词，对文献文本进行语义识别，可在 2 min 内完成对＞2000 篇文献的语义识别，预测靶向不同糖代谢异常表型的茶功能成分组成特征。针对"食物-人体"复杂体系相互作用的难点，将分子对接、结构相似比对、网络药理学等计算药理学研究方法进行组合优化，用于研究功能成分与糖代谢异常相关靶标组合之间的相互作用关系，将食物多成分与机体多靶点的相互作用可视化，构建"成分-靶标-健康效应"相互作用网络，为绘制多靶点通路、预测功能成分组特征提供科学依据。

基于时序互作理论及组合模型，可以指导代谢健康导向型茶叶的主动设计。例如，从减少吸收、促进代谢理论入手，开发改善肥胖及糖脂代谢的红茶粉。从减少吸收角度，首先通过多元回归建立茶叶关键成分与抑制淀粉消化酶活性之间的联系，建立儿茶素、茶黄素、茶红素、茶褐素、咖啡因协同抑制淀粉消化酶的数学模型（应剑等，2021）；基于数学模型和体外酶生化模型，定向筛选具有强抑制 α-葡萄糖苷酶活性、弱抑制 α-淀粉酶活性的红茶原料。从促进代谢角度，利用抗肥胖药物靶点 UCP1 的基因工程细胞株（杜冠华等，2018），对候选的原料进行复筛。对筛选后的粗提物作为产热激活剂的抗肥胖作用进行研究，结果表明粗提物通过调节肠道菌群，增加肠道 CO_2 生成，进一步可能为碳酸酐酶提供更为丰富的 HCO_3^- 底物；CA2 下游通过 Akt 信号通路，上调线粒体 UCP1，最终促进棕色脂肪产热和白色脂肪棕色化，促使产热增加、缓解肥胖、改善胰岛素抵抗，并表现为空腹血糖和餐后血糖的显著改善（Ma et al.，2023）。这是针对"肠道碳代谢-脂肪产热"时序通路的应用案例。其他还有"肠道稳态-炎症"时序通路，涉及 LPS 合成、易位、下游信号通路转导过程；"肠道胆汁酸-肝脏脂解"时序通路，涉及肠道和肝脏的 FXR 受体、脂肪酸代谢等过程。随着生物学机制研究的深入，药理学模型、组学技术和计算机方法的持续发展和融合，将进一步揭示这些时序通路特征，并指导代谢健康型功能性食品的研发。

（朱　炫，杜立达，赵国栋，陈家豪，邵嘉妮，杭祝九）

本章责任人：朱炫

参 考 文 献

爱德华·伊西古罗，娜塔莎·哈斯基，克里斯蒂娜·坎贝尔. 2021. 肠道菌群：对营养和健康的交互影响[M]. 付祥胜，汤小伟，黎军，译. 天津：天津科技翻译出版有限公司.

边金霖, 郭金龙, 李品武, 等. 2015. 雅安藏茶对胃蛋白酶的促进作用[J]. 四川农业大学学报, 33(3): 279-284.

杜冠华, 强桂芬, 何萍, 等. 2018. 抗肥胖药物靶点UCP1的基因工程细胞株和高通量药物筛选模型的建立及应用: CN201811248715.3[P]. 2018-10-25.

方开星, 姜晓辉, 吴华玲. 2016. 茶树茶氨酸的代谢及其育种研究[J]. 园艺学报, 43(9): 1791-1802.

高晓余. 2017. 肠道菌群介导的后发酵普洱茶改善饮食诱导的代谢综合征[D]. 长春: 吉林大学.

何国藩, 林月婵, 徐福祥. 1988. 普洱茶对肠段的舒缩推进运动和胃蛋白酶分泌的影响[J]. 中国茶叶, 1988(2): 6-8.

鸿哲, 周方, 刘昌伟, 等. 2022. 茶及其功能成分对肠道菌群调节作用的研究进展[J]. 中国茶叶加工, (1): 5-10.

侯粲, 林佺, 郝彬秀, 等. 2024. 不同品种乌龙茶烘焙前后化学成分差异及体外活性[J]. 现代食品科技, 40(5): 102-110.

侯粲, 张均伟, 肖杰, 等. 2021. 六堡茶改善痰湿质功效评价及基于肠道菌群调节的祛湿机制研究[J]. 食品工业科技, 42(21): 361-369.

蒋慧颖, 马玉仙, 曾文治, 等. 2018. 茶黄素/茶红素与茶褐素对高脂饮食大鼠肠道菌群的影响[J]. 食品工业科技, 39(20): 274-279.

冷雪. 2014. 茶多酚对改性糯玉米淀粉消化性的影响[D]. 无锡: 江南大学.

李海珊, 刘丽乔, 聂少平. 2017. 茶多糖对小鼠肠道健康及免疫调节功能的影响[J]. 食品科学, 38(7): 187-192.

李浩楠, 雷嗣超, 辜煊, 等. 2022. 体外消化前后EGCG对肠道菌群组成的影响[J]. 中国果菜, 42(3): 40-46, 79.

李华丽. 2015. 乳酸菌与茶多酚对肉鸡生理生化性能及免疫机能的研究[D]. 长沙: 湖南农业大学.

李勤, 熊立瑰, 晏玲玲, 等. 2023. 安化黑茶的降脂减肥功效及作用机理[J]. 中国茶叶, 45(1): 6-11.

李颂, 王泽宇, 向沙沙, 等. 2024. 基于体外肠道微生物消化预测不同工艺大叶茶的健康作用[J]. 食品与发酵工业, 50(21): 76-85.

李祥龙, 李晓梅, 杨煦, 等. 2018. 黑茶茶褐素与茶多糖对脂肪酶的抑制作用[J]. 食品与机械, 34(3): 27-31, 58.

李秀平, 欧阳建, 唐静怡, 等. 2022. 茯砖茶通过调节肠道菌群和胆汁酸代谢预防肥胖及高胆固醇血症作用机制[J]. 食品科学, 43(9): 136-149.

李玉壬, 王瑞, 王旭捷, 等. 2021. 茶多酚在模拟胃肠消化过程中含量及活性的变化规律[J]. 现代食品科技, 37(7): 115-120, 22.

刘莉. 2018. 浅谈茶叶主要功效成分及其生物活性[J]. 南方农业, 12(24): 132-133.

娄云梦, 赵萌, 房翠兰, 等. 2024. 超微粉碎对富硒绿茶理化性质及体外益生特性的影响[J]. 食品与发酵工业, 5: 1-12.

路晓杰, 刘久茜, 曹永国, 等. 2018. 普洱熟茶提取物对实验性非酒精性脂肪肝鼠脂代谢指标及肠道菌群的调节作用[J]. 中国兽医学报, 38(4): 751-758.

阮妙芸, 张根义. 2008. 茶多酚对淀粉酶抑制作用的研究[J]. 安徽农业科学, 36(11): 4371-4373.

孙颖, 陈鑫, 杨华, 等. 2022. 饮用金花香橼茶3个月对小样本高脂血症人群糖脂代谢的改善效果研究[J]. 茶叶科学, 42(4): 561-576.

孙颖, 李艳, 王黎明, 等. 2024. 普洱熟茶对糖脂代谢异常改善效果的临床研究[J]. 食品科学, DOI: 10.7506/spkx1002-6630-20230929-261.

童大鹏, 朱科学, 郭晓娜, 等. 2019. 焙烤过程对红茶面包淀粉消化特性的影响及其机理研究[J]. 食品与生物技术学报, 38(5): 51-57.

王玉婉, 涂政, 叶阳. 2021. 超微茶粉对全麦面包品质及其淀粉消化特性的影响[J]. 食品科学, 42(1): 79-85.

王岳飞. 2013. 茶文化与茶健康[M]. 北京: 旅游教育出版社.

韦铮, 贺燕, 郝麒麟, 等. 2020. 茶多糖在模拟胃肠消化体系的抗氧化作用[J]. 食品与发酵工业, 46(10): 109-117.

吴伟, 苗向硕, 吴晓娟. 2021. 表没食子儿茶素没食子酸酯对米糠蛋白体外胃蛋白酶消化性质的影响[J]. 中国粮油学报, 36(3): 35-40.

夏昕然. 2016. 安化黑茶中微生物对人体保健作用研究[J]. 科学大众(科学教育), 9: 190-191.

肖杰, 侯粲, 陈鑫, 等. 2022. 发酵陈皮黑茶改善高脂饮食诱导的小鼠糖脂代谢紊乱[J]. 食品科学, 43(5): 133-142.

应剑, 郭晓娜, 王黎明, 等. 2021. 茶叶制品在稳定血糖中的应用及质量分级方法和筛选方法: CN201911359529.1[P]. 2021-03-23.

应剑, 朱炫, 肖杰, 等. 2023. 靶向肠道稳态的糖代谢的食品筛选方法及其应用: CN202211527280.2[P]. 2023-04-14.

袁冬寅, 龙军, 龚志华, 等. 2017. L-茶氨酸对 α-淀粉酶和胰蛋白酶的抑制作用[J]. 食品与机械, 33(7): 1-5.

曾婷玉. 2013. 茯砖茶抗分泌性腹泻机制初探[D]. 长沙: 湖南农业大学.

张冬英, 邵宛芳, 刘仲华, 等. 2009. 普洱茶化学成分及对 α-淀粉酶抑制作用的研究[J]. 西南农业学报, 22(1): 52-54.

周阳, 袁长彬, 龚志华, 等. 2018. 六大茶类抑制 α-淀粉酶和胰蛋白酶的效果比较[J]. 湖南农业大学学报, 44(1): 51-55.

朱炫, 向沙沙, 郑谊青, 等. 2020. 一种模拟结肠环境的小型发酵系统及其发酵方法: CN202010412637.7[P]. 2020-09-18.

左齐乐, 向沙沙, 钱烨, 等. 2022. 木糖醇靶向调控菌群代谢流机制研究[J]. 中国食品添加剂, 33(1): 1-10.

Angelino D, Carregosa D, Domenech-Coca C, et al. 2019. 5-(Hydroxyphenyl)-γ-valerolactone-sulfate, a key microbial metabolite of flavan-3-ols, is able to reach the brain: evidence from different in silico, in vitro and in vivo experimental models[J]. Nutrients, 11: 2678.

Arumugam M, Raes J, Pelletier E, et al. 2011. Enterotypes of the human gut microbiome[J]. Nature, 473(7346): 174-180.

Bai Y, Zeng Z, Xie Z, et al. 2022. Effects of polysaccharides from Fuzhuan brick tea on immune function and gut microbiota of cyclophosphamide-treated mice[J]. Journal of Nutritional Biochemistry, 101: 108947.

Barratt M J, Lebrilla C, Shapiro H Y, et al. 2017. The gut microbiota, food science, and human nutrition: A timely marriage[J]. Cell Host & Microbe, 22: 134-141.

Canfora E E, Jocken J W, Blaak E E. 2015. Short-chain fatty acids in control of body weight and insulin sensitivity[J]. Nature Reviews Endocrinology, 11: 577.

Cao P Q, Li X P, Ou Yang J, et al. 2021. The protective effects of yellow tea extract against loperamide-induced constipation in mice[J]. Food & Function, 12(12): 5621-5636.

Chen F, Bao X, Liu S Y, et al. 2021. Gut microbiota affect the formation of calcium oxalate renal calculi caused by high daily tea consumption[J]. Applied Microbiology and Biotechnology, 105(2): 789-802.

Chen G J, Xie M H, Wan P, et al. 2018. Digestion under saliva, simulated gastric and small intestinal conditions and fermentation *in vitro* by human intestinal microbiota of polysaccharides from Fuzhuan brick tea[J]. Food Chemistry, 244: 331-339.

Chen H, Sang S. 2014. Biotransformation of tea polyphenols by gut microbiota[J]. Journal of Functional Foods, 7: 26-42.

Chen H X, Zhang M, Qu Z S. 2007. Compositional analysis and prelimina theabrownin from Pu-erh tea attenuates hypercholesterolemiary toxicological evaluation of a tea polysaccharide conjugate[J]. Journal of Agricultural and Food Chemistry, 55: 2256-2260.

Chen W, Zhu X, Lu Q, et al. 2020. C-ring cleavage metabolites of catechin and epicatechin enhanced antioxidant activities through intestinal microbiota[J]. Food Research International, 135: 109271.

Chow H H, Cai Y, Alberts D S, et al. 2001. Phase I pharmacokinetic study of tea polyphenols following single-dose administration of epigallocatechin gallate and polyphenon E[J]. Cancer Epidemiol Biomarkers Prevention, 10(1): 53-58.

Crespy V, Nancoz N, Oliveira M, et al. 2004. Glucuronidation of the green tea catechins, (−)-epigallocatechin3-gallate and (−)-epicatechin-3-gallate, by rat hepatic and intestinal microsomes[J]. Free Radical Research, 38(9): 1025-1031.

Dai X Y, Ge B G, Zhu M Z, et al. 2022. Anti-inflammatory properties of Fu brick tea water extract contributeto the improvement of diarrhea in mice[J]. Beverage Plant Research, 2: 3.

Deng X, Zhang N, Wang Q, et al. 2023. Theabrownin of raw and ripened pu-erh tea varies in the alleviation of HFD-induced obesity via the regulation of gut microbiota[J]. European Journal of Nutrition, 62(5): 2177-2194.

Desai M J, Gill M S, Hsu W H, et al. 2005. Pharmacokinetics of theanine enantiomers in rats[J]. Chirality, 17(3): 154-162.

Du H, Shi L, Wang Q, et al. 2022. Fu brick tea polysaccharides prevent obesity via gut microbiota-controlled promotion of adipocyte browning and thermogenesis[J]. Journal of Agricultural and Food Chemistry, 70(43): 13893-13903.

Etxeberria U, Fernández-Quintel A A, Milagro F I, et al. 2013. Impact of polyphenols andpolyphenol-rich dietary sources on gut microbiota composition[J]. Journal of Agricultural and Food Chemistry, 61(40): 9517-9533.

Fang W W, Wang K F, Zhou F, et al. 2023. Oolong tea of different years protects high-fat diet-fed mice against obesity by regulating lipid metabolism and modulating the gut microbiota[J]. Food & Function, 14(6): 2668-2683.

Flint H J, Scott K P, Louis P, et al. 2012. The role of the gut microbiota in nutrition and health[J].

Nature Reviews. Gastroenterology & Hepatology, 9(10): 577-589.

Gao X, Xie Q, Kong P, et al. 2018. Polyphenol-and caffeine-rich postfermented pu-erh tea improves diet-induced metabolic syndrome by remodeling intestinal homeostasis in mice[J]. Infection and Immunity, 86(1): e00601-e00617.

Gao Y, Xu Y, Yin J. 2020. Black tea benefits short-chain fatty acid producers but inhibits genus *Lactobacillus* in the gut of healthy Sprague-Dawley rats[J]. Journal of the Science of Food and Agriculture, 100(15): 5466-5475.

Guinane C M, Cotter P D. 2013. Role of the gut microbiota in health and chronic gastrointestinal disease: Understanding a hidden metabolic organ[J]. Therapeutic Advances in Gastroenterology, 6(2): 295-308.

Guo T, Song D, Ho C T, et al. 2019. Omics analyses of gut microbiota in a circadian rhythm disorder mouse model fed with oolong tea polyphenols[J]. Journal of Agricultural and Food Chemistry, 67(32): 8847-8854.

Huang F, Zheng X, Ma X, et al. 2019. Theabrownin from Pu-erh tea attenuates hypercholesterolemia via modulation of gut microbiota andbile acid metabolism[J]. Nature Communications, 10(1): 1-17.

Huang Q, Chen S, Chen H, et al. 2013. Studies on the bioactivity of aqueous extract of pu-erh tea and its fractions: *in vitro* antioxidant activity and alpha-glycosidase inhibitory property, and their effect on postprandial hyperglycemia in diabetic mice[J]. Food & Chemical Toxicology, 53: 75-83.

Juhel C, Armand M, Pafumi Y, et al. 2000. Green tea extract (AR25) inhibits lipolysis of triglycerides in gastric and duodenal medium *in vitro*[J]. Journal of Nutritional Biochemistry, 11(1): 45-51.

Kałużna-Czaplińska J, Gątarek P, Chartrand M S, et al. 2017. Is there a relationship between intestinal microbiota, dietary compounds, and obesity[J]. Trends in Food Science & Technology, 70: 105-113.

Kapitan M, Niemiec M J, SteimLe A, et al. 2019. Fungi as part of the microbiotaand interactions with intestinal bacteria[J]. Current Topics in Microbiology and Immunology, 422: 265-301.

Kobayashi M, Ichitani M, Suzuki Y, et al. 2009. Black-tea polyphenols suppress postprandial hypertriac ylglycerolemia by suppressing lymphatic transport of dietary fat in rats[J]. Journal of Agricultural and Food Chemistry, 57(15): 7131-7136.

Koh A, de Vadder F, Kovatcheva-Datchary P, et al. 2016. From dietary fiber to host physiology: Short-chain fatty acids as key bacterial metabolites[J]. Cell, 165: 1332-1345.

Kotani A, Miyashita N, Kusu F. 2003. Determination of catechins in human plasma after commercial canned green tea ingestion by high-performance liquid chromatography with electrochemical detection using a microbore column[J]. Journal of Chromatography B, 788(2): 269-275.

Li A, Wang J, Kou R, et al. 2022a. Polyphenol-rich oolong tea alleviates obesity and modulates gut microbiota in high-fat diet-fed mice[J]. Frontiers in Nutrition, 9: 937279.

Li B, Mao Q, Xiong R, et al. 2022b. Preventive effects of different black and dark teas on obesity and non-alcoholic fatty liver disease and modulate gut microbiota in high-fat diet fed mice[J]. Foods,

11(21): 3457.

Li H S, Fang Q Y, Nie Q X, et al. 2020. Hypoglycemic and hypolipidemic mechanism of tea polysaccharides on type 2 diabetic rats via gut microbiota and metabolism alteration[J]. Agricultural and Food Chemistry, 68 (37): 10015-10028.

Liu J, Hao W, He Z, et al. 2019. Beneficial effects of tea water extracts on the body weight and gut microbiota in C57BL/6J mice fed with a high-fat diet[J]. Food & Function, 10: 2847-2860.

Liu X, Hu G, Wang A, et al. 2022. Black tea reduces diet-induced obesity in mice via modulation of gut microbiota and gene expression in host tissues[J]. Nutrients, 14(8): 1635.

Liu Y, Luo L, Luo Y, et al. 2020. Prebiotic properties of green and dark tea contribute to protective effects in chemical-induced colitis in mice: A fecal microbiota transplantation study[J]. Journal of Agricultural and Food Chemistry, 68: 6368-6380.

Liu Z, Bruijn W J C D, Bruins M E, et al. 2021. Microbial metabolism of theaflavin-3, 3′-digallate and its gut microbiota composition modulatory effects [J]. Journal of Agricultural and Food Chemistry, 69(1): 232-245.

Liu Z, Chen Z, Guo H, et al. 2016. The modulatory effect of infusions of green tea, oolong tea, and black tea on gut microbiota in high-fat-induced obese mice[J]. Food & Function. 7, 4869-4879.

Lu X, Jing Y, Zhang N, et al. 2022. *Eurotium cristatum*, a probiotic fungus from Fuzhuan brick tea, and its polysaccharides ameliorated DSS-induced ulcerative colitis in mice by modulating the gut microbiota[J]. Journal of Agricultural and Food Chemistry, 70(9): 2957-2967.

Lu X, Liu J, Zhang N, et al. 2019. Ripened Pu-erh tea extract protects mice from obesity by modulating gut microbiota composition[J]. Journal of Agricultural and Food Chemistry, 67(25): 6978-6994

Ma P, Xiao J, Hou B, et al. 2023. Carbonic anhydrase 2 mediates anti-obesity effects of black tea as thermogenic activator[J]. Food Science and Human Wellness, 13(5): 2917-2936.

Masukawa Y, Matsui Y, Shimizu N, et al. 2006. Determination of green tea catechins in human plasma using liquid chromatography-electrospray ionization mass spectrometry[J]. Journal of Chromatography B, 834(1-2): 26-34.

Meng X F, Sang S M, Zhu N Q, et al. 2002. Identification and characterization of methylated and ring-fission metabolites of tea catechins formed in humans, mice, and rats[J]. Chemical Research in Toxicology, 15(8): 1042-1050.

Minekus M, Alminger M, Alvito P, et al. 2014. A standardised static *in vitro* digestion method suitable for food—An international consensus[J]. Food & Function, 5(6): 1113-1124.

Nakahara K, Kawabata S, Ono H, et al. 1993. Inhibitory effect of oolong tea polyphenols on glycosyltransferases of *Mutans streptococci*[J]. Applied & Environmental Microbiology, 59(4): 968-973.

Odegaard A O, Pereira M A, Woon-Puay K, et al. 2008. Coffee, tea, and incident type 2 diabetes: The Singapore Chinese health study[J]. American Journal of Clinical Nutrition, 88(4): 979-985.

Oh J E, Lee Y J, Kim Y W, et al. 2009. The effect of black tea on biomarkers of metabolic syndrome in high fat diet fed rats[J]. Journal of the Korean Society for Applied Biological Chemistry, 52(2): 193-197.

Oliphant K, Allen-Vercoe E. 2019. Macronutrient metabolism by the human gut microbiome: Major fermentation by-products and their impact on host health[J]. Microbiome, 7: 91.

Pérez-Burillo S, Navajas-Porras B, López-Maldonado A, et al. 2021. Green tea and its relation to human gut microbiome[J]. Molecules, 26(13): 3907.

Rémésy C, Demigné C. 1989. Specific effects of fermentable carbohydrates on blood urea flux and ammonia absorption in the rat cecum[J]. Journal of Nutrition, 119: 560-565.

Renouf M, Redeuil K, Longet K, et al. 2011. Plasma pharmacokinetics of catechin metabolite 4'-O-Me-EGC in healthy humans[J]. European Journal of Nutrition, 50(7): 575-580.

Rowland I, Gibson G, Heinken A, et al. 2018. Gut microbiota functions: Metabolism of nutrients and other food components[J]. European Journal of Nutrition, 57: 1-24.

Runge-Morris M, Kocarek T A, Falany C N. 2013. Regulation of the cytosolic sulfotransferases by nuclear receptors[J]. Drug Metabolism Reviews, 45(1): 15-33.

Scalbert A, Morand C, Manach C, et al. 2002. Absorption and metabolism of polyphenols in the gut and impact on health[J]. Biomedicine & Pharmacotherapy, 56(6): 276-282.

Scheid L, Ellinger S, Alteheld B, et al. 2012. Kinetics of l-theanine uptake and metabolism in healthy participants are comparable after ingestion of l-theanine via capsules and green tea[J]. Journal of Nutrition, 142: 2091-2096.

Shortt C, Hasselwander O, Meynier A, et al. 2017. Systematic review of the effects of the intestinal microbiota on selected nutrients and non-nutrients[J]. European Journal of Nutrition, 57: 25-49.

Sun L, Xu H, Ye J, et al. 2019. Comparative effect of black, green, oolong, and white tea intake on weight gain and bile acid metabolism[J]. Nutrition, 65: 208-215.

Thomson P, Medina D A, Ortuzar V, et al. 2018. Anti-inflammatory effect of microbial consortia during the utilization of dietary polysaccharides[J]. Food Research International, 109: 14-23.

Tung Y C, Liang Z R, Yang M J, et al. 2022. Oolong tea extract alleviates weight gain in high-fat diet-induced obese rats by regulating lipid metabolism and modulating gut microbiota[J]. Food & Function, 13(5): 2846-2856.

Unno T, Kondo K, Itakura H, et al. 1996. Analysis of (−)-epigallocatechin gallate in human serum obtained after ingesting green tea[J]. Bioscience Biotechnology Biochemistry, 60(12): 2066-2068.

Ushiroda C, Naito Y, Takagi T, et al. 2019. Green tea polyphenol (epigallocatechin-3-gallate) improves gut dysbiosis and serum bile acids dysregulation in high-fat diet-fed mice[J]. Journal of Clinical Biochemistry and Nutrition, 65(1): 34-46.

van Duynhoven J, van der Hooft J J, van Dorsten F A, et al. 2014. Rapid and sustained systemic circulation of conjugated gut microbial catabolites after single-dose black tea extract consumption[J]. Journal of Proteome Research, 13(5): 2668-2678.

Verbeke K A, Boobis A R, Chiodini A, et al. 2015. Towards microbial fermentation metabolites as markers for health benefits of prebiotics[J]. Nutrition Research Reviews, 28: 42-66.

Vogt N M, Kerby R L, Dill Mcfarland K A, et al. 2017. Gut microbiome alterations in Alzheimer's disease[J]. Scientific Reports, 7: 13537.

Wan Y F. 2006. Metabolism of green tea catechins: An overview[J]. Current Drug Metabolism, 7(7):

755-809.

Wang C, Liu J, Sang S, et al. 2023. Effects of tea treatments against high-fat diet-induced disorder by regulating lipid metabolism and the gut microbiota[J]. Computational and Mathematical Methods in Medicine, 9816457.

Wang D, Cai M, Wang T, et al. 2020a. Ameliorative effects of L-theanine on dextran sulfate sodium induced colitis in C57BL/6J mice are associated with the inhibition of inflammatory responses and attenuation of intestinal barrier disruption[J]. Food Research International, 137: 109409.

Wang J, Li P, Liu S, et al. 2020b. Green tea leaf powder prevents dyslipidemia in high-fat diet-fed mice by modulating gut microbiota[J]. Food & Nutrition Research, 64.3672.

Wang L, Zhou Q, Zeng Y, et al. 2020c. Tea polyphenols regulate gut microbiota dysbiosis induced by antibiotic in mice[J]. Food & Function, 11(9): 7907-7921.

Wang Y, Li T, Liu Y, et al. 2022. Heimao tea polysaccharides ameliorate obesity by enhancing gut microbiota-dependent adipocytes thermogenesis in mice fed with high fat diet[J]. Food & Function, 13(24): 13014-13027.

Wang Y, Shao S, Xu P, et al. 2012. Fermentation process enhanced production and bioactivities of oolong tea polysaccharides[J]. Food Research International, 46(1): 158-166.

Wang Y, Yang Z, Wei X. 2010. Sugar compositions, alpha-glucosidase inhibitory and amylase inhibitory activities of polysaccharides from leaves and flowers of *Camellia sinensis* obtained by different extraction methods[J]. International Journal of Biological Macromolecules, 47(4): 534-539.

Warden B A, Smith L S, Beecher G R, et al. 2001. Catechins are bioavailable in men and women drinking black tea throughout the day[J]. Journal of Nutrition, 131(6): 1731-1737.

Williamson G, Clifford M N. 2010. Colonic metabolites of berry polyphenols: the missing link to biological activity?[J]. British Journal of Nutrition, 104(S3): 48-66.

Wu G, Sun X, Cheng H, et al. 2022. Large yellow tea extract ameliorates metabolic syndrome by suppressing lipogenesis through SIRT6/SREBP1 pathway and modulating microbiota in leptin receptor knockout rats[J]. Foods, 11(11): 1638.

Xiang S, Ye K, Li M, et al. 2021. Xylitol enhances synthesis of propionate in the colon via cross-feeding of gut microbiota[J]. Microbiome, 9(1): 62.

Xiao J, Chen Z, Xiang S, et al. 2023. Anti-obesity and hypolipidemic effects of Jinhua Xiangyuan tea infusion in high-fat diet-induced obese rats[J]. Beverage Plant Research, (1): 231-239.

Xie Z, Bai Y, Chen G, et al. 2022. Immunomodulatory activity of polysaccharides from the mycelium of *Aspergillus cristatus*, isolated from Fuzhuan brick tea, associated with the regulation of intestinal barrier function and gut microbiota[J]. Food Research International, 152: 110901.

Xu J, Li M, Zhang Y, et al. 2020a. Huangjinya black tea alleviates obesity and insulin resistance via modulating fecal metabolome in high-fat diet-fed mice[J]. Molecular Nutrition & Food Research, 64(22): e2000353.

Xu M, Yang K, Zhu J. 2020b. Monitoring the diversity and metabolic shift of gut microbes during green tea feeding in an *in vitro* human colonic model[J]. Molecules, 25: 5101.

Yang W, Ren D, Zhao Y, et al. 2021. Fuzhuan brick tea polysaccharide improved ulcerative colitis in association with gut microbiota-derived tryptophan metabolism[J]. Journal of Agricultural and Food Chemistry, 69(30): 8448-8459.

Yoda Y, Hu Z Q, Shimamura T, et al. 2004. Different susceptibilities of *Staphylococcus* and Gram-negative rods to epigallocatechin gallate[J]. Journal of Infection and Chemotherapy: Official Journal of the Japan Society of Chemotherapy, 10: 55-58.

Zeng Z, Xie Z, Chen G, et al. 2022. Anti-inflammatory and gut microbiota modulatory effects of polysaccharides from Fuzhuan brick tea on colitis in mice induced by dextran sulfate sodium[J]. Food & Function, 13(2): 649-663.

Zhang S W, Ohland C, Jobin C, et al. 2021. Black tea theaflavin detoxifies metabolic toxins in the intestinal tract of mice[J]. Molecular Nutrition and Food Research, 65(4): e2000887.

Zhao Y, Chen X, Shen J, et al. 2021. Black tea alleviates particulate matter-induced lung injury via the gut-lung axis in mice[J]. Journal of Agricultural and Food Chemistry, 69(50): 15362-15373.

Zhou F, Zhu M Z, Tang J Y, et al. 2022. Six types of tea extracts attenuated high-fat diet-induced metabolic syndrome via modulating gut microbiota in rats[J]. Food Research International, 161: 111788.

Zhou H, Li F, Wu M, et al. 2023. Regulation of glucolipid metabolism and gut microbiota by green and black teas in hyperglycemic mice[J]. Food & Function, 14(9): 4327-4338.

Zhu M Z, Zhou F, Ouyang J, et al. 2021. Combined use of epigallocatechin-3-gallate (EGCG) and caffeine in low doses exhibits marked anti-obesity synergy through regulation of gut microbiota and bile acid metabolism[J]. Food & Function, 12(9): 4105-4116.

第 5 章　茶的健康证据分析

5.1　循证医学研究策略

5.1.1　循证学

循证学（evidence-based science），即"基于证据的科学"，源于 20 世纪 90 年代发展起来的循证医学（evidence-based medicine，EBM）。医学的迅速发展，推动产生了大量科研成果，在全球生物医学、基础医学、临床医学、公共卫生、护理学等多个领域每年可发表上百万篇文献，但各领域内研究者都意识到很多研究结果并不能切实指导实践，因此便开始了科学研究对医学实践重要指导作用的探索，后续又开始寻找将科学研究结果转化为医学实践的方法和途径，所以催生出了循证医学证据等级与评价体系。EBM 的本质是基于现有最好的研究证据，兼顾现有资源以及人们的需要和价值取向，进行医学实践（詹思延，2014）。EBM 的实施，有利于推广经济且有效的措施，阻止新的无效措施进入医学实践，淘汰现行无效或有害的措施，充分利用有限的卫生资源，改善人民健康水平。EBM 的迅速发展，使其理念和方法不断向其他学科渗透，如心理学、教育学、经济学、社会学等数十个学科领域，形成各学科的循证科学，其基本内核都是"遵循证据进行实践"，在这个过程中，寻找和评估证据是关键环节。

5.1.2　证据

证据包括决策需要的一切知识和信息。但不是所有决策需要的信息都需通过科学研究方能得知。循证医学中的证据主要指需要科学研究才能获得的知识和信息，这些证据层次多，可靠和不可靠、直接相关和间接相关甚至不相关的证据同时存在。证据来源不同，可靠性和与实践的相关性也不同。例如，数学和物理学研究结果是科学证据，但这些证据对日常实践的指导作用较小；基础医学研究结果也是科学证据，如分子生物学、生理、生物化学、病理学相关的体外细胞实验和动物研究的结果，虽然是医学实践新认识和新方法的重要来源，对医疗卫生决策和实践有一定参考意义，但由于其不是在身体上直接开展的研究，而不能直接用来指导医学实践；与医学实践直接相关的科学研究是在人群中、人身上进行的，探索健康、疾病以及医疗卫生和营养健康服务一般规律的科学研究，这类研究的主体就是流行病学研究。不同的流行病学研究产生的证据的质量和可靠性也不尽相同。因为证据有"好"有"坏"，所以就需要进行证据分级及证据评价。

5.1.3 证据等级及评价标准

证据分级的直接依据是证据的质量和证据与实践的相关性。证据质量是指在多大程度上能够确信研究结果的正确性，证据质量越高，其结果的可信性就越高，依据其进行实践时成功的把握就越大，而研究质量是证据质量及结果可信的前提。科学研究遵循由低级到高级的顺序，但开展科学研究时，文献检索必须从可能的最高质量的证据开始。例如，关于效果评价证据的检索应从随机对照试验（randomized controlled trial，RCT）的系统综述和荟萃分析（meta-analysis）开始，其次是单个RCT，当可能的最高质量的证据不存在，再依次寻找下一级低质量证据，直到检索到证据为止，就此检索到的证据就是"现有最好的证据"。证据等级评价中的重要指标是推荐强度，指的是在多大程度上能够确信根据证据指导实践以后收获利大于弊的效果。当我们面对质量参差不齐的证据时，实践和决策应基于最好的证据和最高的推荐强度进行。

证据分级的概念首次由美国学者在20世纪60年代提出，后续加拿大定期健康体检工作组（CTFPHE）提出了首个医学证据分级体系。自此，不同国家、地区及国际组织纷纷提出了各自的证据分级标准。然而，这些标准在体系构建、分级标准等方面存在显著差异，有时甚至相互冲突，整个证据分级体系的发展历程漫长而多变。简而言之，这一体系经历了从最初仅基于研究设计类型的初步阶段，到同时考虑研究类型和研究质量的深化阶段，再到以临床问题为导向的第三阶段，最终发展到当前基于证据体本身的综合分级体系（陈薇等，2017）。

在证据分级的初步阶段，代表性体系主要有CTFPHE、美国卫生保健政策研究所（AHCPR）和证据等级金字塔。CTFPHE的分级系统包含三级，从高到低分别是设计精良的RCT、设计良好的队列或病例对照研究及具有显著意义的非对照研究和专家意见（表5-1）。AHCPR标准，由AHCPR制定，引入了四级证据分级和三级推荐级别。这一标准开创性地将RCT的荟萃分析列为最高等级证据，并将临床经验纳入证据体系，但置于最低等级（表5-2）。随后，美国学者推出了证据等级金字塔，也称"新九级标准"。该标准首次将动物实验和体外研究纳入了证据分级体系，丰富了证据类型的多样性。此体系直观易懂，但并未设定对应的推荐级别（图5-1）。总的来说，这一阶段的证据等级评估方法虽然简单易行，但在评估过程中并未全面考虑各种研究类型和研究质量，同时推荐级别的缺失也限制了其在实际应用中的指导价值。

表 5-1 1979 年 CTFPHE 证据分级标准及推荐意见（陈薇等，2017）

证据等级	证据描述	推荐意见	推荐描述
Ⅰ	至少 1 项设计良好的 RCT	A	支持考虑该疾病的证据充分
Ⅱ-1	设计良好的队列研究或病例对照研究，尤其是来自多个中心或研究组	B	支持考虑该疾病的证据尚可
Ⅱ-2	比较了不同时间、地点的研究证据，无论有无干预措施；或重大结果的非对照研究	C	支持考虑该疾病的证据缺乏
Ⅲ	基于临床研究、描述性研究或专家委员会的报告或权威专家的意见	D	不考虑该疾病的证据尚可
		E	不考虑该疾病的证据充分

表 5-2 1992 年 AHCPR 证据分级标准及推荐级别（陈薇等，2017）

证据等级	描述	推荐级别
Ⅰa	RCT 的荟萃分析	A
Ⅰb	至少 1 项 RCT	
Ⅱa	至少 1 项设计良好的非 RCT	B
Ⅱb	至少 1 项设计良好的准实验性研究	
Ⅲ	设计良好的非实验性研究，如对照研究、相关性研究和病例研究	
Ⅳ	专家委员会报告、权威意见或临床经验	C

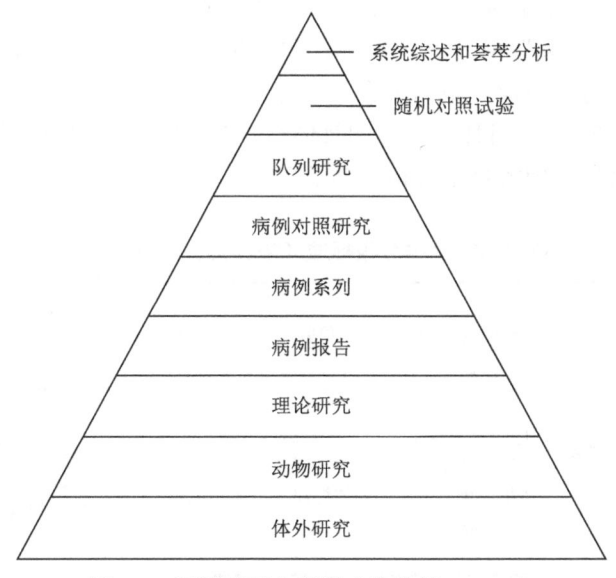

图 5-1 证据等级金字塔（陈薇等，2017）

深化阶段的代表性体系为 USPSTF 分级标准，1998 年由美国预防服务工作组（U.S. Preventive Services Task Force，USPSTF）提出，既考虑了研究类型又考虑了研究质量，同时有推荐等级的制定（表 5-3）。

表 5-3　USPSTF 证据分级标准及推荐级别（2012 版）（陈薇等，2017）

证据等级	证据描述	推荐级别	推荐描述	建议
高	直接适用于目标人群的设计良好结果一致的研究，且结论不太可能被未来研究结果推翻	A	推荐，非常肯定效果显著	提供此措施
		B	推荐，肯定具有一定效果或对效果是否显著不太确定	提供此措施
中	可充分确定效果，但样本量、质量、一致性、适用性及间接性方面有缺陷，且结论有可能随着未来证据的增多而改变	C	根据专业判断或患者偏好进行选择性推荐，肯定效果较小	根据个人情况为特定患者提供此措施
		D	非常肯定无效或弊大于利	禁止提供此措施
低	无法确定效果，样本量太小，方法学或实施上有严重缺陷，单项研究之前缺乏一致性，适用性差，缺少重要结局指标	E	认为证据不足，无法判断利害关系，因证据太少或质量太差、相互矛盾	需告知患者此措施的利弊尚不明确

第三阶段的具有显著代表性的体系是 OCEBM 证据分级标准。1998 年，英国 Cochrane 中心携手 EBM 和流行病学领域的权威专家，针对不同类型的研究进行评估进而对证据进行准确分级，形成一套详尽的研究质量分级标准。该标准于 2001 年在牛津循证医学中心（OCEBM）的网络平台上正式公布，成为首个涵盖病因、诊断、预防、治疗、危害、预后、经济学分析等七个关键方面的综合性证据分级体系（表 5-4）。因其详尽性和具体性，在医疗领域内被视为当前证据分级体系中较为权威和全面的标准（陈薇等，2017）。

表 5-4　OCEBM 证据分级标准（2011 版）（陈薇等，2017）

证据等级	疾病或事件的流行病学分布（如发病率等）	诊断的准确性	预后	有效性	安全性	筛查或预防
1 级	当地当时的随机抽样调查或人口普查	应用统一参考标准和盲法的横断面研究的系统综述	队列研究的系统综述	随机实验的系统综述	RCT 或巢式病例对照研究系统综述或效果显著的观察性研究	RCT 的系统综述

续表

证据等级	疾病或事件的流行病学分布（如发病率等）	诊断的准确性	预后	有效性	安全性	筛查或预防
2级	与事发地具备可比性的地方的随机抽样调查的系统综述	应用统一参考标准和盲法的单个横断面研究	队列研究	单个随机实验或效果显著的观察性研究	单个RCT或效应量最大的观察性研究	RCT
3级	当地非随机抽样调查	非连续性研究或未应用统一参考标准的研究	队列研究或随机实验的对照组	非随机对照的队列或随访研究	非随机对照的队列或随访研究	非随机对照的队列或随访研究
4级	病例系列	病例对照研究或无独立相关标准的研究	病例系列、病例对照研究或低质量诊断性队列研究	病例系列、病例对照研究或回顾性对照研究	病例系列、病例对照研究或回顾性对照研究	病例系列、病例对照研究或回顾性对照研究
5级	无	机理研究	无	机理研究	机理研究	机理研究

当前的证据分级体系以证据体为核心，即广为人知的 GRADE 证据分级体系（王一飞和何少茹，2018）。这一体系是 2000 年 19 个国家和国际组织联合成立的 GRADE（Grade of Recommendations Assessment, Development and Evaluation）工作组提出的。该体系摒弃了传统基于研究设计类型的简单分类，在评估研究类型和研究质量的基础上，进一步综合考量了研究设计类型、方法学质量、结果一致性（即不同研究结果的一致性）和证据直接性（即研究结果与实际应用的匹配度，直接指导实践的可能性）。评估的不再是单一研究，而是证据体（evidence body，EB），这是 GRADE 体系与其他体系的核心区别。更为重要的是，GRADE 体系对证据质量和推荐强度均给出了明确的定义，且两者之间并非简单的一一对应关系，而是根据实际应用场景和需求进行调整，这一设计为不同使用者提供了从各自角度出发制定证据级别和推荐强度标准的可能（表 5-5）。目前，该标准已得到全球100 多个国际组织及协会的认可，成为评估干预性证据的国际重要标准之一（黄桥等，2021）。

表 5-5　GRADE 证据分级标准及推荐强度（陈薇等，2017）

	证据等级	描述	研究类型
证据分级	高级证据	非常确信真实的效应值接近效应估计	RCT，质量升高二级的观察性研究
	中级证据	对效应估计值有中等程度的信心：真实值有可能接近估计值，但仍存在二者大不相同的可能性	质量降低一级的 RCT，质量升高一级的观察性研究
	低级证据	对效应估计值的确信程度有限：真实值可能与估计值大不相同	质量降低二级的 RCT，观察性研究
	极低级证据	对效应估计值几乎没有信心：真实值很可能与估计值大不相同	质量降低三级的 RCT，质量降低一级的观察性研究，系列病例观察，个案报道
推荐强度	强	明确显示干预措施利大于弊或弊大于利	
	弱	利弊不确定或无论质量高低的证据均显示利弊相当	

尽管存在前述多种证据分级方法以指导医学实践，RCT 并非解决所有医学实践问题的最佳途径。医学实践中的挑战涉及病因探寻、诊断准确性评价、治疗方案有效性评价以及疾病转归等多个层面，而在营养学领域，我们更多关注的是健康改善，这一点其实不同于临床上的治疗。因此，针对不同问题，我们需要采取不同的研究策略来评估证据等级。在评估营养干预措施的效果时，最强有力的证据通常来源于多个设计精良、结果一致且能直接指导实践的 RCT 的系统综述和荟萃分析，随后是单个高质量的 RCT。然而，鉴于问题的多样性、伦理考量以及实际操作的可行性，并非所有问题都适宜或需要通过 RCT 来验证。例如，研究吸烟或饮酒与肺癌或肝癌之间的因果关系时，队列研究可能更为合适，因为无法通过 RCT 人为施加吸烟或饮酒的干预来探索这种因果关系；在探索某种药物是否可能诱发罕见的疾病（如癌症）时，我们可能只能依赖病例对照研究；而在快速评估不同地域某种膳食营养因素与疾病风险之间的关联性时，生态学研究可能是一种较为快速且成本低廉的方法（詹思延，2014）。因此，我们需根据具体问题的性质来选择最恰当的研究方法。

营养领域进行膳食营养因素与健康之间关系的探讨及相关措施的推荐和实施等，也要依靠证据等级的评价。中国营养学会参考现行评估干预性证据的国际重要标准 GRADE 证据分级体系，并与循证科学及流行病学领域专家进行讨论，结合我国实际情况，制定了我国的食物与健康证据评价方法和结论推荐意见，并形成了标准工作程序，具体参考书籍《食物与营养——科学证据共识》（中国营养学会，2016）和《营养素与疾病改善：科学证据评价》（中国营养学会营养与保健食品分会，2019）。因本章的后续内容均按照此方法进行茶与各个健康问题的现有研究证据描述，接下来将该方法的标准工作程序摘录于此，供读者学习和理解本章后续内容及开展实际应用。

食物与健康证据评价包括证据等级、一致性、健康影响、研究人群及适用性评价5个内容。证据等级评价是通过对文献的试验设计、研究质量、效应量和结局的健康相关性进行评价，将该食物与健康包含的所有研究的平均得分进行分级。后续将证据等级与一致性、健康影响、研究人群及适用性进行分级评价，从而得出综合评价等级。评价的具体流程见图5-2。

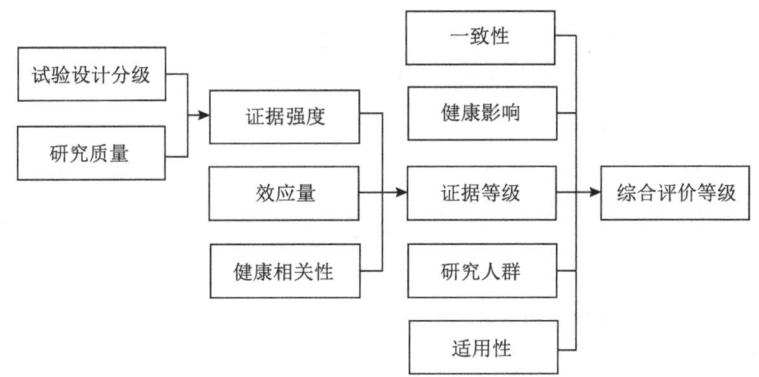

图5-2 食物与健康证据评价流程（中国营养学会，2016）

1. 证据等级评价

（1）证据强度评价：通过研究设计类型和研究质量综合评价而得出。试验设计分级的具体评分量化规则见表5-6。

表5-6 试验设计分级及评分表（中国营养学会，2016）

等级	试验设计	建议赋分
Ⅰ	Ⅱ级研究的系统综述	4
Ⅱ	RCT	3
Ⅲ-1	半随机对照试验（即交替分配或其他方法分配） 如按照日期的奇数、偶数分组	2
Ⅲ-2	非随机对照的比较性研究和这些研究的系统综述 （1）非随机的同期对照研究 （2）队列研究 （3）病例对照研究 （4）有平行对照的间断时间序列研究	2

续表

等级	试验设计	建议赋分
Ⅲ-3	无同步对照的比较研究 （1）历史性对照研究 （2）非同期的2组或多组研究 （3）无平行对照组的间断时间序列研究	2
Ⅳ	包括仅有治疗后果的病例系列和治疗前后对照的病例系列横断面研究	1

注：大人群长期观察研究在原评分的基础上加1分。

（2）研究质量评价：收集到的文献类型主要包括随机对照试验研究、队列研究、病例对照研究以及横断面研究，而动物实验研究、细胞学研究及分子生物学研究文献不予采用。评分规则见表5-7~表5-10，分别对不同研究设计类型的流行病学研究质量进行规定。纳入相同研究类型的荟萃分析，根据所纳入的相应研究类型对每项研究进行单独评分，然后计算平均得分，用平均得分作为该荟萃分析文献的质量评分。

表5-7 随机对照试验研究质量评价（中国营养学会，2016）

评价项目	研究质量	建议赋分
样本量	大（试验组≥50人）	1
	小（试验组<50人）	0
盲法	双盲（或三盲）	2
	单盲	1
	无盲	0
失访率	≤20%	1
	>20%	0
干预时间	≥2个月	1
	<2个月	0

表5-8 队列研究质量评价（中国营养学会，2016）

评价项目	研究质量	建议赋分
发病密度[同期发病例数/（人·年）]	大[暴露组≥100/（人·年）]	1
	小[暴露组<100/（人·年）]	0
盲法	盲法	1
	无盲	0

续表

评价项目	研究质量	建议赋分
失访率	≤20%	1
	>20%	0
混杂因素（试验设计或统计分析时）	控制	1
	无控制	0
随访时间	≥2个月	1
	<2个月	0

表 5-9　病例对照研究质量评价（中国营养学会，2016）

评价项目	研究质量	建议赋分
样本量	大（病例组≥100人）	1
	中（病例组50~100人）	0.5
	小（病例组<50人）	0
盲法	盲法	1
	单盲	0
病例与对照的匹配	匹配	1
	不匹配	0
混杂因素（统计分析时）	控制	1
	无控制	0
统计分析	研究对象全部参与	1
	研究对象不是全部参与	0

表 5-10　横断面研究质量评价（中国营养学会，2016）

评价项目	研究质量	建议赋分
资料来源	明确	1
	不明确	0
样本量	大（各组≥5000人）	1
	中（各组1000~5000人）	0.5
	小（各组<1000人）	0
失访率	≤20%	1
	>20%	0

续表

评价项目	研究质量	建议赋分
纳入及排除标准	有	1
	无	0
混杂因素（统计分析时）	控制	1
	无控制	0

（3）效应量评分标准：效应量可以理解为研究中表示关联效应大小的指标及其置信区间，可补充假设检验不能准确探测到的变量关系强度大小的信息，不依赖样本量，可用于不同研究之间的比较，本方法的效应量通过统计学意义和临床意义来评价（表5-11）。

表5-11 效应量评分标准及赋分（中国营养学会，2016）

效应量	建议赋分
结果具有统计学意义，且整个置信区间的数值都具有临床意义	4
结果具有统计学意义，但置信区间包含无临床意义的值	3
结果具有统计学意义，但整个置信区间都不具有临床意义	2
结果无统计学意义，但置信区间包含有临床意义的值	1
结果无统计学意义	0

（4）证据的健康相关性：证据的健康相关性主要指研究检测的结局是否恰当，结局类型可分为替代结局、健康结局和患者相关结局。替代结局是指能完全反映干预所引起的主要结局指标的变化，并在健康结局指标不可行时对其进行替代的间接指标，主要是指单纯的生物学指标，包括实验室理化检测和体征发现，如血脂、血糖、血压等。健康结局是指对患者影响最大、最直接，患者最关心、最想避免的临床事件，最常见的是死亡以及急性心肌梗死、脑卒中、猝死、心衰加重等。患者相关结局是指综合评价患者的主观感受、功能状态、生存质量等指标，目前该指标受到越来越多的关注，被认为是与患者最直接相关、患者最关心的结局指标。其评分表见表5-12。

表5-12 证据的健康相关性评分标准（中国营养学会，2016）

结局类型	建议赋分
患者相关结局	3
健康结局	2
替代结局	1

2. 证据体评价

通过以上每项研究评价后所获得的所有文献，作为一个证据体；然后，再综合评价分析该证据体的证据等级、一致性、健康影响、研究人群及适用性，形成推荐意见及强度。

（1）证据等级评价：是在综合考量每项研究的证据强度、效应量、结局变量及健康相关性的基础上，划分证据强弱。对每篇文献进行评分，然后对证据体包含的所有研究得分进行平均：13~16分为优，9~12分为良，5~8分为中，1~4分为差（表5-13）。

表 5-13　证据等级划分标准（中国营养学会，2016）

研究证据	平均得分	等级标准
证据体（包含所有的研究）	13~16	优
	9~12	良
	5~8	中
	1~4	差

（2）一致性评价：一致性是指证据体包含的所有研究的基本特征或特性相同或类似。一致性评价分为四个等级，见表5-14。

表 5-14　一致性等级划分标准（中国营养学会，2016）

一致性	等级
所有文献研究结论均一致	优
≥70%的文献研究一致	良
50%~70%的文献研究一致	中
≤50%的文献研究一致	差

（3）健康影响评价：健康影响的大小是根据结局指标来评定的。健康影响非常大是指所有研究结果均一致显示某食物（或其他）对健康存在影响（或无影响），如某食物摄入（量）降低（或增加）结直肠癌的发病风险，某食物摄入（量）与结直肠癌无关（或正相关、负相关）；健康影响大是指70%研究结果均一致显示某食物（或其他）对健康存在影响；中度健康影响是指50%~70%研究结果显示某食物（或其他）对健康存在影响；健康影响不明（差）是指仅有50%或小于50%的研究结果显示某食物（或其他）对健康存在影响或无影响（表5-15）。

表 5-15　健康影响等级划分标准（中国营养学会，2016）

健康影响	等级
非常大（所有研究结果均一致显示某食物对健康存在影响）	优
大（70%研究结果均一致显示某食物对健康存在影响）	良
中（50%～70%研究结果显示某食物对健康存在影响）	中
轻微或有限制性（≤50%的研究结果显示某食物对健康存在影响或无影响）	差

（4）研究人群评价：将研究结果外推至中国人群，需要注意研究人群与中国人群的差异。研究人群与中国人群的相似性等级划分为四级，具体见表5-16。

表 5-16　研究人群与中国人群的相似性等级划分标准（中国营养学会，2016）

研究人群	等级
构成证据体的研究人群与目标人群一致（中国人群、东南亚人群）	优
构成证据体的人群与目标人群相似（亚洲人群）	良
虽然构成证据体的人群与目标人群不同，但该证据研究人群（欧美等国家人群）与目标人群的年龄差异较小，仍可以合理应用	中
构成证据体的人群与目标人群相异，很难判断对目标人群是否合理	差

（5）适用性评价：本评价系统的适用性需要注意研究结果是否适用于中国人群，以及在应用于中国人群时需要注意的问题。适用性分为四个等级：优是指所有研究人群均为中国人群、东南亚人群，研究结果可直接适用于中国目标人群；良是指研究人群主要为亚洲人群，仅有小部分为欧美等国家人群，研究结果可适用于中国目标人群；中是指研究对象主要为欧美等国家人群，但研究结果仍可适用于中国目标人群；差是指研究对象与中国目标人群相异，不适用于中国目标人群（表5-17）。

表 5-17　适用性等级划分标准（中国营养学会，2016）

适用性	等级
直接适用于中国	优
适用于中国但有个别注意事项	良
适用于中国时有许多注意事项	中
不适用于中国	差

3. 综合评价等级

通过对上述证据体的证据等级、一致性、健康影响、研究人群及适用性的综合评价，研究者最终做出是否采用该证据以及使用该证据的程度和范围的决定（表 5-18）。

表 5-18 综合评价等级及评价标准（中国营养学会，2016）

推荐等级	描述	评价标准
A	由该证据体得出的结论指导实践是可信的	5 项为优秀
B	在大多数情况下该证据体的结论指导实践是可信的	3~5 项为优秀或良好
C	该证据体的结论指导实践有一定可信度，但在应用时应加以注意	1~2 项为优秀或良好
D	该证据体的结论指导实践弱，使用时必须非常谨慎，或不使用该结论	5 项评价指标中，无一项评为优秀或良好

在食物与健康证据评价系统基础上，由评价专家委员会对某一（类）食物与疾病或健康的证据体的综合评价等级进行综合考量，以考虑该综合评价等级是否合适，如不合适则由专家委员会对该证据体的等级进行升级或降级。

5.1.4 健康声称

健康声称（health claim）是指任何叙述、建议或暗示在某个食品种类、某种食品或其成分之一与健康之间存在某种关系的声称，包括营养素功能声称（即宣称某营养素在人体生长、发育和维持正常功能方面具有生理作用）、其他功能声称（即宣称某膳食营养因素对健康有积极作用、增强人体某种功能及改善或维持健康）和降低疾病风险声称（即宣称某膳食营养因素与降低某种疾病或健康状况发生风险之间存在关联）（陈君石，2021）。在健康声称的管理上，各国家和地区之间存在显著差异。美国食品药品监督管理局（FDA）设立了"合格的健康声称"这一标准，用于评估和管理普通食品及膳食补充剂的健康声称，在这一体系下，只有当有利证据超过不利证据时，健康声称才被视为达标。欧盟则对健康声称有更为严格的要求，强调其必须基于广泛且确凿的科学证据，并通过 PASSCLAIM 循证程序进行严格评估（陈静茹等，2022）。加拿大在管理健康声称时，注重产品的安全性和功能性的科学真实性评价，申请方需提供详尽的安全性和功能性研究证据，以满足其严格的标准。澳大利亚和新西兰则通过其联合建立的澳新食品标准局，对健康声称进行了分类管理，包括一般健康声称和高级健康声称。日本在健康声称的管理上依据其相关的食品法规将用语规范细分为健康声称、特殊膳食食品、营养标签和声称，以及禁止的误导和虚假声称四个部分。我国的健康声称管理基于国家标准，如规定了营养含量声称和营养功能声称基本用语的《食品安全国家标准 预包装食品营养标签通则》（GB 28050—2011），功能声称属于健康声称的一部分；对营养成分的功能声称进行了规定的《食品安全国家标准 预包装特殊膳食用食品标签》（GB 13432—2013）等（陈静茹等，2022），此外，企业可以通过申请保健食品来获得合法的产品健康声称。

尽管各国家和地区对健康声称的管理各不相同，但那些获得健康声称的产品通常具备以下共同特征：①产品中的食物成分能够通过明确的标志性成分含量进行描述，确保消费者能够清晰了解产品的成分组成；②这些产品背后都有高质量的科学研究作为支撑，这些研究不仅具有高度的证据等级，还得到了业界的广泛认可，证明了产品所声称的健康功能；③产品会明确指出其健康效应所适用的特定人群，并附带明确的食用方法和推荐摄入量，确保消费者能够正确、安全地使用产品。这些条件共同构成了具备健康声称产品的基本标准，确保了产品的安全性和有效性（应剑等，2019）。

在茶叶领域，健康声称的合法性目前仅局限于某些特定的茶叶产品。以美国为例，2011年，有申请者基于200多篇关于绿茶与防癌抗癌相关的研究论文，向FDA提出了健康声称申请。其中，"饮用绿茶可降低患乳腺癌或前列腺癌风险"这一声称获得了FDA的批准，但"饮用绿茶可降低胃、肺、结肠/直肠、食道、胰腺、卵巢以及综合性癌症的风险"的声称并未通过审批。而在欧洲，2018年，欧洲食品安全局（EFSA）对联合利华提出的"红茶可提高注意力"的健康声称给予了正面评价，这是EFSA首次对茶叶的健康声称给予如此积极的反馈。在我国，以茶叶为唯一原料的保健食品有两款获得批准，分别是云南天士力帝泊洱生物茶集团有限公司的帝泊洱牌卓清速溶茶（具有辅助降血糖的功效，G20151019）和湖北省赵李桥茶厂有限责任公司的川牌青砖袋泡茶（具有辅助降血脂的功效，G20150372）。

5.1.5 专家共识

专家共识（expert consensus）是指某一学科领域，以循证医学为基础证据，得到权威专家组赞同的公开声明。专家共识是基于一定时期，某个专科的进展而制定的，专家组必须定期根据学界内最新发展而进行评估和修订，更新后，将取代以前的版本。专家共识的产生有很多方法，最常见的是由国际协会组织独立专家小组进行编写；在国内一般由医学会、营养学会等机构，组织相关领域的专家，在遵循循证医学原则的基础上，结合经验和专家建议，经反复讨论和修改，取得一致意见，以供广大从业人员参考和引用。

《抗炎饮食预防肿瘤的专家共识》中特别提到了对茶叶的推荐。这份共识强调了绿茶和红茶均展现出显著的抗炎生物活性，建议根据个人健康状况和日常习惯适量饮用，其证据级别被评定为中级，且推荐力度强。绿茶与红茶具备抗炎的潜力，通过计算得出它们在饮食炎症指数上的评分为–0.536/g。研究表明，饮用绿茶可能对与炎症相关的细胞因子的多态性产生影响。从绿茶/红茶中，科学家们已经成功分离出包括没食子酸、儿茶素、黄酮和多酚等在内的多种成分，这些成分在预防多种肿瘤方面显示出明确的效果。特别值得一提的是茶多酚，作为茶叶中特有的天然多酚类植物化学物质，已被科学验证能有效预防结直肠癌，内在机制在于茶多酚不仅能够阻止致癌物质亚硝酸铵在人体内的合成，还能抑制癌细胞的发展和突变。尽管绿茶和红茶在防治肿瘤方面有着积极的作用，但专家仍建议消费者根据个人健康状况和生活习惯，在饮用时保持适量（中国抗癌协会肿瘤营养专业委员会等，2023）。

综前所述，循证医学的本质即基于现有最好的研究证据，兼顾现有资源及人们的需要和价值观念进行实践。证据即指那些需要科学研究才能获得的知识和信息，是多层次、多方面、多维度的知识和信息。在循证医学实践的过程中查找证据和进行证据等级评价是关键环节。经过多年的探索，证据评价已形成多种可供实践参考的证据评价标准或方法。目前评价干预措施的有效性，最权威的证据评价标准之一即 GRADE 证据分级体系。在营养学领域，中国营养学会在对 GRADE 证据分级体系进行借鉴的同时加以发展、优化及中国化，形成了一套更加切实可行、具有较强可操作性的证据评价方法，用于食物与营养的证据评价。

本章的内容即通过上述的食物与营养证据评价方法，来评价茶与多个健康问题之间的关系。首先，对现有研究进行全面的检索和查找，接下来进行茶叶与健康问题的证据等级评价，最后给出人群推荐意见。所涉及的健康问题包括全因死亡率、2 型糖尿病、血脂异常、肥胖、心脑血管疾病、肠道健康、骨骼肌肉健康、癌症、免疫调节、慢性阻塞性肺疾病、神经系统疾病等多个方面，并探讨饮茶方式和生活方式对饮茶健康的影响。关键的检索词为：茶（tea）、绿茶（green tea）、红茶（black tea）、黑茶（dark tea）、茯砖茶（fuzhuan brick tea）、六堡茶（liubao tea）、普洱茶（Pu-erh tea）、白茶（white tea）、乌龙茶（oolong tea）、岩茶（rock tea）、黄茶（yellow tea）、全因死亡率（all-cause mortality）、心血管疾病（cardiovascular disease）、脑血管疾病（cerebrovascular disease）、癌症（cancer or tumor）、糖尿病（diabetes mellitus）、高脂血症（hyperlipemia）、超重/肥胖（overweight/obesity）、睡眠（sleep）、阿尔茨海默病（Alzheimer disease）、抑郁（depression）、免疫（immunity）、慢性阻塞性肺疾病（chronic obstructive pulmonary disease）、肠道菌群（intestinal flora）等。中文文献在中国知网（https://www.cnki.net/）进行检索，英文文献在 PubMed（https://pubmed.ncbi.nlm.nih.gov/）进行检索。文献的纳入标准是：①原始研究论文；②研究对象为人；③观察性人群研究如横断面研究、病例对照研究、队列研究；④干预性研究如实验流行病学研究；⑤系统综述、荟萃分析等。文献的排除标准是：①重复文献；②细胞实验；③动物实验；④个案报道；⑤无法检索到全文的文献。

对于饮茶与健康关系的描述，会根据参考文献涉及的不同研究设计类型或分析方法区别而定，例如：针对横断面研究，使用某疾病患病率（prevalence）进行描述；针对病例对照研究，使用比值比来描述；针对队列研究，使用相对危险度进行描述；针对实验流行病学研究，使用有效率、治疗率、病死率、不良事件发生率、相对/绝对危险度降低等进行描述；若使用了相关性分析，则引用相关系数（r）；若使用了 Cox 比例风险回归模型进行分析，则使用风险比（hazard ratio，HR）作为描述指标。同时，为描述准确、科学、统计意义一目了然，对于各个指标的描述一般会附带 95%置信区间（confidence interval，CI），以 95%CI：下限至上限来表示。

下面将茶与各类健康问题的关系进行逐一介绍，每节介绍一个健康主题。

（霍军生，孙　颖）

5.2　茶与全因死亡率

全因死亡率（all-cause mortality）即"所有死因的死亡率"，是指一定时期内各种原因导致的总死亡人数与该人群同期平均人口总数之比，一般用来衡量某时期人群因病或伤死亡的危险大小。茶叶是全球最受欢迎的饮料之一，一些学者研究了茶对全因死亡率的作用，共计检索到 4 篇参考文献，包括 3 项综述和 1 项前瞻性队列研究，综述之一为系统综述和荟萃分析，纳入的研究为随机对照试验研究、队列研究和嵌套病例对照（或病例队列）研究，另外两篇综述为前瞻性队列研究的综述。研究主要集中在茶、绿茶和红茶。4 项研究均发现饮茶能降低全因死亡率，1 项研究发现饮用绿茶能降低全因死亡率，1 项研究未发现红茶能降低全因死亡率。

综合分析来自中国、日本、韩国和新加坡的 12 个前瞻性队列研究的数据，其中包括亚洲队列联合会的 248050 名男性和 280454 名女性。使用 Cox 比例危险回归模型和随机影响模型，估计了绿茶和红茶消费量与死亡率的关联，研究发现饮用绿茶与全因死亡率降低有关，其中男性与不饮茶的人相比，每天饮用绿茶<1 杯、1~<3 杯、3~<5 杯、≥5 杯的人，HR 分别为 0.91（95% CI：0.87~0.95）、0.91（95% CI：0.86~0.96）、0.91（95% CI：0.82~1.02）和 0.91（95% CI：0.82~1.00）；女性与不饮茶的人相比，每天饮用绿茶<1 杯、1~<3 杯、3~<5 杯、≥

5 杯的人，HR 分别为 0.94（95% CI：0.89~0.98）、0.91（95% CI：0.86~0.95）、0.87（95% CI：0.78~0.97）和 0.86（95% CI：0.75~1.00）；但未发现饮用红茶与全因死亡率之间的关联（Shin et al.，2022）。英国生物银行 2022 年发表的一篇前瞻性队列研究，涉及 40~69 岁男女性 498043 人，共随访了 11.2 年。该研究发现茶摄入量高（每天饮用 2 杯或更多杯茶）与全因死亡风险的降低存在一定相关性，与不喝茶相比，每天饮用≤1 杯、2~3 杯、4~5 杯、6~7 杯、8~9 杯、10 杯及以上的全因死亡 HR 分别为 0.95（95% CI：0.91~1.00）、0.87（95% CI：0.84~0.91）、0.88（95% CI：0.84~0.91）、0.88（95% CI：0.84~0.92）、0.91（95% CI：0.86~0.97）和 0.89（95% CI：0.84~0.95）（Inoue-Choi et al.，2022）。

综合来自美洲（美国）、欧洲（瑞典、荷兰、芬兰、苏格兰等）、大洋洲（澳大利亚）、亚洲（中国、日本、韩国、新加坡、伊朗等）39 项前瞻性队列研究，分析发现每天饮用一杯茶（236.6 mL，若为红茶则含 280 mg 总黄酮，若为绿茶则含 338 mg 总黄酮）可降低全因死亡率 1.5%，亚组分析显示对于老年人群，饮茶能降低更多的全因死亡率（调整 RR=0.92，95% CI 为 0.90~0.94）（Chung et al.，2020）。对 8 个日本人口群体研究进行综合分析（Abe et al.，2019），利用随机效应模型评估绿茶消费与全因死亡率之间的关系。研究发现调整年龄、地区、吸烟、饮酒、BMI、糖尿病史、高血压史和咖啡饮用等因素后，与每天饮用<1 杯茶的人群相比，饮用量在 1~2 杯/d（男性 HR=0.95，95% CI：0.92~0.98；女性 HR=0.90，95% CI：0.85~0.95）、3~4 杯/d（男性 HR=0.93，95% CI：0.89~0.97；女性 HR=0.84，95% CI：0.77~0.92）和≥5 杯/d（男性 HR=0.90，95% CI：0.87~0.94；女性 HR=0.82，95% CI：0.74~0.90）的人群全因死亡风险均有降低，其中饮用量越多，全因死亡风险降低越多，饮用量最多的全因死亡风险降低最多。

表 5-19 总结了茶与全因死亡率的关系。结果表明，饮茶可降低全因死亡率，且随着饮用量的增多，也会更高程度上降低全因死亡率。

表 5-19 茶与全因死亡率的关系

内容	等级	备注
证据等级	良	3 项综述和 1 项前瞻性队列研究
一致性	优	所有研究均认为饮茶能降低全因死亡率
健康影响	优	
研究人群与中国人群的相似性	优	75%的研究涉及中国人群、东南亚人群
适用性	优	直接适用

（孙　颖）

5.3 茶与 2 型糖尿病

糖尿病是由胰岛素分泌减少或胰岛素抵抗引起的慢性代谢性疾病，以高血糖为特征，其中 90%以上为 2 型糖尿病。糖尿病的全球患病率持续上升，2021 年国际糖尿病联盟发布的报告称，2021 年全球约 5.37 亿成年人患有糖尿病，糖尿病的患病率为 10.5%，是世界范围内的一个重大健康问题。我国成人糖尿病患病率为 10.6%，20 岁及以上成人中约有 1.41 亿人患有糖尿病，另外糖尿病前期人数为 1.97 亿。糖尿病及其并发症给病患造成了健康危害和痛苦，也带来了沉重的经济负担。

作为全球第二大最受欢迎的饮料，国内外许多学者研究了茶在糖尿病防治中的作用，茶与 2 型糖尿病（T2DM）的研究主要集中在绿茶、黑茶、乌龙茶。对于茶与糖尿病发病风险的研究包括横断面研究和队列研究，另外还有茶对糖尿病患者健康影响的随机对照临床研究，包括茶对血糖控制（空腹血糖、糖化血红蛋白）、胰岛素抵抗指数（HOMA-IR）、胰岛素水平、血脂控制（血清脂联素、甘油三酯、胆固醇、低密度脂蛋白胆固醇、高密度脂蛋白胆固醇、瘦素）及茶对体重指数和氧化应激等的影响。本文通过对近 10 年国内外茶与糖尿病文献的系统检索，对茶在糖尿病防控中的作用进行介绍。

5.3.1 茶与糖尿病发病风险的研究

1. 茶与糖尿病发病风险

茶对 T2DM 发病风险的研究共有 5 篇文献，包含 3 项荟萃分析、1 项队列研究、1 项横断面研究。所有研究均认为饮茶与 T2DM 发病风险的降低有关。综合分析认为饮茶很可能降低 T2DM 的发病风险，综合评价等级为 B。具体研究证据的质量及评价见表 5-20。进一步分析发现每天喝茶 4 杯 T2DM 发病风险明显降低，每天喝茶 2~4 杯与不喝茶相比，T2DM 的发病风险降低，并且茶对 T2DM 发病风险的影响与种族相关，对亚洲人的影响大于欧美人。

表 5-20 茶与 T2DM 发病风险的关系

内容	评级	备注
证据等级	中	包括荟萃分析 3 项，队列研究 1 项，横断面研究 1 项
一致性	优	所有研究均认为饮茶与 T2DM 发病风险的降低有关
健康影响	优	所有研究均认为饮茶对糖尿病发生有影响
研究人群与中国人群的相似性	良	5 项研究中 4 项包括亚洲人
适用性	良	适用，但有个别注意事项

对截至 2013 年的队列研究进行了荟萃分析，共纳入包括 545517 名参与者的 16 项研究，其中 37445 例糖尿病报告病例（Yang et al.，2014c）。结果显示，饮茶与 T2DM 发病风险之间存在显著的线性负相关。每天喝 4 杯及以上茶的成年人 T2DM 的发病风险降低了 15%，每天至少喝 2 杯茶的成年人与不喝茶的人相比，患 T2DM 的风险降低。对截至 2013 年茶与 T2DM 发病风险的队列研究进行荟萃分析，纳入了 12 项队列研究，这些研究共包括 761949 名参与者，其中 29881 例为新发 T2DM（Yang et al.，2014a）。每天喝茶≥3 杯和女性 T2DM 风险降低相关；并且存在人种差异，亚洲人 T2DM 的风险降低（RR=0.84；95%CI：0.71～1.00），对欧美人未见明显影响（RR=1.00；95%CI：0.97，1.04）。对茶消费与健康结局之间相关性的荟萃分析进行了系统综述（Yi et al.，2019），发现对于 T2DM 与茶消费的剂量-效应分析表明，每天喝 2～3 杯茶，T2DM 的发病风险降低。EPIC InterAct 病例队列研究在 8 个欧洲国家的 26 个中心进行，共有 12403 例 T2DM 病例（van Woudenbergh et al.，2012）。茶消费量被研究为分类变量（0，0～1 杯/d，1～4 杯/d，≥4 杯/d）。队列研究结果显示茶的摄入量与 T2DM 的发病率成线性反比，每天喝 1～4 杯茶，T2DM 的发病风险降低（HR=0.93，95%CI：0.81～1.05）。每天至少喝 4 杯茶的人患 T2DM 的风险比不喝茶的人低 16%。一项针对中国人群的多中心横断面观察（Chen et al.，2020）显示每天喝茶与女性、中老年人（>45 岁）和肥胖（BMI>30 kg/m^2）人群的糖尿病风险降低有关，上述人群糖尿病风险分别降低 32%、24% 和 34%。

2. 绿茶或提取物与 T2DM 发病风险

绿茶或提取物对 T2DM 发病风险的研究共有 3 篇文献，包含 2 项前瞻性队列、1 项横断面观察。2 项研究认为饮用绿茶降低 T2DM 发病风险，一项研究认为饮用绿茶增加 T2DM 发病风险。综合分析认为绿茶或提取物很可能降低 T2DM 的发病风险，综合评价等级为 B。具体研究证据的质量及评价见表 5-21。

表 5-21　绿茶或提取物与 T2DM 发病风险的关系

内容	评级	备注
证据等级	良	2 项前瞻性队列，1 项横断面观察
一致性	差	2 项认为饮用绿茶降低 T2DM 发病率，一项认为增加 T2DM 发病率
健康影响	优	所有研究均认为饮用绿茶对糖尿病发生有影响
研究人群与中国人群的相似性	优	3 项研究均为中国人
适用性	优	直接适用

德清县 27841 名农村社区居民的前瞻性队列研究发现（朱兵兵等，2022），有饮绿茶习惯的居民 T2DM 发病风险为无饮茶习惯居民的 0.72 倍，饮用绿茶可以明显降低 T2DM 发病风险，该研究未发现饮茶量与 T2DM 之间的关系。在一项 4808 名中国福建居民的横断面研究（Huang et al.，2013）中，发现饮用绿茶可以降低中国男性和女性患 T2DM 的发病风险，尤其是那些每周喝 16～30 杯的人。然而，来自上海共纳入 67058 名女性和 52315 名男性为期 10 年的前瞻性队列研究（Liu et al.，2018）显示，饮用绿茶与中国成年人 T2DM 发病率升高相关。

3. 黑茶对 T2DM 发病风险

黑茶对 T2DM 发病风险的研究共 2 篇文献，一篇为横断面观察，一篇为荟萃分析。2020 年针对中国人群的多中心横断面观察显示，饮用黑茶与糖尿病风险降低 45%相关（Chen et al.，2020）。对中国居民的黑茶消费进行定量的收益风险评估，通过荟萃分析比较不喝茶和喝黑茶对降低糖尿病风险的益处（He et al.，2021），结果发现每天喝一杯黑茶（2.5 g），患 T2DM 的风险降低 4.45%；每天喝 3 杯黑茶（7.5 g），患 T2DM 的风险降低 12.77%。

5.3.2 茶对 T2DM 患者健康指标的影响

1. 对 T2DM 患者血糖控制的影响

1）茶或提取物对 T2DM 患者血糖控制的影响

茶或提取物对 T2DM 患者血糖控制的研究共有 3 项荟萃分析。3 项荟萃分析均显示茶或提取物对血糖控制有改善作用。综合分析认为茶或提取物很可能改善 T2DM 患者的血糖控制，综合评价等级为 B。具体研究证据的质量及评价见表 5-22。

表 5-22 茶或提取物对 T2DM 患者血糖控制的影响

内容	评级	备注
证据等级	中	3 项荟萃分析
一致性	优	3 项荟萃分析均显示茶或提取物对血糖控制有改善作用
健康影响	优	3 项荟萃分析均显示茶或提取物对血糖控制有影响
研究人群与中国人群的相似性	良	每项研究中均包含亚洲人
适用性	良	适用，但有个别注意事项

对茶叶或提取物对 T2DM 患者降糖治疗的有效性进行了系统分析，共纳入 15 项研究，荟萃分析结果显示，茶或提取物可以降低 T2DM 患者的空腹血糖（FPG）和糖化血红蛋白（HbA1c）水平（林玉琼等，2021）。亚组分析显示，不论干预

剂量大小或干预时间长短，FPG 和 HbA1c 水平的下降仍然具有显著性差异。茶（乌龙茶、绿茶、黑茶）或其提取物对 T2DM 患者随机对照试验研究的荟萃分析显示（Li et al.，2016），茶可以改善 T2DM 患者的空腹胰岛素水平，然而对 FPG 的影响不显著。截至 2021 年的 16 项茶（黑茶、绿茶或乌龙茶）对 T2DM 患者随机对照试验研究的荟萃分析显示，饮用茶可以减少 T2DM 患者的 HbA1c，但对于 FPG、HOMA-IR 指标没有显著影响（Wang et al.，2022a）。

2）绿茶或提取物对 T2DM 患者血糖控制的影响

绿茶或提取物对 T2DM 患者血糖控制的研究共有 6 篇文献，包含 3 项荟萃分析、3 项随机对照试验（Toolsee et al.，2013；Liu et al.，2014；Hsu et al.，2011）。5 项研究显示绿茶或提取物不能改善 T2DM 患者的血糖控制，1 项荟萃分析显示绿茶或提取物能升高 T2DM 患者的空腹胰岛素水平。综合分析认为绿茶或提取物很可能无法改善 T2DM 患者的血糖控制，综合评价等级为 B。具体研究证据的质量及评价见表 5-23。

表 5-23　绿茶或提取物对 T2DM 患者血糖控制的影响

内容	评级	备注
证据等级	中	3 项荟萃分析，3 项随机对照试验
一致性	良	1 项荟萃分析和 3 项随机对照试验研究显示绿茶/提取物对血糖控制没有影响；1 项荟萃分析显示绿茶或提取物对血糖控制没有影响，亚组分析显示绿茶补充时间超过 8 周，FPG 水平显著降低；1 项荟萃分析显示绿茶或提取物升高 T2DM 患者空腹胰岛素水平
健康影响	差	6 项研究中 4 项认为绿茶或提取物对血糖控制无影响
研究人群与中国人群的相似性	良	6 项研究中有 5 项涉及亚洲人群
适用性	良	适用，但有个别注意事项

截至 2017 年的 6 项绿茶或提取物对糖尿病前期/T2DM 患者随机对照试验研究的荟萃分析显示，不支持绿茶或绿茶提取物的摄入可以降低糖尿病前期/T2DM 患者的 HbA1c、HOMA-IR、空腹胰岛素或 FPG 水平（Yu et al.，2017）。对截至 2019 年的 14 项绿茶对 T2DM 患者血糖控制随机对照试验研究进行荟萃分析，结果显示补充绿茶对 T2DM 患者的 FPG、空腹胰岛素、HbA1c 和 HOMA-IR 没有显著影响（Asbaghi et al.，2021a）。亚组分析显示，绿茶补充时间超过 8 周，FPG 水平显著降低。截至 2012 年的 5 项绿茶或提取物对 T2DM 患者随机对照试验研究的荟萃分析结果显示，8～12 周绿茶或提取物摄入能升高糖尿病患者空腹胰岛素水平，但对 HbA1c 及 FPG 水平影响的临床意义有待进一步研究（李筱等，2014）。

3）黑茶对 T2DM 患者血糖控制的影响

青砖茶对 T2DM 患者干预 3 个月的研究显示，青砖茶改善了 T2DM 患者的胰岛素抵抗（刘云涛等，2019）。T2DM 患者给予黑茶干预 12 周后，糖尿病患者的 HbA1c 指标明显改善（Mahmoud et al.，2016）。

2. 对 T2DM 患者血脂控制的影响

对两项研究茶对 T2DM 患者血脂控制进行荟萃分析，但结果不一致：对截至 2015 年的 10 项茶对 T2DM 患者血脂控制的随机对照试验研究进行荟萃分析（Li et al.，2016），结果显示茶（乌龙茶、绿茶、黑茶）或茶提取物对 LDL-C、HDL-C、甘油三酯、总胆固醇及瘦素的影响并不明显；而对截至 2021 年的 16 项随机对照试验研究进行荟萃分析，结果显示补充茶可以显著降低 T2DM 患者的甘油三酯。亚组分析表明茶可显著降低甘油三酯水平，升高 HDL-C 水平（Wang et al.，2022a）。上述荟萃分析结果的差异可能与茶的种类、干预时间和干预剂量有关。

绿茶或提取物可以改善 T2DM 患者的血脂状况，并且对血清脂联素的影响存在种族差异：对截至 2019 年的 7 项绿茶提取物（GTE）对 T2DM 患者血脂控制的随机对照试验研究进行了荟萃分析（Asbaghi et al.，2020），结果显示补充摄入 GTE 可以降低 T2DM 患者血清甘油三酯浓度。基于干预时间和干预剂量的亚组分析显示，GTE 补充时间超过 8 周且剂量＞800 mg/d 引起血清甘油三酯浓度显著降低；干预时间超过 8 周且剂量低于 800 mg/d，导致血清总胆固醇浓度显著降低。对截至 2019 年绿茶补充对 T2DM 患者血清脂联素影响的 5 项随机对照试验进行荟萃分析（Asbaghi et al.，2023），结果显示与对照组相比，绿茶补充显著增加 T2DM 患者血清脂联素浓度。绿茶补充对于不同种族人群脂联素的影响存在人群差异，可能与不同人群的遗传背景有关。儿茶素主要由儿茶酚-*O*-甲基转移酶（COMT）催化进行代谢。COMT 基因 *rs4680* 位点的多态性突变可以导致酶的活性降低到原来的 1/4～1/3。亚洲人群与高加索人群基因多态性的差异导致亚洲人群对儿茶素的代谢比高加索人群慢，允许生物活性成分保留更长时间，并从绿茶的摄入中获得更大的益处。

3. 对 T2DM 患者体重、体重指数的影响

茶在 T2DM 患者体重、体重指数的影响方面的研究结果较为一致：茶、绿茶补充可以改善糖尿病或糖尿病前期患者的体重、体重指数。对截至 2015 年的包含十项茶对 T2DM 患者随机对照试验研究的荟萃分析结果显示，茶（乌龙茶、绿茶、黑茶）或茶提取物干预 8 周以上可以显著减小 T2DM 或糖尿病前期患者的腰围（Li et al.，2016）。对截至 2021 年的 19 项茶和药茶对 T2DM 患者的随机对照试验研究进行荟萃分析，结果显示补充茶可以显著降低 T2DM 患者的体重（Wang et al.，

2022a)。对截至 2019 年的 11 项绿茶对 T2DM 患者的随机对照试验研究进行荟萃分析，结果显示饮用绿茶显著降低了体重、体重指数和体脂（Asbaghi et al.，2021b）。在长期干预（＞8 周）、低剂量绿茶（剂量≤800 mg/d）和超重的糖尿病患者中观察到摄入绿茶的有益效果。

4. 对 T2DM 患者 C 反应蛋白和氧化应激的影响

对截至 2019 年发表的绿茶对 T2DM 患者血清 C 反应蛋白和氧化应激生物标志物影响的文献进行荟萃分析，结果显示绿茶和提取物显著降低了循环中 C 反应蛋白水平，而对氧化应激生物标志物丙二醛和总抗氧化能力没有显著影响（Asbaghi et al.，2019）。

5.3.3 小结

在糖尿病发病风险方面，饮茶很可能降低 T2DM 的发病风险，综合评价等级为 B 级，每天喝茶 4 杯 T2DM 发病风险明显降低，每天喝茶 2～4 杯与不喝茶相比 T2DM 的发病风险降低。茶对 T2DM 发病风险的影响与种族相关，对亚洲人的影响大于欧美人。饮用绿茶/提取物、黑茶很可能降低 T2DM 的发病风险，每天喝一杯黑茶（2.5 g），患 T2DM 的风险降低 4.45%；每天喝三杯黑茶（7.5 g），患 T2DM 的风险降低 12.77%。

在茶对 T2DM 患者血糖控制方面，现有研究显示茶或提取物对 T2DM 患者的血糖控制很可能有改善作用，其中绿茶或提取物很可能无法改善 T2DM 患者的血糖控制，综合评价等级均为 B 级。

在茶对 T2DM 患者血脂和体重指数方面，茶对 T2DM 血脂影响的结果不一致，其中绿茶及其提取物的荟萃分析结果显示可以改善 T2DM 患者的血脂状况，对血清脂联素的影响存在种族差异。茶或绿茶及其提取物可以改善糖尿病或糖尿病前期患者的体重、体重指数。

综上所述，茶对于 T2DM 或糖尿病前期患者的健康作用研究主要集中于绿茶、黑茶，对其他种类的茶研究较少；由于纳入样本量、地区、生活习惯及茶的饮用种类、饮用剂量等各种因素的影响，部分流行病学研究结果存在差异。因此，尚需对茶与糖尿病的关系进行进一步细化研究，为茶在糖尿病人群的防控应用提供依据。

（李　岩）

5.4　茶与血脂异常

中国≥18 岁的人群血脂异常定义为存在任一类型的血脂异常，包括 TC≥

6.22 mmol/L、LDL-C≥4.14 mmol/L、HDL-C＜1.04 mmol/L、TG≥2.26 mmol/L。

《中国心血管健康与疾病报告 2021 概要》显示，2019 年农村、城市心血管病分别占死因的 46.74%和 44.26%，推算心血管病现患人数 3.3 亿。我国正面临人口老龄化和代谢危险因素持续流行的双重压力，中国患有高血压、血脂异常和糖尿病的人数已经高达数亿，应加强预防高血压、血脂异常、糖尿病、肥胖和吸烟等零级预防工作（中国心血管健康与疾病报告编写组，2022）。心血管疾病的危险因素包括血脂浓度、血栓形成以及机体的抗氧化水平等因素（耿雪等，2019）。2015 年中国成人营养与慢性病监测（CANCDS）项目对 179728 名≥18 岁居民的调查结果显示，中国居民 TC、LDL-C、非高密度脂蛋白胆固醇（非 HDL-C）、TG 水平均较 2002 年升高（中国心血管健康与疾病报告编写组，2022；Song et al., 2019a）。

2002 年中国健康与营养调查（CHNS）、2010 年中国慢性肾脏病工作组调查（CNSCKD）（Pan et al., 2016）、2011 年 CHNS（戴璟等，2018）及 2012 年中国居民营养与慢性病状况调查 4 项大型流行病学调查研究显示，中国≥18 岁人群血脂异常的总体患病率大幅上升，由 2002 年的 18.6%上升为 2012 年的 40.4%（中国心血管健康与疾病报告编写组，2022）。

2013～2014 年第四次中国慢性病与危险因素监测（CCDRFS）项目与 2015 年 CANCDS 项目数据显示，中国居民血脂异常主要类型是低 HDL-C 血症和高 TG 血症（中国心血管健康与疾病报告编写组，2022）。

中国慢性病前瞻性研究（CKB）（Sun et al., 2019）显示：LDL-C 水平与缺血性脑卒中强正相关，与脑出血强负相关（LDL-C 每降低 1 mmol/L，缺血性脑卒中相对风险降低 15%，脑出血相对风险升高 16%）；上述相关性进一步被孟德尔随机化分析所验证，遗传风险评分相关的 LDL-C 水平每降低 1 mmol/L，缺血性脑卒中相对风险降低 25%，脑出血相对风险增加 13%；HDL-C 水平与缺血性脑卒中风险负相关（LDL-C 和 HDL-C 与缺血性脑卒中的关联相互独立），与脑出血无关；TG 水平与缺血性脑卒中风险呈较弱的正相关，与脑出血负相关。

5.4.1 茶与血脂异常风险

茶与血脂健康问题的研究主要集中在绿茶及其提取物，另外还有黑茶、白茶、红茶和乌龙茶的研究。实验类型包括随机对照试验研究、横断面研究、病例对照研究等。

本研究围绕着茶与血脂进行系统性文献检索，初选 40 篇文献，最终筛选出 12 篇文献。其中 5 项为荟萃分析和系统综述、4 项为随机对照试验研究、1 项为横断面研究、1 项为队列研究、1 项为病例对照研究。8 项研究认为茶对血脂有改善作用，3 项荟萃分析认为无改善作用，1 项研究表明茶可改善 LDL-C 和 HDL-C 但同时升高 TG。

综合研究结果显示，茶及其提取物具有改善血脂作用，综合评价等级为 B 级，关联证据分析汇总见表 5-24。

表 5-24 茶与血脂异常关联证据分析

内容	评级	备注
证据等级	中	5 项荟萃分析和系统综述，4 项随机对照试验研究（每组不少于 50 人），1 项横断面研究、1 项队列研究、1 项病例对照研究
一致性	良	8 项研究发现茶有助于血脂改善，3 项研究表明无影响，1 项表明茶可改善 LDL-C 和 HDL-C，同时升高 TG
健康影响	良	9 项研究发现茶对血脂有影响，3 项研究表明无影响
研究人群	良	大部分研究包含中国人群
适用性	中	适用，但有许多注意事项

5.4.2 不同茶叶对血脂的影响

针对正常人队列的 6 年随访显示，饮茶可延缓年龄相关的 HDL-C 浓度下降（Huang et al., 2018）。Huang 等在 2006 年对饮茶情况通过问卷进行评估，作为基线；并于 2006 年、2008 年、2010 年和 2012 年对 80182 名[（49±12）岁]研究对象中未患心血管疾病或癌症，或未使用降胆固醇药物的人进行血浆 HDL-C 浓度测定。使用广义估计方程模型分析基线饮茶量与 HDL-C 浓度变化率之间的关联。在完全校正模型中，饮茶与 HDL-C 浓度下降率呈负相关。经常饮茶与血清 LDL-C 呈负相关；与血清 HDL-C 呈正相关；与血清非 HDL-C 呈负相关，但与血清 TG 呈正相关，社区人群长期规律饮茶对血脂水平的作用还需进一步前瞻性研究证实（陈沛，2017）。不同类型茶叶对血脂的影响也不同，下面分别描述。

1. 绿茶及其提取物与血脂的研究

绿茶具有改善血脂作用，综合评价等级为 B 级，关联证据分析汇总见表 5-25。

表 5-25 绿茶与血脂异常关联证据分析

内容	评级	备注
证据等级	中	3 项荟萃分析和系统综述，2 项随机对照试验研究（每组不少于 50 人）
一致性	良	4 项研究发现茶有助于血脂改善，1 项研究表明无影响
健康影响	良	4 项研究发现茶对血脂有影响，1 项研究表明无影响
研究人群	良	大部分研究包含中国人群
适用性	中	适用，但有许多注意事项

对绿茶和红茶进行的随机对照试验系统综述显示，饮茶时间持续至少 3 个月，LDL-C 有大幅降低（Schoeneck and Iggman，2021）。荟萃分析的系统综述中发现，饮用绿茶时，血清 TC、LDL-C 和 TG 水平下降幅度最大，分别为 27.57 mg/dL、24.75 mg/dL 和 31.87 mg/dL（Adel-Mehraban et al.，2021）。

黑茶与绿茶治疗高脂血症的对比研究中，将 225 例高脂血症患者分为黑茶治疗组、绿茶治疗组和对照组（白开水组），每组分配患者 75 例。饮用黑茶和绿茶患者对应的血清 TC 和 LDL-C 有所降低，而黑茶的治疗作用较绿茶更有优势（卢颂升，2020）。

使用 MeSH 和非 MeSH 术语组合检索 5 个文献数据库，评估绿茶摄入对超重和肥胖女性血脂谱的影响，对绿茶的随机对照试验进行了系统回顾和荟萃分析（Li et al.，2023a）。共纳入 15 项随机对照试验，包括 16 个组（1818 例参与者）。合并效应量显示，补充绿茶后，TC 显著降低[加权均数差（WMD：-4.45 mg/dL，95%CI：-6.63～-2.27，$P<0.001$），LDL-C 显著降低（WMD：-4.49 mg/dL，95%CI：-7.50～-0.47，$P=0.003$）。TG 基线值为 150 mg/dL 时，其水平的降低更为明显。在以研究人群为基础的亚组分析中，肥胖者（>30 kg/m^2）的 HDL-C 显著升高（WMD：2.63 mg/dL，95%CI：0.10～5.16，$P=0.041$）。饮用绿茶可降低超重和肥胖女性的 LDL-C 和 TC 浓度。基线时有高 TG 血症的超重患者 TG 水平下降尤为显著。此外，肥胖受试者在饮用绿茶后 HDL-C 显著升高。

GTE 改善 T2DM 患者血脂谱的作用存在争议。Asbaghi 等（2020）对截至 2019 年的随机对照试验进行系统评价和荟萃分析。采用随机效应模型进行荟萃分析，采用 I^2 指数评价异质性。共检索到 780 篇文献，其中 7 项研究符合纳入标准。结果表明，补充 GTE 可通过降低 T2DM 患者血清 TG 浓度改善血脂谱。同时，根据干预持续时间（8 周和>8 周）和干预剂量（800 mg/d 和>800 mg/d）进行的亚组分析表明，GTE 补充时间超过 8 周和>800 mg/d 导致血清 TG 浓度显著降低。使用低于 800 mg/d 的剂量进行超过 8 周的干预，可显著降低血清 TC 浓度。分层分析结果表明，长期 GTE 干预可能降低血清 TG 和 TC 浓度。然而，Li 等（2016）的荟萃分析显示，茶或茶提取物干预均可维持 T2DM 患者空腹血胰岛素稳定、减小腰围，但对其他结局指标（LDL-C、HDL-C）的影响不显著。

有研究提示绿茶对血脂改善无影响。Balsan 等（2019）纳入 142 例 35～60 岁超重或肥胖、血脂异常、无冠心病病史的男性和女性患者。参与者被随机分组，在 8 周期间每天饮用 1000 mL 绿茶、马黛茶或苹果茶（对照组）。在干预开始时（基线）和干预 8 周后，采用酶联免疫吸附测定（ELISA）法检测血清对氧磷酶和瘦素水平。结果表明：绿茶的摄入没有引起对氧磷酶（$P=0.154$）和瘦素（$P=0.783$）水平的显著差异。

2. 黑茶与血脂关系研究

黑茶具有改善血脂作用，综合评价等级为 C 级，关联证据分析见表 5-26。

表 5-26　黑茶与血脂异常关联证据分析

内容	评级	备注
证据等级	中	1 项荟萃分析和系统综述，2 项随机对照试验（每组不少于 50 人）
一致性	中	2 项研究发现茶有助于血脂改善，1 项研究表明无影响
健康影响	中	2 项研究发现茶对血脂有影响，1 项研究表明无影响
研究人群	良	3 项研究均包含中国人群
适用性	中	适用，但有许多注意事项

研究显示，黑茶和绿茶对于高脂血症患者病情有明显缓解，且黑茶相比于绿茶效果更佳，因而相关患者持续饮用绿茶或者黑茶均能很好地改善高脂血症，并且在条件允许下优先饮用黑茶效果更佳（卢颂升，2020）。

陈皮黑茶联合瑞舒伐他汀钙片治疗高脂血症能够改善血脂，不良反应少。将 100 例高脂血症患者随机分为对照组和治疗组，每组各 50 例。两组在饮食指导、健康运动指导等基础上口服瑞舒伐他汀钙片，治疗组加用陈皮黑茶。治疗组总有效率高于对照组（$P<0.05$），不良反应发生率治疗组低于对照组（$P<0.05$）。治疗后两组 TC、TG、LDL-C、HDL-C 指标均显著改善（$P<0.05$），且治疗组改善优于对照组（$P<0.05$）（司徒瑞娴等，2019）。

但是，关于黑茶的荟萃分析显示，短期内饮用黑茶与安慰剂组相比，血清脂质谱没有显著差异（Araya-Quintanilla et al.，2019）。4 周干预时间对 TC、TG、LDL-C、HDL-C 水平没有显著影响。

3. 白茶与血脂改善关系研究

白茶对血脂异常人群具有调节血脂、减缓血栓形成和抗氧化的作用。耿雪等（2019）参照《中国成人血脂异常防治指南》筛选血脂异常者并随机分为白茶组和对照组，每组 51 例，白茶组每天饮用白毫银针茶水，对照组饮用等量普通矿泉水，连续 8 周。试验前后分别进行体格检查并测定血生化、血脂、血栓形成和氧化应激指标。白茶组受试者试验末期，TG、TC 及 TC/HDL-C 明显低于试验起始时，试验末期白茶组 TG、TC 与 HDL-C 比值明显低于对照组，差异均有统计学意义（$P<0.05$）。白茶组受试者试验末期，6-酮-前列腺素 F1α（6-keto-PGF1α）水平明显高于试验起始时，人血栓素 B2（TXB2）/6-keto-PGF1α 比值明显低于试验起

始时，差异均有统计学意义（$P<0.05$）。白茶组受试者试验末期8-羟基脱氧鸟苷（8-OhdG）和丙二醛（MDA）水平明显低于试验起始时，差异有统计学意义（$P<0.05$）。试验末期白茶组8-OhdG和MDA水平明显低于对照组，差异有统计学意义（$P<0.05$）。

4. 红茶与血脂改善关系研究

持续至少3个月的随机对照试验显示，红茶可使LDL-C水平大幅降低（Schoeneck and Iggman，2021）。Aljefree和Ahmed（2015）系统综述结果显示，大量饮用红茶与血脂降低相关。

5. 乌龙茶与血脂改善关系研究

病例对照研究显示，饮用乌龙茶可以降低血脂异常的风险。Yi等（2014）采用半定量问卷调查1651例新诊断血脂异常患者和1390例对照者的饮茶情况、生活方式特征和食物摄入频率，评估2010~2011年汕头市饮茶（尤其是乌龙茶）与血脂异常风险的关联。结果发现，与不饮用绿茶、乌龙茶或红茶相比，每天饮用超过600 mL的绿茶、乌龙茶或红茶者发生血脂异常的风险最低（$P=0.001$）。饮茶时间（$OR=0.10$，95%CI：0.06~0.16）和煮的干茶叶量（$OR=0.34$，95%CI：0.24~0.48）与血脂异常风险之间存在剂量-效应关系。此外，长期饮用乌龙茶可使TC、TAG和LDL-C分别降低3.22%、11.99%和6.69%。因此，长期饮用乌龙茶可能与中国南方汕头地区人群较低的血脂异常风险相关。

5.4.3 小结

综合研究结果显示，茶可能有助于改善血脂，综合评价等级为B级。绿茶（及其提取物）和黑茶可能有助于改善血脂，综合评价等级分别为B级和C级，其他种类茶叶研究较少，未进行证据体综合评价。

本节对茶与血脂关系的研究具有一定的局限性。不同研究在干预剂量、时间方面存在差异。茶叶的血脂改善作用与受试者的血脂水平相关，与茶叶的类型、剂量和干预时间相关。一项研究提出，只有补充含208 mg表没食子儿茶素的绿茶提取物12周才能降低TC、TG、LDL-C水平，并升高HDL-C水平（Macêdo et al.，2022）。未来的科学研究应考虑标准化的方法，以及剂量和时间、茶叶化学成分分析、脂质参数分析和干预人群的数量等。这些研究结果可供我国人群参考，但存在一定局限性，需要进一步验证。

（陈　晨）

5.5 茶与肥胖

肥胖是一种多因素慢性疾病，由遗传因素、生活作息紊乱及不良饮食习惯等引起的能量失衡，导致体内脂肪过度积累（Romo et al., 2012）。肥胖评判指标常为体重、体重指数、腰围、体脂率、臀围、腰臀比、脂肪量等。目前世界卫生组织认为，肥胖是世界上最大的公共卫生问题之一，影响所有年龄段和个人经济状况，并且呈年轻化趋势（Ataey et al., 2020）。自1980年以来，全球肥胖率增加了8倍，中国肥胖率达到12%（NCD-RisC, 2017）。2016年《柳叶刀》杂志报道，中国男性肥胖患者人数达4320万人，女性肥胖患者达4640万人，中国已成为全球肥胖人口最多的国家（NCD-RisC, 2016）。我国肥胖率还在不断攀升，7~18岁城市男女生超重及肥胖检出率分别达28.2%和16.4%，这给我国整体健康水平带来巨大隐患（张娜和马冠生，2017）。与肥胖患者相关的医疗费用至少高出25%，并造成生产总值1%~3.6%的损失（Sirotkin and Kolesárová, 2021）。肥胖一旦形成就很难控制，因此早期预防是控制肥胖的关键。减肥可以通过生活方式管理、药物治疗方法和外科手术几种方法来实现。处方减肥药物可能并非对所有病例都有效，其使用会产生不良影响。因此，人们越来越希望采用健康的生活方式控制肥胖，包括选择更健康的食物（如茶）和频繁的体育活动。

5.5.1 概述

经检索，2020~2023年5月明确茶对肥胖健康效应的文献共20项，其中6项系统综述和荟萃分析（Asbaghi et al., 2020；Li et al., 2020a；Lin et al., 2020；Payab et al., 2020；Watanabe et al., 2020；Sirotkin and Kolesárová, 2021），14项人群研究，包括13项随机对照试验研究（Xicota et al., 2020；Zhang et al., 2020；Chatree et al., 2021；Roberts et al., 2021；Yoshitomi et al., 2021；El-Elimat et al., 2022；Rinott et al., 2022；Rondanelli et al., 2022；Moran-Lev et al., 2023；Katanasaka et al., 2020；Bagheri et al., 2020a, 2020b；Zelicha et al., 2022）和1项横断面研究（Koyama et al., 2020）。实验类型以随机对照研究为主，尚未有病例对照研究。仅1项横断面研究（Koyama et al., 2020）证据等级为"中"，其余研究为"优或良"。茶与肥胖健康问题的研究主要集中在绿茶，有19项文献，包括6项系统综述和荟萃分析（Asbaghi et al., 2020；Li et al., 2020a；Lin et al., 2020；Payab et al., 2020；Watanabe et al., 2020；Sirotkin and Kolesárová, 2021）、12项随机对照试验（Bagheri et al., 2020a, 2020b；Xicota et al., 2020；Katanasaka et al., 2020；Chatree et al., 2021；Roberts et al., 2021；Yoshitomi et al., 2021；El-Elimat et al., 2022；Rinott et al., 2022；Rondanelli et al., 2022；Zelicha et al., 2022；Moran-Lev et al., 2023）和 1 项横断面研究（Koyama et al., 2020）；其次是乌龙茶（Li et al., 2020b；Payab et al., 2020；Zhang et al., 2020）、红茶（Li et al., 2020b）、普洱茶（Payab et al., 2020），共 3 项文献（包括 2 项系统综述和荟萃分析，1 项随机对照试验研究）；未见关于其他茶类型的人群研究报道。纳入的文献信息见表 5-27 和表 5-28。

表 5-27 茶的减肥效应相关系统综述和荟萃分析（2020 年至今）

参考文献	茶类型	研究类型	文献数量	对肥胖影响	推荐剂量	证据等级
Sirotkin 和 Kolesárová（2021）	绿茶	系统综述	12 项	绿茶：BW 降低		良
Payab 等（2020）	绿茶，普洱茶，乌龙茶	系统综述和荟萃分析	19 项	绿茶：BW 降低，BMI 降低，WC 降低，HC 降低，WHR 降低，FM 降低，BF% 降低，能量消耗升高。普洱茶：BW 降低。高粱茶：BW 降低。乌龙茶：能量消耗升高	绿茶：绿茶的有效剂量为 6000 mg/d，儿茶素的有效剂量是 400～800 mg/d；绿茶（酪氨酸、绿茶和咖啡因的组合）；普洱茶：有效剂量 1000 mg/d；乌龙茶：剂量为 5000 mg/d	良
Asbagh（2020）	绿茶	系统综述和荟萃分析	11 项	绿茶：BW 降低，BMI 降低，WC 降低或无变化，BF% 降低	绿茶：低剂量绿茶（剂量≤800mg/d），长期干预（>8 周）。绿茶、绿茶提取物：用量范围为 400～10000 mg/d，持续时间为 8～12 周	良
Li 等（2020b）	绿茶、红茶、乌龙茶	系统综述和荟萃分析	12 项	茶（绿茶、红茶、乌龙茶）：BMI 降低，WC 降低，WHR 降低，HC 不变化。绿茶：BMI 降低，WC 降低，WHR、HC 不变化。红茶：BMI、WC、WHR、HC 不变化		优
Lin 等（2020）	绿茶	系统综述和荟萃分析	25 项	绿茶：BW 降低，BMI 降低，WC 降低	绿茶：GT≥800 mg/d，治疗时间<12 周。超过 12 周的时间内，每天摄入<500 mg。绿茶提取物：12 周内，每天摄入<500mg 绿茶。超过 12 周的时间内，剂量<800 mg/d	优
Watanabe 等（2020）	绿茶	系统综述	7 项	绿茶：BW 降低，FM 降低	绿茶：100～460 mg/d，≥3 个月	中

表 5-28 茶的减肥效应相关人群试验（2020 年至今）

参考文献	茶类型	研究国家	研究对象	研究类型	对肥胖影响	推荐剂量	证据等级
Moran-Lev 等（2023）	绿茶	以色列	80 名，39.6%为男性，年龄为 11～14 岁	随机对照试验	绿茶：BW 降低，BMI 降低，BF%降低	绿茶：每天 3 杯（230 mL），每个茶杯儿茶素总量 84 mg、咖啡因总量 32 mg，3～6 个月	良
Rinott 等（2022）	绿茶	以色列	294 名腹部肥胖/血脂异常的参与者，88%男性，平均 51 岁	前瞻性随机对照试验	绿茶：BW 降低，腹部脂肪组织减少，WC 降低	绿茶：3～4 杯/d，6 个月	良
El-Elimat 等（2022）	抹茶（一种绿茶）	约旦	40 名，30%为男性	前瞻性非随机开放标签比较研究	抹茶：BW 降低，BMI 降低，WC 降低	抹茶：2 g/杯，每天一杯，12 周	良
Rondanelli 等（2022）	绿茶	意大利	28 名超重、肥胖的绝经女性	双盲、安慰剂对照、随机试验	绿茶：BW 降低，WC 降低，FM 降低	绿茶儿茶素：150 mg 膳食补充剂（包含 19%～25% EGCG），每日两次口服（午餐前一次，晚餐前一次），60 天	良
Chatree 等（2021）	绿茶	泰国	30 名肥胖受试者，18 岁以上	双盲、安慰剂对照、随机试验	绿茶：BW、BMI、WC、HC、FM、BF%都没变化	绿茶 EGCG：每天早餐和晚餐后两次 150 mg EGCG，8 周，不推荐	良
Yoshitomi 等（2021）	绿茶	日本	60 名健康肥胖受试者，年龄 30～75 岁	随机、安慰剂对照、双盲、平行组设计的临床试验	绿茶：BW 降低，BF%降低，内脏脂肪减少，BMI 降低	绿茶 EGCG：146 mg/d，6～12 周	优
Roberts 等（2021）	绿茶	德国	27 名有规律体育活动的肥胖受试者，年龄（43±8）岁	随机、安慰剂对照、双盲、平行组设计的临床试验	绿茶：WC 降低	脱咖啡因绿茶提取物：580 mg/d，含 400 mg/d EGCG，8 周。新的脱咖啡因绿茶提取物配方：580 mg/d，含 400 mg/d EGCG、50 mg/d 槲皮素、150 mg/d α-硫辛酸，8 周	良
Zhang 等（2020）	乌龙茶	日本	12 名非肥胖者健康男性，年龄 20～56 岁	随机、安慰剂对照、双盲、平行组设计的临床试验	乌龙茶：脂肪氧化升高，但 BW、BMI、BF%无变化	乌龙茶：每天两罐测试饮料（350 mL/罐）；早餐时 1 罐，午餐时 1 罐），每罐包含 51.8 mg 咖啡因、48.5 mg 儿茶素，2 周	良

续表

参考文献	茶类型	研究国家	研究对象	研究类型	对肥胖影响	推荐剂量	证据等级
Katanasaka 等（2020）	科森茶（一种富集儿茶素的绿茶）	日本	6 名肥胖受试者	前瞻性的前后研究，有干预非观察	科森茶：BW 降低，BMI 降低，WC 降低	科森茶：5 g/（L·d）或 333 mL/餐（相当于 1L/d），12 周	良
Xicota 等（2020）	绿茶	西班牙	77 名患有唐氏综合征的年轻成人	随机、双盲、平行安慰剂对照、治疗探索性 II 期临床试验	绿茶：BW 降低，BF% 降低	绿茶 EGCG：按 9 mg/kgBW 给胶囊（200 mg/粒），即每天两次随餐饮吃，每次 2～4 粒，≥12 个月	优
Bagheri 等（2020a）	绿茶	伊朗	30 名超重和久坐不动的女性，平均年龄 38 岁	随机、双盲、平行安慰剂对照	绿茶：BF% 降低，内脏脂肪面积减小，WHR 降低，BW 降低，BMI 降低，WHR 降低	绿茶：每天 500 mg/d 的绿茶胶囊（含至少 45% 的 EGCG 和 15 mg 咖啡因），≥8 周	良
Bagheri 等（2020b）	绿茶	伊朗	45 名超重男性，年龄 40～50 岁	随机、双盲、平行安慰剂对照	绿茶：BW 降低，BMI 降低，BF% 降低，内脏脂肪面积减小	绿茶：每天 500 mg/d 的绿茶胶囊（含至少 45% 的 EGCG 和 15 mg 咖啡因），≥8 周	良
Zelicha 等（2022）	绿茶	以色列	294 名腹部肥胖或血脂异常受试者，年龄 30 岁以上	随机、开放、平行安慰剂对照	绿茶：BW 降低，WC 降低，内脏脂肪组织减少	含绿茶的绿色地中海饮食：3～4 杯/d 的绿茶，18 个月	良
Koyama 等（2020）	绿茶	日本	3539 名，其中男性 1239 名，女性 2300 名	横断面研究	绿茶：BMI、WC 无变化	绿茶：每天至少一次	中

5.5.2 绿茶与肥胖

习惯性饮用绿茶与肥胖风险降低有关（Takemoto M and Takemoto H, 2018）。Li 等（2020b）的荟萃分析表明，补充绿茶提取物可改善代谢综合征肥胖受试者的脂质，有助于减肥。表 5-27 和表 5-28 检索文献综合分析认为绿茶利于改善肥胖体征，综合评价等级为 B。具体研究证据的质量及评价见表 5-27。此外，大部分研究建议绿茶饮用 8 周（两个月）以上，绿茶剂量（100～800 mg/d）因干预持续时间、种族、初始 BMI 和年龄等而异。

（1）绿茶减肥效果因剂量和干预持续时间而异。在一项对 232 名日本中年妇女的横断面研究中，绿茶的日摄入量与高 BMI 呈负相关（Lin et al., 2020）。一项荟萃分析（Lin et al.，2020）表明，绿茶剂量＜500 mg/d 持续 12 周足以改善 BW 和 BMI，若剂量＜800 mg/d，则超过 12 周效果显著。此外，习惯性每天喝 400 mL 绿茶 10 年的受试者，其 BF%、WHR 明显降低（Kobayashi and Ikeda，2017）。大量研究发现喝茶的时间越长，BW 和其他身体参数就越低。一项 1210 名参与者的调查报告称，与非习惯组相比，习惯性喝茶超过 10 年可减少 19.6% FM 和 2.1% WHR（Wu et al.，2003）。长时间摄入绿茶提取物（270 mg/d EGCG 和 150 mg/d 咖啡因）通过产热和脂肪氧化能显著降低 BMI、WC（Dinh et al.，2019）。

（2）绿茶减肥效果与饮用方式有关。绿茶饮用方式多样化，包括单独饮用绿茶（Rinott et al.，2022）、将绿茶或绿茶提取物（儿茶素、咖啡因等）和其他食物成分配合食用（Zelicha et al.，2022）。除了加入食物中，茶叶也可以被用作药物，如将绿茶提取物胶囊化（Xicota et al.，2020）与运动配合运用（Bagheri et al.，2020b）。

研究发现，绿茶作用是儿茶素和咖啡因的结合，以及绿茶类黄酮的综合作用（Hodges et al.，2020）。一项荟萃分析发现儿茶素浓度与 BMI、BW 和 WHR 降低直接相关（Payab et al.，2020）。一项针对日本健康男性的双盲随机对照研究证实，摄入 690 mg 儿茶素 12 周后通常会显著降低 BW 和 FM（Nagao et al.，2005）。绿茶含有的 300 mg 咖啡因利于减肥（Abe et al.，2021），还可以改变产热、白色脂肪组织代谢（Jiménez-Zamora et al.，2016；Hodges et al.，2020）。一些研究表明，与单独摄入儿茶素或咖啡因相比，高儿茶素和咖啡因混合物调节脂质积累、脂肪酸氧化、脂肪生成、产热和 BW 减轻效果更好（Zheng et al.，2004；Sugiura et al.，2012）。然而，较低浓度的儿茶素比它们与咖啡因的组合更有效地抑制 BW。与低咖啡因摄入相比，高咖啡因与更高 BW 恢复有关（Murase et al.，2002；Kovacs et al，2004）。在另一项研究中，咖啡因和绿原酸的协同作用可降低日本女性 BMI（Lin et al.，2020）。也有研究探索将绿茶加入饮食模式中。Rinott 等（2021）采用食用绿茶（3~4 杯/d）与 100 g/d 多酚组合成的绿色地中海饮食对以色列 90 多名中老年人进行 6 个月减肥干预，人群 BW、腹部脂肪组织、WC 明显下降，并且 6 个月之后 BW 恢复、WC 变化反弹显著减弱。总之，绿茶或绿茶提取物（儿茶素、咖啡因等）和其他食物成分配合食用可能比单独饮用绿茶抗肥胖效果更好。

绿茶作用可以通过运动等其他抗肥胖方法加强。绿茶与体育锻炼和饮食控制相互补充促进脂肪氧化并诱导产热，导致 BW 和体脂减少（Sultane and Cambaza，2019）。一些研究评估了喝茶效果及其与体育锻炼的关系（Bagheri et al.，2020a；Yonekura et al.，2020）。Bagheri 等通过 8 周训练计划（包括每周训练 3 次，以及每天 500 mg 绿茶胶囊）进行干预，发现运动使 BW、BMI、腰臀比和体脂百分比降低，而绿茶提取物可以强化运动减肥效果（Bagheri et al.，2020a）。这些结果为每天喝茶与锻炼联合控制肥胖疗法提供了可能。

(3) 绿茶减肥效果可能与种族有关。最近一项为期八周研究发现绿茶提取物通过降低 BW、BMI、腰臀比和体脂百分比来改善运动诱发的身体成分变化。有趣的是,似乎存在种族依赖效应,亚洲受试者 BW 减轻更明显(平均 1.51 kg)(Chen et al., 2016),而高加索受试者为 0.82 kg(Hursel et al., 2009)。

绿茶减肥效应的相关人群试验见表 5-29,并不是所有的研究都显示出有益的效果。一项横断面研究结果没有表明绿茶对降低 BMI、WC 有益(Koyama et al., 2020),这可能与横断面研究自限性、研究人群是否具有肥胖特征等有关。

表 5-29 绿茶的减肥效应的相关人群试验(2020 年至今)

内容	评级	备注
证据等级	良	6 项系统综述和荟萃分析,12 项随机对照试验研究,1 项横断面研究
一致性	良	6 项系统综述和荟萃分析、12 项随机对照试验研究结果均显示绿茶可以改善肥胖指标,仅 1 项横断面研究显示绿茶对肥胖控制没有影响
健康影响	良	19 项研究中 18 项认为绿茶对肥胖控制有影响,仅 1 项横断面研究显示绿茶对肥胖控制没有影响
研究人群与中国人群的相似性	良	19 项研究中 17 项涉及亚洲人群,6 项涉及中国人群
适用性	良	适用,但有个别注意事项

5.5.3 发酵茶

1. 乌龙茶

(1) 乌龙茶可能有助于控制肥胖。能量消耗和脂肪氧化是 BW 减轻的体内表现。12 名非肥胖者在食用富含多酚的乌龙茶提取物后,脂肪氧化和能量消耗增加(Zhang et al., 2020)。

(2) 乌龙茶剂量因干预持续时间、种族、初始 BMI 和年龄等而异。一项荟萃分析(Payab et al., 2020)认为乌龙茶预防肥胖的有效剂量为 5 g/d。在一项早期临床研究中,发现每天食用 8g 乌龙茶,持续 6 周,可降低肥胖者的 BW(He et al., 2009)。有两项急性研究观察到乌龙茶提取物对能量消耗的积极影响。一项研究报告称,急性摄入含有 77 mg 咖啡因、81 mg 表没食子儿茶素没食子酸盐和 68 mg 聚合多酚的乌龙茶,受试者会在喝茶 2 h 后增加能量消耗(Komatsu et al., 2003)。另一项研究发现,受试者在食用乌龙茶(包含咖啡因 270 mg/d,聚合多酚 264 mg/d)第 3 天增加了 24 h 的能量消耗和脂肪氧化(Rumpler et al., 2001)。然而,并不是所有的研究都显示出有益的效果。Zhang 等(2020)安排 12 名健康成年男性在早餐和午餐时饮用乌龙茶 14 天（100 mg 咖啡因、21.4 mg 没食子酸、97 mg 儿茶素和 125 mg 聚合多酚），发现不会增加受试者 24 h 内睡眠或清醒时累积能量消耗。与之前评估其急性影响的研究结果不同（Rumpler et al., 2001；Komatsu et al., 2003）。此外，喝茶具有长期性，两周的时间不足以评估干预措施对 BW 和身体成分的影响，乌龙茶是否真的能控制肥胖还有待评估（Zhang et al., 2020）。

（3）乌龙茶减肥效果可能优于绿茶。日本女性在饮用乌龙茶和绿茶的 24 h 后发现，能量消耗量增加效果明显，乌龙茶是绿茶的两倍（Komatsu et al., 2003）。

2. 红茶和黑茶

饮用红茶对人体具有抗肥胖潜力。红茶中的茶黄素（Takemoto M and Takemoto H, 2018）对减肥有明确的作用。Ashigai 等（2016）让健康人群连续 10 天、每天 3 次饮用含有 55 mg 红茶多酚的饮料，发现红茶多酚促进健康男性与女性脂质排泄。

黑茶可以分为普洱茶、茯砖茶、康砖茶和青砖茶等，其中对普洱茶的研究最多。一些研究表明，普洱茶具有改善肥胖的效果。一项荟萃分析（Payab et al., 2020）认为普洱茶预防肥胖的有效剂量为 1000 mg/d。Yang 等（2014b）发现 70 名男性每天三餐前饮用普洱茶提取物胶囊（500 mg）3 个月后 BW 减轻 2.05 kg，BMI 降低 0.73。另有两项双盲、随机、安慰剂对照研究有类似发现。Kubota 等（2011）发现 36 名肥胖前期日本成年人每天三餐前饮用普洱茶提取物胶囊（500 mg）3 个月后，WC、BMI 和内脏 FM 均降低。Jensen 等（2016）发现 59 名超重或轻度肥胖美国成年受试者每天随机服用普洱茶提取物（3 g/d）20 周后，BW 和 FM 明显降低。

5.5.4 小结

大量研究表明，通过茶有效干预和预防肥胖是有意义的。除绿茶单独饮用外，可考虑通过和其他食物成分配合食用、运动等其他控制肥胖方法加强茶的作用。种族、肥胖持续时间、饮食习惯、肠道微生物群和其他个体间变异，以及试验持续时间和联合干预，可能解释了数据中观察到的不一致（Li et al., 2020b）。但总体看，茶的减肥作用一般在适宜剂量（如每天 3~4 杯绿茶，乌龙茶 5 g/d，普洱茶 1 g/d 等）和长期使用时（如绿茶 2 个月以上，乌龙茶 6 周以上，普洱茶 3 个月以上等）才会显现。近年的人群研究集中在绿茶、乌龙茶、红茶、黑茶等发酵茶用于减肥的相关研究主要是动物实验、体外试验，临床研究较少，且受试者较少、时间较短。因此，深化研究和评估茶控制肥胖效果、有效剂量等还需要更多人群研究。

（赵夏雨）

5.6 茶与心脑血管疾病

心脑血管疾病是心脏血管和脑血管疾病的统称，泛指高脂血症、血液黏稠、动脉粥样硬化、高血压等所导致的心脏、大脑及全身组织发生的缺血性或出血性疾病。心血管疾病（CVD）是全球严重的公共卫生问题，发病率和死亡率很高，主要包括冠心病、心力衰竭、高血压心脏病、风湿性心脏病等。脑血管病，泛指脑部血管的各种疾病，包括脑卒中、脑出血等，其共同特点是引起脑组织的缺血或出血性意外，导致患者的残废或死亡，发病率占神经系统总住院病例的 1/4～1/2。根据世界卫生组织报告，CVD 是全球主要死亡原因，2021 年导致 2050 万人死亡，占全球死亡总数的 1/3。已证实的 CVD 危险因素包括不健康饮食、吸烟、缺乏身体活动和过量饮酒。在这些危险因素中，饮食被认为是预防心血管疾病最可调节的因素。多项研究表明茶及其生物活性成分可以预防和治疗心脑血管疾病以及改善心脏代谢健康（Cao et al., 2019）。

茶是全球第二大消费饮料，拥有 2000 多年的悠久饮用历史。茶叶中含有丰富的生物活性物质，具有良好的抗氧化作用。大量流行病学研究表明，饮茶与 CVD 风险呈负相关。此外，在体外和体内试验研究中，茶及其生物活性成分，被发现可有效预防 CVD，其机制主要包括降血脂、改善缺血/再灌注损伤、减轻氧化应激、增强内皮功能、减轻炎症、保护心肌细胞功能等。本节通过对近 10 年国内外茶与心脑血管疾病文献的系统检索，对茶在心脑血管疾病防控中的作用进行介绍。

5.6.1 茶与心血管疾病的研究

1. 茶与心血管疾病发病风险的研究

一份对 22 项前瞻性研究进行的荟萃分析报告称，每天增加 3 杯茶的摄入量与心脏病（RR=0.73，95%CI：0.53～0.99）、脑卒中（RR=0.82，95%CI：0.73～0.92）发病风险的降低相关（Gowri et al., 2018）。有广泛的观察证据表明茶有助于降低心血管疾病风险。绿茶的主要化学成分是多酚，许多前瞻性流行病学队列研究将多酚消费与心血管疾病风险降低相关联。Huxley 和 Neil 回顾了 7 项前瞻性队列研究（2087 例心脏病死亡），发现茶中的黄酮醇具有保护作用（RR=0.80，95%CI：0.69～0.93）（Román et al., 2019）。

2. 茶与心血管疾病死亡风险的研究

一项包含 165000 名中国成年男性的队列研究结果显示，习惯喝绿茶与 CVD 死亡风险呈负相关，绿茶≤5 g/d 的风险比为 0.93（95%CI：0.85～1.01），绿茶 5～10 g/d 的风险比为 0.91（95%CI：0.85～0.98），绿茶＞10 g/d 的风险比为 0.86

（95%CI：0.79～0.93）。此外，两项前瞻性队列研究发现，饮用绿茶可以降低中国中老年人 CVD 死亡风险，风险比为 0.86（95%CI：0.77～0.97）（Cao et al., 2019）。

在一项包括八个日本代表性队列的汇总分析中，饮用绿茶都与男女性全因死亡率以及特定原因死亡率（包括心脏病和脑血管疾病）的风险降低相关（Cao et al., 2019）。

通过对饮茶量和 CVD 风险前瞻性研究的观察证据进行荟萃分析，结果表明，每天饮茶量增加 3 杯与冠心病（HB=0.73，95%CI：0.53～0.99）、心源性死亡（HB=0.74，95%CI：0.63～0.86）、脑卒中（HB=0.82，95%CI：0.73～0.92）、总死亡率（HB=0.76，95%CI：0.63～0.91）、脑梗死（HB=0.84，95%CI：0.72～0.98）和脑出血（HB=0.79，95%CI：0.72～0.87）风险降低相关，但对卒中死亡率的影响可以忽略不计（HB=0.93，95%CI：0.83～1.05）。剂量-效应评估表明，每天喝 1～3 杯和 1～5 杯茶分别与心源性死亡和总死亡率风险降低相关。同样，对绿茶消费影响的观察性和随机试验的荟萃分析表明，随着茶的使用量的增加，脑卒中和心肌梗死的风险会降低。前瞻性研究的剂量-效应荟萃分析表明，每天增加一杯绿茶与心血管死亡率降低 5% 和全因死亡率降低 4% 相关，而红茶则与此相反。每天饮用约 4 杯绿茶，全因死亡率降低幅度最高，而对于红茶，每天饮用 2 杯的效果最佳（Abe et al., 2019）。

剂量-反应荟萃分析结果显示，茶摄入量每天每增加 1 杯，CVD 死亡率降低约 3%（95%CI：0.95～0.98，$P<0.05$），且存在一种非线性剂量-效应关系（$P<0.05$）；与不喝茶的人群相比较，每天喝 1～8 杯茶的人群的 CVD 死亡率分别降低 8%（RR=0.92, 95%CI：0.89～0.95）、13%（RR=0.87, 95%CI：0.84～0.91）、15%（RR=0.85, 95%CI：0.82～0.89）、15%（RR=0.85, 95%CI：0.81～0.89）、16%（RR=0.84, 95%CI：0.80～0.89）、16%（RR=0.84, 95%CI：0.81～0.88）、16%（RR=0.84, 95%CI：0.81～0.87）、16%（RR=0.84, 95%CI：0.80～0.88）（Honka, 2021）。

综上所述，长期饮用一定量的茶能够降低 CVD 死亡率，推荐每天适量饮茶。

总体而言，流行病学研究表明，茶及其生物活性化合物有益于降低 CVD 发病率和死亡率。茶与心血管疾病风险的关系见表 5-30。

表 5-30　茶与心血管疾病死亡风险的关系

内容	评级	备注
证据等级	中	4 项队列研究，4 项荟萃分析
一致性	优	所有研究均认为饮用绿茶与降低心血管疾病死亡风险有关
健康影响	优	所有研究均认为饮用绿茶对心血管疾病死亡有影响
研究人群与中国人群的相似性	良	8 项研究中 3 项包括亚洲人群
适用性	良	适用，但有个别注意事项

3. 茶与动脉粥样硬化的研究

动脉粥样硬化是一种发生在动脉血管壁的慢性炎症性疾病，以胆固醇沉积过多、平滑肌细胞增生和内膜增厚所致血栓形成为特征，是包括冠状动脉疾病、心肌梗死、脑卒中等在内的多种心血管疾病的潜在病因，斑块不稳定和破裂可导致急性冠状动脉综合征，甚至死亡。动脉粥样硬化因其较高的患病率和潜在的严重健康危害，已成为重要的公共卫生问题。

520名来自中国的研究对象接受了冠状动脉造影，依据是否患有冠状动脉疾病分为两组，并调查两组人群绿茶摄入情况。在男性人群中，与不喝绿茶的人群相比，喝绿茶的人群冠状动脉疾病的发生风险降低（趋势性 $P<0.001$）；但女性中未显示这种反向关联。大部分研究结果提示，绿茶可能是冠状动脉粥样硬化的保护性因素（Liu et al., 2021）。

茶多酚是茶叶中最重要的活性物质之一，具有抗氧化、抗炎、抗菌和抗癌等多种功效。其中茶多酚在预防动脉粥样硬化、保护心血管方面的作用一直备受重视，在体外研究和动物模型中得到证实。Wang等（2023）发现，1～10 μmol/L的EGCG处理可以降低内皮素-1诱导的血管平滑肌细胞C反应蛋白积累，阻断活性氧信号，减轻强直性脊柱炎（AS）相关炎症反应。绿茶儿茶素（20 μmol/L，50 μmol/L）可抑制血管紧张素Ⅱ（AngⅡ）诱导的血管平滑肌细胞增殖，且该抑制作用与丝裂原活化蛋白激酶（MAPK）信号通路有关。

4. 茶与冠心病的研究

冠心病是冠状动脉血管发生动脉粥样硬化病变而引起血管腔狭窄或阻塞，造成心肌缺血、缺氧或坏死而导致的心脏病。研究发现饮用绿茶能够显著降低冠心病的发病风险，同时证明EGCG可以抑制炎症因子TNF-α诱导的内皮功能紊乱，这可能是绿茶抗动脉粥样硬化作用的一个机制（张姝萍等，2019）。东风-同济的一项队列研究发现，饮用绿茶可以降低中国中老年人群患冠心病的风险（HR=0.89，95%CI：0.81～0.98）（Cao et al., 2019）。

一项荟萃分析共纳入35项研究，其中24项针对绿茶，11项针对红茶。红茶（RR=0.85，95%CI：0.76～0.96）和绿茶（RR=0.93，95%CI：0.88～0.99）与冠心病风险呈负相关。剂量-效应荟萃分析显示，每天饮用红茶少于4杯可有效预防冠心病，而每天饮用红茶超过4～6杯则会增加患病风险。此外，绿茶摄入量与预防冠心病之间的剂量-效应关系表明，随着绿茶摄入量的增加，冠心病的风险逐渐降低。Yang等（2022）的分析表明，每天增加1杯绿茶摄入量与冠心病风险降低10%相关。

在按大洲进行的亚组分析中，在亚洲人群中观察到冠心病风险与绿茶摄入量之间存在显著负相关（RR=0.92，95%CI：0.85~0.99），但在西方人群中则不然：北美（RR=0.97，95%CI：0.92~1.03），欧洲/大洋洲（RR=0.91，95%CI：0.78~1.07）。

绿茶和红茶中的儿茶素都具有心脏保护作用。部分发酵红茶的儿茶素浓度约为绿茶的一半，这可以解释红茶和绿茶之间剂量-效应关系的差异。此外，最近的一项双盲、随机、安慰剂对照交叉研究发现，与绿茶和安慰剂相比，红茶可能显著提高中心收缩压。由于红茶比绿茶含有更多的咖啡因，因此这种效果可能归因于咖啡因。

总之，研究表明红茶和绿茶对冠心病具有预防作用，见表5-31。喝绿茶可以有效降低亚洲人群（中国人和日本人）患冠心病的风险，但对欧洲人和美国人则不然。绿茶的剂量-效应关系表明，随着绿茶摄入量的增加，冠心病风险逐渐降低。但饮用超过4~6杯红茶可能会升高冠心病风险。

表5-31 茶与冠心病患病风险的关系

内容	评级	备注
证据等级	中	4项荟萃分析，1项队列研究
一致性	优	所有研究均认为饮用绿茶可以降低冠心病患病风险
健康影响	优	所有研究均认为饮用绿茶对冠心病患病有影响
研究人群与中国人群的相似性	良	5项研究中2项包括亚洲人群
适用性	良	适用，但有个别注意事项

5. 茶与高血压的研究

高血压是心血管疾病最重要的危险因素。降低血压是预防死亡和重大心血管事件的有效措施。随机对照试验的荟萃分析表明绿茶和红茶对血压的有益影响，证据表明，绿茶的作用优于红茶，并且对高血压患者的作用更大。

针对11项短期随机对照试验（持续时间1~26周）的荟萃分析观察到收缩压和舒张压下降。对中国江苏农村老年人口进行的一项横断面研究发现，饮茶量与舒张压呈显著负相关（相关系数=−0.74，P=0.003），并且经常喝茶可以降低高血压风险（95%CI：0.65~0.95，P=0.011）。此外，一项对80182名中国人[（49±12）岁]进行的纵向研究发现，经常饮茶可以抑制60岁或以上男性血清HDL-C水平的下降（Borghi et al., 2020）。这可以降低心血管疾病的风险，因为低浓度HDL-C被认为是导致心血管疾病高风险的原因。针对10项研究的另一项荟萃分析表明，饮用红茶可显著降低LDL-C浓度，但没有改变总胆固醇或HDL-C水平（姚敏等，2020）。

在对 18 项前瞻性研究进行的荟萃分析中，定期饮用绿茶和红茶 4～24 周（每天 2～6 杯）可显著降低血压。绿茶使收缩压显著降低 2.1 mmHg（95%CI：2.9～1.2）、舒张压显著降低 1.7 mmHg（95%CI：2.9～0.5），而红茶使收缩压显著降低 1.4 mmHg（95%CI：2.4～0.4）、舒张压降低 1.1 mmHg（95%CI：1.9～0.2），连续饮用超过 12 周的效果会更好（Yang et al., 2022）。绿茶对血压影响更大的原因可能与绿茶中植物化学物质（包括酚类和儿茶素）含量较高有关，可以抑制 NADPH 氧化酶活性并减少体内活性氧的数量。

在一项涉及 1356 名患者的 17 项试验的系统评价中，使用绿茶 EGCG 107～856 mg/d，持续 4～14 周，可显著降低 LDL-C 9.3 mg/dL。最近一项针对 80182 名健康个体的队列研究表明，与不饮茶的人相比，喝茶可以减缓与年龄相关的 HDL-C 下降，对心血管疾病风险较高的人观察到的益处最大，包括男性、老年人和代谢综合征患者（Li et al., 2019a）。

茶与高血压的关系见表 5-32。

表 5-32 茶与高血压的关系

内容	评级	备注
证据等级	中	4 项荟萃分析，1 项队列研究，1 项横断面研究
一致性	优	所有研究均认为饮茶对高血压有改善作用
健康影响	优	所有研究均认为饮茶对血压控制有影响
研究人群与中国人群的相似性	良	6 项研究中 2 项包括中国人
适用性	良	适用，但有个别注意事项

5.6.2 茶与脑血管疾病的研究

脑卒中是目前临床上最为常见的脑血管疾病之一，是由脑部血管堵塞或破裂导致血液无法流入大脑而造成的脑部组织损伤，具有高发病率、高死亡率、高致残率以及高复发率等特点。脑卒中患者会出现语言障碍、运动障碍、情绪障碍及认知障碍等多种功能障碍，严重影响患者的身体健康和生活质量，为家庭和社会增加了严重的负担。此外，最新流行病学调查数据显示，我国每年脑卒中发病人数已达到 240 万人，对脑卒中的临床研究已成为医学界关注的重点。由于中国人普遍喜欢饮茶，所以近年来关于饮茶与脑卒中关系的研究较多，但研究结果存在明显差异。

马春丽和张本卓（2020）通过分析饮茶量与脑卒中发病率的资料发现，脑卒中的发病风险随日均消费茶叶量的增加而降低。该结果提示，饮茶对脑卒中发病风险具有降低效果。剂量-效应证据表明，喝茶可以预防卒中、缺血性卒中和出血性卒中（卒中：RR=0.96，95%CI：0.94～0.99；缺血性卒中：RR=0.76，95%CI：0.69～0.84；出血性卒中：RR=0.79，95%CI：0.72～0.87）（Guo et al.，2022）。

在一项剂量-效应分析中，观察到绿茶摄入量与脑卒中风险之间存在非线性关联（非线性 P=0.0000）。与不饮用绿茶的人相比，在不同绿茶饮用量水平下卒中的 RR（95%CI）如下：150 mL/d 为 0.91（0.89～0.94）、300 mL/d 为 0.84（0.80～0.89）、300 mL/d 为 0.79（0.74～0.84）、900 mL/d 为 0.77（0.72～0.82）、1500 mL/d 为 0.84（0.77～0.91）。此外，线性关联的结果表明每天绿茶摄入量增加 300 mL 与脑卒中风险降低 6%相关（RR=0.94，95%CI：0.92～0.97）。剂量-效应分析表明存在非线性关联，并表明适量喝绿茶（500～1000 mL/d）与脑卒中风险降低 21%～24%相关（Wang et al.，2023）。

一项在日本进行的关于绿茶的八项队列研究的汇总分析显示，较高的饮用量可以降低卒中的死亡风险（Samanta，2020）。绿茶中的表没食子儿茶素和没食子酸酯可降低 LDL-C、氧化修饰低密度脂蛋白（ox-LDL）和血压。这可能是其在降低心血管疾病死亡风险方面发挥作用的原因。

茶与脑卒中的关系见表 5-33。

表 5-33　茶与脑卒中的关系

内容	评级	备注
证据等级	中	2 项荟萃分析，1 项系统综述
一致性	优	所有研究均认为饮茶对脑卒中有预防作用
健康影响	优	所有研究均认为饮茶对脑卒中发生有影响
研究人群与中国人群的相似性	良	3 项研究中 1 项包括中国人
适用性	良	适用，但有个别注意事项

脑出血，也常被称为自发性脑出血，是大脑血管破裂造成血液流出的疾病，占急性脑血管病的 20%～30%。基本病因主要为高血压和动脉硬化，生活方式风险因素如超重、酗酒、吸烟、使用可卡因等也可增加脑出血的风险，是病死率最高的脑血管疾病。

亚组分析和荟萃回归分析表明绿茶摄入量越高，脑出血风险越低（RR=0.66，95%CI：0.57～0.76，P<0.001）。较高的混合茶摄入量与较低的脑出血风险相关（RR=0.83，95%CI：0.72～0.96，P=0.013）。亚洲人饮茶量高有利于预防脑出血风险（RR=0.74，95%CI：0.56～0.98，P=0.036）。

线性剂量-效应分析表明，每天增加 1 杯茶摄入量，脑出血的风险平均降低 2%

（RR=0.98，95%CI：0.976~0.990）；每天饮茶增加 3 杯与脑出血风险平均降低 5%相关（RR=0.95，95%CI：0.93~0.97，$P<0.001$）。线性剂量-效应分析表明，每天增加 1 杯绿茶摄入量与脑出血风险平均降低 6%相关（RR=0.94，95%CI：0.92~0.97），每天增加 3 杯绿茶摄入量与脑出血风险平均降低 16%相关（RR=0.84，95%CI：0.77~0.91）（Samanta，2020）。结果表明，较高的茶摄入量与脑出血风险降低 23%有关。每天增加 3 杯绿茶摄入量与脑出血风险降低 16%有关。

中国嘉道理生物库队列研究显示，混合茶的消费与脑出血的风险降低有关。日本公共卫生中心的前瞻性研究和一项病例对照研究表明，绿茶的摄入量与脑出血的风险降低有关。瑞典男性队列研究和一项病例对照研究报道红茶摄入与脑出血无关（Cheng et al.，2022）。

绿茶有利于预防脑出血。这可能是由于儿茶素含量较高，如表没食子儿茶素没食子酸酯。绿茶中的儿茶素类占总黄酮的 80%~90%，而表没食子儿茶素-3-没食子酸酯是含量最丰富的儿茶素。红茶中儿茶素含量仅占 20%~30%。此外，我们的研究结果表明，喝茶对亚洲人预防脑出血更有利。

茶与脑出血的关系见表 5-34。

表 5-34 茶与脑出血的关系

内容	评级	备注
证据等级	中	3 项荟萃分析，2 项队列研究，1 项前瞻性研究
一致性	优	所有研究均认为饮茶可以降低脑出血风险
健康影响	优	所有研究均认为饮茶对脑出血发生有影响
研究人群与中国人群的相似性	良	6 项研究中 2 项包括亚洲人群
适用性	良	适用，但有个别注意事项

（王泽宇）

5.7 茶与肠道健康

5.7.1 概述

肥胖、高血压、心血管疾病已成为世界范围内的慢性疾病。《中国居民营养与慢性病状况报告（2020 年）》显示，中国居民超重肥胖问题不断凸显，慢性病患病/发病仍呈上升趋势。中国成年居民超重肥胖率超过 50%，6~17 岁、6 岁以下儿童青少年超重肥胖率分别达到 19%和 10.4%。相比于 2015 年，城乡各年龄组居民超重肥胖率继续上升,高血压、糖尿病、慢性阻塞性疾病患病率和癌症患病率也有所上升。2019 年我国因慢性病导致的死亡占总死亡的 88.5%,其中心脑血管病、癌症、慢性呼吸系统疾病死亡比例为 80.7%,防控工作仍面临巨大的挑战。近几十年来,茶在代谢和心血管健康中的作用被不断报道,有关茶的健康益处的证据越来越多。由于肠道微生物群平衡对人类健康存在潜在影响,其组成的不平衡,会影响肠道健康,是脾虚湿困的重要病理因素(邵铁娟等,2014);并且对肥胖、糖尿病、炎症性肠病(Rowland et al.,2018;Hinojosa-Nogueira et al.,2021)的发生也有影响。因此有研究人员认为,茶的健康促进作用多源于茶和肠道微生物群之间的相互关系(Bond and Derbyshire,2019;Liu et al.,2020)。

在茶对肠道健康的影响的人群试验中,随机对照试验为主要试验类型,病例对照研究较少。茶与肠道微生物群关系的研究主要集中在绿茶和黑茶,关于红茶和乌龙茶的研究较少,未见白茶的人群研究报道。

本节选择使用 CNKI 数据库、万方数据库及美国国家医学图书馆 PubMed 数据库,围绕茶与人肠道菌群、肠道微生物群的关系进行系统性文献检索,检索自 2013 年 1 月 1 日至 2023 年 6 月 30 日国内外公开发表的相关文献,共查阅中文文献 213 篇,英文文献 81 篇。

根据总体要求和排除标准,排除动物实验、体外实验、细胞实验、受试者接受茶及其提取物以外的其他食物干预的实验及与肠道微生物群相关性较弱的实验后,共有 10 篇文献作为本次研究的主要证据。其中有 7 篇文献为人群研究,3 篇文献为系统综述。

5.7.2 绿茶与肠道健康

绿茶为未发酵的茶叶,含有绿茶多酚,包含儿茶素及其衍生物(Balentine et al.,1997)。结肠微生物群可以将茶多酚转化为一系列酚类代谢物,然后从尿液和粪便中排出(Sang et al.,2011)。

有研究表明,绿茶会影响特定肠道细菌物种的生长,显著增加双歧杆菌(*Bifidobacterium*)、乳酸菌(*Lactic acid bacteria*)和肠球菌(*Enterococcus*)的丰度,增加短链脂肪酸的生成,促进肠道内益生菌的生长,改善结肠环境,有利于人体健康(Zhang et al.,2013)。一项中国的研究(Yuan et al.,2018)以每天 400 mL 绿茶饮料对 12 名健康志愿者进行两周的干预,结果发现这种干预使肠道微生物群组成发生显著改变,志愿者肠道内厚壁菌门(Firmicutes)和放线菌门(Actinobacteria)的比例升高,拟杆菌门(Bacteroidetes)比例降低。Jin 等(2012)进行的一项人体试验数据显示,10 名 33~70 岁不经常喝茶的志愿者,每天饮用高达 1000 mL 绿茶,连续十天后,肠道中双歧杆菌的比例升高,而停用后双歧杆菌比例下降。另有研究使用绿茶提取物代替绿茶饮料进行干预,Okubo等(1992)对 8 名正常饮食的志愿者餐前给予 0.4 g 儿茶素,每天 3 次,干预时间为 4 周,结果发现产气荚膜梭菌(*Clostridium perfringens*)比例降低,双歧杆菌比例升高。这些研究均证实了绿茶的益生元效应及改善结肠环境的作用。

但并非所有试验结果都是显著的,Janssens等(2016)对 58 名 18~50 岁白种人进行了为期 12 周的随机试验,每天提供 9 粒绿茶提取物胶囊,结果仅发现受试者细菌的 α-多样性减小,肠道微生物群组成没有显著变化。试验人员进行了依从性检查,发现志愿者并非每天都服用所有的胶囊,这会导致调查结果的缺乏。也有可能是绿茶对不同人种的作用效果是有区别的。绿茶与肠道微生物群关系证据分析见表 5-35。

表 5-35　绿茶与肠道微生物群关系证据分析

内容	评级	备注
证据等级	中	5 项随机对照试验研究
一致性	良	4 项随机对照试验研究均发现绿茶升高了肠道内拟杆菌门的比例
		1 项随机对照试验研究无显著性结果
健康影响	良	4 项随机对照试验研究认为绿茶能改变肠道微生物群组成
研究人群	优	构成证据体的人群为中国人、日本人
适用性	优	可直接适用

5.7.3　红茶与肠道健康

荷兰科学家将 2650 mg 的红茶提取物溶解在 250 mL 的热水中,并对 12 名健康男性进行了 30 h 随机对照试验。结果发现,个体间肠道微生物分解红茶代谢物的水平差异较大,这可能与不同个体的肠道微生物群组成不同有关(van Duynhoven et al., 2014)。Mai 等(2004)对正常饮食的志愿者人类进行 21 天的红茶干预,结果发现肠道微生物群总数有所降低。以上研究结果可能与红茶提取物的健康益处有关。但目前还需要进行更大规模的高质量试验,使用红茶饮料而不仅是茶提取物以及更高水平的摄入量和更长的干预时间来进行研究。

5.7.4　黑茶与肠道健康

1. 普洱茶与肠道健康

普洱茶属于黑茶,在各种类型的茶中,由于微生物参与其发酵过程而产生复杂且丰富的成分,具有独特的风味,茶褐素是普洱茶中的主要成分之一。在一项普洱茶干预的人群试验（Huang et al.，2019）中，研究人员对 13 名 24～32 岁、BMI 在 21.6～26.1 之间的健康男性志愿者进行了为期 4 周的试验，每人每天饮用含 50 mg/kg 速溶普洱茶粉末的茶水。结果发现茶褐素可以改变人的肠道微生物群，降低回肠内与胆汁盐水解酶活性相关的微生物（如乳酸杆菌、芽孢杆菌、链球菌、乳球菌、肠球菌）的丰度，抑制结合胆汁酸的解耦合作用，从而抑制胆汁酸重吸收，促进胆固醇水解，降低胆固醇水平。茶褐素还会增加产生短链脂肪酸的肠道微生物群的丰度，对代谢活动产生积极影响。一项国内的人群试验（谭晓颖等，2022）纳入了 30 名长期生活在广东惠州地区的 18～45 岁的志愿者，受试者每天饮用普洱熟茶（早、中、晚分别饮用 3 g 普洱熟茶，每天共计饮用 9 g），干预 12 周后，收集粪便标本并进行高通量测序及肠道微生物群多样性分析。结果发现受试者饮茶前后肠道内乳酸杆菌、双歧杆菌、嗜黏蛋白阿克曼菌属等有益菌属数量明显增加。

2. 六堡茶与肠道健康

六堡茶也是黑茶的一种，随着陈化时间延长，六堡陈茶中茶褐素和茶多糖增加，茶黄酮和酚酸进一步发生转化。在一项使用六堡茶调理亚健康状态痰湿体质的研究中（侯粲等，2021），研究人员以六堡茶新茶和五年陈化茶（10 g，200 mL 沸水浸泡，每天 2 次）作为干预手段，对亚健康状态痰湿质人群进行随机对照试验，共计 90 天。与平和质相比，痰湿质中老年人肠道微生物群的丰度及多样性均显著降低，拟杆菌门相对丰度较低，而厚壁菌门相对丰度较高，双歧杆菌等厌氧菌减少。结果显示，六堡茶新茶及陈化茶均有助于改善痰湿体质。饮茶后，体内表达胆盐水解酶的拟杆菌门水平下降，厚壁菌门与拟杆菌门比例改变，大肠杆菌、志贺菌丰度下降，粪杆菌、拟杆菌属丰度升高，嗜胆菌增殖，这揭示了六堡茶调节痰湿质人群肠道菌群的作用。此外，与代谢性疾病、能量代谢有关的萨特氏菌属和瘤胃球菌属的相对丰度也发生了改变。因此，六堡茶可能通过调节肠道微生态，改善痰湿质等亚健康人群的代谢状态。

5.7.5 油茶与肠道健康

油茶是在茶锅中放少许油，以茶叶、生姜为主要原料，加水加盐煮沸制成的茶饮料。油茶中的茶多酚含量显著高于绿茶、红茶、乌龙茶等茶类。一项病例对照研究（陈玉柱等，2022）在广西油茶地区和非油茶地区按年龄、性别匹配收集了 20 对健康男性人群的粪便和血样，与对照组相比，油茶组人群的肠道微生物群丰度增加，厚壁菌门、软壁菌门比例升高，拟杆菌门及梭杆菌门比例降低，且普雷沃氏菌属和双歧杆菌属等益生菌丰度升高。

5.7.6 金花香橼茶与肠道健康

金花香橼茶是一种采用黑茶工艺发酵的乌龙茶。研究人员招募了 38 名 18～80 岁的血脂异常志愿者，每人每天将 6 g 茶叶加入 200 mL 沸水冲泡饮用，干预 3 个月（孙颖等，2022）。试验结束后采集了 29 名志愿者的粪便样本，发现肠道微生物群丰度增加，物种均匀度提高，厚壁菌门、变形菌门和放线菌门相对丰度上升，拟杆菌门和梭杆菌门相对丰度下降。

5.7.7 小结

上述研究评估了不同类型的茶及茶产品的健康作用。喝茶有利于肠道健康，特别是对于高脂饮食、肥胖或胰岛素抵抗的人，可以帮助改善肠道微生物群，表现出益生元效应（Bond and Derbyshire，2019）。目前，关于绿茶的证据最强，每天高达 1000 mL 绿茶饮用量能够升高双歧杆菌的比例，促进结肠健康。机制研究也表明，红茶、黑茶、油茶可以调节微生物多样性，升高有益菌的比例，改善疾病状态下的肠道微生物群。

有研究表明，喝茶可能与减肥有关，绿茶能够纠正在肥胖等情况下出现的微生物群生态失调（Zhou et al.，2021），本节中绿茶相关人群试验的发现支持了这样一种假设，即茶的摄入有利于调节肠道微生物群，并有助于抵消肥胖或高脂饮食引发的肠道微生态失调。此外，饮茶在帮助缓解特定胃肠疾病症状方面的作用也值得进一步探索。就现有的人群试验的优势和局限性而言，有些研究排除了长期患有肠道疾病及使用抗生素的受试者，严格要求参与者在研究期间不要饮用任何其他形式的茶、咖啡或提供多酚的饮料，这提高了试验结果的准确性，但仍需要严格要求随机化方法，并详细评估受试者的依从性和退出情况。纳入受试者时也要考虑性别因素，尽量避免单一性别。未来关于茶与肠道健康的研究应集中在人群试验方面，以更好地评估长期饮用茶对人体肠道健康的影响。

（杨 倬）

5.8 茶与骨骼肌肉健康

随着人口老龄化的进程，骨骼健康越来越为社会所关注，骨质疏松症（osteoporosis，OP）作为影响骨骼健康的主要疾病，致残率和致死率高，严重影响患者的生活质量和生存，并给社会和家庭带来巨大负担（夏维波等，2018）。骨质疏松症是一种以骨量低，骨组织微结构损坏，导致骨脆性增加，易发生骨折为特征的全身性骨病。随着我国人口老龄化加剧，骨质疏松症已经成为我国重要的公共健康问题之一。2018年开始的全国骨质疏松症流行病学调查数据显示：50岁以上人群骨质疏松症患病率为19.2%，其中女性为32.1%，男性为6.9%，65岁以上人群骨质疏松症患病率为32%，其中女性为51.6%，男性为10.7%（中华医学会骨质疏松和骨矿盐疾病分会，2019）。据此估算，目前我国骨质疏松症患病人数约9000万，其中女性约7000万。目前，全世界骨质疏松症患者已超过2亿，其发病率跃居常见病、多发病的第7位；随着社会人口的老龄化，预计未来50年骨质疏松症患者还将增加3～4倍（范於菟等，2011）。骨质疏松症可发生在任何年龄，但主要发生于绝经后女性和老年男性人群。骨质疏松性骨折是骨质疏松症常见和最严重的并发症（Wang et al., 2015, Al-Sari et al., 2016）。

钙和维生素D是维持骨骼健康的两大主要营养素，茶也与骨骼健康有着重要的关系。通过对近几年国内外茶与骨骼健康文献的系统检索，发现绿茶或茶叶中的抗氧化成分，如多酚和黄酮等对骨骼健康有益；也有研究显示茶叶中的其他成分反而可能促进骨吸收，加速骨质疏松的进程。目前，关于茶或茶提取物对于骨骼健康的研究结果并不十分一致，对于茶与骨骼健康的关系有待于进一步深入研究。

骨骼肌约占身体质量的40%，并维护机体的正常生理功能，骨骼肌肉大小、新陈代谢和收缩功能是身体健康所必需的（Li et al., 2020a）。肌肉减少通常与衰老和疾病有关（Anker et al., 2014），与年龄相关的肌肉量损失在人大约50岁之后，肌肉量以每年1%～2%的速度下降（Doherty, 2003, Hughes et al., 2001）。肌肉力量的衰退速度比肌肉量更快，在50～60岁之间以每年1.5%的速度下降，超过60岁以后，以每年3%的速度下降。肌减症（杨扬和傅力，2022）是一种增龄性疾病，以骨骼肌质量减少和肌肉力量下降为主要表现，导致老年人跌倒和丧失生活自理能力等不良后果的风险增加。人均寿命延长导致老龄化，肌肉减少症的发病率和患病率明显升高。肌减症的特征是骨骼肌质量和身体功能（即肌肉力量和身体表现）逐渐下降，这在老年人中很常见。多项前瞻性研究表明，中年后骨骼肌质量每十年下降约6%（Wu and Suzuki, 2023）。近年来有研究认为茶多酚的抗氧化、抗炎功效使其在骨质疏松的预防及治疗方面起着重要的作用。

5.8.1 茶与骨骼健康

1. 茶与骨骼健康的研究

茶与骨骼健康的相关人群研究共有4篇文献，包含2项综述，2项队列研究，具体见表5-36。研究认为饮茶有助于预防骨骼相关疾病，长期适量喝茶有益于女性的骨骼健康，但未发现对男性跟骨密度的健康促进作用。特别是饮用绿茶对骨骼健康有益（Lee et al., 2021），这种益处可能是源于茶叶中的抗氧化物质，如茶多酚、类黄酮（Ramesh et al., 2021）等起到保护骨骼的作用，而茶叶中其他成分则可能会增加骨吸收，从而对骨骼健康不利（Ratajczak et al., 2021）。暂无证据表明，增加茶叶的摄入量会提高对骨骼健康的益处或危害。

表 5-36 茶与骨骼健康的关系

内容	评级	备注
证据等级	中	包含 2 项综述，2 项队列研究
一致性	良	茶叶中茶多酚、类黄酮可以保护骨骼，但其他成分可能会增加骨吸收
健康影响	良	饮茶可能会促进骨骼健康，但也可能会增加骨吸收，与茶叶中成分有关
研究人群与中国人群的相似性	良	4 项研究中 2 项包括亚洲人
适用性	良	适用，但有个别注意事项

2. 茶与骨质疏松的研究

茶与骨质疏松相关人群研究共有 7 篇文献，包含 2 项综述，1 项荟萃分析，3 项队列研究，1 项病例对照研究，具体见表 5-37。有研究认为饮茶有助于骨质疏松的预防，如饮用非发酵茶（绿茶）的男性老年人患骨质疏松的风险较低（Hsu et al., 2022，方志萍等，2018）。但并非所有研究均认为饮茶对骨质疏松预防有益，1 项荟萃分析（Zhang et al., 2023a，Chen et al., 2022）认为茶叶消费与骨质疏松和骨折风险没有显著关联，也有观点认为茶叶中的咖啡因可能会促进骨质疏松（Berman et al., 2022），特别是饮茶比例相对较高的绝经妇女人群患骨质疏松症的比例也更高（Chai et al., 2021）。综合分析认为，饮用绿茶可以降低男性骨质疏松的发病风险，但绝经期妇女饮茶不仅不能降低骨质疏松的发病风险，而且可能会促进骨质疏松的发病进程。

表 5-37 茶与骨骼疏松的关系

内容	评级	备注
证据等级	中	包括 2 项综述，1 项荟萃分析，3 项队列研究，1 项病例对照研究
一致性	差	研究认为饮用非发酵茶（绿茶）有助于降低男性骨质疏松的发病风险，但也有观点认为饮茶与骨质疏松没有显著关联，特别是绝经期妇女饮茶可能会促进骨质疏松
健康影响	中	饮茶对骨质疏松的影响与茶叶类型和饮茶人群特点有关，男士饮用绿茶可以预防骨质疏松
研究人群与中国人群的相似性	优	5 项研究中 4 项包括中国人
适用性	中	适用，但有个别注意事项

3. 茶与骨密度的研究

茶与骨密度相关人群研究共有 4 篇文献，包含 1 项综述，1 项荟萃分析，2 项队列研究（表 5-38）。目前对于茶与骨密度的研究结果并不一致，但大部分文献支持饮茶与更高的骨密度呈正相关（Sheng et al., 2021）。绝经前饮茶与绝经后妇女较高的骨密度有关，而且这种相关性与喝茶的浓度和种类并无关系（Ni et al., 2021）。一项基于中国南方人群的研究，饮用乌龙茶可提高绝经后妇女跟骨密度（Duan et al., 2020）。饮茶对于普通人群的骨密度可能影响并不大，但对于绝经期妇女而言，绝经前饮茶或能提高骨密度。研究的不一致性，可能与研究的人群不同、饮茶类型等因素相关。

表 5-38 茶与骨密度的关系

内容	评级	备注
证据等级	中	包括 1 项荟萃分析，1 项综述，2 项队列研究
一致性	良	部分文献认为绝经期前饮茶与绝经后妇女较高的骨密度有关，但饮茶对普通人群的骨密度影响不大
健康影响	中	部分研究认为饮茶对绝经期妇女的骨密度呈正相关
研究人群与中国人群的相似性	良	3 项研究中均包含中国人
适用性	中	适用于绝经前后妇女

5.8.2 茶与肌肉健康

茶或茶叶提取物对肌肉健康的人群研究共有 10 项，其中 4 项随机对照试验，3 项综述，1 项随机对照试验和荟萃分析，1 项系统综述和荟萃分析，1 项随机对照试验的系统综述，具体见表 5-39。对肌肉健康起作用的主要是绿茶或绿茶提取物，包括黄酮、儿茶素等。绿茶或绿茶提取物对于肌肉健康的研究结果相对一致，包括可以改善肌肉质量和力量、加速运动肌肉损伤的修复以及延缓肌肉萎缩等。

表 5-39 茶与肌肉健康的关系

内容	评级	备注
证据等级	中	包括 4 项随机对照试验，3 项综述，1 项随机对照试验和荟萃分析，1 项系统综述和荟萃分析，1 项随机对照试验的系统综述
一致性	良	6 项随机对照试验研究中 5 项认为饮茶后，骨骼肌质量或肌肉力量或身体表现有不同程度改善
健康影响	良	83%的研究认为饮茶对肌肉健康有影响
研究人群与中国人群的相似性	差	鲜有研究显示饮茶与中国人群肌肉健康的关系
适用性	良	适用，但有个别注意事项

随着年龄的增长和衰老进程，肌肉减少必然会发生，50岁以上的中老年人易患肌减症。研究发现，摄入黄酮类化合物、儿茶素或其他膳食补充剂，如必需氨基酸等，同时进行定期的抗阻力运动，可以提高骨骼肌质量指数，改善身体肌肉机能（Tokuda and Mori，2023）。6项随机对照试验研究显示，饮茶后，骨骼肌质量在三项研究中显著增加，肌肉力量在两项研究中明显增强，身体表现在两项试验中显著改善。83.3%的研究发现，茶叶对抗肌减症改善的指标中至少有一项主要结果是通过黄酮类化合物干预，黄酮类化合物可能具有治疗肌减症的巨大潜力（Wu et al.，2023）。

除了肌减症相关的研究，其余研究发现绿茶、绿茶提取物或抹茶绿茶饮料均可以改善肌肉质量和力量，特别对于运动人群摄入绿茶、绿茶提取物的同时规律进行抗阻力运动训练，可以有效改善运动后肌肉量和肌肉力量，并能在主观上降低疲劳感。补充蛋白制品的同时补充含咖啡因、绿茶的食物，可以提高商业运动员人群中人员的肌肉量，但过量摄入可能造成肝损伤（Pilegaard et al.，2022）。每天饮用两次抹茶饮料，每次1.5 g，同时进行抗阻力运动训练，持续8～12周，受试人群腿部最大力量和肌肉量增强、主观疲劳感和唾液皮质醇下降。每天摄入抹茶绿茶饮料可能有助于肌肉适应训练，调节压力和疲劳反应以及微生物群组成（Shigeta et al.，2023）。同时，绿茶提取物还有助于运动员肌肉的快速恢复（Tavares et al.，2022），这可能与绿茶提取物可以显著降低运动后肌肉标志物和氧化应激标志物有关（Doma et al.，2021）。在不伴随运动的情况下，摄入含抗氧化剂的绿茶提取物也可以改善肌肉质量和力量，并对年龄相关的肌肉功能下降具有治疗益处（Seo et al.，2021）。

儿茶素可有效提高骨骼肌的性能，增加肌肉力量，延缓衰老和疾病引起的肌肉萎缩的发作，这是一种与各种生物活性的相加效应（Li et al.，2020a）。绿茶儿茶素对骨骼肌健康的维持作用是通过蛋白质合成和降解之间的动态平衡，促进线粒体能量代谢的合成，导致有利的肌肉稳态，并缓解随着年龄增长的肌肉萎缩（Luk et al.，2020）。

5.8.3 小结

适量饮用绿茶或补充绿茶抗氧化成分多酚、黄酮等可以提高骨密度、促进骨骼健康、预防骨质疏松。有研究显示每天饮用3～6 g绿茶可以显著提高骨密度，但每天饮茶量超过6 g后，骨密度反而下降（Li et al.，2019b）。饮茶对于骨质疏松的研究结果并不一致，可能与饮茶种类和饮茶人群的不同、饮用量均有关联。有研究认为高龄男性每天饮用3～5 g绿茶，每周至少饮用4天，并且持续12个月以上，有助于预防骨质疏松（方志萍等，2018）。但绝经期妇女饮茶不仅不能降低骨质疏松的发病风险，而且可能会促进骨质疏松的发病进程。除了饮茶，茶叶中的某些抗氧化成分，如抗氧化剂可以通过降低炎性细胞因子水平、清除活性氧（ROS），进而维持骨骼健康（Ratajczak et al.，2021，Ramesh et al.，2021）。但长期饮用氟超标的砖茶或砖茶型食物对人体的危害非常大，而且这种危害超过饮水型、燃煤型氟中毒（曹进等，2003）。

绿茶、绿茶提取物或抹茶在改善肌肉质量和肌肉力量、恢复运动后肌肉损伤、对抗肌减症方面有着积极的促进作用。每天饮用两次抹茶饮料，每次1.5 g，同时进行抗阻力运动训练，持续8~12周后，受试人群腿部最大力量和肌肉量增强、主观疲劳感和唾液皮质醇下降（Shigeta et al.，2023）。绿茶对骨骼健康的作用主要是通过绿茶中的抗氧化成分儿茶素发挥作用，儿茶素通过蛋白质合成和降解之间的动态平衡，促进线粒体能量代谢的合成，导致有利的肌肉稳态，进而起到提高骨骼肌性能、增加肌肉力量、缓解随着年龄增长的肌肉萎缩（Luk et al.，2020）。除了绿茶和绿茶提取物之外，目前的研究尚未发现饮用其他类型的茶对于肌肉质量、肌肉力量及肌减症的健康促进作用。

综上所述，茶对于骨骼肌肉的健康作用研究主要集中于绿茶，对其他种类的茶的研究较少；部分流行病学研究由于纳入样本量、地区、生活习惯及茶的饮用种类、饮用剂量等各种因素的影响，研究结果存在差异。因此，尚需对茶与骨骼肌肉的关系进行进一步细化研究，为茶在骨骼疾病人群、肌肉损伤人群、肌减症人群等的防控应用提供依据。

（陈　鑫）

5.9　茶与癌症

癌症（恶性肿瘤）是严重危害人类健康的重大公共卫生事件。国际癌症研究中心2024年发布的数据显示（曹梦迪和陈万青，2024），2022年，全球估计新发癌症接近2000万例，排除年龄因素后的世标发病率为196.9/10万。在总体癌症发病病例中，2022年发病例数较高的为肺癌（12.4%）、乳腺癌（11.5%）、结直肠癌（9.6%）、前列腺癌（7.3%）和胃癌（4.9%）。癌症在男性群体中的发病和死亡负担均高于女性，发病率比女性高26.3%，死亡率比女性高32.9%。在不同地区的统计中，亚洲拥有全球最多的癌症病例数和死亡数，其次是欧洲和北美洲。根据人口统计数据预测，到2050年，全球新增癌症病例将达到3528万例，较2022年增加76.6%。我国2022年新发癌症482万例，肺癌（22.0%）、结直肠癌（10.7%）、甲状腺癌（9.7%）、肝癌（7.6%）和女性乳腺癌（7.4%）的发病例数较高，整体防控形势严峻（郑荣寿等，2024）。

根据国际疾病分类第 10 版标准,我国对癌症的数据收集通常分为 23 种类别:口腔癌、鼻咽癌、食管癌、胃癌、结直肠癌、肝癌、胆囊癌、胰腺癌、喉癌、肺癌、皮肤黑色素瘤、女性乳腺癌、子宫颈癌、卵巢癌、前列腺癌、睾丸癌、肾癌、膀胱癌、脑肿瘤、甲状腺癌、淋巴癌、白血病和其他恶性肿瘤。本节通过对茶与癌症相关论文的系统检索并按癌症种类分别论述,呈现相关研究证据。

5.9.1 茶与神经胶质瘤

Song 等(2019b)对截至 2018 年 11 月的文献进行数据库检索,本次荟萃分析共纳入 11 篇文章,其中有 8 篇关于茶的文章,4 篇关于咖啡加茶的文章。研究发现,脑癌风险与饮茶之间的关联在整个结果中不显著,但在美国人群中,饮茶与患脑癌的风险呈负相关,而在其他人群中则相反。目前的研究存在一些局限性,未来有必要对性别、生活方式和其他相关因素进行详细的研究,以进一步探索茶的摄入量与脑癌风险之间的关系。

Zhang 等(2022b)等对截至 2021 年 10 月的文献开展了荟萃分析,研究发现饮食因素对胶质瘤的影响不容忽视,茶的摄入可以降低胶质瘤的风险(RR=0.82,95%CI:0.71~0.93)。Pranata 等(2021)为评估咖啡和茶的摄入是否与胶质瘤的风险有关,在截至 2020 年 10 月开展的系统综述和剂量-效应荟萃分析中,有 12 项相关研究,包括 1960731 名参与者和 2987 例胶质瘤病例。这项荟萃分析显示,咖啡和茶的摄入量与患神经胶质瘤的风险之间存在明显的联系,研究发现较高的饮茶量与较低的胶质瘤风险相关。茶与神经胶质瘤患病风险的关联研究见表 5-40。

表 5-40 茶与神经胶质瘤患病风险的关联研究

内容	评级	备注
证据等级	优	2 项荟萃分析
一致性	优	一致
健康影响	优	2 项研究显示饮用茶会显著降低神经胶质瘤的患病风险
研究人群与中国人群的相似性	优	2 项研究涉及中国人群
适用性	优	直接适用

茶碱和咖啡因具有抗炎作用,并能促进脑脊液产生(Han et al.,2009)。这些小的亲脂分子可以穿过血脑屏障,促进神经毒素的清除或稀释,从而降低胶质瘤风险(Creed et al.,2020)。不同的茶和冲泡方式,对癌症进展的影响可能会有所不同(Song et al.,2019b)。

5.9.2 茶与乳腺癌

茶与乳腺癌（breast cancer，BC）发病风险的荟萃分析侧重于绿茶消费对乳腺癌风险的化学预防作用。广泛的研究表明，摄入绿茶可以降低患乳腺癌的风险。Yu 等（2019）对 14 项符合荟萃分析纳入标准的研究进行分析，共纳入 14058 例乳腺癌患者和 15043 例对照受试者。研究发现，有饮用绿茶习惯的受试者与未来患乳腺癌的风险呈负相关（OR=0.83，95%CI：0.72～0.96）。

Wang 等（2020）开展的荟萃分析从数据库中共检索 2022 篇摘要，涉及 16 项观察性研究。归因危险度百分比结果显示，在饮用绿茶的人群中，23.5%、13.6%、1%和 72.4%的非乳腺癌个体可能分别归因于中国、日本、新加坡和美国的绿茶消费。饮用绿茶可能具有降低乳腺癌风险的作用，特别是长期高剂量饮用（RR=0.86，95%CI：0.75～0.99）。统计发现剂量、绿茶饮用年限和乳腺癌风险之间存在显著的负线性关系。剂量-效应结果表明，每天喝 1 杯、2 杯、3 杯、5 杯或 7 杯绿茶，患乳腺癌的风险分别降低了 3%、6%、8%、13%和 18%。仅包括队列的剂量-效应也表明了饮用绿茶可能降低乳腺癌风险的趋势。

Wang 等（2021b）开展荟萃分析，共涉及 45 项研究纳入超过 3323288 名受试者，符合分析条件。荟萃分析以剂量依赖的方式确定咖啡和/或茶消费对降低乳腺癌风险的影响，并在亚组和荟萃回归分析中确定咖啡/茶类型、绝经状态、激素受体和 BMI 的差异。咖啡和茶的摄入与绝经后妇女总体乳腺癌风险的降低无关。高剂量茶摄入可能对预防 ER-BC（雌激素受体-乳腺癌）有效，特别是对绝经后妇女。同时进行的另一项两两比较和网络荟萃分析确定，推荐每日剂量为≥5 杯/d 的茶与降低乳腺癌的潜在风险有关，茶是预防乳腺癌的潜在有用的膳食保护剂。

但 Wang 等（2018b）开展的荟萃分析认为，饮茶与总体乳腺癌风险无关。此前也有 3 项荟萃分析显示，茶摄入量对整体乳腺癌风险的影响不显著（Nie et al.，2014；Wu et al.，2013；Ogunleye et al.，2010）。然而，在病例对照研究中，茶的摄入降低了绝经前妇女患乳腺癌的风险。因此，我们建议在绝经前开始喝茶。

大量研究证实，绿茶的抗肿瘤作用是通过降低乳腺癌细胞的活力和增殖来实现的（Horakova et al.，2018；Schroder et al.，2018；Wei et al.，2018）。EGCG 具有抗突变、抗遗传毒性和抗癌特性（Kuroda and Hara，1999；Joan et al.，2018；Gan et al.，2018），可以减少活性氧对 DNA 的损伤（Hakim et al.，2003；Higdon and Frei，2003），抑制肿瘤细胞的生长、侵袭和血管生成（Ju et al.，2005；Carter et al.，2007）。表没食子儿茶素还能通过抑制乳腺癌细胞 DNA 甲基转移酶诱导凋亡（Gianfredi et al.，2017）。

茶与乳腺癌患病风险的关联研究具体见表 5-41。

表 5-41　茶与乳腺癌患病风险的关联研究

内容	评级	备注
证据等级	良	4 项荟萃分析
一致性	良	3 项研究显示茶会降低乳腺癌的患病风险，但存在种类、数量、人群方面的差异，1 项无关
健康影响	中	2 项显示饮用绿茶会显著降低乳腺癌的患病风险
研究人群与中国人群的相似性	优	3 项研究涉及中国人群
适用性	良	适用，但有个别注意事项

5.9.3　茶与膀胱癌

Al-Zalabani 等（2022）汇总了 12 项来自世界不同地区和人群的队列研究中 532949 名个体数据并进行分析，结果显示喝茶可以显著降低膀胱癌的风险。在吸烟者和曾经的吸烟者中，所有水平的饮茶量都与膀胱癌风险的降低显著相关，在男性、现在吸烟者和曾经吸烟者之间也发现了类似的负相关，然而女性和从不吸烟的人则没有显示相关性，这表明可能存在性别依赖效应。此外，剂量-效应分析显示，每天饮茶量增加 100 mL，膀胱癌风险降低（HR 增量=0.97，95%CI：0.96~0.98）。饮茶与性别、吸烟状况之间的因果关系和相互作用机制有待进一步研究。

日本的一项队列研究（Kurahashi et al.，2009）显示了类似的相互作用模式，即当前吸烟者每天饮用 3~4 杯绿茶可降低膀胱癌风险（HR=0.44，95%CI：0.24~0.80），而从不吸烟者和曾经的吸烟者则没有显示出这种关联。这些结果也表明，饮茶本身可能会调节吸烟的致癌作用。Zhao 等（2020）最近的一项荟萃分析发现每增加一杯茶的摄入量，膀胱癌风险就会降低 5%，而通过比较最高和最低茶的摄入量，风险并没有显著降低。可能的原因是，所纳入的研究可能包括了不同的茶类型（即红茶和绿茶），并且根据地区的不同，参与者可能会摄入不同浓度的茶。有文献指出，与女性相比，男性的氧化应激水平更高，因而从茶的抗氧化作用中获益更多（Seow et al.，2020；Ide et al.，2002）。

Hong 等（2018）开展的荟萃分析纳入了 54 篇文章，涉及 43000 多名膀胱癌患者，其中有 22 项研究调查了饮茶与膀胱癌风险之间的关系。荟萃分析的结果显示，饮茶与膀胱癌风险之间没有显著关联，茶的摄入量似乎与膀胱癌的风险无关。

茶与膀胱癌患病风险的关联研究具体见表 5-42。

表 5-42　茶与膀胱癌患病风险的关联研究

内容	评级	备注
证据等级	良	2 项荟萃分析，2 项队列研究
一致性	差	不一致，2 项研究显示膀胱癌风险降低，2 项显示茶与膀胱癌风险无关
健康影响	差	2 项显示茶与膀胱癌患病风险在种类、数量、人群方面存在差异
研究人群与中国人群的相似性	良	4 项研究均涉及亚洲人群
适用性	良	适用，但有个别注意事项

5.9.4　茶与前列腺癌

Liu 等（2023b）评估了 14 种治疗方法对前列腺癌风险的影响，其中包括 10 种膳食抗氧化剂。截至 2022 年 8 月对数据库进行检索，收集随机对照试验。共纳入 14 项随机对照试验，总样本量为 73365 名男性。荟萃分析结果显示，绿茶儿茶素显著降低前列腺癌的风险。绿茶儿茶素的抗癌作用是通过诱导前列腺癌细胞凋亡和细胞生长停滞，从而影响前列腺癌的进展，绿茶捕获物对前列腺癌风险有有益影响（Sharifi-Zahabi et al., 2021）。

在一项针对绿茶儿茶素的研究中，患有高水平前列腺上皮内瘤变的志愿者每天服用三次 200 mg 绿茶儿茶素，总共 600 mg/d（Bettuzzi et al., 2006）。一年后随访发现，治疗组只有 1 例前列腺癌（发生率3%），而安慰剂组有 9 例前列腺癌（发生率为 30%）。此外，绿茶儿茶素组有前列腺特异性抗原水平降低的趋势，国际前列腺症状评分显著下降。此外，一项为期两年的随访发现，接受安慰剂治疗的 9 名男性中有 2 名被诊断为前列腺癌，接受绿茶儿茶素治疗的 13 名患者中有 1 名被诊断为前列腺癌，前列腺癌诊断率降低了 80%（Brausi et al., 2008）。

一项研究观察了前列腺切除术前 3~6 周每天饮用 6 杯绿茶或水的男性的组织（Wang et al., 2010）。组织样品中 50%~60% 的 EGC 和 EC 被甲基化，其中 4″-O-MeEGCG 是最常见的甲基化儿茶素。体外研究发现，EGCG 甲基化与细胞增殖减少和细胞凋亡增加有关，提示 EGCG 甲基化状态可能会改变绿茶干预治疗前列腺癌的效果。最近，Henning 等（2015）进行了另一项试验，患者每天喝 6 杯绿茶、红茶或水。各组间的增殖、凋亡或氧化标志物（8-羟基脱氧鸟苷测量）没有明显变化，但饮茶显著降低了 NF-κB 染色、尿液氧化和前列腺特异抗原（PSA）水平。

茶与前列腺癌患病风险的关联研究具体见表 5-43。

表 5-43　茶与前列腺癌患病风险的关联研究

内容	评级	备注
证据等级	良	1 项荟萃分析，1 项随机对照试验
一致性	优	均显示绿茶会降低前列腺癌的患病风险
健康影响	优	均显示绿茶会显著降低前列腺癌的患病风险
研究人群与中国人群的相似性	优	2 项研究均涉及中国人群
适用性	优	直接适用

5.9.5　茶与卵巢癌

Alizadeh 等（2021）对截至 2019 年的 97 项队列研究进行荟萃分析，以确定饮食摄入量与卵巢癌风险之间的关系，结果饮食摄入与卵巢癌发病风险无显著相关性。但亚组分析结果表明，摄入绿茶可显著降低卵巢癌风险（RR=0.61，95%CI：0.49～0.76）。

Zhang 等（2018a）对茶与卵巢癌风险开展观察性流行病学研究的系统回顾和荟萃分析，研究结果表明，饮用茶与降低患卵巢癌的风险有关。基于亚组分析的效应测量，我们发现这些关联在不同的研究设计（队列与病例对照）中没有显著差异，而且亚洲研究的综合效应测量更为显著。随着茶总摄入量的增加，患癌风险降低。与红茶相比，绿茶与降低卵巢癌风险的剂量-效应关系更强。未来的研究可探索不同类型的茶在化学预防作用方面的差异的生化证据。与其他一级预防策略相比，饮用茶对卵巢癌的潜在化学预防作用可能是一种低成本的预防策略。由于西方国家的大多数消费者可能更喜欢喝红茶，而红茶的化学预防作用较弱，因此这些地区的营养学家和妇科医生应该考虑建议高危女性多喝绿茶。

儿茶素和没食子儿茶素、茶黄素（红茶的主要成分）是茶中最有效的两种抗癌因子。卵巢癌中受表没食子儿茶素没食子酸酯影响的信号蛋白，即 JUN、FADD、NFKB1、BCL-2、HIF-1α 和 MMP，影响细胞周期以及 DNA 复制。茶的影响因不同人群的遗传异质性和生活方式而异（Johannes et al.，2017；Wang et al.，2016）。

茶与卵巢癌患病风险的关联研究具体见表 5-44。

表 5-44　茶与卵巢癌患病风险的关联研究

内容	评级	备注
证据等级	良	2 项荟萃分析
一致性	优	均显示饮茶会降低卵巢癌的患病风险，但存在种类、数量、人群方面的差异

续表

内容	评级	备注
健康影响	优	均显示饮用绿茶会显著降低卵巢癌的患病风险
研究人群与中国人群的相似性	优	2项研究均涉及中国人群
适用性	优	直接适用

5.9.6 茶与子宫内膜癌

尽管之前的一些研究已经分析了饮茶与子宫内膜癌风险之间的关系，但得出的信息仍然相互矛盾，之前的荟萃分析得出的结果也不一致。一项更新的荟萃分析在PubMed、Web of Science、Scopus和CNKI中检索了2019年9月25日之前发表的文献，并对所有相关参考文献进行了检查（Zhang et al.，2021）。结果表明，饮茶与子宫内膜癌的发病率无关。需要进一步的研究来验证此结果。茶与子宫内膜癌患病风险的关联研究具体见表5-45。

表5-45 茶与子宫内膜癌患病风险的关联研究

内容	评级	备注
证据等级	中	1项荟萃分析
一致性	—	
健康影响	优	未发现关联
研究人群与中国人群的相似性	差	研究不涉及中国人群
适用性	差	不适用

5.9.7 茶与鼻咽癌

对2008~2018年发表的关于饮茶与鼻咽癌的论文进行荟萃分析后发现，在中国和土耳其人群中，饮茶可显著降低鼻咽癌的患病风险（OR=0.865，95%CI：0.806~0.929）。结果显示规律饮茶可能有助于预防鼻咽癌（Okekpa et al.，2020）。

茶与鼻咽癌患病风险的关联研究具体见表5-46。

表5-46 茶与鼻咽癌患病风险的关联研究

内容	评级	备注
证据等级	优	1项荟萃分析
一致性	—	

续表

内容	评级	备注
健康影响	优	饮茶能降低鼻咽癌患病风险
研究人群与中国人群的相似性	优	研究均涉及中国人群
适用性	优	直接适用

5.9.8 茶与口腔癌

对中国、法国、埃及、丹麦、巴西、意大利和印度相关研究进行荟萃分析（Zhou et al., 2018）。结果显示饮茶量与口腔癌的风险降低显著相关（OR=0.700, 95%CI: 0.609~0.805）。剂量-效应分析的线性模型表明，每天饮茶增加 1 杯，口腔癌患病风险降低 6.2%（OR=0.938, 95%CI: 0.922~0.955）。亚组分析中，除饮用红茶和美国人的亚组外，饮茶与口腔癌风险呈负相关关系。饮茶可以起到预防口腔癌的积极作用。

在福建地区开展病例对照研究，收集了 2010~2015 年 203 例非吸烟、非饮酒的口腔癌新发病例，并使用 572 名同期社区人群进行对照（陈法等，2015）。结果显示，与不饮茶者相比，饮茶（OR=0.52, 95%CI: 0.34~0.81）、开始饮茶年龄≥18 岁（OR=0.54, 95%CI: 0.34~0.85）、平均每天饮茶量<700 mL（OR=0.52, 95%CI: 0.32~0.86）、饮茶浓度适中（OR=0.56, 95%CI: 0.32~0.96）、饮淡茶（OR=0.35, 95%CI: 0.16~0.77）、饮绿茶（OR=0.48, 95%CI: 0.28~0.82）、饮温茶（OR=0.55, 95%CI: 0.31~0.98）可降低非吸烟、非饮酒人群口腔癌的风险。茶与口腔癌患病风险的关联研究具体见表 5-47。

表 5-47　茶与口腔癌患病风险的关联研究

内容	评级	备注
证据等级	优	1 项荟萃分析，1 项病例对照研究
一致性	优	均显示饮茶能降低口腔癌患病风险
健康影响	优	均显示饮茶能降低口腔癌患病风险
研究人群与中国人群的相似性	优	2 项研究均涉及中国人群
适用性	优	直接适用

5.9.9 茶与食管癌

茶与食管癌的研究主要集中于饮茶温度对食管癌患病风险的影响。茶水温度超过60℃或70℃通常被研究者认为是"烫茶"。

对12项病例对照研究进行了系统综述和荟萃分析，共纳入中国、伊朗、土耳其和肯尼亚等地区共5253名病例和8273名对照（Zhong et al.，2021）。研究结果显示，饮烫茶与食管癌风险升高显著相关（OR=2.04，95%CI：1.78～2.31），具体来看，与不饮茶相比，饮烫茶增加食管癌的患病风险为OR=1.94，95%CI：1.64～2.23；与饮温度不烫的茶相比，饮烫茶增加食管癌的患病风险为OR=2.52，95%CI：1.90～3.14。

一项荟萃分析纳入了中国、日本、印度、土耳其、伊朗、阿富汗、肯尼亚、英国、澳大利亚、瑞典和南美洲等国家地区的23项研究，包含5050名病例和10609名对照（Luo and Ge，2022），发现饮烫茶与食管癌风险升高显著相关（OR=1.79，95%CI：1.48～2.15）。进一步的亚组分析还发现，控制吸烟或饮酒因素后，饮烫茶与食管癌风险升高依然显著相关（OR=1.80，95%CI：1.41～2.31）。茶与食管癌患病风险的关联研究具体见表5-48。

表5-48 茶与食管癌患病风险的关联研究

内容	评级	备注
证据等级	优	2项荟萃分析
一致性	优	均显示烫茶会提高口腔癌患病风险
健康影响	优	均显示烫茶会提高口腔癌患病风险
研究人群与中国人群的相似性	优	2项研究均涉及中国人群
适用性	优	直接适用

5.9.10 茶与胃癌

多项研究证实饮茶与胃癌风险的降低相关，但具体到饮茶种类、饮茶量及饮茶人群时，则可能呈现出不同结果。

一项荟萃分析纳入33831063名研究对象的232项研究，考察不同因素对胃癌的影响（Poorolajal et al.，2020）。结果显示，饮用绿茶是胃癌风险降低的保护因素（OR=0.88，95%CI：0.80～0.97），饮用黑茶则未显示出同样的保护效果（OR=1.00，95%CI：0.84～1.20）。

对世界范围内的22项研究结果进行荟萃分析发现，与非规律饮茶者相比，规律饮茶者的患胃癌风险显著降低（OR=0.91，95%CI：0.85～0.97）。当每天饮茶超过3杯后，胃癌风险会随着饮茶量的增加而进一步下降（Martimianaki et al.，2022）。

对 4 项关于胃癌患病风险及绿茶饮用关系的队列研究的荟萃分析显示，绿茶对胃癌患病风险的降低的积极作用与性别相关（Bae，2021），在女性中呈现出具有统计学意义的保护作用（RR=0.81，95%CI：0.69~0.95）。茶与胃癌患病风险的关联研究具体见表 5-49。

表 5-49　茶与胃癌患病风险的关联研究

内容	评级	备注
证据等级	优	3 项荟萃分析
一致性	良	均显示饮茶会降低胃癌的患病风险，但存在种类、数量、人群方面的差异
健康影响	良	饮绿茶、规律饮茶及女性饮绿茶与胃癌患病风险降低相关
研究人群与中国人群的相似性	优	3 项研究均涉及中国人群
适用性	优	直接适用

5.9.11　茶与肺癌

通过对 30 篇病例对照研究及 12 篇队列研究进行荟萃分析发现，与不饮茶者相比，饮茶者患肺癌的危险度较低（OR=0.80，95%CI：0.73~0.87）。饮绿茶、黑茶或其他未明确的茶类对比不饮茶者均具有保护作用。当绿茶饮用量达到每天至少 7.5 g 时，肺癌的发生风险则会进一步降低（Guo et al.，2019）。茶与肺癌患病风险的关联研究具体见表 5-50。

表 5-50　茶与肺癌患病风险的关联研究

内容	评级	备注
证据等级	优	1 项荟萃分析
一致性	—	
健康影响	优	饮茶能降低肺癌患病风险
研究人群与中国人群的相似性	优	研究涉及中国人群
适用性	优	直接适用

5.9.12　茶与肝癌

对来自亚洲和欧洲的 22 项研究的荟萃分析显示，与未饮用绿茶者相比，饮用绿茶可以显著降低肝癌风险（OR=0.85，95%CI：0.74~0.97），同时体重指数、肝酶和脂蛋白也有不同程度的改善（Li et al., 2022）。结果提示将绿茶纳入日常饮食，对于肝癌预防具有积极作用。茶与肝癌患病风险的关联研究具体见表 5-51。

表 5-51 茶与肺癌患病风险的关联研究

内容	评级	备注
证据等级	优	1 项荟萃分析
一致性	—	
健康影响	优	饮绿茶能降低肝癌患病风险，同时改善其他结局指标
研究人群与中国人群的相似性	优	研究涉及中国人群
适用性	优	直接适用

5.9.13 茶与肠癌

对 20 篇队列研究进行了荟萃分析，涉及 2068137 名参与者和 21437 例病例，结果表明，饮茶与结直肠癌风险并无显著关联，且各亚组分层分析均未发现显著差异（Zhu et al., 2020）。在针对不同性别的分层分析中，男性饮茶与结直肠癌风险无显著相关性（RR=0.97，95%CI：0.90~1.04），女性饮茶与结直肠癌风险存在微弱负相关（RR=0.93，95%CI：0.86~1.00）。茶与肠癌患病风险的关联研究具体见表 5-52。

表 5-52 茶与肠癌患病风险的关联研究

内容	评级	备注
证据等级	优	1 项荟萃分析
一致性	—	
健康影响	差	饮茶与结直肠癌无显著关联，仅在女性中存在微弱风险降低
研究人群与中国人群的相似性	优	研究涉及中国人群
适用性	优	直接适用

5.9.14 茶与白血病

对儿童急性淋巴细胞白血病患者的母亲妊娠期间饮茶情况进行了荟萃分析，共 8 项来自法国、澳大利亚、希腊及美国的病例对照研究显示，未发现母亲妊娠期间饮茶与儿童急性淋巴细胞白血病的患病风险存在关联（Milne et al., 2018）。

茶与白血病患病风险的关联研究具体见表 5-53。

表 5-53　茶与白血病患病风险的关联研究

内容	评级	备注
证据等级	优	1 项荟萃分析
一致性	—	
健康影响	差	未发现关联
研究人群与中国人群的相似性	差	研究不涉及中国人群
适用性	差	不适用

5.9.15　小结

通过茶与 14 种癌症关联性的研究进行总结归纳，发现现有茶与癌症的研究在不同癌症类型中存在较大差异。乳腺癌、胃癌等领域的研究相对较多，白血病等领域的研究相对较少。在茶饮的具体种类和温度方面，涉及绿茶的研究相对较多，食管癌与茶饮温度的研究较为集中。饮茶对乳腺癌、鼻咽癌、口腔癌、胃癌、肺癌、肝癌预防的积极作用较为显著，但是对脑癌、膀胱癌、卵巢癌、子宫内膜癌、肠癌、白血病患病风险降低不显著或结果不一致，还需要进一步追踪探讨。

（虞晓含，王　晨，邵丹青）

5.10　茶与免疫调节

免疫系统是身体的关键防御机制，由一系列免疫组织、细胞和生物活性物质构成，负责识别并清除外来抗原，同时与身体的其他系统协作，以保持组织的健康和稳态（Poon and Farber，2020）。人体免疫系统保护身体免受病原体感染、暴露于环境毒素和过敏原以及可能导致癌症的细胞损伤。免疫系统在维护身体平衡中扮演着至关重要的角色，不仅促进组织修复和调节炎症反应，而且与超过 90% 的人类疾病直接相关，这些疾病通常源于免疫系统功能的异常（郭青等，2023）。随着当今环境污染加重、人们生活压力增加、生活习惯和饮食习惯不规律，以及老龄化社会的到来，人体免疫力降低，免疫相关疾病的发病率逐年升高。2023 年一项调查研究表明，19 种常见自身免疫性疾病的发病率与患病率整体表现为随时间变化而增加的趋势，其中整体患病率从 2000～2002 年的 7.7% 增加到 2017～2019 年的 11.0%（Conrad et al.，2023）。最新研究揭示，SARS-CoV-2 可能成为某些自身免疫性疾病的潜在触发因素（Hileman et al.，2024）。而多数自身免疫性疾病难以治愈，患者需接受长期治疗。因此为减轻社会经济负担，保障人民生命健康，提高全民免疫力刻不容缓。

本节将对近几年国内外茶与免疫相关文献进行系统检索，总结并讨论茶对免疫系统的影响，从茶对病原微生物的抑制，肿瘤免疫的调节，自身免疫性疾病的调节，炎症的调节和其他方面展开叙述。

5.10.1 茶对病原微生物感染的免疫调节作用

茶与病原微生物感染相关文章共有 7 篇，包括 6 篇综述，1 篇随机对照试验研究，主要集中在茶消费对新冠病毒感染、流感和普通感冒发病率和症状改善之间的关联。所有研究均认为茶消费具有预防新冠病毒感染、流感和普通感冒的潜力，并可减轻相关症状。综合分析认为饮茶很可能降低病毒等病原微生物感染的发病风险，综合评价等级为 B 级。具体研究证据的质量及评价见表 5-54。

表 5-54 茶对病原微生物感染的免疫调节作用

内容	评级	备注
证据等级	高	包括 6 篇人群研究综述，1 篇随机对照试验研究
一致性	优	7 篇文献均认为饮茶降低病原微生物感染的发病风险
健康影响	优	7 篇文献均认为饮茶改善流感和普通感冒的症状
研究人群与中国人群的相似性	良	多项流行病学研究在日本范围内进行
适用性	中	直接适用

Furushima 等（2018）归纳总结了 2018 年之前饮茶的抗病毒活性临床研究。其中 1 项流行病学研究侧重于绿茶消费习惯与流感感染之间的关联，2 项研究评估了绿茶基于膳食补充剂消费的效果，另外 5 项研究评估了用绿茶漱口对预防流感感染的影响。2007 年，一项关于含有茶氨酸和 EGCG 的绿茶胶囊消费量与流感或感冒症状之间关系的随机对照试验研究纳入 108 名健康的成年参与者（Rowe et al.，2007）。五个月的随访结果显示：与安慰剂组相比，绿茶胶囊组的症状减少了 32.1%（$P=0.035$），症状天数减少了 35.6%（$P<0.002$）。2011 年，一项对含有 378 mg 儿茶素的绿茶胶囊的随机对照试验研究纳入 197 名符合资格的医护人员，为期 3 个月的随访结果表明与安慰剂组（13.1%）相比，绿茶胶囊组（4.1%）临床诊断的流感感染发生率显著降低（Matsumoto et al.，2011）。此外，2011 年一项在日本静冈县几所小学之家进行的横断面研究显示每天 1～5 杯（1 杯 200 mL）的绿茶消费量与流感感染之间存在负相关（Park et al.，2011）。漱口是东亚国家常见的一种生活习惯，多项流行病学研究结果显示，与用水漱口相比，用绿

茶漱口的人群流感和普通感冒发病率有所下降，且绿茶漱口对各年龄段的人群均有益处（Furushima et al.，2018）。

自 COVID-19 疫情暴发以来，公众的身心健康遭受了严重的挑战。Veljković 等（2022）提供了一些关于如何通过饮食和生活方式的改变来增强免疫力和预防 COVID-19 的建议，指出绿茶多酚的摄入可以在很大程度上降低与 COVID-19 相关的危险，并且推测绿茶摄入量增加的地区受 COVID-19 的影响较小。此外，Hong 等（2022）总结了茶多酚对 COVID-19 的抑制作用，主要是通过改善菌群紊乱，减少细胞因子风暴的发生，提高免疫力，预防 COVID-19 感染，可被视为设计高效低毒新型抗病毒药物的潜在和有价值的来源。在绿茶消费量"高"和"低"的国家群体之间，COVID-19 的发病率和死亡率存在显著差异，绿茶儿茶素可以为治疗或改善 COVID-19 提供有价值的线索。EGCG 可通过抑制病毒进入并在宿主细胞中的复制，对 SARS-CoV-2 病毒感染具有很强的抗病毒活性，与病毒株无关（Dinda et al.，2023），提示将 EGCG 以最佳浓度应用于口腔和喉咙洗涤剂中，可能有助于降低 COVID-19 患者唾液腺中的这种病毒载量，可作为预防新出现 SARS-CoV-2 病毒株感染的疫苗候选者（Dinda et al.，2023）。2022 年，一项随机、双盲、对照实验结果显示每天食用儿茶素可减少健康男性和女性上呼吸道感染（URTI）的持续时间和严重程度（Ozato et al.，2022）。该研究纳入 109 名志愿者，包括 55 名男性和 54 名女性，研究对象为一种每 350 mL 含有 490 mg 儿茶素和 10 mg 咖啡因的儿茶素饮料。所有参与者记录了 12 周 URTI 的严重程度，如咳嗽和发烧，以及普通感冒症状的严重程度，如喉咙痛、流鼻涕、鼻塞、打喷嚏和头痛等，并且在测试期间每天通过手机应用程序对严重程度进行等级评分（正常、轻微、轻度、中度和重度）。研究结果显示鉴于人类经常暴露于多种传染性威胁，口服儿茶素可能有助于预防发病并减轻人类 URTI 症状的严重程度。Kiriacos 等（2022）指出抹茶作为一种具有抗肿瘤、免疫调节和经证实的抗 SARS-CoV-2 活性的三效凉茶，在 COVID-19 疫情期间为癌症患者和自身免疫性疾病患者等高风险群体提供了有力的保护。此外，红茶中的茶黄素和茶红素，在多项体外实验、动物实验中表现出抗肿瘤、免疫调节和抗 SARS-CoV-2 活性的三效作用。肠道是人体最大的免疫器官，肠道免疫功能的发挥有赖于肠道菌群的平衡；一旦肠道微生态失衡，就会影响机体免疫功能，从而引发多种相关病症。Xu 等（2022）对茶多酚抑制肠道菌群失衡来减少与肺部相关的疾病的研究进行了综述，指出茶多酚在预防和治疗 SARS-CoV-2 感染方面的潜在应用，特别是基于肠-肺轴的作用。

5.10.2 茶对肿瘤免疫的调节作用

肿瘤的形成与身体的免疫系统失衡紧密相连，通常在宿主的免疫能力减弱或受到抑制时，肿瘤更易发生。茶的肿瘤免疫研究共有 5 篇文献，均为综述，研究对象主要是茶中的活性成分，包括茶多酚、茶多糖、咖啡因、茶氨酸。5 篇文章均认为茶中活性成分能通过调节免疫细胞功能、促进自由基的清除、抑制细胞生长等机制在肿瘤中发挥免疫调节作用，具有抗肿瘤活性。综合评价等级为 B 级，具体研究证据的质量及评价见表 5-55。

表 5-55　茶对肿瘤免疫的调节作用

内容	评级	备注
证据等级	高	包括 5 篇文献综述
一致性	优	5 篇文献均认为饮茶在肿瘤中发挥免疫调节作用
健康影响	优	5 篇文献均认为饮茶具有抗肿瘤活性
研究人群与中国人群的相似性	良	3 篇综述均包含中国人群
适用性	中	直接适用

茶叶中咖啡因已被证明可以调节先天和适应性免疫反应，通过抑制细胞周期检查点，促进细胞凋亡，并限制药物外排，从而抑制肿瘤的形成和发展（Tej and Nayak，2018）。目前对咖啡因抗肿瘤机制的研究综述，主要是基于其促进抗肿瘤免疫反应和抑制肿瘤血管化的能力，考虑到咖啡因发挥活性仅需较低（微摩尔）相对无毒的咖啡因浓度，因此鼓励研究人员在临床上评估咖啡因与其他标准抗肿瘤药物联合使用的化疗效果（Tej and Nayak，2018）。

孔德栋等（2018）对茶多酚在抗肿瘤领域的研究进展进行了系统的回顾，包括其对肿瘤免疫逃逸的影响以及在肿瘤免疫治疗中的潜在应用。研究综述指出，茶多酚通过抑制肿瘤微环境中的免疫抑制细胞，有助于阻止肿瘤逃避免疫系统的监控。然而，由于茶多酚的化学结构特性，其在体内的生物利用度并不高，且其直接对肿瘤细胞的抗肿瘤作用机制尚未完全阐明。绿茶中的主要多酚包括槲皮素和儿茶素。在抗肿瘤方面，槲皮素能同时激活先天性和适应性免疫，以阻止肿瘤进展；EGCG 则通过多种机制诱导肿瘤细胞凋亡。此外，EGCG 还可抑制 DNA 甲基转移酶的激活，诱导沉默的肿瘤抑制基因恢复活性（Kiriacos et al.，2022）。在免疫调节方面，槲皮素可通过抑制血小板聚集、脂质过氧化，抑制脂氧合酶和磷脂酶 A2 等促炎介质以及 MHG II 类和共刺激分子的表达水平，发挥免疫调节作用；EGCG 同样能抑制促炎细胞因子的产生，发挥免疫调节作用（Kiriacos et al.，2022）。抹茶作为一种比较受欢迎的绿茶，含有丰富的 EGCG，还含有槲皮素、咖啡因、酚酸、芦丁、叶绿素、茶氨酸和维生素 C 等多种活性成分，赋予抹茶抗炎、抗氧化、调节脂质代谢、增强免疫力等功效。红茶中的多酚主要是茶黄素和茶红素。大量研究证明了茶黄素的抗增殖活性以及抑制癌细胞的存活和迁移能力，显示出癌症治疗和预防的潜力。

茶多糖具有复杂的化学结构和多种生物活性（Wang et al., 2022b）。一般来说，多糖主要通过两种途径调节机体的免疫力，一种是直接杀死病原体，另一种是通过提高巨噬细胞和T淋巴细胞的活性来增强免疫力（Wang et al., 2018c）。免疫刺激活性是茶多糖作为天然多糖抗肿瘤作用的关键基础，多项体内外研究证明茶多糖在肿瘤和癌症预防中起着至关重要的作用（Wang et al., 2022b）。L-茶氨酸（N-乙基-L-谷氨酰胺）是茶叶中的主要氨基酸。大量细胞和动物研究证明，茶氨酸通过调节γδT淋巴细胞功能、谷胱甘肽（GSH）合成以及细胞因子和神经递质的分泌，在炎症、神经损伤、肠道和肿瘤中发挥免疫调节作用（Chen et al., 2023）。

5.10.3　茶对自身免疫性疾病的调节作用

茶对自身免疫性疾病的影响相关文献共有4篇，均为文献综述。所有研究均认为茶对自身免疫性疾病的调节有益处。综合评价等级为B级。具体研究证据的质量及评价见表5-56。

表5-56　茶对自身免疫性疾病的调节作用

内容	评级	备注
证据等级	高	包括4篇文献综述
一致性	优	4篇文献均认为饮茶在自身免疫性疾病中发挥免疫调节作用
健康影响	优	4篇文献均认为饮茶对自身免疫性疾病有益处
研究人群与中国人群的相似性	良	临床研究多在日本进行，有1篇文献研究人群涉及中国人
适用性	中	直接适用

绿茶和EGCG影响免疫T细胞功能（Singh et al., 2020）。EGCG可通过上调miR-15b来降低钙通道活性，从而影响T细胞增殖和活化，避免由于T细胞过免疫反应所引起的炎性疾病的症状，特别是在自身免疫性疾病中（Singh et al., 2020）。在自身免疫性关节炎中，EGCG能够减少Th1和Th17细胞的数量，增加调节性T细胞（Treg）的数量，并抑制炎症细胞因子的产生。

干燥综合征是一种相对常见的自身免疫性疾病，其特征是炎性细胞浸润以及泪腺和唾液腺功能丧失。多项体外实验和动物实验证明EGCG通过减少疾病进展阶段唾液腺中的淋巴细胞浸润，降低血清总抗核抗体水平，并抑制细胞核增殖标志物（如 PCNA 和 Ki-67）的表达，保护小鼠免受自身免疫诱导的炎症（Wang et al.，2021b）。

绿茶多酚在自身免疫性葡萄膜视网膜炎、紫外线诱导的皮肤炎症和免疫反应等自身免疫性疾病中显示出显著的治疗潜力（Wang et al.，2021b）。皮肤屏障功能障碍伴生态失调和随之而来的免疫耐受损害可能是特应性皮炎和食物过敏同时发病的基础。某些膳食补充剂或某些食物的引入可能有益于特应性皮炎的管理或预防，如乌龙茶（Rustad et al.，2022）。在一项针对 118 名年龄在 16～58 岁之间的顽固性特应性皮炎患者的公开研究中，63%的参与者每天饭后喝三次乌龙茶，有明显到中度的改善，该积极效果在治疗 1～2 周后首次观察到，并且 6 个月时仍有 54%的患者反应良好（Uehara et al.，2001）。最近，一篇文章强调了茶多酚在改善 1 型糖尿病患者健康方面的潜力。该文章对 2011～2021 年的文献进行了总结归纳，纳入 191 篇文献，包括 116 篇研究报告和 75 篇综述，茶作为饮食疗法元素治疗 1 型糖尿病的可能性被明确（Winiarska-Mieczan et al.，2021）。

5.10.4 茶对炎症的调节作用

茶对炎症调节相关文献共有 2 篇，均为综述。两篇文献均认为饮茶可以减少炎症及改善健康。全球约 71%的死亡是由慢性病造成的，这些疾病的特点是慢性炎症和代谢改变。在炎症反应中，先天免疫细胞会产生肿瘤坏死因子 TNF-α、白细胞介素 IL-6 和 IL-1β，这些因子会诱导肝脏产生急性期蛋白，包括补体系统蛋白、C 反应蛋白和纤维蛋白原。炎症反应如果未得到适当调节，可能导致组织损伤并最终变得有害。为了分析食用特定功能食品后炎症和代谢介质的变化，来自墨西哥的科学家筛选了 3581 项临床试验，最终纳入 88 项，确定了多种可以调节炎症的食物，包括绿茶（Luvián-Morales et al.，2022）。其中绿茶降低炎症的临床研究共有 3 篇，3 篇文献均认为饮用绿茶可以降低炎性因子的表达，并指出饮用绿茶至少 3 个月可以减少炎症，改善肥胖和高血压的新陈代谢。2022 年，刘昌伟等对茶叶及其功能成分抗炎功效及其作用机制进行了综述，指出目前茶叶抗炎研究的不足，即目前茶叶及其功能成分抗炎作用研究主要停留在体外试验、动物实验阶段，还缺乏临床抗炎活性研究，不过喝茶能够减轻身体炎症毋庸置疑。

5.10.5 茶对过敏的调节作用

过敏是一种免疫介导的疾病，全球患病率不断上升。茶作为一种健康饮品，含有多种具有免疫调节能力的化合物，有说服力的证据表明茶对哮喘、食物过敏、特应性皮炎和过敏反应具有抗过敏能力。茶的主要抗过敏成分包括多酚类（如儿茶素、黄酮醇）、皂苷、多糖和茶氨酸，这些成分通过降低免疫球蛋白 E（IgE）

和组胺水平、减少 FcεRI 表达、调节 Th1/Th2/Th17/Treg 细胞平衡以及抑制相关转录因子来发挥抗过敏作用。尽管茶具有抗过敏潜力，但也存在一些人可能对茶产生过敏反应的情况，这在医疗案例中较为罕见。另外，目前关于茶预防过敏和减轻过敏症状的流行病学研究存在样本不足的问题，且大部分试验是在日本进行的（Li et al., 2021）。因此，文章建议未来的研究应包括系统性的流行病学调查，对化合物作用机制的深入探讨以及茶产品在饮食模式中的应用。

药茶通过在茶叶中添加食物或药物制作而成，从而兼具茶叶的风味和一定的疗效。一项随机对照试验研究选择我国某省级中医医院确诊有气血亏虚证的患者180 例作为研究对象，时长两个月。结果显示，党参红茶具有淋巴细胞免疫调节作用，党参红茶组［饮用 4 杯/d（每杯 400～500 mL）］对气血亏虚证（如头晕、乏力、舌苔白、脉弱等）改善效果显著（雷文婷等，2022）。该研究结论具有一定可借鉴性，但也存在不足，如随访时间较短且症状评分主观性较强，未来的研究方向包括开展更多设计良好的队列研究和人体干预试验。

5.10.6 小结

根据目前的研究结果，茶及其生物活性成分具有强大的免疫调节能力。多项体外研究、动物模型和人类试验结果显示这些化合物对先天免疫和适应性免疫具有协调作用，并且调节肠道免疫系统，进而影响全身。最近一篇综述对绿茶及其成分对多种免疫细胞的影响进行了详细讨论，本节则从茶对免疫相关疾病的影响角度考虑，总结并探讨了茶对流感、普通感冒、肿瘤、自身免疫性疾病、炎症、过敏和部分中医病证的影响。现有研究表明茶的摄入与流感的发病率降低有关，且饮茶可改善流感和普通感冒引起的呼吸系统症状，证据等级为高级。茶对肿瘤免疫的调节主要集中在茶的活性成分对肿瘤细胞生长的抑制和对肿瘤免疫逃逸的阻滞方面，具有肿瘤预防和治疗的潜力，证据等级为 B 级。茶的多种成分具有代谢调节、抗氧化、抑炎等作用，在一些自身免疫性疾病和慢性炎症性疾病中起到有益作用，证据评价等级为高级。茶具有抗过敏潜力，但在茶叶制造工厂工作的人有可能患上绿茶诱发的哮喘，特别是那些长期接触茶粉的工人，可能和产品中的添加剂或灰尘等有关（Li et al., 2021）。基于上述罕见情况，认为茶叶成为食物过敏原的风险较小。

总的来说，茶可调节人体免疫力，改善免疫系统疾病。由于免疫系统疾病较多，流行病学研究多集中在常见的几种疾病，且存在样本量少等一些问题，茶对免疫系统的调节还需要进一步研究，以扩展茶作为人类和动物免疫调节剂的应用。

（李　婷）

5.11 茶与慢性阻塞性肺疾病

慢性阻塞性肺疾病（COPD），简称慢阻肺，是由气道和（或）肺泡异常引起的持续性气流受限，以慢性呼吸道症状（呼吸困难、咳嗽、咳痰）为特征。COPD 是易感基因与环境因素相互作用的结果，通常与吸入有毒颗粒，特别是烟草烟雾和空气污染物中的有害颗粒及气体有关。肺功能检查是 COPD 诊断的"金标准"，包括肺通气功能检测[如 FEV1、FEV1 与 FVC 的比值（FEV1/FVC）]及肺容量和肺弥散功能测定等；使用支气管扩张剂后，FEV1/FVC＜70%，即可诊断为 COPD（Bhatt et al.，2019）。COPD 是全球第三大死亡原因，2017 年，慢性呼吸道疾病患者人数估计为 5.44 亿，其中约 55%的病例归因于 COPD（GBD Chronic Respiratory Disease Collaborators，2020）。2018 年，"中国成人肺部健康研究"调查结果显示，我国 COPD 患者接近 1 亿，20 岁及以上成人 COPD 患病率为 8.6%，40 岁以上人群患病率高达 13.7%（Wang et al.，2018a）。随着全球人口老龄化的加剧，COPD 的发病率将持续上升，给人类健康造成极大的危害并产生巨大的经济负担（Christenson et al.，2022）。

茶与 COPD 的研究主要集中在绿茶、红茶和乌龙茶，包括横断面研究、队列研究和临床对照研究。本部分内容通过对国内外茶与 COPD 相关文献的系统检索，总结了茶及其提取物对于 COPD 的防控作用，以期提高人们对于茶预防及缓解 COPD 的认识。

5.11.1 茶与 COPD 发病风险的研究

在茶饮（红茶、乌龙茶或绿茶）与 COPD 发病风险相关性方面，2021 年一项针对新加坡 55 岁以上老年人的队列研究显示喝茶降低 COPD 发病风险（Ng et al.，2021）。该队列纳入 4617 名参与者，平均年龄为 66.3 岁，大多数有喝茶习惯，只有 41%的人从不或很少喝任何种类的茶，横断面分析表明每天饮用 3 杯或更多的茶与 COPD 患病率降低有关（Ng et al.，2021）。此外，在对基线时未患 COPD 的参与者进行的前瞻性随访中，5 年后重新评估结果显示所有类型的饮茶都与 COPD 事件的累积风险降低有关（Ng et al.，2021）。

1. 绿茶及其提取物与 COPD 发病风险的研究

绿茶对 COPD 发病风险的研究共有 3 篇文献，均为横断面研究。其中 2 篇是对韩国人群进行的研究，1 篇是对荷兰人进行的研究，所有研究均认为饮用绿茶或摄入儿茶素等茶提取物对 COPD 有有益的影响。综合分析认为饮茶很可能降低 COPD 的发病风险，综合评价等级为 B 级。具体研究证据的质量及评价见表 5-57。

表 5-57 茶与 COPD 发病风险的关系

内容	评级	备注
证据等级	高	包括 3 篇横断面研究
一致性	优	3 项研究均认为饮茶降低 COPD 发病风险
健康影响	优	3 项研究均认为饮茶对 COPD 发生有影响
研究人群与中国人群的相似性	良	3 项研究中 2 项包括亚洲人
适用性	中	直接适用

Tabak 等（2001）研究了 1994～1997 年来自荷兰三个城市 13651 名成年人的儿茶素、黄酮醇和黄酮摄入量与肺功能和 COPD 症状的关系。该研究使用食物频率问卷估计膳食摄入量，并使用特定的食物成分表计算类黄酮摄入量，其中儿茶素（72%）、黄酮醇和黄酮（47%）分别都主要来源于茶。研究表明儿茶素、黄酮醇和黄酮的总摄入量（平均为 58 mg/d）与肺功能（FEV1）呈正相关，与慢性咳嗽和呼吸困难呈负相关，而与慢性咳痰无相关性，可见饮茶会对 COPD 产生有益影响（Tabak et al.，2001）。另外一项对韩国从 2008～2015 年收集的 13570 名年龄≥40 岁的人群健康调查数据显示，随着绿茶摄入频率从从不饮茶增加到≥2 次/d，COPD 的发病率从 14.1%降低至 5.9%（$P<0.001$）（Oh et al.，2018）。同样地，对 2008～2015 年韩国国家健康和营养检查调查中 15961 名韩国成年人的横断面分析研究显示，COPD 患病率随着绿茶摄入量的增加而下降，绿茶的摄入减少了气流受限（Min et al.，2020）。

2. 红茶与 COPD 发病风险的研究

红茶对 COPD 发病风险的研究共有 2 篇文献，包括 1 篇病例对照和 1 篇队列研究。Celik 和 Topcu（2006）比较了土耳其 40 名临床诊断为 COPD 的男性吸烟患者和 36 名未患 COPD 的健康吸烟者的饮食习惯，发现病例组和对照组每天红茶消费量的中位数分别为 7 杯（约 700 mL）和 16 杯（约 1600 mL），这说明红茶的大量摄入可能对男性吸烟者患 COPD 有保护作用。2014 年，一项关于膳食摄入与 COPD 表型特征之间的联系的研究，囊括了 2167 名来自欧洲、亚洲、非洲等多地区的参与者，研究结果显示伯爵茶的摄入量与当年肺气肿评分以及 3 年内肺气肿评分的变化呈负相关（Hanson et al.，2014）。

5.11.2 茶对 COPD 患者表型特征的改善

在茶对肺功能影响的研究中，两项膳食摄入与肺功能关联分析结果不一致。2001 年类黄酮摄入量的研究未能发现茶叶摄入量与肺功能之间的关联（Tabak et al.，

2001)。而 Hanson 等（2014）的研究显示茶叶摄入量与肺气肿评分随时间的变化呈负相关，这可能与茶的种类、茶的摄入量及研究人群有关。在 2001 年的研究中，儿茶素的摄入量与 FEV1 和三种 COPD 症状呈独立相关性，而黄酮醇和黄酮的摄入仅与慢性咳嗽独立相关，并且这些类黄酮主要来源于茶和水果（Tabak et al.，2001）。而 Hanson 等（2014）的研究仅涉及伯爵茶，且只有 13%的参与者在研究期间内一直有茶消费。另外，由于全球 3/4 以上的 COPD 病例发生在中低收入国家（Adeloye et al.，2022），研究人群也将对研究结果产生影响。

5.11.3 小结

在 COPD 的发病风险方面，饮茶很可能降低 COPD 的发病风险，综合评价等级为 B 级。对年龄≥40 岁的人群健康调查数据显示，绿茶摄入频率与 FEV1/FVC 呈线性剂量-效应关系，与从不喝绿茶的人相比，每天喝绿茶≥2 次的人患 COPD 的 OR 为 0.62，随着绿茶摄入频率从从不喝绿茶增加到≥2 次/d，COPD 的发病率从 14.1%降低至 5.9%（$P<0.001$）（Oh et al.，2018）。另外，红茶的大量摄入同样对男性吸烟者患 COPD 有保护作用（Celik and Topcu，2006）。

在茶对 COPD 症状改善方面，现有研究显示茶或茶提取物对慢性咳嗽、咳痰和呼吸困难有改善作用。但是对于肺功能的影响存在争议，主要是由于茶提取物中黄酮醇等与肺功能改善作用无相关性，而伯爵茶的摄入量与当年肺气肿评分以及 3 年内肺气肿评分的变化呈负相关。由于这两项研究均采用食物频率问卷，在研究中可能存在食物列表不充分、剂量估计不准确及饮食习惯偏差等因素，导致研究结果出现差异。因此，不同种类的茶及茶提取物对慢 COPD 症状的影响仍需要进行研究。

综上所述，茶对 COPD 的健康作用研究主要集中在绿茶、红茶和乌龙茶；所有研究都提示饮茶对于降低 COPD 的发病风险有益处，部分研究由于地区差异、茶的种类、摄入剂量、统计方法等因素的影响，导致饮茶对肺功能及 COPD 症状的影响存在不同的观点。因此，为更精确地判断茶与 COPD 的关系，将来的研究需采用更多种类的茶，如白茶、黑茶等，并进行更为严格细致的研究，以期为茶对 COPD 患者或易感人群的防治提供依据。

（李　婷）

5.12　饮用及生活方式对饮茶健康的影响

饮茶或者食用茶制品影响人体健康的作用不是一成不变的，往往受不同生活方式的影响，产生不同程度甚至相反的作用。生活方式不仅反映了一个人的个性特征，也受到社会环境、经济条件、文化背景等多种因素的影响。健康生活方式通常指的是有益于身心健康的生活方式，包括均衡饮食、适量运动、保持良好的睡眠和休息、避免不良的生活习惯（如吸烟、酗酒）、保持积极的心态等。我国作为茶叶原产国，对于饮茶健康以及过量饮茶带来的安全隐患认识较早，对于饮用方式、饮茶者个体差异导致的饮茶结局差异也已经有初步认知。

5.12.1 大量饮茶的安全顾虑

在探讨药物与人体健康的关系中，剂量-效应关系（dose-effect relationship）是无法回避的话题。呈现剂量-效应关系，指的是在一定的范围内，药物效应与靶部位的浓度呈正相关，而后者取决于用药剂量或血中药物浓度，定量地分析与阐明两者间的变化规律称为剂量-效应关系。它有助于了解药物作用的性质，也可为临床用药提供参考资料。近年来的研究发现，具有特定功能的饮食在调控人体健康方面也存在剂量-效应关系。一些人体必需营养素或者功能性饮食的"剂量-效应"曲线时常呈现"U"形，提示从摄入不足产生功能缺陷、适度水平维持机体最佳功能状态到摄入过多产生毒性作用的变化过程。

如何饮茶可以实现预期的健康作用，需要科学证据的支撑。对剂量-效应关系的理解体现在各个国家关于健康饮食的健康声称中。健康饮食所声称的效果必须是在一定的食用或饮用方式以及限制条件下才可体现出来，这与药物有相似之处。例如，在一项关于"红茶可提高注意力"的声称中，欧盟的经食品、营养和过敏症专家组根据已被认可的研究证据，归纳达到健康声称效果的红茶饮用方式为 90 min 内饮用 2~3 份的标准化红茶（提供至少 75 mg 的咖啡因），目标人群为一般成年人。过量饮茶意味着过量摄入茶叶成分，增加鞣酸、植酸等内源性风险物质的不良影响，而儿茶素、咖啡因等功能成分在过高剂量下也可能表现为对人体的不利作用。因此，尽管饮茶往往被认为是健康的，过量饮茶却可能与初衷背道而驰。

从近年来发表的研究文献来看，过量饮茶可能存在如下隐患：产生情绪波动及应激反应，影响睡眠，从而对老年痴呆风险产生不良预期（Minné et al., 2023）。增加肝癌和肝内胆管癌罹患风险（$OR=1.0019$，$P=0.020$），但对食管癌、胃癌、胰腺癌、结直肠癌等其他消化道恶性肿瘤的增加没有显著影响（$OR=1.0019$，$P=0.020$）。大量摄入绿茶 EGCG 可能导致肝损伤。不能排除肝损伤导致的茶摄入量与肝癌之间的关联。由于无差别抑制肠道微生物，影响肠道微生态稳态，从而导致肠道不适，甚至激发炎症反应，通过影响"肠道-靶器官"轴，削弱茶叶对人体代谢等功能的保护作用，增加草酸性肾结石的风险。

1. 咖啡因

茶叶中咖啡因的含量占干物质的 2%～5%，不同茶类、不同发酵程度、不同产地对茶叶中咖啡因含量的影响并无明显规律；微生物发酵程度最高的普洱茶熟茶和六堡茶中结合咖啡因的含量较高，占总咖啡因的 20% 左右。根据茶叶品种和冲泡方式的不同，一杯茶的咖啡因含量通常在 40～170 mg。其中红茶的咖啡因含量为 25～110 mg，乌龙茶的咖啡因含量为 12～55 mg，绿茶的咖啡因含量为 8～30 mg，普洱茶的咖啡因含量为 5～20 mg。2003 年 Food Additive & Contaminants 期刊指出，对于绝大多数健康的成年人群，每天适度摄入咖啡因 400 mg 以下与不良反应无关，如一般毒性、心血管影响、对骨骼状态和钙平衡的影响（摄入足够的钙）、成人行为的改变、癌症发病率增加以及对男性生育能力的影响等。但是，育龄妇女和儿童是"有风险"的亚组，他们可能需要关于减少咖啡因摄入量的具体建议。根据现有证据，建议 65 kg 左右的育龄妇女每天应摄入≤300 mg 咖啡因，而儿童每天摄入的咖啡因量应≤2.5 mg/kg。

华中科技大学同济医学院公共卫生学院的一项研究指出，我国消费者从茶中摄入的咖啡因平均为 180 mg/d。绿茶、黑茶和红茶是主要来源。男性平均摄入的咖啡因（197 mg/d）多于女性（136 mg/d），但在 71 岁以上的女性摄入量最高（259 mg/d）。超过 90% 的中国成人饮茶者咖啡因摄入量低于 400 mg/d，因此总体是安全的（Yong et al., 2022）。该研究一共收集了 17 个省份的 1398 份绿茶、红茶、黑茶、茉莉、乌龙茶、白茶和黄茶样品。采用高效液相色谱法测定咖啡因含量，平均含量为 27（乌龙茶）～43（黄茶）mg/g。咖啡因在水中的浸出率约为 100%。茶叶消费数据来自 2013～2014 年全国饮料消费调查。蒙特卡罗模拟被用于估计咖啡因摄入量的分布。

2023 年，南非开普半岛科技大学的一项研究指出，老年痴呆中的许多早期神经病理事件可能部分源于"稳态应变负荷"，即面对长期压力时身体所承受的累积损耗。尽管茶衍生的多酚和其他植物化学物质对情绪、应激反应、注意力和睡眠有保护作用；鉴于茶中的咖啡因含量及其与压力反应性的关联，每天饮用全茶对情绪状态的影响可能是剂量依赖性的，与健康呈倒"U"形关系。南京中医药大学及其附属医院的一项双样本孟德尔随机化研究（探究暴露与结局的因果关系）指出，目前关于饮茶与消化道肿瘤风险存在一定的争议，饮茶会增加肝癌和肝内胆管癌罹患风险（OR=1.0019，P=0.020），但对食管癌、胃癌、胰腺癌、结直肠癌等其他消化道恶性肿瘤的增加没有显著影响。饮茶可能通过影响饮食和生活方式因素来影响疾病风险，如大量饮茶者倾向于上夜班，与咖啡因的提神作用相关，而昼夜作息紊乱也是导致癌症风险增加的原因之一。

过量摄入咖啡因产生的毒性反应包括神经毒性、心脏毒性等几个方面

(Stavric，1992）。咖啡因被胃迅速且几乎完全吸收，吸收率可高达90%，血浆浓度峰值发生在20～40 min内，因此毒性水平可以迅速达到并持续很长时间，继发于咖啡因的3～10 h半衰期。肝脏通过N-去甲基化、乙酰化和氧化代谢咖啡因。使用这些相同途径的其他物质，如酒精或药物，可以将咖啡因的半衰期延长约72%。除了传统茶之外，咖啡、可乐、现制茶、能量饮料等含咖啡因饮食的消费量逐渐上升。由于来自多种咖啡因来源的"叠加"剂量，意外过量的风险可能会增加。因此，适量饮茶不止应该考虑饮茶量，也应该考虑每天摄入含咖啡因饮食的总量。

2. 茶多酚

大量茶多酚会与人体中的铁离子结合，影响铁吸收，导致铁丢失，从而增加缺铁性贫血的风险。生活中很少有人因喝茶过量而患上此病，可能与现代饮食中红肉分量较大有关。肉食中的铁以血红素铁的形式存在，植物中的铁以非血红素铁的形式存在，血红素铁的吸收率在15%～35%，非血红素铁的吸收率只有2%～20%。被茶多酚抑制吸收的主要是非血红素形式的铁离子，因此通常肉食主义者不用担心茶会对铁的吸收有影响，而素食主义者、贫血病患者、儿童、生理期女性等铁敏感人群则需要引起重视。对于妊娠期女性而言，缺铁问题关系妊娠结局，因此尤为严重。

饮茶影响铁吸收的强度与饮茶时机相关。巴基斯坦的一项调查纳入 150 名18～30岁的高校女性，习惯性每天饮用2～3杯茶或咖啡，且普遍在用餐时饮用。调查研究显示，纳入者普遍有缺铁症状，27人出现贫血症状，用餐时饮用茶或咖啡可能是导致铁缺乏的原因之一。妊娠期女性饭后饮茶更为敏感。我国昆明市妇幼保健院对51项高质量研究（NOS评分≥7）的证据进行分析，包括42项横断面研究、2项病例对照研究和1项队列研究，分析结果显示，饭后饮茶是妊娠期贫血的风险因素之一（Zhang et al.，2022a）。埃塞俄比亚季马大学的研究结果显示（Teshome et al.，2020），饭后喝茶/咖啡与妊娠期贫血之间存在非常显著的关联（AOR=18.49，95%CI：6.89～40）。

因此，将餐饮与用茶的时间拉长，是降低贫血风险的一个途径。2017年英国切斯特大学等组织开展的一项研究认为，对于健康的英国女性，含铁餐和饮茶之间间隔1 h，可以减弱对铁吸收的抑制作用（Ahmad-Fuzi et al.，2017）。该项研究发现，单独食用含铁餐时铁吸收率为5.7%±8.5%，同时饮茶降低至3.6%±4.2%；如将饮茶时间调整至餐后1 h，则铁吸收率为5.7%±5.4%，相较用餐同时饮茶显著回升（P=0.046）。

为了增强绿茶带给人们的健康益处，<u>工业上通过提取EGCG等活性组分制备成保健品或者膳食补充剂，通常以片剂或胶囊等形式出现</u>。2018年，EFSA发布

《绿茶儿茶素的安全性科学意见》，该意见指出在审查了 38 项干预研究的证据后，专家组认为，暴露于剂量为 800 mg 或以上的绿茶提取物持续 4 个月或更长时间，与一小部分（通常小于 10%）人群的血清转氨酶 ALT 和谷草转氨酶（AST）升高有关，造成肝损伤；但即使每天摄入量小于 800 mg，也不应排除对人体产生危害的可能。但是，科学意见也指出，饮用同等 EGCG 含量的绿茶，发生肝毒性的病例数极少，因此以传统方式制备的绿茶茶汤，以及与传统绿茶成分相当的复原饮料，可以认为是安全的（Younes et al.，2018）。基于这一意见，欧盟委员会发布新条例 2022/2340，修订了欧洲议会和理事会第 1925/2006 号条例的附件Ⅲ，将含 EGCG 的绿茶提取物纳入限制物质列表。美国药典委员会在针对膳食补充剂安全数据的审查中，对绿茶提取物进行了系统综述，指出已发表的不良事件病例报告将肝毒性与 EGCG 摄入量（140~1000 mg/d）以及易感个体的遗传因素相关联。基于这些发现，《美国药典》在其粉状脱咖啡因绿茶提取物专论中加入了警告性标签要求，内容如下：不要空腹服用，与食物同服；如果您有肝脏问题，请勿使用；如果您出现肝脏问题症状，如腹痛、尿色深或黄疸（皮肤或眼睛发黄），请停止使用并咨询保健医生（Oketch-Rabah et al.，2020）。

3. 草酸

草酸是一种最简单的有机二元酸。茶叶中总草酸含量为 4.664~10.950 mg/g，其中可溶性草酸含量为 1.067~5.043 mg/g。绿茶中总草酸含量为 5.236~7.869 mg/g，可溶性草酸含量为 1.756~5.043 mg/g；红茶中总草酸含量为 4.664~10.950 mg/g，可溶性草酸含量为 1.067~4.656 mg/g；黑茶中总草酸含量为 5.268 mg/g，可溶性草酸含量为 1.743 mg/g。根据我国人民的饮茶习惯，每天饮 3~10 g 绿茶，可摄入 5~50 mg 草酸；每天饮用 8~16 g 黑茶，可摄入 14~28 mg 草酸。因此，长期大量饮茶增加人体摄入的草酸负担，以饮用浓的绿茶最为显著。

饮用浓茶可能增加草酸钙型肾结石风险，一方面与茶叶自身所含有的草酸有关，另一方面可能与茶叶影响肠道微环境从而影响机体处置饮食来源草酸的能力有关。伊朗的一项研究招募了 215 名新诊断的草酸钙结石患者和 215 名匹配的对照人员，调整潜在混杂因素后发现，与茶饮量<2 杯/d 的人相比，茶饮量为≥4 杯/d 的个体患草酸钙结石的风险更大（Haghighatdoost et al.，2021）。浙江工商大学联合医院等机构，对 30 例草酸钙肾结石患者和 30 例健康人群的饮食习惯进行调查，鉴定出 5 个肠道菌群属作为草酸钙肾结石的生物标志物，其中乳酸菌属对预防饮茶引起的肾结石的贡献最大（Shu et al.，2019）。

然而，面向我国人群开展的公共卫生研究倾向于认为饮茶是肾结石的保护因素。安徽芜湖医学院评估了我国南方人群中尿石症发展相关的危险因素，这是一项于 2017 年 3 月~2018 年 4 月期间开展的基于问卷的研究，共纳入华南地区的

1519 名患者（Zhuo et al.，2019）。分析结果发现，共有 13 个变量与尿石症显著相关，包括年龄、身体活动、饮食因素以及体育锻炼的频率和持续时间，其中饮食因素包括高钠、蛋白质、脂肪、瘦肉、蔬菜、腌制食品、液体摄入量、饮酒习惯和茶饮。多因素逻辑（logistic）回归分析显示，饮用浓茶（OR=0.793，95%CI：0.702~0.897）与尿石症的发生显著相关，是独立风险因素，也是保护因素。基于上海男性健康研究（n=58054，基线年龄 40~74 岁）和上海女性健康研究（n=69166，基线年龄 40~70 岁）中自我报告的肾结石事件风险，采集肾结石病史以及饮茶情况，采用多变量 Cox 比例风险模型针对基线人口统计学变量、病史和饮食摄入量进行调整，包括排除非茶来源的草酸摄入的影响，发现绿茶摄入量与发生肾结石的风险较低有关，并在男性中观察到更强烈的益处。饮茶者（男性：HR=0.78，95%CI：0.69~0.88；女性：HR=0.8，95%CI：0.77~0.98）和绿茶饮用者（男性：HR=0.78，95%CI：0.69~0.88；女性：HR=0.84，95%CI：0.74~0.95）的风险低于从未/以前饮用者，在男性饮茶者中观察到更强的剂量-效应趋势（Shu et al.，2019）。法国索邦大学 Tenon 医院用文献数据库进行系统评价，共纳入 13 项研究（Barghouthy et al.，2021），研究结果表明，饮茶时摄入的水分结合咖啡因的利尿作用，可能对尿结石的形成具有潜在的保护作用。

4. 茶多糖

茶多糖存在分子量和结构的差异，在健康作用的潜力方面具有抗炎、抗氧化、肠道微生态调控的作用。目前的研究普遍认为，茶多糖或者富含茶多糖的茶，在调节肠道菌群方面具有一定的共性，肠道合成的短链脂肪酸增加，更有利于保护肠道屏障上皮细胞的完整性，抑制毒素易位引起的炎症反应，继而发挥改善糖脂代谢等系列作用。在一项富集了茶多糖的新型发酵茶金花香橼改善肥胖大鼠症状的研究中，设置了不同的干预剂量，基于肠道菌群 16s rRNA 测序，并利用 PICRUSt 预测菌群 KEGG 代谢通路，发现相当于在每天饮用 7~8 g 茶的水平下，肠道内毒素相关的通路被显著抑制，而在更高剂量下反而未观察到这一作用，提示茶多糖的摄入或存在推荐摄入量的考量（Xiao et al.，2023）。

5.12.2 影响饮茶健康收益的生活方式因素

1. 茶与健康膳食模式

健康饮食是指在不摄入过量的情况下以适当比例摄入大量营养素以支持能量和生理需求，同时提供足够的微量营养素和水合作用以满足身体的生理需求。健康的饮食模式有各种形式和规模，包括传统的地中海饮食、我国的江南饮食等，也包括基于特定人群健康理念而设计的得舒饮食（DASH）、低胰岛素饮食

（rEDIH）、低炎症饮食（rEDIP）等，反映了不同的文化、传统、偏好和做法。2023年，世界卫生组织和联合国粮食及农业组织举办健康膳食指南和健康饮食概念发布会，指出新的健康饮食概念反映饮食与人类健康之间关系的最新科学证据，同时也认识到通过可持续农业粮食体系，人类与地球健康之间有着错综复杂的联系。

包括我国在内的多个国家的膳食指南，均将饮茶视为获得水分的健康来源。例如，《中国居民膳食指南（2022）》提炼了8条膳食平衡准则，其中第六条为"规律进餐，足量饮水"，其核心建议包括"足量饮水，少量多次"和"推荐喝白水或茶水，少喝或不喝含糖饮料，不用饮料代替白水"。英国膳食指南指出"每天6～8杯水、低脂奶、无糖饮品（茶和咖啡）"，日本膳食指南指出"水或茶构成了陀螺的轴"。近年来，伴随着饮食健康干预慢病进程逐渐成为共识、饮茶健康证据逐年积累，饮茶作为获取功能调控益处的角色也逐渐获得专家共识。《中国居民膳食指南（2022）》指出，"常饮茶可降低心血管疾病发病风险，摄入茶或茶提取物可降低糖尿病患者的空腹胰岛素和腰围。"

2023～2024年，国家卫生健康委办公厅组织编制了系列食养指南，旨在发挥现代营养学和传统食养的中西医优势，将食药物质、新食品原料融入合理膳食中，针对不同人群、不同地区、不同季节提供食谱套餐示例和营养健康建议，提升膳食指导适用性和可操作性。在《成人高脂血症食养指南》中，针对肝肾阴虚型高脂血症人群，推荐饮用杞菊饮，其具体配方为"枸杞子6 g，菊花6 g，炒决明子9 g，绿茶3 g"。在《成人高血压食养指南》中，建议早餐饮用奶茶，食谱配方为"牛奶250 mL，茶叶10 g"或"牛奶200 mL，砖茶2 g，减少或者不添加盐"；在早中餐之间，也推荐饮用三宝茶，其具体配方为"菊花6 g，罗汉果6 g，普洱茶6 g"，或菊花山楂茶，其具体配方为"菊花10 g、茶叶10 g，山楂15 g"，但不推荐饮用浓茶。在《成人糖尿病食养指南》中，建议适量饮用淡茶或咖啡。可见饮茶作为预防慢病发生发展的食养方式，已经获得我国官方的认可，也表明我国医药卫生工作者已经将饮茶视为健康饮食的选择之一，而非单独用于治病的药物。从另一个角度看，由于茶仅仅是健康饮食的一部分，饮茶不当或者整体饮食不健康可能导致饮茶的健康作用消失，基于现有研究证据，主要体现在饮酒过量、糖摄入过量以及饮茶温度过高对于健康结局的改变。

近年来的研究发现，饮食胆固醇水平对于茶饮的代谢改善作用也有影响。例如，湖南农业大学团队以秀丽隐杆线虫为模型，发现在模拟无胆固醇饮食或低胆固醇饮食时，茯砖茶水提物改善线虫脂肪沉积；而在模拟高胆固醇饮食时，茯砖茶水提物反而使得线虫的脂肪沉积加重。其机制可能是胆固醇干预了脂质合成相关基因的表达。因此，在饮用茯砖茶降脂减肥时，应注意与整体健康饮食的协同。

2. 饮酒与吸烟

世界卫生组织的《预防和控制非传染性疾病全球行动计划（2013—2020）》中认识到饮食作为疾病风险决定因素的重要性，在其旨在减少行为风险因素的举措中，包括了解决不健康饮食模式的战略，其中风险因素包括缺乏体力活动、吸烟和有害饮酒。

茶在体外黄嘌呤氧化酶活性抑制试验中，往往表现出较高的抑制活性，从而被认为可以减少人体内尿酸的合成。饮茶的同时摄入大量水分还可以促进尿液的形成和排出，进一步改善体内高尿酸积累的不良状况。饮茶改善高尿酸血症或者痛风的症状，在一些临床及动物模型中得到了验证。相反的观点认为，茶叶中天然含有黄嘌呤类化合物，是尿酸合成的前体；儿茶素反向调控尿酸排泄相关的有机阴离子转运蛋白的表达，从而不利于尿酸从体内的排出。因此，饮茶与高尿酸血症的关联特征目前还未得以确认。相对明确的是，饮酒行为会协同或促使饮茶的作用倾向于不利的一面。乙醇分解代谢期间的尿酸合成、肝脏代谢能力受损、肾脏排泄尿酸盐能力下降，是饮酒后血清尿酸水平升高的原因。重庆市中国多民族队列（CMEC）共纳入 30～79 岁的 22449 名参与者，进行电子问卷调查、体格检查以及实验室检测（Ding et al., 2023）。结果显示，过量饮酒同时饮茶是高尿酸血症发病的风险因素，其交互作用与高尿酸血症发病呈正相关，且对女性的影响大于男性。

饮酒也会弱化饮茶对全因死亡率和高血压的保护作用。一项基于中国健康与营养调查数据的 6387 人队列研究显示，在中位随访 17.9 年后，饮茶与死亡的关联受到饮酒的影响。在非饮酒人群中，长期大量饮茶人群的全因死亡率风险较低（RR=0.56，95%CI：0.40～0.70）；而在饮酒人群中，饮茶量与死亡率呈线性关系（$P=0.002$），死亡率随饮茶量增加而升高。因此该研究认为，喝茶的有益效果会因饮酒而减弱，甚至有害健康。

中国医科大学的研究发现，吸烟和饮酒还会影响饮茶带来的代谢健康收益。这一结论基于东北农村心血管健康研究（Yu S et al., 2023），在 2012～2013 年纳入 3632 例中老年人[平均年龄（55±8）岁，男性占 55.2%]，并在 2015～2017 年进行了随访。结果发现，经常饮用绿茶的老年人发生代谢综合征的可能性更高。饮茶量的增加与体重指数、收缩压和舒张压、高密度脂蛋白胆固醇和 AST/ALT 比值的基线升高一致。这一结论与饮茶促进健康的共识相悖；可能的原因是作为社交属性，习惯性茶叶消费者饮酒和吸烟的流行率也相对较高。此外，大量饮茶促进草酸排泄，促进肾结石的形成，加重循环负担。关于茶饮频率的分析支持了这一推论：同时吸烟和饮酒者以及受过小学或较低教育程度的个人中，饮茶频率较高。由此也可见，非药物策略在应用于农村居民，特别是中老年人之前必须仔细评估，因为不健康生活方式可能使非药物策略的干预作用部分或者完全消除。

3. 添加糖

控糖往往与限酒并列写入各国膳食指南。中国居民膳食指南推荐成年人每人每天添加糖摄入量不超过 50 g，最好控制在 25 g 以下，糖摄入量控制在总能量摄入的 10%以下，并建议不喝或少喝含糖饮料。这也是提倡以白开水或者淡茶水替代含糖饮料的初衷。

在茶饮中添加糖，总体而言表现为饮茶健康作用整体的不良影响，如促进体重增加、更高的焦虑和抑郁水平、新发慢性肾病风险的增加等。荷兰的一项前瞻性队列研究，纳入经常喝茶或咖啡的哥本哈根男性参与者，且纳入时没有心血管疾病、癌症或糖尿病。在 32 年的随访中，与非糖组相比，糖组的全因死亡率更高（HR=1.06，95%CI：0.98~1.16）；每天喝咖啡和/或茶的杯数与添加糖之间的交互作用项为 0.99（0.96~1.01）。与非糖组相比，糖组心血管疾病死亡率的风险比为 1.11（95%CI：0.97~1.26），癌症死亡率为 1.01（95%CI：0.87~1.17），糖尿病事件为 1.04（95%CI：0.79~1.36），均有所升高（Treskes et al.，2023）。南方医科大学南方医院肾内科、国家肾脏病临床医学研究中心组织开展的一项研究旨在评估茶叶消费与新发慢性肾病的关联，并研究常见添加剂和遗传变异对相关性的影响。研究共纳入 176038 名和 3104 名尚未罹患慢性肾病的受试者随访跟踪，并使用 24 h 饮食回忆问卷收集饮食信息（Liu et al.，2023a）。结果表明，在研究开始的 2~3 年随访期间，3535 名（2.01%）参与者新发慢性肾病。与非茶叶消费者相比，饮用不加糖茶叶消费者新发慢性肾病的风险显著降低（HR=0.84，95%CI：0.76~0.93），饮用量跨度从低于 1.5 杯到高于 4.5 杯。但饮用加糖茶（不论是否加奶），未观察到这一健康益处（HR=0.96，95%CI：0.85~1.08）。

4. 热茶温度

为了获得充分的感官享受，我国茶叶推荐的冲泡温度通常在 70℃以上。因此，饮用烫茶对消化道健康特别是食管癌、胃肠道癌的影响最值得关注。茶汤温度对于消化道的不良影响，主要是可能导致热损伤，从而损害上皮细胞并损害屏障功能，而由于与慢性热损伤相关的炎症过程而形成的 N-亚硝基化合物的释放可能进一步促进癌变进展。

食管癌是全球第八大常见癌症和第六大常见癌症死亡原因。在世界不同地区的研究中，已经报道了喝茶和其他热饮与食管癌风险之间的关联。任何此类关联似乎都与这些饮料对食管黏膜的热刺激有关。这可能是在动物模型中发现的饮茶防癌作用未能在人群研究中令人信服地显现的一个原因。在 Golestan 病例对照研究中，喝热茶和非常热的茶分别与风险增加 2 倍和 8 倍有关。根据队列研究中的茶温测量值，热茶和非常热的茶分别大致对应于 60～65℃和 70℃或更高的温度（Islami et al.，2009）。同样，与倒茶后 4 min 或更长时间喝茶相比，倒茶后 2～3 min 或不到 2 min 喝茶分别与风险增加 2 倍和 5 倍有关。

印度北部的一个区域癌症中心进行了一项病例对照研究，以评估饮食与选定的胃肠道癌症的关系。使用食物频率问卷共采访了 171 例病例、151 例医院对照和 167 例健康对照。使用 95%置信区间的比值比和卡方检验分析数据，观察到热茶和咸茶患胃肠道癌症的风险增加 2～3 倍（Nadeem et al.，2023）。酒精和吸烟成为健康对照组的危险因素。

但是，也有其他证据认为，茶水的温度并非引起消化道癌的最主要原因。例如，北京大学的研究组对超过 45 万中国人平均 9.2 年的跟踪发现，尽管每天喝烫茶和食管癌有关系（Yu et al.，2018），但喝烫茶本身并没有增加食管癌风险，抽烟和喝酒才是风险因素。喝烫茶同时抽烟使得食管癌风险增加 56%，喝烫茶同时喝酒使得食管癌风险增加 127%，喝烫茶同时抽烟喝酒，食管癌风险增至 401%，而在不饮用烫茶的抽烟喝酒人群中，食管癌风险增加为 147%。该研究提示，对于有吸烟喝酒习惯的人群，应避免饮用烫茶。

5.12.3　食品安全的顾虑

关于食品安全的顾虑主要考虑重金属和农残的超标。茶叶农残、重金属的标准主要由国家质量监督检验检疫总局制定和发布。全国范围内 22 个省份茶样中的重金属含量（镉、砷）检测结果显示，茶样中镉和砷的平均含量分别为 1.163 mg/kg 和 0.485 mg/kg，镉含量超过国家农业部标准（≤1 mg/kg），砷含量在标准范围内（≤2 mg/kg），其中茉莉花茶中砷含量最高为 0.76 mg/kg。受采矿活动影响，西部和南部地区的镉污染较严重。

2014～2019 年，为探究饮茶与血糖水平及胰岛素分泌等的关系，同济大学开展了一项糖尿病高危人群的筛查项目，该研究纳入了 2337 名参与者，每位参与者会进行口服糖耐量测试实验，对口服后各时间点进行血糖水平和胰岛素水平检测，并完成包含饮茶、饮酒等生活习惯的健康管理问卷。该研究发现，在校正混杂因素后，茶消费量与血糖水平正相关（$P<0.05$），并与不良糖耐量相关（$OR=1.21$，$P=0.034$）。大量饮茶或长期饮茶（>10 年）会增加葡萄糖耐量受损风险，习惯性饮茶与胰岛 β 细胞功能受损相关，但只在饮用浓茶的人群中观察到该现象（Zhang et al.，2013）。可能的原因是茶叶中农药残留导致胰岛 β 细胞功能障碍，环境和生活方式的改变抵消了茶的健康作用。

（应　剑）

本章责任人：霍军生，孙颖

参 考 文 献

曹进, 赵燕, 刘箭卫, 等. 2003. 砖茶型氟中毒成人的氟骨症[J]. 卫生研究, 2: 141-143.

曹梦迪, 陈万青. 2024. GLOBOCAN 2022全球癌症统计数据解读[J]. 中国医学前沿杂志(电子版), 16(6): 1-5.

陈法, 何保昌, 黄江峰, 等. 2015. 饮茶与福建地区非吸烟、非饮酒人群口腔癌的关系研究[C]. 全国肿瘤流行病学和肿瘤病因学学术会议论文集.

陈静茹, 赵瑾凯, 王晨, 等. 2022. 食用油营养研究进展与健康声称管理现状[J]. 食品工业科技, 43: 1-9.

陈君石. 2021. 食品的营养标识和健康声称——根据陈君石院士在FIC2021食品界院士系列高峰论坛上的报告整理[J]. 中国食品添加剂, 32: 1-3.

陈沛. 2017. 中老年人群饮茶与血脂水平关系的横断面研究[D]. 北京: 北京协和医学院.

陈薇, 方赛男, 刘建平, 等. 2017. 国际循证医学证据分级体系的发展与现状[J]. 中国中西医结合杂志, 37: 1413-1419.

陈玉柱, 黄兆勇, 周为文, 等. 2022. 基于高通量测序的油茶地区人群肠道菌群多样性[J]. 中国微生态学杂志, 34(1): 1-6, 11.

戴璟, 闵杰青, 杨云娟. 2018. 中国九省市成年人血脂异常流行特点研究[J]. 中华心血管病杂志, 46(2): 114-118.

范於菀, 孔祥鹤, 梅其炳. 2011. 茶多酚抗骨质疏松的研究进展[J]. 中国现代应用药学, 28(8): 717-720.

方志萍, 边平达, 江萍, 等. 2018. 高龄男性喝绿茶与骨密度和骨转换标志物的关系[J]. 现代实用医学, 30(8): 1023-1025.

耿雪, 张晓鹏, 崔文明, 等. 2019. 白茶对血脂异常人群血脂、血栓形成和抗氧化能力的影响[J]. 毒理学杂志, 33(2): 118-121.

郭青, 谢明威, 蔡淑娴, 等. 2023. 安化黑茶的调节免疫作用[J]. 中国茶叶, 45(12): 1-13.

侯粲, 肖杰, 王黎明, 等. 2021. 六堡茶改善痰湿质功效评价及基于肠道菌群调节的祛湿机制研究[J]. 食品工业科技, 42(21): 361-369.

黄桥, 任相颖, 张蓉, 等. 2021. GRADE在我国临床实践指南/专家共识中的应用研究[J]. 中国循证医学杂志, 21: 1457-1462.

孔德栋, 赵悦伶, 王岳飞, 等. 2018. 茶多酚对肿瘤免疫逃逸的抑制机制研究进展[J]. 浙江大学学报(农业与生命科学版), 44(5): 539-548.

雷文婷, 王磊, 朱瑞芳, 等. 2022. 党参红茶免疫调节作用的实验研究与临床观察[J]. 护理研究, 36(13): 2386-2389.

李筱, 陈晓莉, 裴大军. 2014. 绿茶提取物对糖尿病患者血糖控制效果影响的系统评价[J]. 现代中西医结合杂志, 23(32): 3558-3562.

林玉琼, 许颖, 郑欣, 等. 2021. 茶叶或提取物对2型糖尿病患者降糖治疗的有效性的系统评价[J]. 黑龙江科学, 12(18): 12-17.

刘昌伟, 曾鸿哲, 周方, 等. 2022. 茶及其功能成分的抗炎作用研究进展[J]. 中国茶叶加工, (1): 16-23.

刘云涛, 何建刚, 肖长义, 等. 2019. 湖北长盛川青砖茶对 2 型糖尿病合并血脂异常患者胰岛素抵抗、血脂的影响[J]. 中国老年学杂志, 39(6): 1317-1320.

卢颂升. 2020. 黑茶与绿茶治疗高脂血症的对比研究[J]. 首都食品与医药, 27(11): 18-19.

马春丽, 张本卓. 2020. 饮茶对成年人群脑卒中发病的影响[J]. 中国医药科学, 10(22): 4.

邵铁娟, 李海昌, 谢志军, 等. 2014. 基于脾主运化理论探讨脾虚湿困与肠道菌群紊乱的关系[J]. 中华中医药杂志, 29(12): 3762-3765.

司徒瑞娴, 张诗军, 向爱民, 等. 2019. 陈皮黑茶联合瑞舒伐他汀治疗高脂血症临床研究[J]. 实用中医药杂志, 35(9): 1136-1137.

孙颖, 陈鑫, 杨华, 等. 2022. 饮用金花香橼茶 3 个月对小样本高脂血症人群糖脂代谢的改善效果研究[J]. 茶叶科学, 42(4): 561-576.

谭晓颖, 张晓慧, 许岸高. 2022. 饮用普洱熟茶对人肠道菌群的影响[J]. 临床消化病杂志, 34(2): 100-105.

王一飞, 何少茹. 2018. 一个新的文献评价系统——GRADE 评价系统[J]. 循证医学, 18: 309-315.

夏维波, 廖二元, 章振林, 等. 2018. 补钙和维生素 D 对骨骼健康的必要性[J]. 中华骨质疏松和骨矿盐疾病杂志, 11(1): 20-25.

杨扬, 傅力. 2022. 肌减症发病机制的研究进展[J]. 生理科学进展, 53(3): 161-166.

姚敏, 李大祥, 谢忠稳. 2020. 茶叶主要特征性化合物抗心血管炎症研究进展[J]. 茶叶科学, 40(1): 14.

应剑, 肖杰, 康乐, 等. 2019. 健康中国背景下的茶叶功能研究与生物技术在健康茶饮开发中的应用[J]. 生物产业技术, 6: 75-86.

詹思延. 2014. 流行病学[M]. 7 版. 北京: 人民卫生出版社.

张娜, 马冠生. 2017. 《中国儿童肥胖报告》解读[J]. 营养学报, 39(6): 530-534.

张姝萍, 王岳飞, 徐平. 2019. 茶多酚对动脉粥样硬化的预防作用与机理研究进展[J]. 茶叶科学, 39(3): 231-246.

张薇, 许吉, 邓宏勇, 2019. 国际医学证据分级与推荐体系发展及现状[J]. 中国循证医学杂志, 19: 1373-1378.

赵恩光, 许海燕, 刘莉, 等. 2019. 茶、咖啡与动脉粥样硬化关联的研究进展[J]. 营养学报, (4): 5.

郑荣寿, 陈茹, 韩冰峰, 等. 2024. 2022 年中国恶性肿瘤流行情况分析[J]. 中华肿瘤杂志, 46(3): 221-231.

中国抗癌协会肿瘤营养专业委员会, 中国营养学会社区营养与健康管理分会, 中国营养学会临床营养分会. 2023. 抗炎饮食预防肿瘤的专家共识[J]. 肿瘤代谢与营养电子杂志, 10: 57-63.

中国心血管健康与疾病报告编写组. 2022. 中国心血管健康与疾病报告 2021 概要[J]. 中国循环杂志, 37(6): 553-578.

中国营养学会. 2016. 食物与营养——科学证据共识[M]. 北京: 人民卫生出版社.

中国营养学会营养与保健食品分会. 2019. 营养素与疾病改善: 科学证据评价[M]. 北京: 北京大学医学出版社.

中华医学会骨质疏松和骨矿盐疾病分会. 2019. 中国骨质疏松症流行病学调查及"健康骨骼"专项行动结果发布[J]. 中华骨质疏松和骨矿盐疾病杂志, 12(4): 317-318.

朱兵兵, 董晓莲, 朱建福, 等. 2022. 德清县农村居民饮茶与 2 型糖尿病发病风险的前瞻性队列研究[J]. 卫生研究, 51(1): 12-17.

Abe S K, Inoue M. 2021. Green tea and cancer and cardiometabolic diseases: A review of the current epidemiological evidence[J]. European Journal of Clinical Nutrition, 75(6): 865-876.

Abe S K, Saito E, Sawada N, et al. 2019. Green tea consumption and mortality in Japanese men and women: A pooled analysis of eight population-based cohort studies in Japan[J]. European Journal of Epidemiology, 34(10): 917-926.

Adel-Mehraban M S, Tabatabaei-Malazy O, Rahimi R, et al. 2021. Targeting dyslipidemia by herbal medicines: A systematic review of meta-analyses[J]. Journal of Ethnopharmacology, 280: 114407.

Adeloye D, Song P G, Zhu Y J, et al. 2022. Global, regional, and national prevalence of, and risk factors for, chronic obstructive pulmonary disease(COPD) in 2019: A systematic review and modelling analysis[J]. Lancet Respiratory Medicine, 10(5): 447-458.

Ahmad-Fuzi S F, Koller D, Bruggraber S, et al. 2017. A 1-h time interval between a meal containing iron and consumption of tea attenuates the inhibitory effects on iron absorption: A controlled trial in a cohort of healthy UK women using a stable iron isotope[J]. American Journal of Clinical Nutrition, 106(6): 1413-1421.

Al-Sari U A, Tobias J, Clark E. 2016. Health-related quality of life in older people with osteoporotic vertebral fractures: A systematic review and meta-analysis[J]. Osteoporosis International, 27(10): 2891-2900.

Al-Zalabani A H, Wesselius A, Wen Y E, et al. 2022. Tea consumption and risk of bladder cancer in the Bladder Cancer Epidemiology and Nutritional Determinants(BLEND) Study: Pooled analysis of 12 international cohort studies[J]. Clinical Nutrition, 5: 41.

Alizadeh F, Razis A F A, Khodavandi A. 2021. Association between dietary intake and risk of ovarian cancer: A systematic review and meta-analysis[J]. European Journal of Nutrition, 60(4): 1707-1736.

Aljefree N, Ahmed F. 2015. Association between dietary pattern and risk of cardiovascular disease among adults in the Middle East and North Africa region: A systematic review[J]. Food & Nutrition Research, 59: 27486.

Anker S D, Coats A J, Morley J E, et al. 2014. Muscle wasting disease: A proposal for a new disease classification[J]. Journal of Cachexia Sarcopenia and Muscle, 5(1): 1-3.

Araya-Quintanilla F, Gutiérrez-Espinoza H, Moyano-Gálvez V, et al. 2019. Effectiveness of black tea versus placebo in subjects with hypercholesterolemia: A PRISMA systematic review and meta-analysis[J]. Diabetes & Metabolic Syndrome, 13(3): 2250-2258.

Asbaghi O, Fouladvand F, Ashtary-Larky D, et al. 2023. Effects of green tea supplementation on serum concentrations of adiponectin in patients with type 2 diabetes mellitus: A systematic review and meta-analysis[J]. Archives of Physiology and Biochemistry, 129(2): 536-543.

Asbaghi O, Fouladvand F, Gonzalez M J, et al. 2019. The effect of green tea on C-reactive protein and biomarkers of oxidative stress in patients with type 2 diabetes mellitus: A systematic review and meta-analysis[J]. Complementary Therapies in Medicine, 46: 210-216.

Asbaghi O, Fouladvand F, Gonzalez M J, et al. 2021a. Effect of green tea on glycemic control in patients with type 2 diabetes mellitus: A systematic review and meta-analysis[J]. Diabetes & Metabolic Syndrome, 15(1): 23-31.

Asbaghi O, Fouladvand F, Gonzalez M J, et al. 2021b. Effect of green tea on anthropometric indices and body composition in patients with type 2 diabetes mellitus: A systematic review and meta-analysis[J]. Complementary Medicine Research, 28(3): 244-251.

Asbaghi O, Fouladvand F, Moradi S, et al. 2020. Effect of green tea extract on lipid profile in patients with type 2 diabetes mellitus: A systematic review and meta-analysis[J]. Diabetes & Metabolic Syndrome, 14(4): 293-301.

Ashigai H, Taniguchi Y, Suzuki M, et al. 2016. Fecal lipid excretion after consumption of a black tea polyphenol containing beverage-randomized, placebo-controlled, double-blind, crossover study[J]. Biological and Pharmaceutical Bulletin, 39(5): 699-704.

Ataey A, Jafarvand E, Adham D, et al. 2020. The relationship between obesity, overweight, and the human development index in World Health Organization Eastern Mediterranean Region Countries[J]. Journal of Preventive Medicine and Public Health, 53(2): 98-105.

Bae J. 2021. Green tea consumption and stomach cancer risk in women: A meta-analysis of population-based cohort studies[J]. Cancer Research and Treatment, 53(1): 289-290.

Bagheri R, Rashidlamir A, Ashtary Larky D, et al. 2020a. Does green tea extract enhance the anti-inflammatory effects of exercise on fat loss? [J]. British Journal of Clinical Pharmacology, 86(4): 753-762.

Bagheri R, Rashidlamir A, Ashtary Larky D, et al. 2020b. Effects of green tea extract supplementation and endurance training on irisin, pro-inflammatory cytokines, and adiponectin concentrations in overweight middle-aged men[J]. European Journal of Applied Physiology, 120(4): 915-923.

Balentine D A, Wiseman S A, Bouwens L C. 1997. The chemistry of tea flavonoids[J]. Critical Reviews in Food Science and Nutrition, 37(8): 693-704.

Balsan G, Pellanda L C, Sausen G, et al. 2019. Effect of yerba mate and green tea on paraoxonase and leptin levels in patients affected by overweight or obesity and dyslipidemia: a randomized clinical trial[J]. Nutrition Journal, 18(1): 5.

Barghouthy Y, Corrales M, Doizi S, et al. 2021. Tea and coffee consumption and pathophysiology related to kidney stone formation: A systematic review[J]. World Journal of Urology, 39(7): 2417-2426.

Berman N K, Honig S, Cronstein B N, et al. 2022. The effects of caffeine on bone mineral density and fracture risk[J]. Osteoporosis International, 33(6): 1235-1241.

Bettuzzi S, Brausi M, Rizzi F, et al. 2006. Chemoprevention of human prostate cancer by oral administration of green tea catechins in volunteers with high-grade prostate intraepithelial neoplasia: A preliminary report from a oneyear proof-of-principle study[J]. Cancer Research, 66(2): 1234-1240.

Bhatt S P, Pallavi P B, Joseph E S, et al. 2019. Discriminative accuracy of FEV1: FVC thresholds for COPD-related hospitalization and mortality[J]. JAMA, 321(24): 2438-2447.

Bond T, Derbyshire E. 2019. Tea compounds and the gut microbiome: Findings from trials and mechanistic studies[J]. Nutrients, 11(10): 2364.

Borghi C, Tsioufis K, Agabiti-Rosei E, et al. 2020. Nutraceuticals and blood pressure control: A European society of hypertension position document[J]. Journal of Hypertension, 38(5): 799-812.

Brausi M, Rizzi F, Bettuzzi S. 2008. Chemoprevention of human prostate cancer by green tea catechins: two years later. A follow-up update[J]. European Urology, 54: 472-473.

Cao S Y, Zhao C N, Gan R Y, et al. 2019. Effects and mechanisms of tea and its bioactive compounds for the prevention and treatment of cardiovascular diseases: An updated review[J]. Antioxidants, 8(6): 166.

Carter O, Dashwood R H, Wang R, et al. 2007. Comparison of white tea, green tea, epigallocatechin-3-gallate, and caffeine as inhibitors of PhIP-induced colonic aberrant crypts[J]. Nutrition & Cancer, 58(1): 60-65.

Celik F, Topcu F. 2006. Nutritional risk factors for the development of chronic obstructive pulmonary disease (COPD) in male smokers[J]. Clinical Nutrition, 25(6): 955-961.

Chai H, Ge J, Li L, et al. 2021. Hypertension is associated with osteoporosis: A case-control study in Chinese postmenopausal women[J]. BMC Musculoskeletal Disorders, 22(1): 253.

Chatree S, Sitticharoon C, Maikaew P, et al. 2021. Epigallocatechin gallate decreases plasma triglyceride, blood pressure, and serum kisspeptin in obese human subjects[J]. Experimental Biology and Medicine (Maywood), 246(2): 163-176.

Chen I J, Liu C Y, Chiu J P, et al. 2016. Therapeutic effect of high-dose green tea extract on weight reduction: A randomized, double-blind, placebo-controlled clinical trial[J]. Clinical Nutrition, 35(3): 592-599.

Chen S, Chen T L, Chen Y B, et al. 2022. Causal association between tea consumption and bone health: A mendelian randomization study[J]. Frontiers in Nutrition, 9: 872451.

Chen S, Kang J X, Zhu H Q, et al. 2023. L-theanine and immunity: A review[J]. Molecules, 28(9): 3846.

Chen Y L, Li W, Qiu S H, et al. 2020. Tea consumption and risk of diabetes in the Chinese population: A multi-centre, cross-sectional study[J]. British Journal of Nutrition, 123(4): 428-436.

Cheng P, Zhang J, Liu W, et al. 2022. Tea consumption and cerebral hemorrhage risk: A meta-analysis[J]. Acta Neurologica Belgica, 122(5): 1247-1259.

Christenson S A, Smith B M, Bafadhel M, et al. 2022. Chronic obstructive pulmonary disease[J]. The Lancet, 399(10342): 2227-2242.

Chung M, Zhao N, Wang D, et al. 2020. Dose-response relation between tea consumption and risk of cardiovascular disease and all-cause mortality: A systematic review and meta-analysis of population-based studies[J]. Advances in Nutrition, 11: 790-814.

Conrad N, Misra S, Verbakel J Y, et al. 2023. Incidence, prevalence, and co-occurrence of autoimmune disorders over time and by age, sex, and socioeconomic status: A population-based cohort study of 22 million individuals in the UK[J]. The Lancet, 401(10391): 1878-1890.

Creed J H, Smith Warner S A, Gerke T A, et al. 2020. A prospective study of coffee and tea consumption and the risk of glioma in the UK Biobank[J]. European Journal of Cancer, 129: 123-131.

Dinda B, Dinda S, Dinda M. 2023. Therapeutic potential of green tea catechin, (−)-epigallocatechin-3-*O*-gallate(EGCG) in SARS-CoV-2 infection: Major interactions with host/virus proteases[J]. Phytomedicine Plus, 3(1): 100402.

Ding X, Chen L L, Tang W G, et al. 2023. Interaction of harmful alcohol use and tea consumption on hyperuricemia among han residents aged 30-79 in Chongqing, China[J]. International Journal of General Medicine, 16: 973-981.

Dinh T C, Thi Phuong T N, Minh L B, et al. 2019. The effects of green tea on lipid metabolism and its potential applications for obesity and related metabolic disorders—An existing update[J]. Diabetes & Metabolic Syndrome: Clinical Research & Reviews, 13(2): 1667-1673.

Doherty T J. 2003. Invited review: Aging and sarcopenia[J]. Journal of Applied Physiology, 95(4): 1717-1727.

Doma K, Gahreman D, Ramachandran A K, et al. 2021. The effect of leaf extract supplementation on exercise-induced muscle damage and muscular performance: A systematic review and meta-analysis[J]. Journal of Sports Sciences, 39(17): 1952-1968.

Duan P F, Zhang J H, Chen J L, et al. 2020. Oolong tea drinking boosts calcaneus bone mineral density in postmenopausal women: A population-based study in southern China[J]. Archives of Osteoporosis, 15(1): 49.

El-Elimat T, Qasem W M, Al-Sawalha N A, et al. 2022. A prospective non-randomized open-label comparative study of the effects of matcha tea on overweight and obese individuals: A pilot observational study[J]. Plant Foods for Human Nutrition, 77(3): 447-454.

Furushima D, Ide K, Yamada H, et al. 2018. Effect of tea catechins on influenza infection and the common cold with a focus on epidemiological/clinical studies[J]. Molecules, 23(7): 1795.

Gan R Y, Li H B, Sui Z Q, et al. 2018. Absorption, metabolism, anti-cancer effect and molecular targets of epigallocatechin gallate(EGCG): An updated review[J]. Critical Reviews in Food Science and Nutrition, 58(6): 924-941.

GBD Chronic Respiratory Disease Collaborators. 2020. Prevalence and attributable health burden of chronic respiratory diseases, 1990-2017: A systematic analysis for the Global Burden of Disease Study 2017[J]. Lancet Respiratory Medicine, 8(6): 585-596.

Gianfredi V, Nucci D, Vannini S, et al. 2017. *In vitro* biological effects of sulforaphane(SFN), epigallocatechin-3-gallate(EGCG), and curcumin on breast cancer cells: A systematic review of the literature[J]. Nutrition & Cancer, 69: 969-978.

Gowri R, Marissa S W, Avendano E E, et al. 2018. Dietary intakes of flavan-3-ols and cardiovascular health: A field synopsis using evidence mapping of randomized trials and prospective cohort studies[J].Systematic Reviews, 7(1): 100.

Guo N, Zhu Y, Tian D D, et al. 2022. Role of diet in stroke incidence: An umbrella review of meta-analyses of prospective observational studies[J]. BMC Medicine, 20(1): 1-15.

Guo Z J, Jiang M, Luo W T, et al. 2019. Association of lung cancer and tea-drinking habits of different subgroup populations: Meta-analysis of case-control studies and cohort studies[J].

Iranian Journal of Public Health, 48 (9): 1566-1576.

Haghighatdoost F, Sadeghian R, Abbasi B, et al. 2021. The associations between tea and coffee drinking and risk of calcium-oxalate renal stones[J]. Plant Foods for Human Nutrition, 76(4): 516-522.

Hakim I A, Harris R B, Brown S, et al. 2003. Effect of increased tea consumption on oxidative DNA damage among smokers: a randomized controlled study[J]. Journal of Nutrition, 133(10): 3303-3309.

Han M E, Kim H J, Lee Y S, et al. 2009. Regulation of cerebrospinal fluid production by caffeine consumption[J]. BMC Neuroscience, 10: 110.

Hanson C, Sayles-Harlan, Rutten-Erica E P A, et al. 2014. The association between dietary intake and phenotypical characteristics of COPD in the ECLIPSE cohort[J]. Chronic Obstructive Pulmonary Disease, 1(1): 115-124.

He M R, Lyu X H. 2021. Application of BRAFO-tiered approach for health benefit-risk assessment of dark tea consumption in China[J]. Food and Chemical Toxicology: An International Journal Published for the British Industrial Biological Research Association, 158: 112615.

He R R, Chen L, Lin B H, et al. 2009. Beneficial effects of oolong tea consumption on diet-induced overweight and obese subjects[J]. Chinese Journal of Integrative Medicine, 15(1): 34-41.

Henning S M, Wang P, Said J W, et al. 2015. Randomized clinical trial of brewed green and black tea in men with prostate cancer prior to prostatectomy[J]. Prostate, 75(5): 550-559.

Higdon J V, Frei B. 2003. Tea catechins and polyphenols: Health effects, metabolism, and antioxidant functions[J]. Critical Reviews in Food Science and Nutrition, 43(1): 89-143.

Hileman C O, Malakooti S K, Patil N, et al. 2024. New-onset autoimmune disease after COVID-19[J]. Frontiers in Immunology, 15: 1337406.

Hinojosa-Nogueira D, Pérez-Burillo S, de la Cueva S P, et al. 2021. Green and white teas as health-promoting foods[J]. Food & Function, 12(9): 3799-3819.

Hodges J K, Zhu J, Yu Z, et al. 2020. Intestinal-level anti-inflammatory bioactivities of catechin-rich green tea: Rationale, design, and methods of a double-blind, randomized, placebo-controlled crossover trial in metabolic syndrome and healthy adults[J]. Contemporary Clinical Trials Communications, 17(11): 100495.

Hong M, Cheng L, Liu Y N, et al. 2022. A natural plant source-tea polyphenols, a potential drug for improving immunity and combating virus[J]. Nutrients, 14(3): 550.

Hong X W, Xu Q C, Lan K J, et al. 2018. The effect of daily fluid management and beverages consumption on the risk of bladder cancer: A meta-analysis of observational study[J]. Nutrition and Cancer, 70(8): 1217-1227.

Honka M J. 2021. Green tea from the far east to the drug store: Focus on the beneficial cardiovascular effects[J]. Current Pharmaceutical Design, 27(16): 1931-1940.

Horakova D, Bouchalova K, Cwiertka K, et al. 2018. Risks and protective factors for triple negative breast cancer with a focus on micronutrients and infections[J]. Biomedical Papers of the Medical Faculty of the University Palacky, Olomouc, Czechoslovakia, 162(2): 83-89.

Hsu C H, Liao Y L, Lin S C, et al. 2011. Does supplementation with green tea extract improve insulin resistance in obese type 2 diabetics? A randomized, double-blind, and placebo-controlled clinical trial[J]. Alternative Medicine Review, 16(2): 157-163.

Hsu C L, Huang W L, Chen H H, et al. 2022. Non-fermented tea consumption protects against osteoporosis among Chinese male elders using the Taiwan biobank database[J]. Scientific Reports, 12(1): 7382.

Huang F J, Zheng X J, Ma X H, et al. 2019. Theabrownin from Pu-erh tea attenuates hypercholesterolemia via modulation of gut microbiota and bile acid metabolism[J]. Nature Communications, 10(1): 4971.

Huang H N, Guo Q X, Qiu C S, et al. 2013. Associations of green tea and rock tea consumption with risk of impaired fasting glucose and impaired glucose tolerance in Chinese men and women[J]. PLoS One, 8(11): e79214.

Huang S, Li J J, Wu Y T, et al. 2018. Tea consumption and longitudinal change in high-density lipoprotein cholesterol concentration in Chinese adults[J]. Journal of the American Heart Association, 7(13): 1-10.

Hughes V A, Frontera W R, Wood M, et al. 2001. Longitudinal muscle strength changes in older adults: Influence of muscle mass, physical activity, and health[J]. Journals of Gerontology Series A: Biological Sciences and Medical Sciences, 56(5): B209-B217.

Hursel R, Viechtbauer W, Westerterp-Plantenga M S. 2009. The effects of green tea on weight loss and weight maintenance: A meta-analysis[J]. International Journal of Obesity (London), 33(9): 956-961.

Ide T, Tsutsui H, Ohashi N, et al. 2002. Greater oxidative stress in healthy young men compared with premenopausal women[J]. Arteriosclerosis Thrombosis & Vascular Biology, 22(3): 438.

Inoue-Choi M, Ramirez Y, Cornelis M C, et al. 2022. Tea consumption and all-cause and cause-specific mortality in the UK biobank: A prospective cohort study[J]. Annals of Internal Medicine, 175: 1201-1211.

Islami F, Kamangar F, Nasrollahzadeh D, et al.2009. Oesophageal cancer in Golestan Province, a high-incidence area in northern Iran—A review[J]. European Journal of Cancer, 45(18): 3156-3165.

Izadi V, Larijani B, Azadbakht L. 2018. Is coffee and green tea consumption related to serum levels of adiponectin and leptin?[J]. International Journal of Preventive Medicine, 9(11): 106.

Janssens P L, Penders J, Hursel R, et al. 2016. Long-term green tea supplementation does not change the human gut microbiota[J]. PLoS One, 11(4): e0153134.

Jensen G S, Beaman J L, He Y, et al. 2016. Reduction of body fat and improved lipid profile associated with daily consumption of a Puer tea extract in a hyperlipidemic population: A randomized placebo-controlled trial[J]. Clinical Interventions in Aging, 11(3): 367-376.

Jiménez-Zamora A, Delgado-Andrade C, Rufián-Henares J A. 2016. Antioxidant capacity, total phenols and color profile during the storage of selected plants used for infusion[J]. Food Chemistry, 199(5): 339-346.

Jin J S, Touyama M, Hisada T, et al. 2012. Effects of green tea consumption on human fecal microbiota with special reference to *Bifidobacterium* species[J]. Microbiology and Immunology,

56(11): 729-739.

Joan C M, Sònia P, Joana R, et al. 2018. (-)-Epigallocatechin 3-gallate synthetic analogues inhibit fatty acid synthase and show anticancer activity in triple negative breast cancer[J]. Molecules, 23(5): 1160.

Johannes S, Lena M, Lisa S, et al. 2017. Green tea and its extracts in cancer prevention and treatment[J]. Beverages, 3(4): 17.

Ju J, Hong J, Zhou J N, et al. 2005. Inhibition of intestinal tumorigenesis in Apc$^{min/+}$ mice by (-)-epigallocatechin 3-gallate, the major catechin in green tea[J]. Cancer Research, 65(22): 10623-10631.

Katanasaka Y, Miyazaki Y, Sunagawa Y, et al. 2020. Kosen-cha, a polymerized catechin-rich green tea, as a potential functional beverage for the reduction of body weight and cardiovascular risk factors: A pilot study in obese patients[J]. Biological & Pharmaceutical Bulletin, 43(4): 675-681.

Kim S Y, Oh M R, Kim M G, et al. 2015. Anti-obesity effects of Yerba Mate (*Ilex paraguariensis*): A randomized, double-blind, placebo-controlled clinical trial[J]. BMC Complementary and Alternative Medicine, 15(9): 338.

Kiriacos C J, Khedr M R, Tadros M, et al. 2022. Prospective medicinal plants and their phytochemicals shielding autoimmune and cancer patients against the SARS-CoV-2 pandemic: A special focus on matcha[J]. Frontiers in Oncology, 12: 837408.

Klevenhusen F, Muro-Reyes A, Khiaosa-Ard R, et al. 2012. A meta-analysis of effects of chemical composition of incubated diet and bioactive compounds on *in vitro* ruminal fermentation[J]. Animal Feed Science & Technology, 176(1-4): 61-69.

Kobayashi M, Ikeda I. 2017. Mechanisms of inhibition of cholesterol absorption by green tea catechins[J]. Food science and Technology Research, 23(5): 627-636.

Komatsu T, Nakamori M, Komatsu K, et al. 2003. Oolong tea increases energy metabolism in Japanese females[J]. Journal of Medical Investigation, 50(3-4): 170-175.

Kovacs E M, Lejeune M P, Nijs I, et al. 2004. Effects of green tea on weight maintenance after body-weight loss[J]. British Journal of Nutrition, 91(3): 431-437.

Koyama T, Maekawa M, Ozaki E, et al. 2020. Daily consumption of coffee and eating bread at breakfast time is associated with lower visceral adipose tissue and with lower prevalence of both visceral obesity and metabolic syndrome in Japanese populations: A cross-sectional study[J]. Nutrients, 12(10): 3090.

Kubota K, Sumi S, Tojo H, et al. 2011. Improvements of mean body mass index and body weight in preobese and overweight Japanese adults with black Chinese tea (Pu-Erh) water extract[J]. Nutrition Research, 31(6): 421-428.

Kurahashi N, Inoue M, Iwasaki M, et al. 2009. Coffee, green tea, and caffeine consumption and subsequent risk of bladder cancer in relation to smoking status: a prospective study in Japan[J]. Cancer Science, 100: 284-291.

Kuroda Y, Hara Y. 1999. Antimutagenic and anticarcinogenic activity of tea polyphenols[J]. Mutation Research, 436(1): 69-97.

Lee D B, Song H J, Paek Y J, et al. 2021. Relationship between regular green tea intake and osteoporosis in Korean postmenopausal women: A nationwide study[J]. Nutrients, 14(1): 87.

Li A X, Wang Q, Li P, et al. 2023a. Effects of green tea on lipid profile in overweight and obese women[J]. International Journal for Vitamin and Nutrition Research, 91(3-4): 370-382.

Li D X, Wang R R, Huang J B, et al. 2019a. Effects and mechanisms of tea regulating blood pressure: Evidences and promises[J]. Nutrients, 11(5): 1115.

Li M Z, Duan Y J, Wang Y, et al. 2022. The effect of Green green tea consumption on body mass index, lipoprotein, liver enzymes, and liver cancer: An updated systemic review incorporating a meta-analysis[J]. Critical Reviews in Food Science and Nutrition, 64(4): 1043-1051.

Li M Z, Duan Y J, Wang Y, et al. 2023b. Green tea intake effect on lipoprotein, liver enzymes, body mass index, and liver cancer: A meta-analysis[J]. Journal of Food and Nutrition Research, 9(7): 321-328.

Li P H, Liu A L, Xiong W, et al. 2020a. Catechins enhance skeletal muscle performance[J]. Critical Reviews in Food Science and Nutrition, 60(3): 515-528.

Li Q S, Wang Y Q, Liang Y R, et al. 2021. The anti-allergic potential of tea: a review of its components, mechanisms and risks[J]. Food & Function, 12(1): 57-69.

Li X, Qiao Y, Yu C, et al. 2019b. Tea consumption and bone health in Chinese adults: A population-based study[J]. Osteoporosis International, 30(2): 333-341.

Li X M, Wang W, Hou L M, et al. 2020b. Does tea extract supplementation benefit metabolic syndrome and obesity? A systematic review and meta-analysis[J]. Clinical Nutrition, 39(4): 1049-1058.

Li Y C, Wang C, Huai Q J, et al. 2016. Effects of tea or tea extract on metabolic profiles in patients with type 2 diabetes mellitus: A meta-analysis of ten randomized controlled trials[J]. Diabetes/Metabolism Research and Reviews, 32(1): 2-10.

Lin Y, Shi D F, Su B, et al. 2020. The effect of green tea supplementation on obesity: A systematic review and dose-response meta-analysis of randomized controlled trials[J]. Phytotherapy Research, 34(10): 2459-2470.

Liu C Y, Huang C J, Huang L H, et al. 2014. Effects of green tea extract on insulin resistance and glucagon-like peptide 1 in patients with type 2 diabetes and lipid abnormalities: a randomized, double-blinded, and placebo-controlled trial[J]. PLoS One, 9(3): e91163.

Liu K F, Xue Y, Lu C Y, et al. 2021. A dose-response meta-analysis on the relationship between daily tea intake and cardiovascular mortality based on the GRADE system[J]. Zhonghua Xin Xue Guan Bing Za Zhi, 49(5): 496-502.

Liu M, Zhang Y J, Ye Z L, et al. 2023a. Association of unsweetened and sweetened tea consumption with the risk of new-onset chronic kidney disease: Findings from UK Biobank and Coronary Artery Risk Development in Young Adults(CARDIA) study[J]. Journal of Global Health, 13: 04094.

Liu S Y, Chen J H, Wang Y W, et al. 2023b. Effect of dietary antioxidants on the risk of prostate cancer. Systematic review and network meta-analysis[J]. Nutricion Hospitalaria, 40(3): 657-667.

Liu X N, Xu W H, Cai H, et al. 2018. Green tea consumption and risk of type 2 diabetes in Chinese adults: the Shanghai Women's Health Study and the Shanghai Men's Health Study[J].

International Journal of Epidemiology, 47(6): 1887-1896.

Liu Y C, Li X Y, Shen L. 2020. Modulation effect of tea consumption on gut microbiota[J]. Applied Microbiology and Biotechnology, 104(3): 981-987.

Luk H Y, Appell C, Chyu M C, et al. 2020. Impacts of green tea on joint and skeletal muscle health: Prospects of translational nutrition[J]. Antioxidants (Basel), 9(11): 1050.

Luo H, Ge H. 2022. Hot tea consumption and esophageal cancer risk: A meta-analysis of observational studies[J]. Frontiers in Nutrition, 9: 831567.

Luvián-Morales J, Varela-Castillo F O, Flores-Cisneros L, et al. 2022. Functional foods modulating inflammation and metabolism in chronic diseases: A systematic review[J]. Critical Reviews in Food Science and Nutrition, 62(16): 4371-4392.

Macêdo A P A, Gonçalves M D S, Barreto-Medeiros J M, et al. 2022. Potential therapeutic effects of green tea on obese lipid profile—A systematic review[J]. Nutrition and Health, 28(3): 401-415.

Mahmoud F, Haines D, Al-Ozairi E, et al. 2016. Effect of black tea consumption on intracellular cytokines, regulatory t cells and metabolic biomarkers in type 2 diabetes patients[J]. Phytotherapy Research, 30(3): 454-462.

Mai V, Katki H A, Harmsen H, et al. 2004. Effects of a controlled diet and black tea drinking on the fecal microflora composition and the fecal bile acid profile of human volunteers in a double-blinded randomized feeding study[J]. Journal of Nutrition, 134(2): 473-478.

Martimianaki G, Alicandro G, Pelucchi C, et al. 2022. Tea consumption and gastric cancer: A pooled analysis from the Stomach cancer Pooling (StoP) project consortium[J]. British Journal of Cancer, 127: 726-734.

Matsumoto K, Yamada H, Takuma N, et al. 2011. Effects of green tea catechins and theanine on preventing influenza infection among healthcare workers: A randomized controlled trial[J]. BMC Complementary and Alternative Medicine, 11(1): 11-15.

Milne E, Greenop K R, Petridou E, et al. 2018. Maternal consumption of coffee and tea during pregnancy and risk of childhood ALL: A pooled analysis from the childhood Leukemia International Consortium[J]. Cancer Causes & Control, 29: 539-550.

Min J E, Huh D A, Moon K W. 2020. The joint effects of some beverages intake and smoking on chronic obstructive pulmonary disease in Korean adults: Data analysis of the Korea national health and nutrition examination survey (KNHANES), 2008-2015[J]. International Journal of Environmental Research and Public Health, 17(7): 2611.

Minné D, Stromin J, Docrat T, et al. 2023. The effects of tea polyphenols on emotional homeostasis: Understanding dementia risk through stress, mood, attention & sleep[J]. Clinical Nutrition ESPEN, 57: 77-88.

Moran-Lev H, Cohen S, Zelber-Sagi S, et al. 2023. Effect of coffee and tea consumption on adolescent weight control: an interventional pilot study[J]. Childhood Obesity, 19(2): 121-129.

Murase T, Nagasawa A, Suzuki J, et al. 2002. Beneficial effects of tea catechins on diet-induced obesity: stimulation of lipid catabolism in the liver[J]. International Journal of Obesity and Related Metabolic Disorders, 26(11): 1459-1464.

Nadeem S, Dinesh K, Tasneef Z, et al. 2023. Dietary risk factors in gastrointestinal cancers: A case-control study in North India[J]. Journal of Cancer Research and Therapeutics, 19(5): 1385-1391.

Nagao T, Komine Y, Soga S, et al. 2005. Ingestion of a tea rich in catechins leads to a reduction in body fat and malondialdehyde-modified LDL in men[J]. American Journal of Clinical Nutrition, 81(1): 122-129.

NCD Risk Factor Collaboration(NCD-RisC). 2016. Trends in adult body-mass index in 200 countries from 1975 to 2014: A pooled analysis of 1698 population-based measurement studies with 192 million participants[J]. The Lancet, 387(10026): 1377-1396.

NCD Risk Factor Collaboration(NCD-RisC). 2017. Worldwide trends in body-mass index, underweight, overweight, and obesity from 1975 to 2016: A pooled analysis of 2416 population-based measurement studies in 1289 million children, adolescents, and adults[J]. The Lancet, 390(10113): 2627-2642.

Ng T P, Gao Q, Gwee X Y, et al. 2021. Tea consumption and risk of chronic obstructive pulmonary disease in middle-aged and older singaporean adults[J]. International Journal of Chronic Obstructive Pulmonary Disease, 16: 13-23.

Ni S L, Wang L, Wang G W, et al. 2021. Drinking tea before menopause is associated with higher bone mineral density in postmenopausal women[J]. European Journal of Clinical Nutrition, 75(10): 1454-1464.

Nie X C, Dong D S, Bai Y, et al. 2014. Meta-analysis of black tea consumption and breast cancer risk: Update 2013[J]. Nutrition and Cancer: An International Journal, 66: 1009-1014.

Oh C M, Oh I H, Choe B K, et al. 2018. Consuming green tea at least twice each day is associated with reduced odds of chronic obstructive lung disease in middle-aged and older Korean adults[J]. Journal of Nutrition, 148(1): 70-76.

Ogunleye A A, Xue F, Michels K B. 2010. Green tea consumption and breast cancer risk or recurrence: A meta-analysis[J]. Breast Cancer Research and Treatment, 119: 477-484.

Okekpa S I, Mydin R B S M N, Ganeson S, et al. 2020. The association between tea consumption and nasopharyngeal cancer: A systematic review and meta-analysis[J]. Asian Pacific Journal of Cancer Prevention, 21(8): 2183-2187.

Oketch-Rabah H A, Roe A L, Rider C V, et al. 2020. United States Pharmacopeia(USP) comprehensive review of the hepatotoxicity of green tea extracts[J]. Toxicology Reports, 7: 386-402.

Okubo T, Ishihara N, Oura A, et al. 1992. *In vivo* effects of tea polyphenol intake on human intestinal microflora and metabolism[J]. Bioscience, Biotechnology, and Biochemistry, 56(4): 588-591.

Ozato N, Yamaguchi T, Kusaura T, et al. 2022. Effect of catechins on upper respiratory tract infections in winter: A randomized, placebo-controlled, double-blinded trial[J]. Nutrients, 14(9): 1856.

Pan L, Yang Z H, Wu Y, et al. 2016. The prevalence, awareness, treatment and control of dyslipidemia among adults in China[J]. Atherosclerosis, 248: 2-9.

Park M, Yamada H, Matsushita K, et al. 2011. Green tea consumption is inversely associated with the incidence of influenza infection among schoolchildren in a tea plantation area of Japan[J]. Journal of Nutrition, 141 (10): 1862-1870.

Payab M, Hasani Ranjbar S, Shahbal N, et al. 2020. Effect of the herbal medicines in obesity and metabolic syndrome: A systematic review and meta-analysis of clinical trials[J]. Phytotherapy Research, 34 (3): 526-545.

Pilegaard K, Uldall A, Ravn-Haren G. 2022. Intake of food supplements, caffeine, green tea and protein products among young danish men training in commercial gyms for increasing muscle mass[J]. Foods, 11(24): 4003.

Poon M M L, Farber D L. 2020. The whole body as the system in systems immunology[J]. iScience, 23(9): 101509.

Poorolajal J, Moradi L, Mohammadi Y, et al. 2020. Risk factors for stomach cancer: A systematic review and meta-analysis[J]. Epidemiology and Health, 42: e2020004.

Pranata R, Feraldho A, Lim M A, et al. 2021. Coffee and tea consumption and the risk of glioma: A systematic review and dose-response meta-analysis[J]. British Journal of Nutrition, 127 (1): 78-86.

Ramesh P, Jagadeesan R, Sekaran S, et al. 2021. Flavonoids: Classification, function, and molecular mechanisms involved in bone remodelling[J]. Frontiers in Endocrinology (Lausanne), 12: 779638.

Ratajczak A E, Szymczak-Tomczak A, Zawada A, et al. 2021. Does drinking coffee and tea affect bone metabolism in patients with inflammatory bowel diseases?[J]. Nutrients, 13(1): 216.

Rinott E, Meir A Y, Tsaban G, et al. 2022. The effects of the Green-Mediterranean diet on cardiometabolic health are linked to gut microbiome modifications: A randomized controlled trial[J]. Genome Medicine, 14 (1): 29.

Rinott E, Youngster I, Yaskolka M A, et al. 2021. Effects of diet-modulated autologous fecal microbiota transplantation on weight regain[J]. Gastroenterology, 160 (1): 158-173.

Roberts J D, Willmott A G B, Beasley L, et al. 2021. The impact of decaffeinated green tea extract on fat oxidation, body composition and cardio-metabolic health in overweight, recreationally active individuals[J]. Nutrients, 13 (3): 764.

Román G C, Jackson R E, Gadhia R, et al. 2019. Mediterranean diet: The role of long-chain ω-3 fatty acids in fish; polyphenols in fruits, vegetables, cereals, coffee, tea, cacao and wine; probiotics and vitamins in prevention of stroke, age-related cognitive decline, and Alzheimer disease[J]. Revue Neurologique, 175 (10): 724-741.

Romo V M, Yáñez-Gascón M J, García V R, et al. 2012. Inhibition of gastric lipase as a mechanism for body weight and plasma lipids reduction in Zucker rats fed a rosemary extract rich in carnosic acid[J]. PLoS One, 7 (6): e39773.

Rondanelli M, Gasparri C, Perna S, et al. 2022. A 60-day green tea extract supplementation counteracts the dysfunction of adipose tissue in overweight post-menopausal and class i obese women[J]. Nutrients, 14 (24): 5209.

Rowe C A, Nantz M P, Bukowski J F, et al. 2007. Specific formulation of *Camellia sinensis* prevents cold and flu symptoms and enhances γδ t cell function: A randomized, double-blind, placebo-controlled study[J]. Journal of the American College of Nutrition, 26 (5): 445-452.

Rowland I, Gibson G, Heinken A, et al. 2018. Gut microbiota functions: metabolism of nutrients and other food components[J]. European Journal of Clinical Nutrition, 57(1): 1-24.

Rumpler W, Seale J, Clevidence B, et al. 2001. Oolong tea increases metabolic rate and fat oxidation in men[J]. Journal of Nutrition, 131(11): 2848-2852.

Rustad A M, Nickles M A, Bilimoria S N, et al. 2022. The role of diet modification in atopic dermatitis: Navigating the complexity[J]. American Journal of Clinical Dermatology, 23(1): 27-36.

Samanta S. 2020. Potential bioactive components and health promotional benefits of tea (*Camellia sinensis*)[J]. Journal of the American College of Nutrition, (11): 1-29.

Sang S, Lambert J D, Ho C T, et al. 2011. The chemistry and biotransformation of tea constituents[J]. Pharmacological Research, 64(2): 87-99.

Schoeneck M, Iggman D. 2021. The effects of foods on LDL cholesterol levels: A systematic review of the accumulated evidence from systematic reviews and meta-analyses of randomized controlled trials[J]. Nutrition, Metabolism, and Cardiovascular Diseases, 31(5): 1325-1338.

Schroder L, Marahrens P, Koch J G, et al. 2018. Effects of green tea, matcha tea and their components epigallocatechin gallate and quercetin on MCF7 and MDA-MB-231 breast carcinoma cells[J]. Oncology Reports, 41(1): 387-396.

Seo H, Lee S H, Park Y, et al. 2021. Epicatechin-enriched extract from *Camellia sinensis* improves regulation of muscle mass and function: Results from a randomized controlled trial[J]. Antioxidants(Basel), 10(7): 1026.

Seow W J, Koh W P, Jin A, et al. 2020. Associations between tea and coffee beverage consumption and the risk of lung cancer in the Singaporean Chinese population[J]. European Journal of Nutrition, 59(7): 3083-3091.

Sharifi-Zahabi E, Hajizadeh-Sharafabad F, Abdollahzad H, et al. 2021. The effect of green tea on prostate specific antigen(PSA): A systematic review and meta-analysis of randomized controlled trials[J]. Complementary Therapies in Medicine, 57: 102659.

Sheng B, Li X, Nussler A K, et al. 2021. The relationship between healthy lifestyles and bone health: A narrative review[J]. Medicine(baltimore), 100(8): e24684.

Shigeta M, Aoi W, Morita C, et al. 2023. Matcha green tea beverage moderates fatigue and supports resistance training-induced adaptation[J]. Nutrition Journal, 22(1): 32.

Shin S, Lee J E, Loftfield E, et al. 2022. Coffee and tea consumption and mortality from all causes, cardiovascular disease and cancer: A pooled analysis of prospective studies from the Asia Cohort Consortium[J]. International Journal of Epidemiology, 51: 626-640.

Shu X, Cai H, Xiang Y B, et al. 2019. Green tea intake and risk of incident kidney stones: Prospective cohort studies in middle-aged and elderly Chinese individuals[J]. International Journal of Urology, 26(2): 241-246.

Singh Y, Salker M S, Lang F. 2020. Green tea polyphenol-sensitive calcium signaling in immune T cell function[J]. Frontiers in Nutrition, 7: 616934.

Sirotkin A V, Kolesárová A. 2021. The anti-obesity and health-promoting effects of tea and coffee[J]. Physiological Research, 70(2): 161-168.

Song P K, Man Q Q, Li H, et al. 2019a. Trends in lipids level and dyslipidemia among Chinese adults, 2002-2015[J]. Biomedical and Environmental Sciences, 32(8): 559-570.

Song Y, Wang Z Y, Jin Y Y, et al. 2019b. Association between tea and coffee consumption and brain cancer risk: An updated meta-analysis[J]. World Journal of Surgical Oncology, 17: 51.

Stavric B. 1992. An update on research with coffee/caffeine (1989-1990)[J]. Food and Chemical Toxicology, 30(6): 533-555.

Sugiura C, Nishimatsu S, Moriyama T, et al. 2012. Catechins and caffeine inhibit fat accumulation in mice through the improvement of hepatic lipid metabolism[J]. Journal of Obesity, 2012: 520510.

Sultane H, Cambaza E M. 2019. Update on the evaluation of the anti-obesity effect of green tea(*Camellia sinensis*)[J]. Clinical and Experimental Health Sciences, 10(1): 5213921.

Sun L L, Clarke R, Bennett D, et al. 2019. Causal associations of blood lipids with risk of ischemic stroke and intracerebral hemorrhage in Chinese adults[J]. Nature Medicine, 25(4): 569-574.

Tabak C, Arts I C, Smit H A, et al. 2001. Chronic obstructive pulmonary disease and intake of catechins, flavonols, and flavones: The MORGEN Study[J]. American Journal of Respiratory and Critical Care Medicine, 164(1): 61-64.

Takemoto M, Takemoto H. 2018. Synthesis of theaflavins and their functions[J]. Molecules, 23(4): 918.

Tavares C T, Lobo A, Almeida C, et al. 2022. Effectiveness of green tea extract (*Camellia sinensis*) capsule supplementation for post-exercise muscle recovery in healthy adults: A systematic review protocol[J]. JBI Evidence Synthesis, 20(4): 1150-1157.

Tej G, Nayak P K. 2018. Mechanistic considerations in chemotherapeutic activity of caffeine[J]. Biomedicine & Pharmacotherapy, 105: 312-319.

Teshome M S, Meskel D H, Wondafrash B. 2020. Determinants of anemia among pregnant women attending antenatal care clinic at public health facilities in Kacha Birra District, Southern Ethiopia[J]. Journal of Multidisciplinary Healthcare, 13: 1007-1015.

Tokuda Y, Mori H. 2023. Essential amino acid and tea catechin supplementation after resistance exercise improves skeletal muscle mass in older adults with sarcopenia: An open-label, pilot, randomized controlled trial[J]. Journal of the American Nutrition Association, 42(3): 255-262.

Toolsee N A, Aruoma O I, Gunness T K, et al. 2013. Effectiveness of green tea in a randomized human cohort: Relevance to diabetes and its complications[J]. BioMed Research International, 2013: 412379.

Treskes R W, Clausen J, Marott J L, et al. 2023. Use of sugar in coffee and tea and long-term risk of mortality in older adult Danish men: 32 Years of follow-up from a prospective cohort study[J]. PLoS One, 18(10): e0292882.

Uehara M, Sugiura H, Sakurai K. 2001. A trial of Oolong tea in the management of recalcitrant atopic dermatitis[J]. Archives of Dermatology, 137(1): 42-43.

van Duynhoven J, van der Hooft J J, van Dorsten F A, et al. 2014. Rapid and sustained systemic circulation of conjugated gut microbial catabolites after single-dose black tea extract consumption[J]. Journal of Proteome Research, 13(5): 2668-2678.

van Woudenbergh G J, Kuijsten A, Feskens E J M, et al. 2012. Tea consumption and incidence of type 2 diabetes in Europe: The EPIC-InterAct case-cohort study[J]. PLoS One, 7(3): 112-113.

Veljković M, Pavlović D R, Stojanović N M, et al. 2022. Behavioral and dietary habits that could influence both COVID-19 and non-communicable civilization disease prevention-what have we learned up to now?[J]. Medicina(Kaunas), 58(11): 1686.

Wang A Q, Wang S S, Zhu C P, et al. 2016. Coffee and cancer risk: A meta-analysis of prospective observational studies[J]. Scientific Reports, 6: 33711.

Wang C, Xu J Y, Yang L, et al. 2018a. Prevalence and risk factors of chronic obstructive pulmonary disease in China(the China Pulmonary Health [CPH] study): A national cross-sectional study[J]. The Lancet, 391(10131): 1706-1717.

Wang O, Hu Y, Gong S, et al. 2015. A survey of outcomes and management of patients post fragility fractures in China[J]. Osteoporosis International, 26(11): 2631-2640.

Wang P, Aronson W J, Huang M, et al. 2010. Green tea polyphenols and metabolites in prostatectomy tissue: Implications for cancer prevention[J]. Cancer Prevention Research, 3: 985-993.

Wang P, Ma X M, Geng K, et al. 2022a. Effects of Camellia tea and herbal tea on cardiometabolic risk in patients with type 2 diabetes mellitus: A systematic review and meta-analysis of randomized controlled trials[J]. Phytotherapy Research, 36(11): 4051-4062.

Wang Q, Yang X Y, Zhu C W, et al. 2022b. Advances in the utilization of tea polysaccharides: Preparation, physicochemical properties, and health benefits[J]. Polymers(Basel), 14(14): 2775.

Wang S, Li X, Yang Y, et al. 2021a. Does coffee, tea and caffeine consumption reduce the risk of incident breast cancer? A systematic review and network meta-analysis[J]. Public Health Nutrition, 24(18): 6377-6389.

Wang S, Xiao H M, Xia H, et al. 2018b. Tea consumption and risk of breast cancer: A meta-analysis[J]. International Journal of Clinical Pharmacology and Therapeutics, 56(12): 617-619.

Wang S Z, Li Z L, Ma Y T, et al. 2021b. Immunomodulatory effects of green tea polyphenols[J]. Molecules, 26(12): 3755.

Wang Y L, Zhao Y Y, Chong F F, et al. 2020. A dose-response meta-analysis of green tea consumption and breast cancer risk[J]. International Journal of Food Sciences and Nutrition, 71(6): 656-667.

Wang Z M, Chen B, Zhou B, et al. 2023. Green tea consumption and the risk of stroke: A systematic review and meta-analysis of cohort studies[J]. Nutrition, 107: 111936.

Wang Z, Xie J H, Shen M Y, et al. 2018c. Sulfated modification of polysaccharides: Synthesis, characterization and bioactivities[J]. Trends in Food Science & Technology, 74: 147-157.

Watanabe M, Risi R, Masi D, et al. 2020. Current evidence to propose different food supplements for weight loss: A comprehensive review[J]. Nutrients, 12(9): 2873.

Wei R, Mao L M, Xu P, et al. 2018. Suppressing glucose metabolism with epigallocatechin-3-gallate(EGCG) reduces breast cancer cell growth in preclinical models[J]. Food & Function, 9: 5682-5696.

Winiarska-Mieczan A, Tomaszewska E, Jachimowicz K. 2021. Antioxidant, anti-inflammatory, and immunomodulatory properties of tea-the positive impact of tea consumption on patients with autoimmune diabetes[J]. Nutrients, 13(11): 3972.

Wu C H, Lu F H, Chang C S, et al. 2003. Relationship among habitual tea consumption, percent body fat, and body fat distribution[J]. Obesity Research, 11(9): 1088-1095.

Wu C, Suzuki K. 2023. The effects of flavonoids on skeletal muscle mass, muscle function, and physical performance in individuals with sarcopenia: A systematic review of randomized controlled trials[J]. Nutrients, 15(18): 3897.

Wu Y L, Zhang D F, Kang S. 2013. Black tea, green tea and risk of breast cancer: An update[J]. Springerplus, 2: 240.

Xiao J, Chen Z X, Xiang S S, et al. 2023. Anti-obesity and hypolipidemic effects of 'Jinhua Xiangyuan' tea infusion in high-fat diet-induced obese rats[J]. Beverage Plant Research, 3: 25.

Xicota L, Rodríguez J, Langohr K, et al. 2020. Effect of epigallocatechin gallate on the body composition and lipid profile of down syndrome individuals: Implications for clinical management[J]. Clinical Nutrition, 39(4): 1292-1300.

Xu L, Ho T C, Liu Y, et al. 2022. Potential application of tea polyphenols to the prevention of COVID-19 infection: Based on the gut-lung axis[J]. Frontiers in Nutrition, 9: 899842.

Yang J, Mao Q X, Xu H X, et al. 2014a. Tea consumption and risk of type 2 diabetes mellitus: A systematic review and meta-analysis update[J]. BMJ Open, 4(7): e005632.

Yang T Y, Chou J I, Ueng K C, et al. 2014b. Weight reduction effect of Puerh tea in male patients with metabolic syndrome[J]. Phytotherapy Research, 28(7): 1096-1101.

Yang W S, Wang W Y, Fan W Y, et al. 2014c. Tea consumption and risk of type 2 diabetes: A dose-response meta-analysis of cohort studies[J]. British Journal of Nutrition, 111(8): 1329-1339.

Yang X, Dai H Y, Deng R H, et al. 2022. Association between tea consumption and prevention of coronary artery disease: A systematic review and dose-response meta-analysis[J]. Frontiers in Nutrition, 24(9): 1021405.

Yi D Q, Tan X R, Zhao Z G, et al. 2014. Reduced risk of dyslipidaemia with oolong tea consumption: A population-based study in southern China[J]. British Journal of Nutrition, 111(8): 1421-1429.

Yi M S, Wu X T, Zhuang W, et al. 2019. Tea consumption and health outcomes: Umbrella review of meta-analyses of observational studies in humans[J]. Molecular Nutrition & Food Research, 63(16): e1900389.

Yonekura Y, Terauchi M, Hirose A, et al. 2020. Daily Coffee and green tea consumption is inversely associated with body mass index, body fat percentage, and cardio-ankle vascular index in middle-aged Japanese women: A cross-sectional study[J]. Nutrients, 12(5): 1370.

Yong L, Song Y, Xiao X, et al. 2022. Quantitative probabilistic assessment of caffeine intake from tea in Chinese adult consumers based on nationwide caffeine content determination and tea consumption survey[J]. Food and Chemical Toxicology, 165: 113102.

Yoshitomi R, Yamamoto M, Kumazoe M, et al. 2021. The combined effect of green tea and α-glucosyl hesperidin in preventing obesity: A randomized placebo-controlled clinical trial[J]. Scientific Reports, 11(1): 19067.

Younes M, Aggett P, Aguilar F, et al. 2018. Scientific opinion on the safety of green tea catechins[J]. EFSA Journal, 16(4): e05239.

Yu C, Tang H J, Guo Y, et al. 2018. Hot tea consumption and its interactions with alcohol and tobacco use on the risk for esophageal cancer: A population-based cohort study[J]. Annals of Internal Medicine, 168(7): 489-497.

Yu J, Song P, Perry R, et al. 2017. The effectiveness of green tea or green tea extract on insulin resistance and glycemic control in type 2 diabetes mellitus: A meta-analysis[J]. Diabetes & Metabolism Journal, 41(4): 251-262.

Yu S, Wang B, Li G X, et al. 2023. Habitual tea consumption increases the incidence of metabolic syndrome in middle-aged and older individuals[J]. Nutrients, 15(6): 1448.

Yu S B, Zhu L Z, Wang K, et al. 2019. Green tea consumption and risk of breast cancer: A systematic review and updated meta-analysis of case-control studies[J]. Medicine, 98: 27.

Yuan X J, Long Y, Ji Z H, et al. 2018. Green tea liquid consumption alters the human intestinal and oral microbiome[J]. Molecular Nutrition & Food Research, 62(12): e1800178.

Zelicha H, Kloting N, Kaplan A, et al. 2022. The effect of high-polyphenol Mediterranean diet on visceral adiposity: The DIRECT PLUS randomized controlled trial[J]. BMC Medicine, 20(1): 327.

Zhang D Y, Alpana K, Xi Y Z, et al. 2018a. Non-herbal tea consumption and ovarian cancer risk: A systematic review and meta-analysis of observational epidemiologic studies with indirect comparison and dose-response analysis[J]. Carcinogenesis, 39(6): 808-818.

Zhang J, Li Q H, Song Y, et al. 2022a. Nutritional factors for anemia in pregnancy: A systematic review with meta-analysis[J]. Frontiers in Public Health, 10: 1041136.

Zhang L, Chen H B, Song J H. 2023a. A meta-analysis on the association between tea consumption and the risk of osteoporotic fractures[J]. Alternative Therapies in Health and Medicine, 29(7): 290-296.

Zhang L Q, Ma J Y, Lin K Q, et al. 2021. Tea consumption and the risk of endometrial cancer: An updated meta-analysis[J]. Nutrition and Cancer, 10: 1849-1855.

Zhang M, Deng Q, Wang L H, et al. 2018b. Prevalence of dyslipidemia and achievement of low-density lipoprotein cholesterol targets in Chinese adults: A nationally representative survey of 163,641 adults[J]. International Journal of Cardiology, 260: 196-203.

Zhang S M, Takano J, Murayama N, et al. 2020. Subacute ingestion of caffeine and oolong tea increases fat oxidation without affecting energy expenditure and sleep architecture: A randomized, placebo-controlled, double-blinded cross-over trial[J]. Nutrients, 12(12): 3671.

Zhang W C B, Jiang J, Li X Y, et al. 2022b. Dietary factors and risk of glioma in adults: A systematic review and dose-response meta-analysis of observational studies[J]. Frontiers in Nutrition, 9: 834258.

Zhang X, Zhu X L, Sun Y K, et al. 2013. Fermentation *in vitro* of EGCG, GCG and EGCG"Me isolated from Oolong tea by human intestinal microbiota—ScienceDirect[J]. Food Research International, 54(2): 1589-1595.

Zhang Y, Bian Z L, Lu H J, et al. 2023b. Association between tea consumption and glucose metabolism and insulin secretion in the Shanghai High-risk Diabetic Screen (SHiDS) study[J]. BMJ Open Diabetes Research & Care, 11(2): e003266.

Zhao L G, Li Z Y, Feng G S, et al. 2020. Tea drinking and risk of cancer incidence: A meta-analysis of prospective cohort studies and evidence evaluation[J]. Advances in Nutrition, 12(2): 402-412.

Zheng G, Sayama K, Okubo T, et al. 2004. Anti-obesity effects of three major components of green tea, catechins, caffeine and theanine, in mice[J]. In Vivo, 18(1): 55-62.

Zhong Y L, Yang C, Wang N N, et al. 2021. Hot tea drinking and the risk of esophageal cancer: A systematic review and meta-analysis[J]. Nutrition and Cancer, 74(7): 2384-2391.

Zhou F, Li Y L, Zhang X, et al. 2021. Polyphenols from Fu brick tea reduce obesity via modulation of gut microbiota and gut microbiota-related intestinal oxidative stress and barrier function[J]. Journal of Agricultural and Food Chemistry, 69(48): 14530-14543.

Zhou H, Wu W W, Wang F Q, et al. 2018. Tea consumption is associated with decreased risk of oral cancer: A comprehensive and dose-response meta-analysis based on 14 case-control studies (MOOSE compliant) [J]. Medicine, 97(51): e13611.

Zhu M Z, Lu D M, Ouyang J, et al. 2020. Tea consumption and colorectal cancer risk: A meta-analysis of prospective cohort studies[J]. European Journal of Nutrition, 59: 3603-3615.

Zhuo D, Li M L, Cheng L, et al. 2019. A study of diet and lifestyle and the risk of urolithiasis in 1519 patients in Southern China[J]. Medical Science Monitor, 25: 4217-4224.

第 6 章　健康导向型茶树育种及茶园管理

6.1　我国茶树种质资源概述

茶树分类的系统性研究始于 18 世纪，自 1753 年起，科学家陆续提出了多种茶树植物分类方法。当前，主要存在的茶组植物分类体系包括席勒分类、张宏达分类、闵天禄分类以及陈亮分类（表 6-1）。

表 6-1　中国茶组植物定名情况

分类系统	种名	数量
席勒分类（1958）	茶 *C. sinensis*（L.）O. Kuntze，阿萨姆茶 *C. sinensis* var. *assamica*（Masters）Kitamura，大理茶 *C. taliensis*（W. W. Smith）Melchior，滇缅茶 *C. irrawadiensis* Barua，细柄茶 *C. gracilipes* Merrill ex Sealy，毛肋茶 *C. pubicosta* Merrill	5 种、1 种变种
《中国植物志》第 49（3）卷（1998）（张宏达分类）	疏齿茶 *C. remotiserrata* Chang et Wang，广西茶 *C. kwangsiensis* H. T. Chang，大苞茶 *C.grandibracteata* H. T. Chang & F. L. Yu，广南茶 *C. kwangnanica* Chang et Wang，大厂茶 *C. tachangensis* F. C. Chang，南川茶 *C. nanchuanica* Chang et Xiong，厚轴茶 *C. crassicolumna* H. T. Chang，圆基茶 *C. rotundata* Chang et Yu，皱叶茶 *C. crispula* Chang，老黑茶 *C. atrothea* Chang et Wang，马关茶 *C. makuanica* Chang et Tang，五柱茶 *C. pentastyla* Chang，大理茶 *C. taliensis*（W. W. Smith）Melchior，德宏茶 *C. dehungensis* Chang et Chen，膜叶茶 *C. leptophylla* S. Y. Liang ex Chang，秃房茶 *C. gymnogyna* Chang，突肋茶 *C. costata* Chang，缙云山茶 *C. jingyunshanica* Chang et J. H. Xiong，拟薄萼茶 *C. parvisepaloides* Chang et Wang，榕江茶 *C. yungkiangensis* Chang，狭叶茶 *C. angustifolia* Chang，大树茶 *C. arborescens* Chang et Yu，紫果茶 *C. purpurea* Chang et Chen，茶 *C. sinensis*（L.）O. Kuntze，白毛茶 *C. sinensis* var. *pubilimba* Chang，香花茶 *C. sinensis* var. *waldensae* Chang，毛叶茶 *C. ptilophylla* Chang，汝城毛叶茶 *C. pubescens* Chang et Ye，防城茶 *C. fengchengensis* Liang et Zhong，普洱茶 *C. assamica* Chang，多脉普洱茶 *C. assamica* var. *polyneura* Chang，苦茶 *C. assamica* var. *kucha* Chang，多萼茶 *C. multisepala* Chang et Tang，细萼茶 *C. parvisepala* Chang	30 种、4 种变种
闵天禄分类（2000）	大厂茶 *C. tachangensis* F. C. Chang，疏齿大厂茶 *C. tachangensis* var. *remotiserrat* H. T. Chang et al.，大苞茶 *C.grandibracteata* H. T. Chang & F. L. Yu，广西茶 *C. kwangsiensis* H. T. Chang，毛萼广西茶 *C. kwangsiensis* var. *kwangnanica* H. T. Chang & B. H. Chen，大理茶 *C. taliensis*（W. W. Smith）Melchior，厚轴茶 *C. crassicolumna* H. T. Chang，光尊厚轴茶 *C. crassicolumna* var. *multiplex* H. T. Chang & Y. J. Tang，老挝茶 *C. sealyama* T. L. Ming，秃房茶 *C. gymnogyna* H. T. Chang，突肋茶 *C. costata* H. T. Chang，膜叶茶 *C.*	12 种、6 种变种

分类系统	种名	续表 数量
闵天禄分类 （2000）	*leptophylla* S. Ye Liang ex H. T. Chang，防城茶 *C. fengchengensis* S. Ye Liang & Y. C. Zhong，毛叶茶 *C. ptilophylla* H. T. Chang，茶 *C. sinensis*（L.）O. Kuntze，普洱茶 *C. sinensis* var. *assamica*（J. W. Masters）Kitamura，德宏茶 *C. sinensis* var. *dehungensis* H. T. Chang & B. H. Chen，白毛茶 *C. sinensis* var. *pubilimba* H. T. Chang	
陈亮分类 （2000）	大厂茶 *C. tachangensis* F. C. Zhang，大理茶 *C. taliensis*（W. W. Smith）Melchior，厚轴茶 *C. crassicolumna* H. T. Chang，秃房茶 *C. gymnogyna* Chang，茶 *C. sinensis*（L.）O. Kuntze，阿萨姆茶 *C. sinensis* var. *assamica*（J. W. Masters）Kitamura，白毛茶 *C. sinensis* var. *pubilimba* Chang	5种、2种变种
Flora of China 修订（2007） （闵天禄分类）	大厂茶 *C. tachangensis* F. C. Chang，疏齿大厂茶 *C. tachangensis* var. *remotiserrat* H. T. Chang et al.，大苞茶 *C. grandibracteata* H. T. Chang & F. L. Yu，广西茶 *C. kwangsiensis* H. T. Chang，毛萼广西茶 *C. kwangsiensis* var. *kwangnanica* H. T. Chang & B. H. Chen，大理茶 *C. taliensis*（W. W. Smith）Melchior，厚轴茶 *C. crassicolumna* H. T. Chang，光萼厚轴茶 *C. crassicolumna* var. *multiplex*（H. T. Chang & Y. J. Tang），秃房茶 *C. gymnogyna* H. T. Chang，突肋茶 *C. costata* H. T. Chang，膜叶茶 *C. leptophylla* S. Ye Liang ex H. T. Chang，防城茶 *C. fengchengensis* S. Ye Liang & Y. C. Zhong，毛叶茶 *C. ptilophylla* H. T. Chang，茶 *C. sinensis*（L.）O. Kuntze，白毛茶 *C. sinensis* var. *pubilimba* H. T. Chang，普洱茶 *C. sinensis* var. *assamica*（J. W. Masters）Kitamura，德宏茶 *C. sinensis* var. *dehungensis* H. T. Chang & B. H. Chen	11种、6种变种

据统计，全国已确认的茶树品种已有2000多个，其中经济价值较高的品种有几十个。随着经济的迅猛发展、农业产业结构的调整以及人们健康要求的提高，茶的营养健康属性得到了广泛的关注，因而也促进了茶树育种及栽培技术与营养健康相关的研究。通过育种及栽培技术，定向富集茶叶中的茶多酚、花青素、氨基酸、硒等成分，理论上可以增强茶树在特定健康领域的应用价值。因此，选择适宜的茶树品种，配套茶树种植技术及有效管理方法，从而提高茶叶品质，推动我国的茶产业走向高质量发展。

（田易萍）

6.2 茶树育种关键技术及茶园管理关键技术

6.2.1 茶树育种技术概述

茶树品种作为茶产业中至关重要的生产要素，对茶叶的产量、品质以及茶树的抗性产生深远影响。传统育种技术，如系统选育和杂交育种，长期以来一直是茶树育种的主要手段。随着科技的进步，现代育种技术主要利用诱变（包括物理、化学和航天诱变）和生物工程技术等手段，提高育种的效率和精确度。使用γ射线、激光、N^+离子注入和化学诱变等多种诱变源进行茶树诱变育种，已成功培育出一些新品种，如'中茶108'、'皖农111'、'福丰'和'茶农1号'等。2016年，中国农业科学院茶叶研究所成功将搭载于神舟十一号飞船的茶树种子培育出幼苗，标志着航天育种在茶树领域取得初步成功。随着现代分子生物学技术的飞速发展，分子标记辅助育种和基因工程育种等现代生物技术在茶树育种中的应用也日益广泛。在分子标记辅助育种方面，研究人员已经构建了多个遗传连锁图谱，定位了一些与重要农艺性状密切相关的数量性状位点（QTL），并开发了一些功能性分子标记，为茶树育种奠定了坚实的基础。2017年，中国科学院昆明植物研究所率先完成了阿萨姆变种'云抗10号'的全基因组测序。紧接着在2018年，安徽农业大学也完成了茶变种'舒茶早'的全基因组测序及基因组草图绘制，进一步推动了茶树基因组学研究的深入发展。2020年，安徽农业大学、华南农业大学、华中农业大学以及中国农业科学院茶叶研究所等机构利用二代和三代测序技术，分别完成了'舒茶早'、'碧云'、'野生种DASZ'和'龙井43'的染色体级别参考基因组的组装。这些工作为深入研究茶树的遗传学和功能基因组学提供了坚实的基础。

6.2.2　茶园管理关键技术

茶叶中的成分含量及组成特征受到茶树品种、气候条件以及茶园管理技术的共同影响。采用科学合理的茶园管理技术，可以有效提升茶叶中茶多酚、咖啡因、氨基酸、维生素、矿物质和茶多糖等关键成分的含量和品质，进而优化茶叶的口感、提升营养健康价值。此外，通过优化茶园的光照、温度和湿度等栽培条件，改善茶园的生态环境，促进茶树的光合作用和养分吸收，有助于调节茶叶中特定成分的含量，提升茶叶的整体品质。茶园管理技术标准参照《有机产品　生产、加工、标识与管理体系要求》（GB/T 19630—2019）、《绿色食品　食品添加剂使用准则》（NY/T 392—2023）、《绿色食品　农药使用准则》（NY/T 393—2020）、《绿色食品　肥料使用准则》（NY/T 394—2023）等相应条款。

纯茶园光照强度在日间的变化均显著高于间作栽培模式、林篱栽培模式；在空气温度日变化与垂直梯度变化中，温度高低依次分别是：纯茶园模式＞间作栽培模式＞林篱栽培模式，林篱栽培模式茶园和间作栽培模式茶园均具有较明显的提高空气湿度的生态效应。间作栽培模式茶园有较强的持水保水能力，有利于茶树生长，在夏季抗旱能力比较强。从土层上比较，各栽培模式中在40～60 cm土层的土壤含水量差异最明显，其中含水量最低的纯茶园模式不利于茶树根部生长。在0～40 cm土层中，纯茶园的土壤容重值最高，纯茶园栽培模式、间作栽培模式、林篱栽培模式茶园等各模式茶园上层土壤（0~20 cm）的容重均低于下层土壤（20~40 cm），其中又以纯茶园的上下层土壤容重差异最大。间作栽培模式和林篱栽培模式茶园的土壤肥力较好，有利于茶树生长。纯茶园的气温变化、光照强度、空气湿度变化均较大，土壤含水量总体水平较低，容易受外界影响；表层土壤容重较大，容易板结，其茶叶的一芽三叶期百芽重相对较低，氨基酸含量水平较低，茶多酚含量水平较高，因而酚氨比较高，茶叶感官评审得分也较低。林篱茶园和间作茶园这两种复合生态模式茶园由于有树木遮阴，间作树木和周围林篱冠层对光有很强的反射和吸收作用，且有利于空气湿度保持，其土壤也较疏松，透气性强。保水保肥能力高，有利于茶树根部发育，更适宜茶树生长，能有利于氨基酸等物质的积累，茶多酚含量有所下降，形成较适宜的酚氨比，更能有效提高茶叶品质（巩雪峰，2008）。凤凰单丛茶种植区域的综合适宜度都比较高，尤以 300~900 m 高度层最为适宜；凤凰单丛茶不同采摘季的气候品质排序为春 1 茶、春 2 茶、秋茶、夏茶；同时，中高山茶叶品质好于低山与平地茶叶（张小瑞等，2024）。

夷陵区茶-林（茶-山胡椒、茶-杉树）、茶-果（茶-柚子、茶-板栗）间作能够调节茶园的生态环境，改善土壤养分含量，对茶树鲜叶中茶多酚、游离氨基酸、糖类三种内含物含量影响较为明显，对水浸出物含量影响不明显。间作能够有效提高茶树鲜叶品质，茶-果间作方式效果优于茶-林间作（肖秀丹等，2023）。茶园间作李树能增强茶树生长势，改善茶园小气候，降低秋季绿茶的苦涩味，提高鲜爽度、栗香和花香，整体感官品质得到明显改善（杨丽冉等，2023）。间作桉树茶样的没食子儿茶素、山柰酚、槲皮素、甘氨酸、鞣花酸、木犀草素、花旗松素、表没食子儿茶素没食子酸酯、表没食子儿茶素等 9 种成分含量显著升高，而谷氨酸含量显著降低。感官审评发现，间作桉树的阴制茶样香气与滋味都辛辣，品质降低，桉树不宜在茶园间种。遮阴高度和遮光率互作，遮阴高度 1.5 m 和遮光率 70%互作利于生产高品质抹茶（王柳等，2023）。

在茶园间作鼠茅草 2 年后，茶园土壤 pH 提高 0.29，土壤有机质含量增加 16.46 g/kg；另外，有效磷、速效钾、铵态氮、硝态氮等在鼠茅草间作的茶园土壤中有不同程度的增加，其中有效磷是清耕茶园的 5.88 倍。鼠茅草间作茶园土壤全氮含量高于清耕茶园，全磷、全钾、全钠含量均低于清耕茶园。有效锌、有效铁、有效铜和阳离子交换量在鼠茅草间作茶园土壤中的含量均高于清耕茶园。鼠茅草间作茶园土壤细菌数量增加，真菌数量减少。有机质分解相关放线菌门细菌和子囊菌门真菌在鼠茅草间作茶园土壤中的相对丰度增加。鼠茅草间作茶园与清耕茶园茶叶鲜叶中共鉴定出 259 种茶叶代谢物组分，其中 20 种代谢物的含量存在显著差异，差异代谢物主要包括糖类、脂肪酸类和儿茶素类等。鼠茅草间作茶园茶树叶片中麦白糖、甲基-β-D-吡喃葡萄糖苷、乳糖醇、半乳糖甘油及 α-乳糖含量是清耕茶园的 2 倍以上；（9Z）-十八碳烯酸和（9Z, 12Z, 15Z）-十八碳三烯酸含量显著低于清耕茶园；（+）-没食子儿茶素、没食子儿茶酚、表儿茶素等 3 种儿茶素类代谢物在鼠茅草间作茶园茶叶中的含量也显著低于清耕茶园（陈义勇等，2023）。

良好的小气候能增加茶叶中氨基酸的积累，适当地降低咖啡碱、茶多酚的合成。茶-马尾松间作和茶-竹防护林间作的春、夏茶茶叶中的茶多酚和咖啡碱含量均低于纯茶园，这是因为茶叶中茶多酚含量与光照强度呈显著正相关，茶-马尾松间作茶园茶叶中氨基酸和水浸出物含量则最高，这主要是因为间作模式中马尾松对茶园起到了遮阴效果，茶叶中的氨基酸含量与温度呈显著负相关，与湿度呈显著正相关，茶树和土壤温度的下降以及湿度的升高有利于茶树蛋白质和碳水化合物的合成，提高了茶叶中氨基酸和水浸出物的含量（杨海滨等，2015）。

使用不同光质可影响茶多糖、花青素等功能成分的形成。茶多糖是茶中可溶性糖的主要成分之一，具有抗氧化、抗炎、抗肿瘤、调节免疫力、调节肠道菌群、改善代谢等生物活性。可溶性糖含量的变化是糖类分解、呼吸作用及光合作用的共同结果。茶鲜叶的自然萎凋过程中，可溶性糖含量下降，原因是离体叶片萎凋过程中营养物质得不到补充，加上部分可溶性糖被呼吸作用消耗而多糖不能及时转化为可溶性糖。红光可以提高作物可溶性糖含量，其作为补光光源已广泛应用于设施农业中。使用不同光质在白茶萎凋时进行光照处理，均显著提高了白茶中的可溶性糖含量（谢侗等，2024）。花青素具有抗炎、抗氧化、抗肿瘤、改善视疲劳、改善心血管功能等生物活性。因此，红紫色芽叶的茶叶逐渐受到重视，目前我国以及非洲、日本等国家均已人工培育出多种富含花青素的茶树品种。研究表明，对花青素合成影响最有效的光质是蓝光和紫外光，可促进花青素合成途径中的相关酶活性，增强相关基因的表达，促进叶片呈色（占丽英等，2016）。通过使用黄色、蓝色、红色、黑色及无色等不同色膜覆盖茶树，发现不同光质对花青素积累的影响强弱关系为黄色＞透明＞蓝色＞红色＞黑色（张泽岑和王能彬，2002）。使用 UV-A/B 对茶树'紫嫣'进行处理，结果发现 UV-A 和 UV-B 辐照通过上调与花色苷生物合成相关的基因，诱导紫芽茶树中花青素的积累（Li et al.，2020）。

（田易萍）

6.3 健康导向型名优品种及开发案例

目前健康导向型的茶树育种主要关注富集茶多酚、花青素、氨基酸等功能成分，增强茶叶的功能物质基础；或者降低咖啡因的含量，使之适应咖啡因敏感人群的应用；同时，通过降低酚氨比，改善茶的感官品质。2021~2024 年，云南省农业科学院在"世界大叶茶技术创新中心建设及成果产业化"项目实施期间，共收集国内外茶树种质资源 502 份，发掘出花突变特异种质资源 6 份（雄性不育 2 份、雌雄完全不育 1 份、雌性不育 3 份），开花不结实特异种质资源 2 份，持嫩性极强优异资源 2 份。鉴定出 5 份高苦茶碱（其中有 4 份具有低咖啡碱性状），1 份低咖啡碱高可可碱茶树种质；筛选获得儿茶素指数 CI 值>1.0 的茶树种质 20 份（云南茶树种质均值为 0.5），其中 2 份 CI 值>5.0；筛选出 2 份黄化种质材料（'云黄 1 号'和 MHHY），其中 MHHY 在黄化期茶氨酸含量>3.5%，最高可超过 4.0%。项目执行期间，"国家大叶茶资源圃创建及优异种质创新利用"获得 2021 年云南省科学技术进步奖一等奖；"优质高产抗寒大叶茶树良种选育及应用"获得 2020~2021 年神农中华农业科技奖科学研究类成果二等奖。

6.3.1 高花青素典型茶树品种

花青素是一种多酚类水溶性植物色素，在紫色叶片的茶树品种中特异性积累，如'紫娟'、'紫嫣'等，其生物合成主要受 MYB、bHLH 和 WD40 等转录因子的调控。利用比较基因组分析发现，'紫娟'茶树中 R2R3-MYB 家族的一个成员 *CsMYB75* 基因的启动子区域存在一个 181 bp 的逆转录转座子（LTR）插入，且这段插入在其他紫色叶片茶树品种（如'紫嫣'）中也可以检测到。

1. '紫娟'

《云南茶树品种志》（2012）记载，高花青素的'紫娟'（图 6-1）由云南省农业科学院茶叶研究所从云南大叶群体品种中采用单株育种法育成。2022 年通过农业农村部非主要农作物品种登记，登记编号：GPD 茶树（2022）530050。春茶一芽二叶蒸青样含茶多酚 30.30%、氨基酸 2.30%、咖啡碱 4.20%、水浸出物 50.70%。与常规大叶绿茶相比，'紫娟'所含花青素、黄酮类、咖啡碱、锌的含量较高，其花青素含量约为一般红紫芽茶的 3 倍，表没食子儿茶素-3-*O*-（3-*O*-甲基）没食子酸酯（3″-methyl-epigallocatechin gallate，EGCG3″Me）等物质的含量也较高，逐渐成为消费者青睐的新品种。仝佳音等（2019）改进重萎凋的加工方法制作的紫娟红茶共测出 208 种香气物质，香气组成中醇类的含量最高，其次是酯类、醛类等，加工出具有清甜且带有紫娟红茶特有的辛香味（即品种香）。目前，紫娟在中国已具有一定的种植规模，且在紫娟红茶、紫娟普洱茶、紫娟白茶特色加工工艺方面已经成熟。以紫娟茶鲜叶为原料，在萎凋过程中加入脂肪酶，并进行轻微的包揉和发酵，成功制作出白茶，发现紫娟白茶在外形、色泽、叶底、汤色、香气和滋味方面均表现出较好的优势，同时茶氨酸、茶多酚、可溶性糖和花青素含量有所提高（张艳梅等，2018）。利用'紫娟'茶树品种制作武夷岩茶，发现紫娟茶青根据武夷岩茶的制作工艺制出的紫娟岩茶外形条索紧结，色泽乌黑油润，香气浓郁悠长且具有独特香型，滋味醇厚有回甘，汤色却和普通岩茶相似均为金黄色，叶底呈墨绿色带红边的品质特征，都具有武夷岩茶的特点（李良清等，2019）。

图 6-1 '紫娟'

2.'紫嫣'

'紫嫣'由四川农业大学、四川一枝春茶业有限公司合作选育，是从四川中小叶群体种中经单株选择、系统育种的高花青素紫芽新品种。该品种于 2017 年 9 月获得植物新品种权证书，品种权号：CNA20120455；2018 年 6 月通过国家非主要农作物品种登记，登记编号：GPD 茶树（2018）510007。'紫嫣'春季新梢平均一芽二叶，水浸出物含量为 45.49%，茶多酚含量为 20.36%，游离氨基酸含量为 4.41%，咖啡碱含量为 3.98%，花青素含量为 2.73%。'紫嫣'适制红茶、绿茶。紫嫣绿茶外形匀整，色青黛；汤色蓝紫清澈；有嫩香、蜜糖香；滋味浓厚尚回甘；叶底柔软，色靛青。'紫嫣'所制红茶外形乌润、有毫，香气浓郁、有甜香，汤色较红亮，滋味甜醇、爽口，叶底尚红稍暗。

3.'丹妃'

王青等（2023）记载，'丹妃'是广东省农业科学院茶叶研究所从广东凤凰单丛群体叶色变异单株经系统选育获得的高花青素茶树新品种。2023 年获得农业农村部植物新品种权证书，品种权号：CNA 20171169.2。春茶一芽二叶蒸青样中约含茶多酚 26.5%、氨基酸 3.2%、咖啡碱 4.3%、可溶性糖 4.6%、水浸出物 43.6%，花青素 2.4%。'丹妃'适制绿茶、白茶和红茶。绿茶色泽乌紫光润、紧结，茶汤紫红透亮，花香、栗香浓郁带果香，滋味鲜爽甜醇、稍带涩味，叶底呈蓝绿色；制红茶和白茶，花果甜香悠长持久，滋味甜醇鲜爽，是开发高花青素速溶茶的良好原料。

4. '云航茶 1 号'

'云航茶 1 号'（图 6-2）是云南省农业科学院茶叶研究所从紫娟自然杂交后代（搭载"神十"飞船在太空飞行 15 天）采用太空育种技术选育而成。2023 年 12 月申请植物新品种权，申请号：20241000125。春茶一芽二叶蒸青样含水浸出物 54.60%、茶多酚 25.00%、游离氨基酸 2.30%、咖啡碱 3.20%、花青素 1.90%。发酵能力中到强，适制红茶、绿茶和白茶。制红茶，外形乌褐，汤色红、较明亮，香气较高甜，滋味较浓醇，叶底较匀、红较亮。制绿茶，外形较壮结、略卷曲、略有毫、多茎、深绿，汤色浅嫩绿、清澈明亮，香气较清高，滋味清鲜、较甘醇，叶底嫩较匀、略有芽、带茎、较绿。制白茶，外形芽叶较连枝、显毫、褐红，汤色金黄、明亮，香气甜果香浓郁，滋味较甘醇，叶底稍硬、褐红泛黄。

图 6-2　'云航茶 1 号'

6.3.2　高氨基酸品种

1. '白叶 1 号'

《中国无性系茶树品种志》（2014）记载，'白叶 1 号'又称安吉白茶，安吉县农业农村局茶叶站、安吉县自然资源和规划局、湖州市农业农村局等从安吉地方群体种白化变异中采用单株育种法育成。2022 年通过农业农村部非主要农作物品种登记，登记编号：GPD 茶树（2022）330046。春茶一芽二叶蒸青样含茶多酚 15.70%、氨基酸 5.80%、咖啡碱 3.30%、水浸出物 47.00%。制绿茶，外形小兰花形、匀齐、嫩绿，汤色嫩浅黄清澈明亮，香气清高鲜爽、有花香，滋味清鲜甘和，叶底嫩厚成朵、叶白脉绿明亮。

2. '中白 1 号'

张友炯等（2016）记载，'中白 1 号'由中国农业科学院茶叶研究所联合浙江省建德市农业技术推广中心、建德市龙源白茶开发有限公司从建德市当地鸠坑群体品种的自然白化变异单株经过单株选育而成。2020 年通过非主要农作物品种登记，登记编号：GPD 茶树（2020）330019。春茶一芽二叶含氨基酸≥6.0%、茶多酚 17.0%～21.0%、咖啡碱 3.0%～4.3%、水浸出物 44.0%左右，内含物配比协调。适制针形或卷曲形绿茶，品质优。

3. '粤茗 5 号'

方开星等（2023）记载，'粤茗 5 号'是由广东省农业科学院茶叶研究所从凌云白毫群体中经单株系统选育出的无性系新品种。2023 年获得农业农村部植物新品种权证书，品种权号：CNA20183466.7。春茶一芽二叶蒸青样中约含茶多酚 28.7%、氨基酸 8.7%（其中茶氨酸含量高达 4.1%，为高茶氨酸资源）、咖啡碱 2.6%、可溶性糖 3.7%、水浸出物 48.6%。'粤茗 5 号'适制红茶、白茶。制红茶甜香花香浓郁，滋味鲜爽醇厚；制白茶毫香花香浓郁，鲜醇清甜。

4. '中黄 1 号'

杨亚军和梁月荣（2014）记载，'中黄 1 号'由中国农业科学院茶叶研究所联合浙江天台九遮茶业有限公司、天台县特产技术推广站从天台县当地群体品种的自然黄化变异单株，经过单株选拔-扦插扩繁-品系比较实验-全国区域试验等程序选育而成。2019 年通过农业农村部非主要农作物品种登记，登记编号：GPD 茶树（2019）330033。春茶一芽二叶含氨基酸≥6.9%、茶多酚≥14.7%、咖啡碱≥3.1%、水浸出物≥40.8%。适制扁形和卷曲型绿茶，干茶绿润透金黄，汤色嫩绿清澈透黄，香气嫩香，滋味鲜醇，叶底嫩黄鲜艳，呈现出"三绿透三黄"的独特品质特征。

5. '中黄 2 号'

杨亚军等（2017）记载，'中黄 2 号'由中国农业科学院茶叶研究所、缙云县农业局经济特产站、缙云县上湖茶业专业合作社从缙云县当地群体种的自然突变体中采用单株选育法选育而成。2019 年通过农业农村部登记，登记编号：GPD 茶树（2019）330034。春茶一芽二叶含氨基酸≥7.7%、茶多酚≥14.0%、咖啡碱≥2.9%、水浸出物≥44.3%。制绿茶，干茶外形金黄透绿，汤色嫩绿明亮透金黄，香气清香，滋味嫩鲜，叶底嫩黄鲜活，呈现出"三黄透三绿"的独特品质特征，品质优异。

6. '陕茶 1 号'

王衍成等（2019）记载，'陕茶 1 号'由安康市汉水韵茶业有限公司从紫阳群体种中采用单株育种法育成。2014 年 6 月获得国家林业局植物新品种权证书，品种权号：20140088；2018 年 1 月获农业部植物新品种权证书，品种权号：CNA20121112.5；2019 年通过农业农村部非主要农作物品种登记，登记编号：GPD

茶树（2018）610009。茶多酚含量为 19.5%，氨基酸含量为 5.2%，咖啡碱含量为 3.72%，水浸出物含量为 47.6%。'陕茶 1 号'加工而成的绿茶主要香气成分有正戊醇、青叶醇、苯甲醇、芳樟醇及其氧化物、苯乙醇、香叶醇、戊醛、正己醛、正庚醛、壬醛、2,4-二甲基苯甲醛、2-甲基戊酸甲酯、棕榈酸乙酯、茉莉酮、十二烷、十四烷、2,4-二叔丁基苯酚、1,1-二乙氧基乙烷等。制绿茶汤色嫩绿清澈，香气高爽有嫩香，滋味鲜爽协调。

7. '保靖黄金茶 1 号'

彭承胜等（2018）记载，'保靖黄金茶 1 号'是由湖南省茶叶研究所、保靖县农业局选育的特早高氨基酸茶树品种。亲本品种来源为保靖黄金茶群体种。'保靖黄金茶 1 号'2010 年通过湖南省第 6 届农作物品种审定委员会二次主任委员会议登记，品种登记编号：XPD005-2010。2019 年通过农业农村部非主要农作物品种登记，登记编号：GPD 茶树（2019）430022。'保靖黄金茶 1 号'生化成分丰富，氨基酸含量高。春季水浸出物含量为 41.04%，氨基酸含量为 7.47%，茶多酚含量为 18.40%，咖啡碱含量为 4.29%。制绿茶品质优，适制毛尖、高档名优绿茶，特别是外形色泽绿翠有毫，汤色黄绿亮，香气清香高长，滋味鲜嫩醇爽，叶底嫩匀绿亮。'保靖黄金茶 1 号'具有"4 高 4 绝、又爽又浓"的特质。4 高是高氨基酸（最高 7.7%，是一般茶叶品种的 2 倍）、高茶多酚（20%左右）、高水浸出物（最高近 50%）、高叶绿素（比'福鼎大白茶'高 40%以上），4 绝是"香、绿、爽、浓"，即茶叶外形翠绿显毫、香气高长、汤色黄绿明亮、滋味鲜爽、回味醇厚。

8. '龙井 43'

《中国无性系茶树品种志》（2014）记载，'龙井 43'由中国农业科学院茶叶研究所从龙井种中采用系统育种法育成。1987 年全国农作物品种审定委员会审（认）定为国家品种，审定编号：GS13007-1987，曾获全国科学大会奖。春茶一芽二叶干样约含氨基酸 3.7%、茶多酚 18.5%、总儿茶素 12.1%、咖啡碱 4.0%。适制绿茶，如龙井、旗枪等扁型茶，品质优。

6.3.3 高 γ-氨基丁酸品种

1. '紫牡丹'

《中国无性系茶树品种志》（2014）记载，'紫牡丹'（图 6-3）由福建省农业科学院茶叶研究所于 1981~1999 年从铁观音实生后代中采用单株育种法育成。2010 年通过全国茶树品种鉴定委员会鉴定，编号：国品鉴茶 2010026。春茶一芽二叶干样约含氨基酸 2.7%、茶多酚 26.8%、咖啡碱 4.1%；真空厌氧富集后，茶叶

γ-氨基丁酸含量达 2.90 mg/g。制白茶产品较优，香气有花香，滋味尚醇、有花香，汤色浅黄明亮；制乌龙茶品质优异，条索紧结重实，色泽乌褐绿润，香气馥郁鲜爽，滋味醇厚甘甜，韵味显，具有铁观音的香味特征，制优率比铁观音高。适宜于福建乌龙茶茶区种植。宜选择纯种健壮母树剪穗扦插，培育壮苗。选择土层深厚、肥沃的黏质红黄壤园地种植，增加种植株数与密度。

图 6-3 '紫牡丹'

2. '福鼎大毫茶'

《中国无性系茶树品种志》（2014）记载，'福鼎大毫茶'（图 6-4）原产于福建省汪家洋村，栽培历史近百年，主要分布于福鼎、霞浦、福安、柘荣、政和等县，江苏、浙江、四川、江西、湖北等省有少量引种。1984 年被全国茶树良种审定委员会认定为优良品种，编号：GS13002-1985。'福鼎大毫茶'春茶一芽二叶干样约含氨基酸 5.3%、茶多酚 17.3%、咖啡碱 3.2%、水浸出物 47.2%，真空厌氧富集后，茶叶 γ-氨基丁酸含量达 3.15 mg/g。适制红茶、绿茶、白茶。制白茶产品较优，香气有毫香，滋味较醇、毫香显，汤色浅黄明亮；制作工夫红茶，条索肥壮显毫，色泽乌润、香高味浓、汤色红浓；制作烘青绿茶，条索肥壮，色翠绿，白毫多，香气似栗香，味醇和；制作白茶，外形肥壮，白毫密披，色白如银，香

图 6-4 '福鼎大毫茶'新梢

气鲜爽，味道醇和，是制作白毫银针、福建雪芽、白牡丹的原料。'福鼎大毫茶'适宜在红、绿和白茶区推广，应选择土层深厚的园地种植，增加种植密度，适时定剪 3~4 次，促进分枝，提高发芽密度，及时嫩采。

3. '云抗 10 号'

《云南茶树品种志》（2012）记载，'云抗 10 号'（图 6-5）由云南省农业科学院茶叶研究所从勐海'南糯山大叶茶'群体种中单株选育而成。2019 年通过农业农村部非主要农作物品种登记，登记编号：GPD 茶树（2020）530006。'云抗 10 号'春茶一芽二叶含茶多酚 25.0%、氨基酸 2.9%、咖啡碱 4.4%、水浸出物 49.8%。采用专利厌氧发酵罐对茶树鲜叶进行厌氧充氮处理，其 γ-氨基丁酸质量分数都增加，其中处理 6 h 以上均能达到 γ-氨基丁酸茶标准（1.50 mg/g），其中最高可达 1.97 mg/g，γ-氨基丁酸绿茶加工工艺：鲜叶→厌氧充氮处理 6 h 以上→杀青→揉捻→干燥→γ-氨基丁酸绿茶（杨明容等，2013）。适制绿茶、红茶和普洱茶。制红茶，香高持久，滋味浓强鲜；制绿茶，花香持久，滋味浓厚鲜爽；制普洱生茶，香气清香浓郁，滋味醇正；制普洱熟茶，香气醇正、陈香，滋味醇厚。加工的 γ-氨基丁酸绿茶外形条索卷曲紧结重实、色泽绿润披白毫，汤色黄绿明亮、滋味醇和鲜爽，具有 γ-氨基丁酸茶所特有的香气，同时还具有云南大叶种绿茶浓强回甘的滋味。适宜在云南极端最低温度−5℃以上茶区、夏季雨水充足季节种植，种植前施足底肥，严格 3~4 次定型修剪，因新梢生长快，需要按标准及时分批多次采摘，及时采、偏嫩采，才不会影响茶叶的产量与质量。

图 6-5　'云抗 10 号'

6.3.4　高茶黄素品种

1. '云茶 9 号'

《云南茶树品种志》（2012）记载，'云茶 9 号'（图 6-6）由云南省农业科学院茶叶研究所科技人员采用系统定向选种法，从云南省勐海县南糯山群体种中选择优良抗寒单株，通过单株鉴定、株系比较试验、品系比较试验、区域适应性试验等育种试验培育而成。春季一芽二叶蒸青样中水浸出物含量为 51.3%，茶多酚含量为 36.6%，游离氨基酸含量为 2.4%，咖啡碱含量为 4.6%；夏秋茶的茶黄素含量为 1.7%，茶红素含量为 7.5%，茶褐素含量为 7.9%，属于高茶黄素品种。适制红茶。制红碎茶，外形砂粒状、棕褐，汤色较红、较明亮，香气较高甜、微有果香，滋味较浓、较甘鲜、微涩，叶底软匀、红亮；制工夫红茶，外形较壮结、略卷曲、显金毫、色泽乌润，汤色红、明亮，香气较鲜甜，滋味较浓醇、较甘鲜略涩，叶底厚软、匀、显芽、红艳较明亮。

图 6-6 '云茶 9 号'

2. '英红 10 号'

黄华林等（2011）记载，'英红 10 号'是广东省农业科学院茶叶研究所从云南大叶群体中单株选育的无性系红茶品种，乔木型，大叶类，早芽种。芽叶内含物丰富，春茶一芽二叶含茶多酚 33.15%、氨基酸 2.48%、咖啡碱 4.90%、水浸出物 44.34%、儿茶素 21.18%；夏秋茶平均茶黄素含量为 1.89%、茶红素含量为 9.34%、茶褐素含量为 7.26%。制红茶品质优，外形颗粒重实棕润，香气高长带花香，滋味浓鲜强，汤色红亮，综合品质得分为 95.2 分，适宜广东红茶产区生产应用。

6.3.5 高茶多酚品种

1. '黔湄 502'

《中国无性系茶树品种志》（2014）记载，'黔湄 502'由贵州省茶叶研究所于 1958～1965 年以凤庆大叶茶为母本、宣恩长叶茶为父本，采用杂交育种方法育成。1987 年全国农作物品种审定委员会认定为国家品种，编号：GS 13002-1987。春茶一芽二叶干样约含氨基酸 1.1%、茶多酚 37.7%、总儿茶素 23.1%、咖啡碱 3.0%。

适制红茶、绿茶。制红茶，香气高长，滋味浓厚鲜爽；制绿茶，芽毫显露，香气清爽。适宜最低温度-6℃以上的西南茶区种植；宜采用双行双株种植，每 667 m² 栽 5300 株左右；严格定型修剪和摘顶养蓬，培养采摘面；适时防治病虫害。

2. '黔湄 419'

《中国无性系茶树品种志》（2014）记载，'黔湄 419'又称抗春迟；无性系；小乔木型，大叶类，晚生种；由贵州省茶叶研究所于 1958～1965 年从镇沅大叶茶与平乐高脚茶自然杂交后代中采用单株育种法育成。于 1987 年全国农作物品种审定委员会认定为国家品种，编号：GS13001-1987。春茶一芽二叶干样约含氨基酸 1.4%、茶多酚 36.0%、总儿茶素 23.0%、咖啡碱 3.4%。适制红茶，汤色红艳，香气持久，滋味浓厚，品质优良。适宜海拔 1300 m 以下、最低温度-6℃以上的西南红茶茶区种植；宜采用双行双株种植，每 667 m² 栽 5300 株左右；严格定型修剪和摘顶养蓬，培养采摘面；适时防治病虫害。

3. '黔湄 701'

《中国无性系茶树品种志》（2014）记载，'黔湄 701'由贵州省茶叶研究所用湄潭晚花大叶茶与云南大叶种人工杂交后代中采用单株育种法育成。1994 年通过全国农作物品种审定委员会审定，编号：GS13014-1994。春茶一芽二叶干样含茶多酚 23.2%、氨基酸 3.0%、咖啡碱 3.8%、水浸出物 48.4%。适制红茶，制红茶品质优良。适宜西南红茶区种植，宜选择极端气温不低于-6℃地区、土层深厚肥沃的地块种植。

4. '弄岛野茶'

《云南茶树品种志》（2012）记载，'弄岛野茶'（图 6-7）原产云南瑞丽。茶多酚含量为 41.18%，咖啡碱含量 3.73%，氨基酸含量 3.20%，水浸出物含量 46.75%。制红碎茶感官品质审评总分 90.5 分。

图 6-7 '弄岛野茶'

5. '河头白毛尖茶'

《云南茶树品种志》（2012）记载，'河头白毛尖茶'（图6-8）原产云南龙陵。茶多酚含量为40.79%，咖啡碱含量为4.32%，氨基酸含量为2.87%，水浸出物含量为47.50%。制红碎茶感官品质审评总分91.9分。

图6-8 '河头白毛尖茶'

6. '公弄茶'

《云南茶树品种志》（2012）记载，'公弄茶'（图6-9）原产云南双江。茶多酚含量为43.15%，咖啡碱含量为4.35%，氨基酸含量为2.92%，水浸出物含量为51.23%。制红碎茶感官品质审评总分91.0分。

图6-9 '公弄茶'

7. '马鞍大茶'

《云南茶树品种志》（2012）记载，'马鞍大茶'（图6-10）原产云南威信。茶多酚含量为38.80%，咖啡碱含量为2.65%，氨基酸含量为2.75%，水浸出物含量为44.32%。制红碎茶感官品质审评总分86.7分。

图 6-10　'马鞍大茶'

8. '优选 5 号'

李家贤等（2008）记载，'优选 5 号'由广东省农业科学院茶叶研究所采用杂交育种方法选育而成。一芽二叶的生化成分含量丰富，茶多酚平均含量为 39.28%，氨基酸含量为 1.94%，酚氨比值为 20.25，咖啡碱含量为 4.41%，水浸出物含量为 45.71%，儿茶素含量为 17.09%。适制高档红茶，香气鲜爽，滋味浓强，汤色红艳，品质得分 96.1 分。

9. '优选 8 号'

李家贤等（2008）记载，'优选 8 号'由广东省农业科学院茶叶研究所采用杂交育种方法选育而成。一芽二叶的生化成分含量丰富，茶多酚平均含量为 41.58%，氨基酸含量为 1.64%，酚氨比值为 25.35，咖啡碱含量为 4.57%，水浸出物含量为 46.25%，儿茶素含量为 21.32%。适制高档红茶，香气鲜尚爽，滋味浓强，汤色红亮，品质得分 94.9 分。

10. '优选 9 号'

李家贤等（2008）记载，'优选 9 号'由广东省农业科学院茶叶研究所采用杂交育种方法选育而成。一芽二叶的生化成分含量丰富，茶多酚平均含量为 39.51%，氨基酸含量为 1.85%，酚氨比值为 21.36，咖啡碱含量为 4.50%，水浸出物含量为 47.05%，儿茶素含量为 16.46%。适制高档红茶，香气鲜尚爽，滋味浓强，汤色红艳，品质得分 95.2 分。

6.3.6　高茶多糖品种

1. '鄂茶 4 号'

《中国无性系茶树品种志》（2014）记载，'鄂茶 4 号'又称宜红早，无性系，小乔木型，中叶类，特早生种。湖北省宜昌太平溪茶树良种繁育站从宜昌大叶群体种中经单株选育而成。1998 年通过全国农作物品种审定委员会审定，编号：GS980001。春茶一芽二叶含茶多酚 22.3%、氨基酸 2.8%、咖啡碱 3.2%、水浸出物 55.8%，茶多糖提取率高，多糖提取率达 3.73%。适制红茶、绿茶，品质较优。制峡州碧峰，外形紧秀显毫，色泽翠绿油润，香气高久，滋味鲜爽回甘。选择深厚肥沃、疏松田地，重施底肥，平衡追肥。注意压低修剪高度，采取三次定型修剪。在海拔 800 m 以上茶区，注意防倒春寒。

2.'福鼎大白茶'

《中国无性系茶树品种志》（2014）记载，'福鼎大白茶'（图 6-11）又称白毛茶，简称福大。'福鼎大白茶'品质优异，是全国推广面积最大的品种。无性系，小乔木型，中叶类，早生种。原产于福建省福鼎市点头镇柏柳村，已有 100 多年的培史。1985 年，通过全国农作物品种审定委员会认定，编号：GS13001-1985。春茶一芽二叶干样约含氨基酸 4.3%、茶多酚 16.2%、总儿茶素 11.4%、咖啡碱 4.4%，茶多糖提取率达 3.70%。适制绿茶、红茶、白茶，制白茶芽壮色白，香鲜味醇，是制作白毫银针、白牡丹的优质原料。

图 6-11　'福鼎大白茶'

（田易萍）

本章责任人：田易萍

参 考 文 献

陈春林, 梁明志, 田易萍, 等. 2013. 高茶黄素大叶种红碎茶的研制[J]. 安徽农业科学, 41(13): 5947-5948, 5951.

陈文雄. 2008. 大理茶遗传多样性 AFLP 分析及三个茶树疑似种 RAPD 鉴定[D]. 昆明：云南大学.

陈义勇, 黎健龙, 周波, 等. 2023. 鼠茅草间作对茶园土壤及茶叶品质成分的影响[J]. 中国农业科学, 56(24): 4916-4929.

陈玉琼, 余志, 张芸, 等. 2005. 茶树品种、部位和嫩度对茶多糖含量和活性的影响[J]. 华中农业大学学报, (4): 406-409.

方开星, 秦丹丹, 潘晨东, 等. 2023. 高茶氨酸茶树新品种'粤茗5号'[J]. 园艺学报, 50(S2): 187-188.

冯忠娟. 2023. 茶园经营模式及环境因子对天台山云雾茶有效成分的影响[D]. 杭州: 中南林业科技大学.

高玉佩, 朱澄澄, 马煜明, 等. 2017. 高 γ-氨基丁酸含量白茶的茶树品种适制性及工艺研究初探[J]. 中国茶叶加工, (2): 5-10.

戈照平. 2013. 不同生态模式茶园小气候变化及对茶叶品质影响研究[D]. 杭州: 中国农业科学院.

巩雪峰. 2008. 不同栽培模式对茶园生态环境及茶叶品质的影响[D]. 咸阳: 西北农林科技大学.

龚万灼, 张泽岑. 2006. 茶组植物分类研究综述[J]. 福建茶叶, 29(2): 9-12.

郭豪. 2023. 优化施肥和银叶金合欢间作对强酸性茶园土壤质量及茶叶品质的影响[D]. 福州: 福建农林大学.

胡芝. 2023. 不同遮荫条件对碾茶品质成分影响的研究[D]. 贵阳: 贵州大学.

黄华林, 李家贤, 何玉媚, 等. 2010. 高花青素特色茶树新品种品比试验[J]. 中国种业, (12): 53-54.

黄华林, 李家贤, 何玉媚, 等. 2011. 高茶黄素品种英红10号化学品质与区域适应性研究[J]. 广东茶业, (4): 23-25.

黄啟亮, 王春光, 龚永新. 2014. 夏秋茶增产提质的茶园管理技术研究[J]. 安徽农业科学, 42(10): 2895-2896.

季鹏章, 汪云刚, 蒋会兵, 等. 2009. 云南大理茶资源遗传多样性的AFLP分析[J]. 茶叶科学 29(5): 329-335.

蒋会兵, 陈林波, 等. 2022. 云南省茶树种质资源调查与研究[M]. 北京. 中国农业出版社.

金孝芳, 马林龙, 刘艳丽, 等. 2017. 6个高氨基酸茶树品种(系)主要生化成分分析[J]. 茶叶学报, 58(2): 58-62.

兰茗清, 马占霞, 熊昌云, 等. 2023. 普洱市不同地域茶园土壤理化性质与茶叶内含成分相关性研究[J]. 热带农业科学, 43(8): 7-12.

李家贤, 黄华林, 何玉媚. 2008. 高茶黄素品种鲜叶化学组分与红茶品质特征指标研究[J]. 广东农业科学, (8): 105-106, 111.

李家贤, 黄华林, 何玉媚, 等. 2009. 高茶多酚茶树品种的生化成分与品质性状研究[J]. 广东农业科学, (10): 16-18, 25.

李良清, 王文震, 徐秋生, 等. 2019. 紫娟武夷岩茶适制性的研究[J]. 福建茶叶, 41(7): 11-12.

梁名志, 刘德和, 殷丽琼, 等. 2014. 云南茶园管理技术[M]. 昆明: 云南科技出版社.

梁名志, 田易萍. 2012. 云南茶树品种志[M]. 昆明: 云南科技出版社.

刘思思. 2009. 茶树品种间多糖组成、活性差异及高活性茶多糖的结构分析[D]. 武汉: 华中农业大学.

马圣洲, 吴琴燕, 杨敬辉, 等. 2013. 江苏丘陵地区 γ-氨基丁酸茶适制性品种筛选[J]. 江苏农业科学, 41(8): 272-274.

彭承胜, 王俊华, 周恒良. 2018. 保靖黄金茶 1 号特征特性及综合配套技术[J]. 中国园艺文摘, 34(6): 225-226.

尚卫琼, 梁名志, 田易萍, 等. 2014. 云南省高 EGCG 茶树品种的筛选[J]. 湖南农业科学, (11): 13-15.

疏再发, 吉庆勇, 邵静娜, 等. 2023. 茶园有机肥替代化肥对土壤养分和茶叶产量与品质的影响[J]. 园艺学报, 50(10): 2207-2219.

唐一春, 宋维希, 季鹏章, 等. 2009. 高茶多酚茶树种质资源的鉴定及评价[J]. 西南农业学报, 22(5): 1271-1273.

仝佳音, 夏丽飞, 杨方慧, 等. 2019. 不同加工工艺对紫娟红茶香气成分的影响[J]. 湖北农业科学, 58(20): 133-136, 142.

涂良剑. 2009. 高含量高活性多糖的乌龙茶种质资源与加工工艺研究[D]. 福州: 福建农林大学.

汪云刚, 刘本英, 宋维希, 等. 2010. 云南茶组植物的分布[J]. 西南农业学报, 23(5): 1750-1753.

王斌, 央宗, 黄世迅, 等. 2023. 浅析生态环境对茶叶品质的影响[J]. 南方农业, 17(19): 66-69.

王柳, 肖艳琴, 陈秋月, 等. 2023. 茶园间种桉树对茶叶品质的影响研究[J]. 茶叶通讯, 51(1): 37-47.

王青, 倪尔冬, 方开星, 等. 2023. 高花青素茶树新品种'丹妃'[J]. 园艺学报, 50(S2): 193-194.

王衍成, 王沁, 余有本, 等. 2019. 茶树新品种——陕茶 1 号[J]. 中国茶叶, 41(10): 44-45.

邬龄盛, 王秀萍, 陈泉宾, 等. 2014. 高 γ-氨基丁酸白茶品种适制性研究[J]. 茶叶科学技术, (2): 4-7.

吴艳, 梁万里, 孙永明, 等. 2023. 遮阴高度和遮光率对抹茶园生态环境和抹茶品质的影响[J]. 华北农学报, 38(S1): 237-244.

肖秀丹, 黄有成, 汤星, 等. 2023. 不同间作方式对茶园生态环境及鲜茶叶品质的影响[J]. 贵州农业科学, 51(11): 25-32.

谢伺, 燕飞, 曲东, 等. 2024. 人工光源对茶树生长及茶叶品质的影响研究进展[J]. 茶叶通讯, 51(1): 8-15.

徐丕忠, 梁名志, 田易萍, 等. 2014. 云南省高茶多酚茶树品种的理化性质及生物特性研究[J]. 湖南农业科学, (13): 6-8.

徐倩. 2018. 基于品质成分含量地域差异的滇西南地区古茶园保护与管理研究[D]. 昆明: 云南大学.

杨春, 陈正武, 乔大河, 等. 2022. 115 份贵州茶树种质茶多酚及儿茶素多样性分析及特异种质筛选[J]. 西北农业学报, 31(11): 1470-1480.

杨纯婧, 谭礼强, 杨昌银, 等. 2020. 高花青素紫芽茶树新品种紫嫣[J]. 中国茶叶, 42(9): 8-11, 14.

杨海滨, 盛忠雷, 谢堃, 等. 2015. 不同栽培模式对山地茶园生态环境和茶叶品质的季节调控[J]. 西南农业学报, 28(4): 1559-1563.

杨丽冉, 蒋宾, 焦文文, 等. 2023. 茶李间作对茶树生长及秋季绿茶品质的影响[J]. 南方农业学报, 54(10): 2989-2999.

杨明容, 李亚莉, 杨四润, 等. 2013. 云南大叶种茶树鲜叶加工 γ-氨基丁酸茶的研究[J]. 云南农业大学学报(自然科学), 28(4): 512-516.

杨亚军, 胡惜丽, 王新超, 等. 2017. 特异优质茶树新品种"中黄2号"选育报告[J]. 中国茶叶, 39(9): 25-26.

杨亚军, 梁月荣. 2014. 中国无性系茶树品种志[M]. 上海: 上海科学技术出版社.

叶江华. 2016. 武夷岩茶茶园土壤特性与茶树生长及茶青品质的相关性研究[D]. 福州: 福建农林大学.

占丽英, 王晶, 林义章. 2016. 光影响植物花青苷合成研究[J]. 北方园艺, (12): 197-201.

张成仁, 陈子昌, 王伟伟, 等. 2017. 不同管理模式对茶树生物学指标和化学成分的影响[J]. 食品安全质量检测学报, 8(1): 261-264.

张巧萍. 2015. 信阳毛尖茶园土壤养分与茶叶品质成分的相关性研究[D]. 郑州: 河南农业大学.

张小瑞, 闵庆文, 谭凯炎. 2024. 潮州凤凰单丛生长气候适宜性分析与品质气候评价[J]. 中国农学通报, 40(4): 111-117.

张艳梅, 杨毅坚, 杨方慧, 等. 2018.特异茶树品种紫娟白茶新加工工艺研究[J]. 安徽农业科学, 46(31): 167-169.

张泽岑, 王能彬. 2002. 光质对茶树花青素含量的影响[J]. 四川农业大学学报, (4): 337-339, 382.

赵华富, 高秀兵, 刘晓霞, 等. 2016. 贵州高茶多酚茶树品种多酚品质分析评价[J]. 中国农学通报, 32(16): 149-154.

Li W, Tan L Q, Zou Y, et al. 2020. The effects of ultraviolet A/B treatments on anthocyanin accumulation and gene expression in dark purple tea cultivar 'Ziyan' (*Camellia sinensis*)[J]. Molecules, 25(2): 354.

第 7 章　茶及茶制品的营养健康品质提升

依托当代生物工艺，运用微生物精确且受控的发酵过程，对茶叶的品质进行精准调控，孕育了创新性的茶产品；依靠酶技术浓缩萃取功能性成分，开发出富含茶元素的功能性饮料，成为现代消费者众多健康选项之一。这些创新举措大幅推动了茶叶深加工业务向综合大健康领域的跨越，并为其提供了关键的科学依据。

7.1　茶叶健康品质生产关键技术及开发实例

7.1.1　微生物可控发酵

1. 微生物发酵技术

依据微生物的来源可将发酵技术分为两大类：自然发酵与人工接种发酵。自然发酵是指借助自然环境中存在的微生物完成发酵过程，由众多不同微生物共同作用，生产多元的次级代谢物质，进而塑造了发酵饮品独特的香气和风味（Cristian et al.，2020）。自然发酵通常存在发酵进程缓慢或中断，以及不好口味物质生成的问题（Uzkuç et al.，2020）。人工接种发酵是指人为向样本中添加单一或多种混合的菌株进行发酵作业（辛博，2014）。在人工接种发酵过程中，选用明确种属的微生物作为发酵菌，可以有效遏制有害微生物生长，缩短发酵所需时间，提高生产效率，也有助于针对性加强产品的安全性、健康成分以及感官品质。

依据介质中含水量的多少，将微生物发酵技术分为两种形式：固态发酵与液态发酵。固态发酵即在近乎无自由水态的环境中，进行微生物的繁衍。固态发酵的微生物以茶叶作为生长介质，且无需复杂处理，模拟微生物在自然界中的生长状态。优点包括能源消耗低、酶的产出量高、产品稳定性好、原料来源多样化及制造成本相对较低，同时对环保更为有利（Cerda et al.，2019；Wu et al.，2021）。液态发酵是指将液状培养基注入发酵罐中，引入无菌空气，再施以搅拌或震荡，并调节其他各种环境条件，推进微生物在液态培养基中的扩增过程，最终收集微生物体及其分泌的代谢产物。该方法由于周期较短、产量较高、发酵环境参数易于控制、生产环境稳定且可自动化生产等多种优点而表现出广泛的应用前景。

2. 茶叶发酵过程中微生物群落动态

黑茶作为后发酵茶，通常认为包括四川康砖茶、云南普洱茶、湖南茯砖茶、广西六堡茶及湖北青砖茶等，各具风味。这些茶源自各自特定产区，种类繁多，历经岁月沉淀，赋有深厚传统，也拥有众多消费者。黑茶之所以独具一格，某种程度上归因于不同产地的环境、选材及制茶工艺等方面的多样性，赋予了每种黑茶迥异的风味。它们的共性则体现在醇厚的滋味、纯正的香气及能承受反复冲泡的能力。在黑茶的生产流程中，渥堆发酵这一环节极为关键，是形成黑茶独有风味的核心所在。尽管不同黑茶在此过程中采取的方法和条件有所区别，但目标一致，即通过湿热及微生物发酵，将粗老茶叶转化成色深味醇的发酵品。黑茶的发酵过程中，微生物的角色至关重要，自始至终发挥作用。不同黑茶在所处自然环境和加工阶段中，所依赖的有益微生物种类不同，这取决于茶的内在组成与外在生长条件。得益于这种微生物群落的生长更迭，构筑了黑茶独有的微生物生态系统。

（1）普洱茶：普洱茶是先以云南大叶种为原料制成晒青毛茶，再经潮水、渥堆、陈化及干燥等工序精制加工而成的后发酵茶。自 20 世纪 80 年代初，国内大批研究揭示了普洱茶所含微生物组成及对其品质的影响，识别并分离出诸多菌种，包括曲霉属、青霉属和酵母属等。举例来说，周红杰和其他学者对普洱茶发酵过程中微生物多样性进行了探究，发现其中以黑曲霉属（*Aspergillus niger*）、青霉属（*Penicillium*）、根霉属（*Rhizopus*）、灰绿曲霉属（*Aspergillus glaucus*）、酵母属（*Saccharomyces*）和细菌类（*Bacterium*）为主，特别是黑曲霉属在微生物群落中居于核心地位，其次为酵母属，细菌则在数量上相对较少（周红杰等，2004）。

（2）茯砖茶：茯砖茶是经过一系列复杂工序如蒸汽加热、堆积发酵、模压成形、促进菌花生长和烘干等，以黑毛茶或粗老绿茶为基础原料制成的，归类为完全发酵茶品。此类茶在所有茶品中因其加工流程烦琐和独到而被区分开来。其成品茶表面常见的被称为"金花"的黄金色斑点，是茯砖茶独有的显著标识，该"金花"实质上是由冠突散囊菌（*Eurotium cristatum*）形成的金色孢子囊。这些"金花"的数量和质量，被视为判定茯砖茶品质的重要准则（杨抚林等，2005；黄怀生和田杰，2008）。王志刚等（1992）从 17 份茯砖茶中分离到 7 种散囊菌，其中有 9 份茶叶的优势菌是冠突散囊菌。温琼英和刘素纯（1991）对黑茶创制过程中的微生物活动进行了专项探究，在将茯砖茶压成块状后，迅速将其封装送入烘房以促进其发花。一般而言，发花第三天，茯砖茶内部仅存少量的黑曲霉和部分其他类细菌与真菌；发花第六天，冠突散囊菌开始萌生并生长；第六至九天，这类散囊菌数量按几何级数显著增长，同时由于该菌种的主导地位及扩张迅速，其他竞争性较小的霉菌生长被抑制。

（3）六堡茶：六堡茶作为一种发酵茶，在经过杀青、渥堆和干燥等阶段后成为初制的六堡茶毛茶，接着经过筛分、首轮蒸压、再度发酵以及充分老化和风干过程，才可转化为具有特征性风味的、散装或压实成型的成品。这种茶的独有风味主要由发酵过程中的微生物，特别是霉菌的作用所塑造（廖庆梅，2000）。在制茶的后期发酵阶段，还可以观察到金黄色冠突散囊菌，这类真菌会产出淀粉酶和氧化酶。依据杨锦泉（1987）的研究成果，决定六堡茶发酵质量的核心微生物有多种霉菌，如曲霉属、青霉属、毛霉属、根霉属和绿霉属等。而徐书泽（2014）通过高通量测序技术发现，六堡茶中的优势微生物大部分属于子囊菌门和散囊菌纲，尤以曲霉属和散囊菌属最为常见，紧随其后的是青霉属和酵母菌。温志杰等（2012）发现，在整个发酵过程中，曲霉属始终存在，并在第二次翻堆即发酵的12天后，成为主导的菌群。在众多曲霉类型中，黑曲霉的数目占据首位，同时也有米曲霉和灰绿曲霉等不同种类的曲霉属真菌存在。青霉属真菌主要在渥堆发酵进程的中后期显现，其数量虽在曲霉属中靠后，但也属于主导的菌群。

（4）康砖茶与青砖茶：康砖茶源于四川，属于黑茶类，用采自雅安、乐山等地的原料，经炒青、揉捻、渥堆发酵及干燥工艺制成。而具有相近性质的青砖茶也属于黑茶类，主要产自湖北咸宁，其制茶工艺传承了百年之久。青砖茶的制作选用老青茶，经过自然发酵并压制成砖形。这些砖形的茶品中均蕴含了丰富的菌种。康砖茶的品质受高湿度和微生物活性的直接影响，茶叶内部成分发生转变。陈云兰课题组（2006）在成熟的康砖和青砖茶中首次分离出冠突散囊菌。付润华（2008）则鉴定出假丝酵母属、黑曲霉属及青霉属。蒋玉玲（2012）发现康砖茶渥堆过程中的优势菌以真菌为主，比例较大的有黑曲霉、青霉、酵母菌、米根霉。

3. 发酵工艺对茶叶品质的影响

发酵过程是指利用微生物在含氧或缺氧环境中的生物作用，以此来生产微生物细胞、直接的代谢产物或次级代谢物。茶叶生产中，现代发酵手段受到越来越广泛的重视。茶的发酵过程中，儿茶素会通过氧化和聚合等系列反应转化为茶黄素、茶红素、茶褐素等聚合物，这些成分对茶汤色、滋味及叶底的影响极大。通过对比不同发酵级别的同源茶叶，发现完全发酵的红茶和后期发酵的藏茶的茶多酚与儿茶素的量相比绿茶和乌龙茶要少，同时咖啡碱的含量相对较高（胡爱华等，2017）。微生物作用决定黑茶品质，其中起主导作用的是微生物的酶促作用。在晒青毛茶渥堆发酵的阶段，微生物的酶类生物反应居于主导地位。茶叶中的化学物质成分在微生物分泌的酶类和热能的共同作用下，发生了一系列化学和物理形态的繁杂变换，最终赐予黑茶独特的质感及其风味形态。微生物将酶分泌到外部，引发酶促反应，涉及茶类物质的多酚氧化缩合、蛋白质分子的分解，碳水化合物的水解以及反应产物的合成，脂肪类物质氧化缩合等多方面变化，贯穿黑茶发酵全过程。大分子碳水化合物被转变成小分子的糖类和可溶性糖分，为茶汤带来了柔和甜美的风味。茶叶原料中，蛋白质占茶叶干重的 15%～30%，经过渥堆发酵过程，蛋白质含量大大降低，大分子蛋白质被微生物分泌的蛋白酶分解成氨基酸，呈现出茶汤"醇"与"鲜"的口感。渥堆制作黑茶的步骤可以明确区分为两个主要阶段：开始阶段主要以高温和物理化学反应为引导力；后续阶段以微生物酶的活性为主导因素，高温和物理化学反应的作用则降为次要（杨伟丽，1985）。通过分析勐海茶在渥堆时细胞组织的显微结构变化，发现微生物胞外酶和代谢活动产生的热因素对茶叶中的氧化还原过程产生深刻影响（何国藩等，1987）。

（1）微生物与黑茶中多酚类物质：茶多酚包括儿茶素、花青素、黄酮类物质、黄酮醇以及酚酸类物质。渥堆发酵时，微生物释放的胞外多酚氧化酶促进了儿茶素向茶黄素、茶红素与茶褐素等物质的转化，导致茶中多酚成分减少了 50%～70%，其中儿茶素的减少尤其显著（周红杰等，2004）。多酚类物质的大量减少降低了茶汤的收敛性与苦涩性，滋味更加醇和，而大量茶色素也形成了黑茶独特的汤色。

（2）微生物与黑茶中含氮类物质：茶叶中含氮化合物主要为氨基酸、咖啡碱，两者在茶叶中的含量虽然较少，但能显著影响茶汤滋味，并且含氮物质也是许多茶叶挥发性成分的前体物质。黑茶渥堆发酵过程中，在微生物胞外酶与胞内酶的作用下，含氮类物质部分转化为供自身生长发育所需要的氮源。普洱茶在渥堆阶段，其氨基酸比例从最初的 1.28%减少到 0.41%，减少了 68%（吴桢，2008）。

（3）微生物与黑茶中的香气物质：黑茶香气物质的形成与黑茶渥堆中微生物作用密切相关，特别是对"菌花香"的形成有着积极作用（周红春等，2007）。黑茶中香气成分以萜烯类、酚类、酸酯类、碳氢化合物、杂环化合物、芳香醇类为主（王华夫等，1991）。张春花等（2010）在运用绿色木霉（*Trichoderma viride*）发酵普洱茶时，发现其中的茶香成分萜烯醇及其衍生物含量的提高最为突出，使得普洱茶产生了鲜明的陈香透花木香。采用黑曲霉与少根根霉（*Rhizopus arrhizus*）这两种菌株固态发酵的普洱茶，其香味的主要构成来自甲氧基苯及其他相似的衍生化合物，香气陈香中透花果香。如果采用酿酒酵母（*Saccharomyces cerevisiae*）实施固态发酵作用，在普洱茶的香气中可发现萜烯醇和甲氧基苯类的化学成分，香气表现为陈香较显。黑曲霉还通过分泌的酶类催化了多酚化合物的氧化及碳水化合物和蛋白质的水解作用，并引发了其他复杂的化学反应，形成普洱茶品质（周才碧等，2014）。普洱茶进行渥堆发酵时，霉菌类微生物在初期占据主导地位，酵母在中期发挥主要作用，细菌的活动则在后期成为主导因素（冯超浩，2013）。经由各种微生物发酵过程的影响，普洱茶的香气成分从最开始主要以萜烯醇类化学物质构成的晒青毛茶阶段，演化为具备甲氧基苯与萜烯类化合物相结合的陈香香气为特征的风味特点。

4. 开发实例

2017年，由刘仲华教授领衔的研究课题"黑茶提质增效关键技术创新与产业化应用"被授予2016年度国家科学技术进步奖二等奖，对于行业进步具备极为突出的现实及历史价值。该项目针对黑茶行业发展的关键困难进行攻关，揭示了在黑茶生产过程中品质与香气如何形成的内在机理，以及黑茶如何调理糖脂新陈代谢和胃肠功能的作用原理。该项目团队运用现代化的生物技术，发明了"诱导调控发花""散茶发花、砖面发花""快速醇化""高效安全降氟"等新工艺，建立了一整套集清洁、机械、自动化、规范化及大规模生产为一体的标准化流程。此外，制定了黑茶的质量控制标准，并开展了即饮型、健康功能型和时尚型黑茶的新产品研发，为黑茶提质增效指明了发展之路。

中国茶叶股份有限公司联合中粮营养健康研究院、中国食品发酵工业研究院等单位，联合开展"冠突散囊菌发酵茶关键技术创新与产业化应用"，在湖南安化"百年木仓"中的茶叶标本中首次筛选并鉴定出冠突散囊菌的独有菌种CGMCC No.8730。该菌种在完成一系列系统的安全性评估后，被正式收录进国际乳品联合会公报（Bulletin of the IDF 495/2018）中关于发酵食品所用微生物种类的清单，为该菌种在全球发酵茶行业中的应用提供了坚实的基础。以8730为关键菌株，成功研制出针对不同茶原料的发酵工艺，有效缩短发酵时长，富集茶叶中的冠突散囊菌。该研究团队还自行开发了适用于量产的微型固态发酵装置，并设计出特制的茶叶发酵机和配套设施，为发酵茶的大规模生产奠定基础。该菌株相关产品的品质研究首度覆盖了感官体验、化学成分以及对健康的潜在影响三个维度，形成了针对创新茶工艺及产品的综合评价体系。这些革新的技术显著提高了加工水平，并对整个后发酵茶行业的发展产生了积极影响。

7.1.2 定向酶催化

1. 酶催化技术简介

酶制剂与传统化学催化反应相比，在反应效率、对特定底物的选择性以及温和作用条件等多项特性中展现了强大的竞争力，因此酶催化剂逐渐在不断扩大的应用领域中扮演了重要角色。然而，酶对环境因子如pH和温度等响应敏感，容易失活，这些敏感性特质在一定程度上限制了酶向工业规模的推广。目前，科学家通过分子生物学改造和体外化学调整两条途径，对酶的性质进行优化，旨在提高其稳定性和催化效率，并尝试拓宽作用的底物范围，这些策略主要包括定向性进化、添加糖基以及进行化学上的修饰。得到性能卓越的酶制剂以后，需要挑选恰当的催化系统和方法以便它们能够在实际生产中发挥作用。

在生物技术蓬勃发展及环境与资源面临挑战的背景下，生物酶作为催化领域的关键要素，替代经典的化学催化剂是大势所趋。目前，生产成本高昂和稳定性不足是制约酶在工业生产上广泛应用的因素。通过定向演化技术优化酶的多种特性，如提高活性和热稳性，拓展底物适应性，技术上已趋成熟，技术创新的难点在于建立一个简便而高效的大规模筛选机制。未来的主要研究方向可能包括：①结合酶的三维结构及其催化作用机制来进行合理设计，以降低无效突变体；②合理定位酶的糖基化位点，实施酶的糖基化改造，从而提高酶的活性、特异性和温度稳定性；③选择良好的反应体系以提升酶的效能，反应体系不仅包括水溶液，还包括油水相分离、有机溶剂、双水相体系以及离子液体等多种介质；④挖掘高效的稳定酶技术及其支撑材料，增强酶的稳定性、重复使用性，并通过简化分离纯化步骤促进工业化过程，实现降本增效；⑤构建成本有效、稳定的多酶催化体系，提高底物转换效率，优化级联反应的催化作用。

2. 茶的酶定向加工技术

茶鲜叶内包含多种繁杂的酶物质，茶的加工过程中，酶的生物化学对茶叶特有品质特征的形成提供重要保障。茶叶加工的各个阶段，可以外源性添加多酚氧化酶、单宁酶、纤维素酶、果胶酶、蛋白酶和淀粉酶等多种酶类。通过选用特定的外源酶或者酶制品，可以针对性地增加或减少特定成分含量（梁名志，2000）。通过酶法针对性调节茶叶中功能成分的浓度和比例，可以增强最终茶产品的健康属性（毛清黎等，2005；余凌子和赵正惠，1999；王元凤等，2000）。

添加单宁酶能够释放与咖啡因、蛋白质结合在一起的茶色素，从而提升茶叶的汤色和滋味。同时，单宁酶能分解茶中的酯型儿茶素，有效减弱茶的苦涩味和对胃部的刺激（黄建琴，1995）。纤维素酶和果胶酶属于水解酶类，能将植物细胞内的纤维素及果胶成分分解转化为小型糖类物质，提升茶汤的甜醇度。其中纤维素酶能有效提高茶汤中氨基酸的比例，并明显增加茶叶中的溶解糖含量。纤维素酶的主要功能在于加速多糖类物质的水解过程。毛清黎等（1992）在探究外源多糖水解酶提升红碎茶质量的技术时认为，纤维素酶在提升茶品质上的效果超越了果胶酶。在红碎茶中添加果胶酶和纤维素酶这类细胞壁降解酶，能够增加水溶性成分的含量，进而改善茶汤的品质；而运用果胶酶进行处理，可以增加儿茶素的浓度，其效力胜过纤维素酶的处理效果（Marimuthu et al.，1997；李中皓，2008）。在砖茶制作中，纤维素酶在某种程度上能够替代微生物发酵环节：采用 4%~8%浓度的纤维素酶处理渥堆砖茶毛坯 25~30 h，不仅缩短了发酵时间，还增加了砖茶的水浸出物含量（包先进等，1995）。茶叶中的某些氨基酸可通过蛋白酶水解得到，其不仅能改善茶叶的香气和鲜爽度，而且能改善茶汤色泽。在红碎茶的初加工阶段施用蛋白酶后，其滋味强度与汤色明亮度显著增强，氨基酸浓度升高，口感更趋醇和（曾晓雄和罗泽民，1993；肖文军等，2003）。在红茶发酵过程中添加蛋白酶还可以促进多酚氧化酶的活性提高,增加成品茶中茶黄素与茶红素的含量,同时减少茶褐素的产生(刘仲华和施兆鹏,1990)。

冯云和苏祝成(2007)在绿茶揉捻时加入蛋白酶和纤维素酶,实验显示两者均能有效地提高氨基酸水平,而纤维素酶额外促进了可溶性糖的含量增加,这两种酶与这些成分之间存在正相关性;尽管如此,对于茶汤中水浸物和茶多酚总含量的影响则相对较小。龙志荣等(2007)在单丛茶的揉捻中加入外源木瓜蛋白酶、纤维素酶、果胶酶进行加工,结果表明外源酶的处理可以提高水浸出物、可溶性糖、氨基酸、茶黄素、茶红素等含量,其中以三种酶组合效果最好。李中皓和刘通讯(2008)在成品普洱茶中加入过氧化物酶、纤维素酶以及风味蛋白酶,三种酶都对普洱茶的关键品质成分产生了明显影响,并加速了品质成分的氧化过程。过氧化物酶对品质的作用最为显著,其次为纤维素酶,而蛋白酶的作用最轻微。

3. 开发实例

1)改善夏秋茶绿茶品质

富含儿茶素的绿茶药理作用明显,具有较强的抗菌作用(Liu et al.,2015)。秋季收获的茶叶儿茶素含量相对更高,因此由这些茶叶制成的绿茶比春季的绿茶口感更加苦涩。秋季绿茶在揉捻时加入 500 U/g 单宁酶,可促使酯型儿茶素转化为简单儿茶素和没食子酸,随着外源单宁酶的用量增加,绿茶的苦涩感也随之降低,风味和总体接受度显著提升(Cao et al.,2019;冯云,2007)。夏季绿茶在揉捻阶段同样通过添加外源单宁酶以减轻苦涩味,提高茶汤的鲜醇度,而额外投入的木瓜蛋白酶和纤维素酶则有效增加茶汤中氨基酸和可溶性糖的含量,其效能与外加酶类的剂量呈正相关(苏祝成等,2008;赵文净和刘祖锋,2015)。苏祝成领衔的小组(2008)向绿茶的制作流程加入了不同浓度的外源单宁酶,目的是通过这种手段提高夏季绿茶的口感与品质。与未经处理的对照样本相比,经单宁酶处理的绿茶在总茶多酚成分上无显著改变,但儿茶素的组成出现较大幅度的变化,特别是 EGCG 的含量显著减少。与此同时,总氨基酸量增加,谷氨酸的增长尤为显著。这表明外源单宁酶的处理手段在减轻苦味和增加茶汤的鲜醇度方面展现出一定的效用,这些变化有利于提高夏季绿茶的风味。

2)改善白茶品质

决定白茶茶汤提取物中茶多酚含量的关键变量依次是温度、时间和添加酶的用量(邱丽玲,2012)。'福鼎大毫茶'的萎凋叶失重率达到30%时,按茶叶质量和外源酶液质量为 10:1 的比例施用 1%果胶酶,可明显提升白茶的品质。施加纤维素酶、木瓜蛋白酶或果胶酶中的任意一种,白茶的水浸出物、可溶性糖和氨基酸的含量都显著增加,大幅优化了茶汤品质(张艳梅等,2018)。张艳梅等(2018)在加工紫鹃品种白茶的萎凋阶段,采用添加外源脂肪酶的技术,并结合轻揉和轻发酵的创新方式，发现白茶香气和滋味均胜于传统工艺产品，其茶氨酸、茶多酚、可溶性糖和花青素的含量都有显著的增加。

3）改善黄茶品质

在黄茶的杀青或揉捻环节添加从新鲜茶叶中提取的粗酶液，通过"酶促黄变"可显著减少黄茶中的茶多酚及叶绿素的含量，同时增加其可溶性糖、黄茶素和红茶素的含量，不仅保留了黄茶传统的品质特点，而且进一步提升了黄茶的整体品质。不过，这些粗酶液需要现场制备并立即使用，以确保酶的活性得到保证（Zhang et al., 2015）。

4）改善夏季乌龙茶品质

夏季乌龙茶所含的易溶性糖分较低，而其茶多酚与咖啡因含量较高，从而苦涩味突出，香气质量不佳。在烘干过程中向 10 kg 铁观音夏茶内喷洒 0.075 g/L 漆酶与 0.2 g/L α-半乳糖苷酶溶液 220 mL，烘干至适宜水分后，茶叶中的儿茶素与总多酚含量分别减少 11.9%及 13.3%，同时可溶性糖与水浸出物的含量分别增加了 19.4%及 6.6%，挥发性化合物大幅增加，使得成茶的滋味与香气显著增强（文新健，2007）；在揉捻阶段添加外源 β-葡萄糖苷酶，有助于释放更多的芳樟醇及其氧化物质和类似成分，从而提升乌龙茶干茶的滋味与香气（肖世青，2011）；在摇青环节采用 β-葡萄糖苷酶及漆酶处理，能有效增加铁观音茶的香气成分含量，而在初烘阶段前加入漆酶和 α-半乳糖苷酶，有助于改善夏季茶的滋味及香气，两种酶联合作用下所制成的夏茶品质与早秋茶相仿（Li et al., 2017）。利用固态发酵方式制得单宁酶，对次品铁观音进行进一步加工，能促进 EGCG 与 EGC 的水解反应，从而提高分解产物的抗氧化作用以及抗冷存储性（李红，2016）。采用黑曲霉发酵技术可有效生产多类胞外蛋白酶，这种酶被广泛用于食品行业酶制剂的制造。李红（2016）利用谷粉、果胶、柚子皮、麦麸和茶梗混合物进行培养，所得的黑曲霉胞外酶溶液能在处理乌龙茶时明显增加茶汤的香气成分，尤其是以茶梗为培养物的酶液可以显著降低茶汤的苦涩口感，但是也会引入一定程度的酸味；漆酶与半乳糖苷酶在酶学特性上较为接近且相互影响较小，混合使用可达到更优效果。但超量使用漆酶可能使茶味过淡，而半乳糖苷酶浓度过高则会导致香气不持久。

5）改善红茶品质

在红茶的发酵过程中，引入由茶树菌种制备的纤维素酶、漆酶、果胶酶及木聚糖酶等多种酶制剂，特别是将纤维素酶与漆酶以 3∶2 的比例混合使用时，能够显著提升红茶的风味和品质，其效果优于传统的发酵制红茶工艺（Shi et al., 2014）。将茉莉酸甲酯喷洒在龙井 43 号茶树的叶片上，继而制作红茶，这种处理使其所包含的多酚氧化酶与 β-原氧化酶基因表达水平分别达到未处理前的 2~3 倍的水平，增加了茶中的萜烯醇与己烯酯的浓度，并促成新的挥发性物质如胡椒烯、山苍子醇和吲哚等的形成，显著提升红茶的香气质量（罗晶晶等，2015）。运用混合了纤维素酶与木瓜蛋白酶的酶制剂对'英红九号'茶叶在萎凋阶段进行处理，能够有效增加其可溶性糖和茶多酚的浓度（叶飞等，2013）。在处理红茶汤时，使用砂梨多酚氧化酶、外源纤维素酶、木聚糖酶或木瓜蛋白酶，都可以显著提高其中的可溶性糖，加快发酵过程并促进茶红素与茶黄素的生成，从而有效增强茶汤的颜色及香气（罗晶晶和王登良，2014；Li et al.，2018）。采用外源酶的手段能够有效增强茶汤的甜度和香气的持久度，这种做法在改善红茶的整体品质上起着积极的作用。

6）改善黑茶品质

黑茶的渥堆环节深受真菌影响，这些真菌释放的酶在黑茶初制中起到了重要的作用。在渥堆期间，黑茶中的多酚氧化酶、纤维素酶和果胶酶的活性得到增强（杨富亚等，2013）。在普洱茶、六堡茶和四川的砖茶等黑茶的生产流程中，运用外源酶技术的研究颇具深度。将纤维素酶、果胶酶、多酚氧化酶等混合而成的酶制剂应用于云南大叶种晒青毛茶进行液态发酵，可以显著缩减发酵所需时间，并促进氨基酸、多糖等有益成分的形成，同时降低了多酚类成分的比例，并且加快茶叶内含成分的氧化（Wang et al.，2011；于春花等，2015）。添加不同浓度的外源酶明显调整了普洱生茶浸提物的成分构成。在施加漆酶、蛋白酶及单宁酶后，可溶性糖、氨基酸与茶褐素的含量显著增加，漆酶在促进茶褐素氧化方面的作用最为显著，此发现为普洱茶的品质提升和液态化生产提供了科学依据（于春花，2016）。在六堡茶的渥堆阶段添加外源纤维素酶，能显著提高水浸出率，助力色素变换，不但缩短了渥堆时间，也对茶品质整体提升有益（张芬等，2017a，2017b；聂枞宁，2016）。另外，通过向四川黑毛茶中添加外源酶，并进行湿热处理，能有效增加其花果香型成分 β-芳樟醇，并降低陈味和霉味，因而显著改善了四川黑毛茶的整体品质（丁勇和周坚，2008）。

（赵　碧）

7.2　茶叶深加工关键技术及开发实例

自 20 世纪初，中国茶产业主要聚焦于茶叶栽培和初加工环节。进入 21 世纪后，产业结构已扩展到第二产业（如茶类饮品、速溶茶与其他深加工的茶产品）以及第三产业（融合了茶文化、茶旅游等行业）。自 1997 年起，茶饮料行业以迅猛之势成长，到了 2013 年，产能达到约 2000 万 t（刘仲华，2019），目前我国茶叶深加工产品的总产值已经突破了 1000 亿元。深加工茶产品消耗原材料超 20 万 t（占国内总产量约 7.7%），获得了超过 1500 亿元的市场价值，并且显著提升了经济社会效益(蔡烈伟和蔡晓玲,2012)。将食品工程领域的先进技术和理念引入并融合于传统茶叶生产中,可以有效促进茶叶加工产业的升级改造,显著增强中国茶产品在全球市场的竞争力,并推动茶业从过去的低端传统模式向现代化高效率模式转变。

7.2.1 茶叶深加工的科技创新

1. 茶叶成分提炼的精深工艺

该工艺涉及从茶鲜叶或制成的茶产品中提取与纯化关键有效成分,并将这些成分转化为具备特定作用的创新型产品。研究的核心为微波萃取技术、超临界流体萃取等现代化食品加工方法。利用活性成分与微波间的选择性吸收特点,实现了对茶叶中的功能物质进行高效率的分离和纯化,特别适合提取茶多酚、茶氨酸、茶多糖等多种茶叶功能成分。在超临界提取的过程中,根据不同的操作条件导致各成分的相平衡差异,能够高效、快速且无残余地进行物质提取,无须担心氧化、降解或因挥发而导致的成分质量下降,极其适用于提炼和净化易受热影响的茶叶功能成分。应用生物工程技术和设备对茶鲜叶原料进行处理,使茶叶某些内含成分发生定向转化,生产有效降血压、降血脂、抗癌、抗菌消炎等的保健茶(γ-氨基丁酸茶、富硒茶、氨基酸茶等)。

2. 茶叶物理深加工

茶叶物理深加工是指仅改变茶叶的物理形态,而其品质风格及化学组分没有质的变化。代表性产品主要有速溶茶、茶浓缩汁、超微茶粉等。应用微滤、超滤、纳滤及反渗透等膜分离技术,以半透膜为选择障碍层,水溶剂溢流而渗透,从而达到分离、浓缩的目的,主要用于茶饮料的水处理、澄清、除菌及茶汤浓缩等。利用膜分离浓缩、真空冷冻干燥等高新技术,解决热浓缩加喷雾干燥制备速溶茶香低、色暗、味淡、溶解性差的难题,研制多茶类、多品种的高品质速溶茶粉,不断开发冷溶性佳、香气高、滋味浓的纯茶型或调味型速溶茶。以茶鲜叶为原料,应用超细粉碎技术,使绿茶粉最大限度地减少叶绿素损失与转化,在不添加外源物条件下保持天然绿色;使红茶粉的茶多酚、茶黄素、茶红素等特征因子的含量指标,达到浓、强、鲜的最佳品质组合,并实现超微茶粉加工的全封闭、无污染、自动化、连续化作业。

3. 茶叶综合深加工

茶叶综合深加工是指综合应用茶叶生物化学深加工、物理深加工等技术,加工制成特种茶产品或含茶制品,主要有茶叶医药保健品加工、茶叶食品饮料加工、茶叶日化用品加工等。茶类饮品在成本、止渴效果、健康价值等多个维度上均展现了显著的市场竞争力,逐步演变为遍及全球、兼具营养与卫生便捷特点的功能饮品。在其生产过程中避免使用色素和香料添加剂,减少或不使用口味增添剂。以膜浓缩茶汁和高香型速溶茶为原料,保持了原料茶的自然品质及澄清透明、乳酪沉淀少。茶食品不仅造型、风味独特,具有茶叶的营养与风味,而且能有效延长茶食品的货架期。经过多年优化配方所炮制的药茶,如绞股蓝、银杏和枸杞之类,皆为范例。同时,当代生物技术如酶技术、发酵技术,也有食品加工技术的新进展,包括超临界萃取、膜分离技术、微囊化与控释技术等,均已融入常规的茶疗配方。由此推陈出新,进而提供了多种形态如口服液、胶囊剂、速溶片及颗粒冲泡剂等健康茶饮产品供顾客选择。

7.2.2 中国茶叶精深加工产业发展状况

经过深加工技术对茶叶进行精细处理,不但能有效缓解茶叶资源过剩的问题,也可显著提高茶叶资源整体的运用率,使得茶行业的价值得以提升,并拓大了其经济效益。自 20 世纪 60 年代初以来,我国的茶产品研发专家开始探索深加工技术,主要研制了速溶茶、茶籽油、茶皂素、茶多酚、茶氨酸和茶黄素等成分的萃取技术,并已经研发出一系列保健食品、融入茶元素的食物、食品添加剂、生活用品,以及富含茶成分的医药产品和动物饲料添加剂等一大批最终产品。目前,我国每年用于深加工的茶叶原料仅为全年产量的 6%～7%,而美国与欧洲的发达国家这一比例超过了 25%,日本则超过了 40%。近年来,我国在茶叶加工技术和产品研发上已日渐成熟,产品类型越来越丰富和多样,其特专化和精细化水平不断上升,且它在食品产业中的占比与重要性也持续增长(金开美等,2009;沈璇等,2011)。核心产品涵盖了一系列以茶为基础的商品,包括但不限于采用速溶茶、茶多酚、茶氨酸、茶黄素等茶叶成分和全茶粉(超微茶粉、抹茶)制成的产品,还涉及茶的天然药物、功能性食品、瓶装液体茶饮、各类茶制食品、速溶茶系列固体饮品、动物饲料及保健品的加工行业均表现出集聚效应,技术上在国内外处于领先地位。茶饮品、速溶茶和各类茶食品正逐渐赢得越来越多消费者的喜爱。

1. 茶多酚

茶中含有的多酚物质涵盖了包括儿茶素在内的诸多酚类化合物,以及众多如黄酮醇类、黄酮类、酚酸类和花色苷类等成分。该成分在食品产业中的应用已得到广泛肯定,美国食品药品监督管理局已批准其作为健康或功能食品的成分;我国将茶多酚纳入《食品添加剂使用卫生标准》(GB 2760—1996)国标,并从 1997 年开始将其作为中成药原料。到了 2003 年,日本也准许其作为特定健康食品

（FOSHU）中的功能性辅料（左小博等，2019）。据统计，中国在 2017 年的茶多酚产量达到了 4550 t，并在随后两年分别增加到了 4959 t 和 5356 t。国内从事此产业的公司规模多在年产 100~300 t，而且大部分公司规模较小并且科技含量需要增强。全国超过 50 家公司专注于茶多酚的生产，主要分布在东南沿海、长江三角洲以及四川、贵州、湖南等中西部地区。

2. 茶多糖

茶多糖这一复杂的成分主要是由糖类、果胶和蛋白质三种元素组成，而其糖类部分主要含有多种不同的糖类，包括阿拉伯糖、木糖、葡萄糖和半乳糖等。在茶的加工与研发领域中，这类物质被广泛地应用（周宝才等，2019）。

3. 茶皂素

茶皂素属于五环三萜类的一员，具备界面活性，具有杀菌、防菌、减轻炎症等功能，在农用药剂以及化学工业领域有着广泛的应用。中国每年的茶皂素产量大约为 20000 t（石珊珊，2019），湖南、江西、浙江等地是其主要的生产基地。尽管如此，高质量的茶皂素尚未实现大规模的提炼工艺，利用离子液体萃取法能够简化生产过程。此外，还需探索它在更多产业的应用，以充分利用茶资源价值。

4. 茶氨酸

茶氨酸释放出微甘与清雅的风味，无杂质气味且易溶于水，所以常被用作调味剂，广泛应用于各类食品中。它经常添加于各种饮料、甜品、胶囊和片剂产品中。制取茶氨酸的工艺多样，包括从茶叶中直接提炼、细胞组织培养、微生物发酵，还有化学合成等手段（张梁等，2019）。

5. 速溶茶粉

速溶茶粉早期由立顿、雀巢、Telly 等众多企业进行加工制作。雀巢公司推出的速溶茶产品多达 20 余种，在美国市场上拥有 58% 的占有率，而在全球市场的份额则占到了一半。目前，在中国的浙江、福建、江西、湖南以及江苏等省份，已经有超过 50 家厂家参与制造速溶茶，该行业的规模日益增大（尹军峰，2019）。目前我国在速溶茶市场竞争中尚显不足，主要原因在于技术方面的提升仍有待加强，且尚未建立起一套完整的速溶茶相关性能、风味及颜色等方面的标准化体系。

7.2.3 开发实例

自 20 世纪 90 年代初，湖南农业大学刘仲华教授领衔的 30 名来自不同领域的专家学者，打造了一个综合多学科知识、理论联系实际的研究团队，开展了茶叶功能成分高效膜法分离技术、儿茶素的柱色谱分离纯化技术、儿茶素单体 EGCG 制备技术、天然 L-茶氨酸的分离纯化技术、逆流萃取法提制儿茶素的新技术、速溶茶加工理论与新技术、儿茶素的功能开发与应用技术等七个方面的技术攻关。该团队融合并创新了膜分离技术、柱色谱分离技术、逆流萃取技术、冷冻干燥和喷雾干燥等一系列尖端提纯技术，成功打造出一整套环境友好、安全高效的绿色技术流程，专门用于提炼茶叶中的有益成分，并推动了技术的产业化应用。历经两代科研人员 18 载的不断技术革新与产业化实践，在如下方面取得诸多突破：全球首倡"无酯儿茶素"这一理念，并创立一套利用乙醇与水作溶剂，摒弃乙酸乙酯等提取儿茶素的绿色新工艺；在全球范围内独家开发出药物级的高纯儿茶素（polyphenon E），成为 1962 年美国食品药品监督管理局修订药品条例之后认证的首个纯植物药原料；突破了 95%纯度 EGCG 单体提炼工业化分离新工艺，大幅度拉低了 EGCG 单体的生产成本；开创了一种容量大、效能高的实验室级螺旋管行星式串联双柱逆流色谱仪装备，实现了 99%纯度的 EGCG 单体高效制备；构建了提炼天然 L-茶氨酸的技术体系，并将茶多酚提取后水相层中的 L-茶氨酸制备工业化；建立了一套针对儿茶素和速溶茶成分的膜分离技术体系，带头推动了特定儿茶素组分与无苦味速溶茶的开发；开发了一整套包括利用膜技术分离浓缩、使用膜处理技术精准破解茶乳凝结构以及创新的泡沫射流喷雾干燥成型技术等多种先进技术的速溶茶生产新工艺，成功克服了传统速溶茶在香味、溶解度方面的品质缺陷，创制出含矿物质的茶饮及其独有的包装形式以及银杏口味的速溶茶，为液体茶饮和功能性茶饮的市场发展打开了新天地；增强了儿茶素的稳定性和持久效力，为儿茶素在更广泛的领域应用奠定了坚实基础；研发出以儿茶素为主要成分的复合型抗氧化医药制剂，用于预防和治疗肾病综合征；同时，创造出仿烟型产品和儿茶素香烟，有效消减了吸烟对人体健康的潜在危害。这些创新技术成果在湖南、湖北、江苏、浙江、四川、广东、江西等九个省份的逾 30 家公司广泛应用且成功实现产业化转化，经济效益极为显著。该技术成果有效破解了我国中低端茶叶的销路难题，带动茶农增收，社会经济效益巨大。

（赵　碧）

7.3　健康茶食品创制关键技术及开发实例

7.3.1　健康茶食品

把茶叶融入食物中，这种做法对我们饮食习惯产生了深刻影响。茶食品是融入茶叶成分、改良口味和风味的同时，又带有茶的特性的食品。食用茶叶的历史可追溯至元朝，一直延续至今，仍有人乐于啃嚼已泡过的茶叶来吸收其营养。现代社会，与茶叶相关的食品种类繁多，尤其是抹茶相关食品种类颇为丰富。红茶和绿茶，现阶段常作为食品加工的配料以提升食物风味。茶食品的范畴相当宽广，泛指一切含有茶叶元素的食品。

茶为食品时，可以归类为包含茶元素的菜肴、主食类、零食及饮品等多种形式。其中，利用茶叶烹饪出的茶味菜肴，将茶的独特风味与菜肴的美味结合，增添美观，且在口感层面超越了单一的菜肴。茶菜还有助健康，具有消炎、利水、提神和减腻的功效，尤为特别的是，肉类菜肴佐以茶叶之后，风味更为出众。茶叶还可以加工成主食品，将其精华融入传统食品中，尤其是通过提取茶汁，使主食散发出茶香，使之更加诱人。因而，茶主食的品种日益繁多，对于酷爱饮茶或经常享用以茶入味的食品的人来说，主食也能变身为茶食品。

在茶饮方面，市场上也呈现出多种多样的选择。随着健康理念的普及，以霸王茶姬为代表的新茶饮，在控糖、低卡、低负担方向上的持续创新动作，为茶饮爱好者们找到了"清爽低负担，控糖更健康"的饮品新选择。一些新茶饮也联合薄荷健康合作推出使用低 GI 糖原料制作的慢糖饮品。

7.3.2 关键技术

1. 超微茶粉

茶叶内部蕴含着各种利于人体健康的物质（宛晓春，2007）。传统的冲泡手法下，一些难以溶解的物质如部分维生素、大部分蛋白质、碳水化合物、胡萝卜素以及某些矿物质常遗留在茶渣里。随着人们对于茶叶健康益处认识的不断加深，直接将茶入食的观念逐渐被广泛接纳。近些年，利用茶叶制成的食品在东南亚以及东亚地区获得了极高的人气（王镇，2007），这也使得高品质的茶食品原材料——超微茶粉成为市场的重点关注对象。超微茶粉具有极佳的细腻度、分布均匀性以及易溶解特性，在众多茶制饮品的制备中得到了广泛的应用。运用此类茶粉生产的饮料可以迅速冲泡，方便饮用，有助于茶叶中有效成分的释放和吸收，并且饮品口感纯正、色泽稳定，适合当下快速的生活节奏。超微茶粉还可制成茶豆腐、茶豆浆等各类茶菜肴。纳米级茶末混合进食品中，不但可以增强茶味食品的营养健康价值，还可以为食品带来特有的茶香。这样的融合有助于扩展茶味食品的种类，并且迎合消费者对天然健康食品持续增加的需求。

纳米级的细化加工方法在最近几年内急速兴起，形成了一门崭新的细粉制备技术体系（黄晟等，2009）。这种超细加工手段能够将材料处理到微米尺度（1~100 μm）、亚微米尺寸（0.1~1.0 μm）乃至纳米级别（1~100 nm）（张炳文等，2006）。材料细小的颗粒表面积及孔隙度增大，形成更高的溶解度、吸附能力和流动特性等一系列新颖的物理和化学属性（张霞等，2010）。超细粉碎的技术如今已在食品工业、医药领域和日常化学品制造等多个领域中得到广泛应用。近期内，茶业界越发青睐于超微细碎技术的运用。这一技术通过特殊的超微细碎设备产出极细微的茶粉。在超细加工过程中，茶叶经历强烈横向挤压与纵向剪切，茶叶细胞壁被压断或破碎，然后撕裂或分离，致使茶叶被细致研磨至200目（74 μm）乃至超过1000目（12 μm）的粒度（张正竹，2006；黄亚辉等，2003）。这样的超微茶粉能最大程度上维持原叶的风味、香气、品质以及营养价值。

纳米级茶末也被称为"碾茶"，常用较硬朗的老叶作为原材料，是通过纳米级粉碎技术加工而成的一种茶叶创新产品。纳米级茶末的生产加工将普通级别的夏秋茶转化为可利用的资源，不仅拓展了应用范围，还为创制多类茶食品提供了可能，如茶味饼干、茶味面包、茶味蛋糕及其他的茶制美食，不但丰富了食品的口感，还提升了茶食品的营养与健康益处。

2. 超微茶粉生产关键技术

1）鲜叶护绿技术

茶树种植的过程中，运用适宜的荫蔽技巧能够有效增加茶叶内叶绿素的含量，进而提高茶叶的品质。郭敏明等（2009）采取黑色尼龙材质的遮阳网对茶园进行夏秋季的遮光处理，与不设置荫蔽的茶园相比，茶多酚含量有所减少，氨基酸含量得以增加，酚氨比值减小，叶绿素含量显著增加，并且随遮光程度的加强而呈现逐渐增加的趋势。常硕其等（2009）的研究也支持这一结论。张文锦等（2004）对乌龙茶园在夏暑季节施加覆盖荫蔽，研究结果表明适量的荫蔽可以促进夏暑茶叶产量及质量的提升。

2）超微粉碎技术

（1）球磨技术：是指将物料同研磨球一并置入高效能的球磨机内实施机械式研磨，物料经研磨球冲撞、压榨，重复发生形变与裂解，逐步转化为极为细腻的微粉（朱延果等，2008）。日本是最先进行超微茶粉加工研究的几个国家之一，其制作的"抹茶"主要利用球磨细化工艺直接将绿茶加工成粉状。最近几年，中国在球磨细化技术与生产设备的发展速度也显著加快。

（2）空气冲击粉碎技术：利用高速以及高压的空气动能，促使物体颗粒互相激烈碰撞并产生摩擦，实现物质的精细分解。在整个过程中，压缩空气的绝热扩张会引起焦耳-汤姆孙降温作用（李凤生，2000），非常适合对热敏感性较高的植物产品进行精加工。采用气流微粉碎技术生产的超微茶粉，具备细致且光洁的颗粒，尺寸分布均匀性好，粉末易于分散，并且无论冷水还是热水，溶解速度都很快，此技术在食品饮料、保健药物、日化产品等多个领域得到了广泛应用。

（3）冲击破碎技术：主要通过高速转动轴上的锤板对材料进行撞击以实现破

碎。物料在定子和转子之间的初始破碎阶段通过互相撞击和摩擦而进一步被破碎，并能不断反复进行这一过程直至材料颗粒大小符合要求（朱莉等，2004）。这种破碎设备结合了打击、摩擦与气流的破碎机理，具备破碎效率高、破碎比大、结构简单且运行平稳等诸多优点。目前，国内生产的 ACM 型冲击破碎机被有效应用于对茶叶等热敏感物料的破碎，成功克服了传统打击破碎机在操作过程中易产生热量上升的问题，扩大了使用范围。

（4）震荡式破碎技术：采用弹性元件作为震荡研磨机本体的支撑，通过装设偏心轮的主轴带动机体产生震动，在操作过程中，介质与物料间的高频率震荡引发碰撞、摩擦及剪切等多种力的相互作用，以此达到物料的破碎效果。此法与传统的球磨方法相比，属于低温破碎过程，具有研磨时间短、效能较高的特点，因此在植物粉碎领域研究和实际生产中得到了广泛应用。基于我国传统的石磨粉碎方式，市场上涌现了多款新型的石磨粉碎机设备。

7.3.3 开发实例

1. 烘焙食品

市面上掺入茶粉的面包、蛋糕和饼干等产品，往往具有独特的绿色外表和浓烈的茶香。张新富等（2009）使用3%优质绿茶粉调配，成功研发出既保持了传统风味又增加了茶香味的绿茶曲奇。董瑞霞和王芳（2010）用4%优质红茶粉，制作出在色彩、气味、口感和造型上均有提升的红茶饼干。文海涛（2005）发现，在面包制作中加入3%的优质茶粉，会达到最理想的加工效果，不仅使得面包拥有独特的茶香和茶色，同时也提升了面包的整体食用口感。杨晓萍等（2006）在蛋糕配方中添入1.4%的超微绿茶粉，使得蛋糕的品质更加优越，延长了保持期，并且为蛋糕赋予了特有的茶香。王玉和杨绍兰（2009）在绿茶蛋糕制作中添加了2.5%绿茶粉。王中江等（2011）利用黄金分割法研究最适茶蛋糕的茶粉种类与比例，结果发现加入茉莉花茶粉的茶蛋糕味道独到，不但延长了保鲜期，还增强了蛋糕的个性化风味。齐凤元等（2006）在绿豆糕配方中加入 3%～5%的微粒茶粉，提升健康益处。在添加茶的基础上，在配方设计中减少脂肪（特别是反式脂肪）含量、减少糖分和盐分含量，可以提供更健康的糕点选择。

2. 面条及糖果

我国面食以其深远的历史文化、便捷的制作方法、简单的保存方法和经济性，深受欢迎。加入茶粉可以使面食继承茶的特色香味和健康益处，使面食的色泽与种类更加丰富。例如，袁地顺（2003）将 1.0%～1.5%细微绿茶粉混入面粉中，制作出具备鲜明茶香和独特色泽的成品。于克学等（2008）在面粉中加入了3%细微绿茶粉，所做的面条同样展现出了优异的口感和味道。刘传富等（2008）成功开发了绿茶营养保健型挂面，通过添入3%的细微绿茶粉，不仅赋予了挂面诱人的色泽，也增添了营养价值。超微茶粉的应用不仅限于面条，还可以拓展到糖果等食品领域中。在软糖或硬糖中加入超微茶粉，可制作成茶香软糖、绿茶硬糖、茶巧克力等（王镇，2007；张炳文等，2006）。应用超微茶粉制成的茶味口香糖，不仅滋味甘爽，还具有除口臭功能（王奕，2010）。

3. 肉制品

通常情况下，肉制品中的脂肪比例较大，从而易于变质酸败，难以长期保存。如果过分依赖防腐剂，也会带来潜在的健康风险。添加超微茶粉不仅能抑菌和延长保质期，而且在一定程度上能改善肉制品的风味。在腊肠中拌入细腻的茶叶粉末，不仅可以使腊肠散发出特有的茶香，增加腊肠的口感层次和种类多样性，还能有效地防止肉质中的脂肪发生氧化作用，并提升腊肠的营养健康品质。例如，周玲玲（2011）在每100 g牛肉中加入20 g 600目抹茶粉，制作抹茶牛肉球；田国军等（2010）选用草鱼鱼糜作原材料，并配以绿茶粉，制成了具有绿茶风味的鱼肉脯。这样的鱼肉脯不仅保留了鱼的原始风味特性，还融合了绿茶独到的风味和口感，是一种创新的鱼类食品。

4. 茶奶制品

茶与乳制品混合食用可以诱发茶中的多酚与乳品中的蛋白质和脂肪之间的相互作用，形成新的复合物质，这种化学反应会影响两者在人体内的消化及代谢进程（van der Burg-Koorevaar et al., 2011；谢艳兰，2013）。茶或茶叶成分能够被当作一种天然的抗氧化添加剂融入酸奶等含乳酸菌食品中，有助于阻遏细菌的生长、提升抗氧化效果、美化酸乳食品的风味（Jaziri et al., 2008；Dorota, 2014）。通过脂质体包埋的方法加入茶多酚能够使奶酪的耐氧化水平提高14%（Sophie et al., 2016）。此外，茶的提取成分还助推脱脂奶在发酵过程中乳杆菌属和酸杆菌的增殖与酸化作用，使产品中的游离氨基酸总量得到增加（Li et al., 2016）。另外，乳制品中的牛奶蛋白可显著提升酚类成分在加工时的稳定性（Song et al., 2015）。在茶叶与乳品混合而成的饮料中，多酚和蛋白质形成的复合物能在37~62℃的加热温度下，保持稳定性和适量的生物可用性。同时，随着乳蛋白含量从10%减少至2.5%，EGCG的降解过程有所加快。因此，蛋白质能在一定程度上防护茶多酚，从而使得奶酪等乳品成为传递绿茶多酚的有效食品媒介（Sophie et al., 2016；Ali et al., 2016）。不仅如此，由于茶多酚本身带有苦味，这在实际生产中限制了它的应用，然而这种苦味可与蛋白质结合后被较好地掩盖（Bohin et al., 2013）。因而，借助多酚与蛋白质之间的相互作用，能大幅推广茶多酚在生产实践中的利用范围，并有效发挥其本质上的抗氧化作用，增加市场产品的多样性。李支霞等（2005）的研究发现，以 0.25%的添加比例向酸奶中掺入超微茶粉最为合适。孙卉子等（2011）的研究表明，与普通绿茶粉相比，发酵的绿茶粉在抗氧化性能上具有更明显的优势。而郭敏和金晓辉（2007）采用羊奶粉为主要物料，并选择 2%的绿茶粉比例制作出凝固状的羊乳茶。这一加入方式不仅使羊奶带上了茶香，也有效地去除了羊奶特有的膻味，提升了产品的市场价值，展现出潜在的市场潜力。

（赵　碧）

7.4　茶叶功能成分靶向递送体系及开发实例

所有类型的茶都含有各种各样的生物活性化合物，如茶多酚、咖啡因等。为了获得这些健康促进作用，必须饮用大量的茶（Vuong et al.，2011）。因此，从茶叶中提取茶多酚并在膳食补充剂和食品中强化引起了人们的极大兴趣。茶多酚是茶叶中最明确的功效成分，但口服茶多酚吸收利用率较低，食品行业始终在开发新的茶多酚制剂技术，使茶多酚在食品饮料行业发挥"真功效"。

7.4.1　关键技术

茶多酚在食品中的应用受到两个方面的限制。一方面，茶多酚对温度、光、pH 和氧的稳定性较差，这在很大程度上加速了其在长期储存过程中的降解（Su et al.，2003）。另一方面，由于胃肠道环境复杂，跨肠膜转运低，摄入后只有一小部分茶多酚可被人体吸收，导致茶多酚的生物利用度较低（Sang et al.，2006）。

包埋策略已经成功地应用于许多营养保健品中，该策略解决了茶多酚应用的挑战。茶多酚的包埋材料要求为食品级或一般认为是安全的（GRAS），才能在食品工业中应用。包埋材料根据分子量大小可分为两类：小分子（如卵磷脂）和大分子（如蛋白质和碳水化合物聚合物）。此外，还研究了不同类型的配方来包埋食品中的茶多酚，包括乳基体系和颗粒基体系。到目前为止，已经开发了包含茶多酚的出色的递送系统，并显示出储存稳定性和口服生物利用度的显著改善（Matteo et al.，2017；Peng et al.，2018）。

对茶多酚进行包埋有两个原因：①提高其在复杂环境下的稳定性，延长保质期；②提高生物利用度，增强生物功效。有必要提到的是，只有食品级或 GRAS 状态的材料才能用于食品包埋茶多酚（Ye et al.，2019）。一般来说，报道的包埋及递送工具可以分为两类：基于乳化剂的系统和基于纳米/微粒的系统。

1. 基于乳化剂的系统

基于乳化剂的输送系统是用于包埋茶多酚的策略。目前报道的基于乳化剂的配方大致可分为脂质体、纳米乳化剂、皮克林乳化剂和双乳剂四类。借助高速/高压均质、超声乳化等制备技术，可制得稳定的乳化剂（Bora et al.，2018）。

1）脂质体

脂质体是由磷脂组成的球形囊泡，与脂质双层结构相容（de Pace et al.，2013）。脂质体作为药物/营养品输送系统具有多种优势，包括生物相容性、自组装能力和修饰可接受性（Mallick and Choi，2014）。Zou等（2014）采用乙醇注射法结合动态高压微流化法制备了负载EGCG的纳米脂质体。所得纳米脂质体的包埋效率为92.1%，微滴尺寸为71.7 nm，多分散性指数为0.286。此外，EGCG在模拟肠液中的稳定性显著提高，消化后的抗氧化活性高于游离EGCG。

2）纳米乳化剂

纳米乳作为茶多酚的载体被广泛研究。这些系统通常由水相、油相和稳定剂组成，其中通常使用化学表面活性剂和食品级乳化剂。纳米乳化剂的平均液滴尺寸通常小于500 nm，这使得乳化剂具有透明或朦胧的外观。与其他类型的乳液相比，超低的界面张力和大的界面面积为纳米乳液提供了更高的热力学稳定性（Aboofazeli，2010）。为了制备纳米级乳液，通常在制备过程中采用均质和超声等不同的乳化技术（Singh et al.，2017）。

3）皮克林乳化剂

皮克林乳化剂已被证明是茶多酚的良好载体。与传统的表面活性剂稳定乳化剂不同，皮克林乳化剂由蛋白质或淀粉合成的食品级固体颗粒来稳定，粒子在界面上的分离能非常大。固体颗粒一旦吸附在皮克林乳化液界面上，就很难脱离。因此，与常规乳液相比，皮克林乳化液具有良好的抗聚结稳定性（Zhang et al.，2020；Ortiz et al.，2020）。皮克林乳化液内相含量高，有利于提高茶多酚的负载；茶多酚-蛋白质/碳水化合物固体颗粒也可以作为稳定剂制备无表面活性剂的乳化剂。

4）双乳剂

双乳液如W/O/W和O/W/O乳液是由多个具有不同亲水-亲脂平衡值的两亲分子稳定的复杂多分散体系。它们可以同时作为脂溶性和水溶性生物活性物质的有效载体。W/O/W乳液通常用于茶多酚包埋。将XG/LBG（黄原胶/刺槐豆胶）水凝胶体系应用于W/O/W乳状液的内水相（Tian et al.，2021）。以卵磷脂和XG为外相乳化剂形成双乳液，结果表明，内相凝胶化的双乳液不仅对茶多酚有保护作用，而且保持了茶多酚50%以上的抗氧化能力。有研究者开发并表征了绿茶提取物负载胶凝双乳剂（Guzmán-Díaz et al.，2019）。不同的生物聚合物如奇亚籽胶、卡拉胶、LBG、触变胶和乳清蛋白浓缩物被用作凝胶剂。他们的工作表明，凝胶双重乳剂是保存绿茶提取物的另一种方法。此外，采用两步乳化法，研制了W/O/W双乳液，用于共同输送疏水和亲水营养保健品（Aditya et al., 2015b），所制得的姜黄素和茶儿茶素双乳液的包埋效率为 88%~97%，微滴尺寸为 2.8~3.0 μm。有学者制备含有 0.8%聚甘油蓖麻醇酸酯、0.25%细菌纤维素、1%乳清分离蛋白和 1.6%~8% NaCl 的 W/O/W 乳液（Evageliou et al., 2018）。双乳中 EGCG 和硬脂酸酯化 EGCG 均成功掺入，包埋效率的降低顺序为内水相 EGCG＞油相 EGCG＞内水相酯化 EGCG。

2. 基于纳米/微粒的系统

基于纳米/微粒的系统是由生物相容性和可生物降解的聚合物制备的，其中茶多酚溶解在颗粒基质中，被包裹或附着在颗粒基质上。用于制备纳米/微粒的典型包埋技术包括喷雾干燥、挤压、凝聚、交联反应、电喷涂、静电纺丝和逐层自组装（Jia et al., 2016）。纳米颗粒的尺寸范围为 10~500 nm，而微颗粒的尺寸范围为微米，可达 800 μm（Williams, 2008；Puligundla et al., 2017）。一般来说，基于纳米/微粒的茶多酚包埋系统可根据聚合物类型分为三部分：基于蛋白质的、基于碳水化合物的和基于双聚合物的系统。

1）蛋白基颗粒

食品级蛋白质因其营养价值在工业中是有吸引力的成分。它们的功能特性，如乳化、凝胶和结合能力，使它们在开发包埋茶多酚的递送系统中非常有用。明胶是一种由天然胶原蛋白部分水解得到的蛋白质。它可以形成热可逆的水凝胶，这使它成为一种很有前途的携带茶多酚的材料。与明胶 B（等电点 pI=4~5）相比，明胶 A（等电点 pI=7~9）在茶多酚的包埋中应用更为广泛，因为带正电的明胶 A 在中性 pH 条件下可以与带负电的茶多酚相互作用。有研究者利用层层自组装技术制备了表面改性的茶多酚包被明胶纳米颗粒（Karikalan and Abul, 2017）。

2）碳水化合物基颗粒

碳水化合物具有良好的生物可降解性和生物相容性，是首选的包埋材料。为了提高配方的热性能或力学性能，必须正确选择碳水化合物，通常采用化学/酶修饰法对碳水化合物进行改性。利用改性丁二酸酐正辛烯基淀粉，将气体饱和溶液中的颗粒干燥，制备出负载 EGCG 颗粒（Goncalves et al., 2016）。该无细胞毒性固体制剂在微米范围内，包埋效率高达 80.5%。环糊精（CD）是一种由淀粉经酶转化而成的环状低聚糖，它可以通过疏水相互作用和氢键与茶多酚形成配合物。Ho 等开发了儿茶素/β-CD 包合物，发现不仅可以掩盖儿茶素的苦味，还可以防止牛奶、奶酪和酸奶中的降解（Ho et al., 2017, 2018）。麦芽糖糊精也是淀粉的部分水解产物，在工业上常用作壁材。Rocha 等（2011）结合喷雾干燥技术制备了绿茶多酚负载麦芽糊精微粒。粒径在 40～226 μm 之间，包埋效率为 96%。使用相同的壁材，通过均质和喷雾干燥制备出粒径更小（120 nm）的 EGCG 包埋纳米颗粒。

3）双聚合物基颗粒

双聚合物基颗粒是由生物相容性和可生物降解的聚合物设计而成的。通过蛋白质/多肽和多糖的结合，可以通过自组装过程开发出具有所需性能的复合物（Wang et al.，2012）。在这个过程中，蛋白质/多肽和多糖在特定的 pH 条件下，当它们具有相反的电荷时，通常会形成静电复合物。蛋白质/多肽、多糖和茶多酚之间的相互作用在这种递送系统的设计中很重要。由于茶多酚与蛋白质的亲和力高，通常首先通过氢键或疏水相互作用与蛋白质相互作用。负载的蛋白质可以通过静电相互作用与溶液中带相反电荷的多糖交联形成双聚粒子。蛋白质/肽-多糖纳米颗粒是一种很有前途的载体，因为它可以实现高包埋效率和装载量，并可能控制茶多酚从运载工具的释放（Jia et al.，2016）。

7.4.2 开发实例

1. 延长保质期的包埋系统

为了在消费前提高茶产品中茶多酚的稳定性、维持其生物活性，研究者们探索了不同的策略。由于茶多酚易受热影响，因此包埋可以保护茶多酚在热处理过程中不发生外聚和降解（Komatsu et al.，1993）。一些研究人员使用 O/W 纳米乳液包埋茶多酚，并研究了其在高温下的稳定性（Bhushani et al.，2016；Gadkari et al.，2017）。Gadkari 等（2017）将茶多酚与 1-十二醇和卵磷脂溶解在葵花籽油中制备纳米乳。在不同温度条件下贮藏 10 周后，发现茶多酚的降解率随温度升高而升高，在 4℃、27℃和 37℃贮藏时，降解率分别为 4.25%、15.97%和 22.78%。Anu Bhushani 等（2016）的另一项研究也发现了类似的趋势。含有 0.3%～0.5%绿茶茶多酚的大豆蛋白稳定纳米乳在 4℃下保存的茶多酚保留率最高，而纳米乳中超过一半的 EGCG 和 EGC 含量在 40℃下保存 15 d 后降解（Bhushani et al.，2016）。除了乳液体系外，纳米颗粒也被发现可以有效地保持茶多酚的热稳定性。Zokti 等（2016a）通过喷雾干燥制备了含有壳聚糖、阿拉伯树胶和环状糊精的绿茶提取物纳米颗粒。经阿拉伯树胶和环状糊精包埋的绿茶提取物在 40℃条件下储存 12 周后，总儿茶素保留率分别达到 81.82%和 67.38%，而未包埋的茶粉的儿茶素保留率仅为 32.62%。在 40℃条件下 30 d 后，装载了聚己内酯纳米颗粒的白茶提取物能够保持约 76%的多酚含量，而未包埋的茶提取物则为 56.3%（Vanna et al.，2015）。

与温度相比，碱性条件更不利于茶多酚的稳定性，因为儿茶素具有提供质子的能力，可能导致自氧化（Krupkova et al.，2016）。Ibrahim 和 Milena（2013）

研究表明，乳磷脂纳米脂质体中包埋的 EGCG 在 pH 为 5 和 7 的条件下储存 16 d，其稳定性得到改善，而包埋含量没有明显减少。在纳米乳液体系中，在 pH 为 7.0 和 9.0 的条件下，8 周后，包埋的总多酚含量分别比初始含量减少了 16.28%和 35.54%（Gadkari et al.，2017）。尽管上述研究没有包括与未包埋的茶多酚的比较，但如之前报道的（Zhu et al.，1997），考虑到游离茶多酚在 pH 7.4 下 3 h 内几乎完全降解，递送系统的稳定性显著增强。

茶多酚在食物中的稳定性提升已经涌现出不少应用实例。Aditya 等（2015a）在模型饮料体系中分别加入了含有儿茶素的 W/O/W 乳液和游离儿茶素，并比较了在 23℃±2℃下储存 15 d 后儿茶素的稳定性。乳剂中的儿茶素稳定性更高，降解率约为 35%，而在相同的饮料体系中，游离儿茶素的降解率接近 60%。Ho 等（2018）将儿茶素包埋在环糊精中，并将复合物置于几种食物基质中。结果表明，4℃贮藏 4 周后，牛奶中儿茶素的降解率最高（48%），其次是强化酸奶（44%）和奶酪（33%）。Zokti 等（2016b）发现，在含有纳米颗粒形式的强化儿茶素提取物的芒果饮料中，儿茶素的保质期稳定在 4 周。

2. 包埋提高生物利用度

通过配方提高生物利用度主要有两种途径，一种是提高茶多酚在胃肠道中的稳定性，另一种是促进肠道吸收。对胶囊化茶多酚的肠道稳定性的评价有多种方法，最常用的方法是比较茶多酚在模拟胃液（SGF）和模拟肠液（SIF）中培养后的释放谱和保留率。SGF/SIF 中的几个参数，如 pH、温度和主要酶，通常被调整以模拟 GIT 的体内条件。肠道吸收增强可以通过细胞研究和动物模型来评估。Caco-2 单层通常被用作肠道吸收模型来评估茶多酚在给药系统中的通透性（Langerholc et al.，2011）。P_{app} 反映了上皮膜从顶侧到基底侧的转运速率，被用于比较吸收效率的关键指标（van Breemen and Li，2005）。结合稳定性和吸收改善的效果，通过体内研究评估口服茶多酚后的总体生物利用度。口服生物利用度的体内估计通常在大鼠/小鼠模型中进行评估，茶多酚的血浆水平通常由浓度-时间曲线下面积（AUC）确定，以计算发挥生物活性的总有效量。其他参数，如最大浓度（C_{max}）、到达峰值浓度时间（T_{max}）等，也被用于研究制剂/未制剂茶多酚的药代动力学特征（Henning et al.，2004）。

3. 包埋增强生物功效

从绿茶和红茶中摄入包括儿茶素、茶黄素和茶红素在内的茶多酚具有多种健康益处。目前评估茶多酚生物功效的研究大多是在细胞系上进行的，使用浓度高（50～200 μmol/L）。然而，由于生物利用度问题，口服茶多酚在人体内通常无法达到如此高的浓度（Puligundla et al.，2017）。为了发挥其在人体中的功能，有效的递送是实现靶部位生理相关浓度的必要条件。如上所述,茶多酚的包埋可以提高生物利用度,因此有理由期望其能提高体内的生物活性。

(赵 碧)

7.5 健康茶产业中的数字化技术

7.5.1 数字化生产线

计算机技术已经在我国的农业中普及到了相当的程度,并展现了积极的效果。例如,在茶叶种植业中,智能计算机平台的运用显著改善了茶叶的生产品质和效率,并由此带动了经济效益的增长。

1. 计算机技术在茶园管理与机械配置中的应用

1)茶园管理中计算机技术的应用

我国传统的茶园管理主要以粗放型为主,缺乏先进技术的应用,易造成能源消耗大、经济效益不理想等问题。常规的经营模式过度倚重于管理者的个体阅历,对天气、周边状况及其他改变要素掌握不足,限制了提高茶叶生产的效能,并对确保茶叶品质的稳定性构成制约。计算机技术的引入促进茶园管理从粗放型转向精细化,有效提高茶叶生产质量和效率。21 世纪初期,全球定位系统、遥感技术和地理信息系统这几项数字技术深入应用于茶叶生产领域,通过这些技术的综合运用能有效进行土壤成分分析、茶园产量分布测算、气候变化监测、农业机械管理、农事操作引导以及疾病和虫害的防控,显著提高了茶叶的生产质量。

2)机械配置中计算机技术的应用

茶叶本身具有季节性强的特点,因此要对鲜叶的采摘与制作进行配备。茶厂规模大小对鲜叶采摘制作有着直接影响,过小会造成采摘不及时,过大就会造成成本过高。为有效应对这一问题,要对茶厂、茶机配置实现优化应用。在实践应用中利用计算机技术辅助初制厂机械配置,取得了良好效果。该系统主要实现三个功能设计:系统说明功能、设计功能、茶机介绍功能。通过对年产量、茶叶种类以及生产工艺内容的了解,就可以有效计算出茶厂合理应用面积,以及存储、杀青、烘干等工艺环节中应用设备数量及相应型号,设计出最合理的方案,保证经济效益最优。

2. 计算机智能化平台在茶叶初加工中的应用

在茶叶生产全过程中,可通过以下三个方面充分体现计算机智能化平台的应用。

1) 茶叶鲜叶等级及萎凋控制

计算机视觉技术能够迅速地检测并区分各个等级的茶树鲜叶。在茶叶的成熟期内进行连续性的观测，并开展即时的评估，这极大地提升了生产流程控制的科学性。采用自动化智能手段对茶叶鲜叶的颜色指标进行量化分析，并构建出一个自动评级系统，使得茶叶鲜叶的级别和品质被精准地辨识。此方法主要利用色彩的红绿蓝及亮度进行分析评判，可以有效确定鲜叶的嫩度和外观颜色。此外，采用人工智能技术对茶叶新鲜度和颜色进行评估的过程中，同步能达到对其萎凋过程的分析与管理。有效监控和调节茶叶的萎凋状态，有助于增强茶叶生产的一致性，并为确立制茶流程提供决策支持。

2) 杀青

茶叶生产与制作过程中，杀青是重要工艺之一，近年来越来越多的茶农注重杀青工艺质量的提升。计算机技术提高了杀青过程的自动化水平，在确保品质的基础上提升经济效益。通过智能化的计算机系统改良炒青过程，涉及对投放茶叶的数量、未加工叶子的新鲜程度、加热温度等多个关键因素的精准控制，并对这些可能影响炒青效果的因素进行有效的调整，以确保炒青过程中温度保持在最佳状态。应用计算机技术构建的计算机自动化控制系统，对加热介质温度变化情况进行统计和显示，并直接存储于随机存储器（RAM）中，技术人员可通过实际需要及应用需求进行及时修改。

3) 烘干

整个茶叶制作流程中，烘干步骤是能耗较大的一环，耗能量超过了加工能源总消耗量的一半，并成为整个生产链条中的核心部分。利用计算机自动化技术对茶叶烘干进行控制系统的应用，以保证茶叶烘干质量合格，提高茶叶烘干效率，提高综合效益。对茶叶烘干控制系统的设计包括模糊控制功能，以及对茶叶叶温和风温的合理控制与及时反馈功能。不同茶叶之间的含水量存在差异性，因此烘干时间要根据其特性进行自动控制，并利用风温反馈的功能提高风温变化适应性。同时，也根据叶温反馈情况对烘干程度及含水量进行合理控制，以保证茶叶烘干过程稳定，提高茶叶品质，利用该功能也能够有效地节省资源，避免出现高耗能情况。另外，计算机技术还有效应用在茶叶炒制过程中，主要是利用参数调节及数字量化等形式构建出数字模型，依据程序控制曲线为技术标准，进一步进行工艺控制软件的设计与应用，再输入单片机，以实现对茶炒制机的程序控制。根据实际需求及加工情况进行程序参数的及时修改，更好地保障鲜叶炒制稳定，使不同级别茶鲜叶能够在合理的程序控制下应用最科学的炒制方案，保证茶叶质量。

3. 精制茶厂技术管理及茶叶拣剔中的应用

精制茶厂技术管理：茶厂中通常会囤积上千批毛茶，这些毛茶的种类、等级、品质以及数量、价格等均存在一定的差异，因此在进行仓库管理以及统计分析过程中就需要解决大量数据处理问题，只有通过计算机进行处理，才能使管理与分析更加高效和准确，避免成本和核算以及数据分析出现错误。该系统在茶叶管理业务中有着重要应用效果，使工作效率和准确性大大提升。另外，利用计算机技术构建茶叶生产信息系统，能够对产品生产关键点进行全过程动态监控，保证其安全性，并通过信息系统提供条形码完成产品追溯。

茶叶拣剔：作为茶叶加工过程中的精加工环节，通过拣剔工序使茶叶等级和质地更优良，去除老叶和茎梗等杂茶。茶叶拣剔以人工作业为主，这不仅仅耗费大量的人力，也造成茶叶自身质量得不到有效保障，不利于茶叶生产企业经济发展。目前茶叶拣剔工作依靠计算机的辅助，通过分析叶子的色泽、质量以及其他特性来实现分拣作业。这种分拣过程侧重于使用光学检测和机械操作相结合的方式，旨在提高挑选精度与速度，并降低分拣时的误差概率。此外，智能化的茶叶拣剔不受外界温度、湿度影响，在拣剔环节中可根据不同参数进行需求调整，满足筛选要求。该技术还能自动解决除尘问题，避免在作业环节中出现阻塞问题。根据统计显示，该系统的应用能够大大提升工作效率，是人工作业的 25 倍左右，在未来茶叶生产过程中有着良好的应用前景。

综上所述，计算机技术在茶叶生产全过程中有着重要作用，利用计算机智能化平台能够使茶园管理、茶叶加工各环节效率得到有效提升，全面提高茶叶生产质量，带动经济效益的提高。计算机技术在茶园管理以及机械配置上的应用，使茶叶生产环境更加稳定，进而实现茶叶生产与加工中的智能化，准确判断茶叶鲜叶等级，保证烘干效果达到茶叶生产标准，进一步提升茶叶生产质量。在今后茶叶生产全过程中要不断引进计算机先进技术，发挥计算机智能化优势，使计算机在茶叶生产、管理以及鉴别与溯源管理等方面有效提升质量和效率，促进茶叶生产经济效益的提高（谢日星和胡蓉珍，2015）。

4. 开发实例

1）绿茶自动化加工与数字化品控关键技术装备及运用

该项目由茶树生物学与资源利用国家重点实验室主任宛晓春教授领衔的研究团队承担，荣获国家科学技术进步奖二等奖。该团队坚持"品控数字化-加工自动化-技术系统化"的研究方针，深入解析了决定绿茶独特风味的关键物质生成原理，构建了全新的绿茶品质评价理论。同时，在绿茶品控数字化领域实现创新，开发了新型茶叶质量分析器械与分拣设备；在绿茶的加工过程中，实现关键工艺如精确加工温度控制、连续揉捻工艺与成型的创新,构建了一整套绿茶自动化生产技术体系和配套的生产流水线。相关技术和装备已在全国超过1200家的主要茶叶生产企业中广泛应用,并销往越南、印度、韩国等10个国家,形成良好经济效益,大大提升了中国绿茶加工的现代化水平和国际市场的竞争实力(中国茶叶加工编辑部,2021)。

2)普洱茶渥堆发酵程度的定性与定量分析

在普洱茶渥堆发酵过程中,多酚成分的变化直接影响普洱茶的品质。将实验室自制的计算机视觉系统和微型近红外光谱(NIRS)应用于工业规模的普洱茶发酵程度的在线快速检测。采用高效液相色谱法测定茶叶中儿茶素类化合物和没食子酸的含量。基于最小二乘支持向量机定性模型分析,与NIRS提取的光谱信息相比,计算机视觉系统(CVS)提取的纹理特征和颜色信息能更好地预测普洱茶发酵的程度,预测集为99.30%,校准集为100.00%。基于CVS融合数据,获得了不同茶汤中总儿茶素(TC)、GA/TC和红绿值的最佳定量模型,残差预测偏差分别为4.76、2.36、5.18和4.71。当TC、GA/TC、R-TI(茶汤的红色程度)和G-TI(茶汤的绿色程度)预测值分别为(0.46±0.08)mg/g、(19.04±6.67)mg/g、(74.81±6.37)mg/g和(29.81±2.46)mg/g时,确定了普洱茶的最佳发酵程度。实现了普洱茶发酵程度的现场质量监测(Li et al., 2023)。

3)红茶干燥过程中儿茶素的动态变化监测

干燥是红茶加工的重要工序,同时儿茶素也是决定红茶感官品质的重要因素。然而,目前缺乏有效的实时监测方法来检测红茶干燥过程中儿茶素的含量。通过分析不同干燥条件下红茶干燥过程中儿茶素的变化趋势,并利用基于近红外光谱和化学计量学方法的最小二乘支持向量机进一步探索8种儿茶素在红茶干燥过程中的定量预测模型。结果表明,基于竞争自适应重加权抽样和逐次投影算法特征谱提取建立的8个单体儿茶素预测模型预测精度最好,预测集相关系数值均大于0.98,相对百分比偏差值均大于5。EGCG预测精度最高,为0.9977,残差预测偏差(RPD)值为14.8。研究表明,基于近红外光谱和化学计量学的方法对红茶干燥过程中儿茶素含量具有较强的预测能力,可为控制红茶干燥感官质量提供指导(Li et al., 2023)。

4)电阻式气体传感器测定红茶品质

利用电阻式气体传感器的动态发酵曲线优化红茶加工过程,发现茶叶最佳发酵时间与传感器动态发酵曲线上的第二高峰重合,红茶质量则可以用第一个峰的振幅和第二个峰的出现来确定。品茶师最终确定样品的最佳发酵时间为120 min。随着红茶质量的降低,第二峰的出现时间延长,甚至消失(Hosseini-Golgoo et al., 2022)。

5)可视化化学指标用于确定红茶发酵过程中品质的时空形成与分布

发酵是红茶加工的关键步骤,对品质的形成有重要贡献。目前的发酵监测方法是昂贵的或基于实验室的。Wang 等（2022）首先评估了在线计算机视觉检测茶厂发酵质量的潜力。采用自制的工业相机对不同发酵时间的茶叶样品进行了采集，对从图像中提取的颜色变量与茶叶样品中关键质量指标的相关性进行分析，发现基于颜色变量的偏最小二乘回归模型预测精度较高。最后，绘制发酵过程中各指标的时空分布图，可视化发酵质量，从而实现红茶发酵的低成本、在线、实时检测，为红茶的工业化、智能化生产提供技术支持。

7.5.2 茶的智慧仓储

在市场竞争越发剧烈的当下，茶行业消费者的偏好更趋各异，市场细化程度加深，销售方式变得越来越分散，茶产品逐渐走向个性定制、特色化，直接面向消费者。这些转变导致茶叶生产与流通领域出现了多样化的产品类型和小规模的生产模式，对茶叶的高效库存管理提出了更严格的挑战。鉴于此，智慧型的茶叶仓储系统已经成为业界亟待探讨的新议题和新的发展契机。

1. 高效茶叶产品信息采集处理

利用射频识别（RFID）、图像识别系统、轨道引导车（RGV）、自动化运输车（AGV）、智能引导车辆（IGV）、搬运系统软件、集成化输送装置、规格化的叠板机械手、各类感测器等众多先进设备，茶叶出入库作业以及产品档案追溯能够实施信息化、自动化、高精度管理和追踪溯源，有效支持单一产品大量订单以及多样化、小批次订单的高效存取。

2. 全过程在线监测控制

智慧型茶叶储存系统可对关键的品质安全因素进行实时跟踪、准确性评估与提醒，并自动进行调整以符合标准，显著增加了检测的频率，代替人力以减少开支。该系统运用了如摄像设备、感测器、环境监测设备、无线射频识别技术、视觉辨识以及智能追踪等先进工具，确保温度、产品品质、设备及安全方面的信息能够持续收集，并在必要时发出预警和进行自动校正。

1）环境监测

茶品因具备易氧化、吸湿以及捕集异味的本领，对周遭环境的波动反应特别灵敏。若储藏条件不佳，会加速茶品中有效成分的转变，从而影响其色泽、香气、滋味等各项品质。鉴于此，智能储存系统在构建环境监控功能时，需周全考量并确保能定期追踪与管理仓库（或存储单元）的湿度、温度、照明强度、气体构成（如 O_2、CO_2）、粉尘含量、微生物以及茶品包裹的封闭性（或透气性）、放置间隔、区域性异常热源（如茶叶自身发热现象）等关键要素或标准，进行实时监测、预先警报、介入应对并改进优化。智能物联网技术打造的仓储监测系统，利用全景红外成像技术、温湿度感测器、微尘和气态物质检测仪器以及相应的调控装置，确保储存环境中各种可能影响茶叶质量与卫生的因素得到有效管理。

依据国家及行业对茶叶保存的相关标准（GB/T 30375—2013；GH/T 1071—2011），大部分仓储区的温湿度应调整至温度25℃和相对湿度50%；某些茶类如绿茶、黄茶需要另设低温贮藏设施或提高库存管理效率；而普洱茶、六堡茶、白茶和安化黑茶等需要经历陈化过程的茶品，则须在专区进行温度、湿度和氧含量的精确调控。随着技术的进步，紧压茶的无损检测手段已有新发展，这使得茶叶储藏环境的监管，不仅限于常规的状况监测，还能针对特定储存空间或单元的微生物情况进行更细致的测控。依照经营与监管的要求，可以思考实施数据核对的联动机制，自动激活机械性或自然性的通风更替程序，达到仓储区域与外界环境之间的相互补充，进而减少营运费用。

2）产品监测

关注并不断检查产品的外在形态（包括外壳变形、堆放是否歪斜），闻其气味，检视色彩变化，及时监测内部温度等诸多方面，并迅速刷新相关产品资料。实施茶叶保质期的管理，提前对接近保质期及已过期的商品进行警报及自动化处理；构建茶叶供货商的信誉评级系统，对参与的材料执行预警以及处理机制。

3）设备设施和安全监测

智慧型茶叶仓储牵涉众多装置及系统，须实时追踪各个流程。在搬运装卸时，要跟踪设备如自动堆垛机的即时运作状况、出错信息、定位等；监控存储设施的现况，如仓储货架的承重能力、货架的形状变化、重要区域的安全防备措施；维护安防和消防系统的功能，如综合安保监视、害虫监测，以及烟雾感应、自动喷水、火警警报的即时状况。

4）监测数据传输集成与控制

确保通过即时更新和处理包括传输、分析、校正以及存档等在内的在线监测信息，来维持茶叶智慧储存环境处于最佳状态。在保证达到《数字化仓库基本要求》所规定的技术标准以及管理规范的前提下，做到资料保存、分析和传输等能力的基础上，借助即时数据通信技术，综合处理各类监控信息，使得中控室能实现信息的集成显示和视觉化。进而，通过数据与图像的结合展示、不同类别的模块化布局、深层次资料检索以及跨平台的适配等诸多功能，增强界面的用户友好性和交互效能，从而有效地实现库房管理工作人员对在线监测信息的实时、高效调控。

（赵　碧）

本章责任人：赵碧

参 考 文 献

包先进, 唐晓峰, 陈宗道, 等. 1995. 纤维素酶提高砖茶品质的研究[J]. 西南农业大学学报, (6): 541-544.
蔡烈伟, 蔡晓玲. 2012. 含茶食品产业发展现状分析[J]. 中国茶叶, 34(10): 10-11.
常硕其, 张亚莲, 曾跃辉, 等. 2009. 提高夏秋绿茶品质技术研究[J]. 湖南农业大学学报(自然科学版), 35(5): 561-564.
陈永忠, 邓绍宏, 陈隆升, 等. 2020. 油茶产业发展新论[J]. 南京林业大学学报(自然科学版), 44(1): 1-10.
陈云兰, 于汉寿, 吕毅, 等. 2006. 康砖和青砖茶中散囊菌的分离、鉴定及其生物学特性研究[J]. 茶叶科学, (3): 232-236.
丁勇, 周坚. 2008. 论茶叶加工的发展现状、趋势及创新[J]. 茶业通报, 30(4): 161-163.
董瑞霞, 王芳. 2010. 红茶饼干的制作[J]. 安徽农业科学, 38(21): 11479-11481.
冯超浩. 2013. 不同渥堆工艺条件对普洱茶品质的影响[D]. 广州: 华南理工大学.
冯云. 2007. 外源酶改善夏季绿茶品质的研究[D]. 杭州: 浙江大学.
冯云, 苏祝成. 2007. 加工过程中添加外源酶对夏季绿茶品质影响的研究[J]. 食品工业科技, (7): 107-109.
付润华. 2008. 康砖茶渥堆微生物及不同渥堆处理品质成分变化的研究[D]. 成都: 四川农业大学.
郭敏, 金晓辉. 2007. 凝固型羊奶茶加工技术的研究[J]. 中国乳品工业, (12): 16-18, 37.
郭敏明, 余继忠, 师大亮, 等. 2009. 夏秋季茶园覆盖遮荫比较试验[J]. 茶叶, 35(3): 150-151, 156.
何国藩, 林月婵, 徐福祥. 1987. 广东普洱茶渥堆中细胞组织的显微变化及微生物分析[J]. 茶叶科学, (2): 54-57.
胡爱华, 敖晓琳, 蒲彪, 等. 2017. 不同发酵度茶叶的主要理化及香气成分分析[J]. 食品与生物技术学报, 36(12): 1283-1289.
黄怀生, 田杰. 2008. 茯砖茶研究进展[J]. 福建茶叶, (1): 9-10.
黄建琴. 1995. 酶对红茶品质影响及酶技术应用[J]. 热带作物科技, (6): 3.
黄晟, 朱科学, 钱海峰, 等. 2009. 超微及冷冻粉碎对麦麸膳食纤维理化性质的影响[J]. 食品科学, 30(15): 40-44.
黄亚辉, 陈晓阳, 郑红发, 等. 2003. 超微绿茶粉主要生化成分的变化研究[J]. 福建茶叶, (4): 9-11.
江用文, 袁海波, 滑金杰. 2019. 中国茶叶加工40年[J]. 中国茶叶, 41(8): 1-5.
蒋玉玲. 2012. 四川黑茶渥堆过程中优势真菌对其品质成分影响的研究[D]. 成都: 四川农业大学.
金开美, 吕立哲, 张顺. 2009. 茶资源综合利用研究进展[J]. 茶叶, 35(2): 67-69.
孔俊豪, 左小博, 杨秀芳, 等. 2019. 2018年中国茶叶深加工科技创新进展[J]. 中国茶叶加工, (4): 26-31.
李凤生. 2000. 超细粉体技术[M]. 北京: 国防工业出版社.
李红. 2016. 黑曲霉胞外酶对乌龙茶挥发性成分和茶多酚的影响研究[D]. 厦门: 集美大学.

李支霞, 方世辉, 王志耕. 2005. 超微茶粉酸奶的工艺优化[J]. 茶业通报, (1): 27-29.
李中皓. 2008. 酶及臭氧处理对普洱茶陈化的影响研究[D]. 广州: 华南理工大学, 24-27.
李中皓, 刘通讯. 2008. 外源酶对成品普洱茶品质的影响研究[J]. 食品工业科技, (2): 152-154.
梁名志. 2000. 外源物在茶叶初制工艺中的应用研究进展[J]. 中国茶叶加工, (2): 31-32.
廖庆梅. 2000. 谈谈六堡茶的加工技术及工艺[J]. 茶业通报, (3): 30-32.
刘传富, 董海洲, 张绪霞. 2008. 绿茶营养保健挂面的研制[J]. 中国粮油学报, (2): 39-41.
刘仲华, 施兆鹏. 1990. 添加剂对红茶发酵与品质的影响[J]. 食品科学, (12): 17-21.
刘仲华, 施兆鹏, 黄建安. 2009. 湖南农业大学《茶叶功能成分提制新技术与产业化》成果荣获 2008 年度国家科技进步二等奖[J]. 茶叶科学, 29(2): 173.
刘仲华. 2019. 中国茶叶深加工产业发展历程与趋势[J]. 茶叶科学, 39(2): 115-122.
龙志荣, 王登良, 邱瑞瑾, 等. 2007. 水解酶对乌龙茶品质形成的影响[J]. 广东茶业, (1): 10-14.
罗晶晶, 王登良. 2014. 不同外源酶添加对夏茶金观音红茶品质的影响[J]. 蚕桑茶叶通讯, (6): 17-19.
罗晶晶, 王登良, 魏青. 2015. 外源酶对英红九号红茶品质的影响研究[J]. 广东农业科学, 42(4): 9-13.
罗怡文, 韩晶, 梁月荣. 2010. 加强茶叶深加工产品开发, 促进茶产业提升[J]. 茶叶, 36(2): 87-89.
毛清黎, 彭继光, 贾海云, 等. 1992. 外源多糖水解酶提高红碎茶品质技术研究[J]. 茶叶通讯, (1): 24-28.
毛清黎, 朱旗, 刘仲华, 等. 2005. 红茶发酵中 pH 调控对多酚氧化酶活性及茶黄素形成的影响[J]. 湖南农业大学学报(自然科学版), (5): 66-68.
聂枞宁. 2016. 外源酶处理对提高四川黑茶风味的工艺研究及效果评价[D]. 成都: 四川农业大学.
齐凤元, 李雨露, 周颖, 等. 2006. 超微茶粉绿豆糕的开发[J]. 中国食物与营养, (2): 46-47.
邱丽玲. 2012. 外源酶对白茶品质的影响及高香型白茶产品研发[D]. 福州: 福建农林大学.
沈璇, 胡迪钧, 刁学刚. 2011. 循序渐进 科学发展——发展茶叶深加工的思考[J]. 茶叶, 37(1): 1-2.
石珊珊. 2019. 茶皂素提取并提纯工艺研究概述[J]. 粮食与食品工业, 26(3): 25-29.
苏祝成, 钱利生, 冯云, 等. 2008. 利用单宁酶改善绿茶滋味品质的研究[J]. 食品科学, 29(12): 305-307.
孙卉子, 朱科学, 朱跃进, 等. 2011. 酸奶发酵对绿茶粉功效成分和抗氧化性的影响[J]. 食品工业科技, 32(9): 131-133.
田国军, 尚艳艳, 张琼, 等. 2010. 茶香风味鱼脯的研制[J]. 武汉工业学院学报, 29(1): 7-10.
宛晓春. 2007. 茶叶生物化学[M]. 北京: 中国农业出版社: 97.
王华夫, 李名君, 施兆鹏, 等. 1991. 黑毛茶香气组分的研究[J]. 茶叶科学, (S1): 42-47.
王奕. 2010. 超微绿茶粉在化妆品和食品中的应用研究[D]. 杭州: 浙江大学.
王玉, 杨绍兰. 2009. 绿茶蛋糕的研制[J]. 食品科技, 34(6): 80-82.
王元凤, 王登良, 魏新林. 2000. 酶技术在茶叶深加工中的应用研究[J]. 饮料工业, (6): 18-22.
王镇. 2007. 超微绿茶粉及在食品工业中的应用[J]. 食品科技, (12): 73-75.
王志刚, 童哲, 程苏云. 1992. 茯砖茶中霉菌含量和散囊菌鉴定及利弊分析[J]. 食品科学, (5): 1-5.

王中江, 李杨, 江连洲, 等. 2011. 应用黄金分割法确定茶香蛋糕中茶粉的添加量及品种[J]. 食品工业科技, 32(11): 231-233.

温琼英, 刘素纯. 1991. 黑茶渥堆（堆积发酵）过程中微生物种群的变化[J]. 茶叶科学, (S1): 10-16.

温志杰, 石荣强, 何勇强, 等. 2012. 六堡茶渥堆过程中微生物种群变化的研究[J]. 安徽农业科学, 40(2): 1009-1011.

文海涛. 2005. 茶面包加工技术及其机理研究[D]. 长沙: 湖南农业大学.

文新健. 2007. 外源 β-葡萄糖苷酶对乌龙茶制茶品质影响的研究[D]. 华南农业大学, 2007.

吴桢. 2008. 普洱茶渥堆发酵过程中主要生化成分的变化[D]. 重庆: 西南大学.

肖世青. 2011. 采用外源酶改善安溪铁观音茶香气品质的研究[D]. 合肥: 安徽农业大学.

肖文军, 刘仲华, 黎星辉. 2003. 茶叶加工中的外源酶研究进展[J]. 天然产物研究与开发, 3: 264-267.

谢日星, 胡蓉珍. 2015. 计算机智能化平台在茶叶生产全过程中的应用分析[J]. 福建茶叶, 37(6): 34-35.

谢艳兰. 2013. 牛奶对儿茶素体外模拟消化和 Caco-2 细胞单层转运的影响[D]. 杭州: 浙江大学.

辛博. 2014. 浆水接种发酵中亚硝酸盐的控制研究[D]. 西安: 陕西科技大学.

徐书泽. 2014. 六堡茶中真菌的多样性分析[D]. 南宁: 广西大学.

杨抚林, 邓放明, 赵玲艳, 等. 2005. 茯砖茶发花过程中优势菌的研究进展[J]. 茶叶科学技术, (1): 4-7.

杨富亚, 许波, 李俊俊, 等. 2013. 普洱茶渥堆过程中复合酶制剂的应用研究[J]. 安徽农业科学, 41(9): 4057-4060.

杨锦泉. 1987. 微生物与六堡茶渥堆发酵[J]. 云南茶叶, 4: 32-34.

杨伟丽. 1985. 黑茶渥堆的理论研究[J]. 茶叶通讯, (3): 14-19, 66.

杨晓萍, 周立亭, 崔建国, 等. 2006. 超微绿茶粉蛋糕加工工艺研究[J]. 食品工业, (6): 16-18.

叶飞, 高士伟, 龚自明. 2013. 砂梨多酚氧化酶处理对夏秋红茶品质的影响[J]. 食品科学, 34(23): 92-95.

尹军峰. 2019. 我国速溶茶产业创新发展趋势与主要技术需求[J]. 中国茶叶加工, (4): 10-13, 49.

应剑, 肖杰, 康乐, 等. 2019. 健康中国背景下的茶叶功能研究与生物技术在健康茶饮开发中的应用[J]. 生物产业技术, (6): 75-86.

于春花. 2016. 酶转化法快速发酵普洱生茶及其品质研究[D]. 天津: 天津商业大学.

于春花, 宋文军, 李霏, 等. 2015. 外源酶对普洱生茶浸提液品质的影响[J]. 食品工业科技, 36(22): 143-146, 150.

于克学, 孙建霞, 白卫滨, 等. 2008. 超微茶粉面条的研制[J]. 食品科技, (6): 121-123.

余凌子, 赵正惠. 1999. 酶制剂在茶叶加工中的应用[J]. 中国茶叶, (4): 8-10.

袁地顺. 2003. 超细微茶粉在面条上的应用研究[J]. 福建茶叶, (1): 10-11.

曾晓雄, 罗泽民. 1993. 酶在茶叶加工中的应用研究现状与展望[J]. 食品工业科技, (5): 24-27.

张炳文, 郝征红, 梁长龙. 2006. 微波与超细粉碎技术在茶叶可食研发中的应用[J]. 食品工业科技, (6): 194-196.

张春花, 单治国, 袁文侠, 等. 2010. 不同有益菌固态发酵对普洱茶香气成分的影响研究[J]. 茶叶科学, 30(4): 251-258.

张芬, 温立香, 黄欣欣, 等. 2017a. 六堡茶渥堆过程中添加外源酶对主要物质转化规律的影响[J]. 食品科技, 42(8): 100-104.

张芬, 温立香, 黄欣欣, 等. 2017b. 外源酶对六堡茶渥堆过程中色素转化规律影响[J]. 食品研究与开发, 38(20): 70-74.

张梁, 陈琪, 宛晓春, 等. 2019. 中国茶叶生物化学研究40年[J]. 中国茶叶, 41(9): 1-10.

张文锦, 梁月荣, 张方舟, 等. 2004. 覆盖遮荫对乌龙茶产量、品质的影响[J]. 茶叶科学, (4): 276-282.

张霞, 李琳, 李冰. 2010. 功能食品的超微粉碎技术[J]. 食品工业科技, 31(11): 375-378.

张新富, 王玉, 杨绍兰, 等. 2009. 绿茶曲奇饼干的研制[J]. 食品工业科技, 30(5): 278-279, 282.

张艳梅, 杨毅坚, 杨方慧, 等. 2018. 特异茶树品种紫娟白茶新加工工艺研究[J]. 安徽农业科学, 46(31): 167-169.

张友炯, 曾建明, 章志芳, 等. 2016. 白化茶树新品种"中白1号"选育报告 [J]. 中国茶叶, 38(3): 22-24.

张正竹. 2006. 超微绿茶粉加工技术[J]. 茶业通报, (1): 19.

赵文净, 刘祖锋. 2015. 木瓜蛋白酶对白茶浸提液中茶多酚含量的影响[J]. 食品研究与开发, 36(21): 60-62.

中国茶叶加工编辑部. 2021. "绿茶自动化加工与数字化品控关键技术装备及运用"获国家科技进步二等奖[J]. 中国茶叶加工, (4): 33.

中华全国供销合作总社. 2011. 茶叶贮存通则: GH/T 1071—2011[S]. 北京: 中国标准出版社.

中华人民共和国国家质量监督检验检疫总局, 中国国家标准化管理委员会. 2014. 茶叶贮存: GB/T 30375—2013[S]. 北京: 中国标准出版社.

周宝才, 丁然, 魏新林, 等. 2019. 茶多糖的健康功效研究进展[J]. 中国茶叶加工, (4): 72-76, 84.

周才碧, 张敏星, 蒋陈凯, 等. 2014. 黑曲霉及其与普洱茶品质关系研究进展[J]. 微生物学杂志, 34(2): 88-91.

周红春, 萧力争, 刘仲华. 2007. 微生物与黑茶品质形成研究进展[C]. 湖南省茶叶学会2007年学术年会论文集.

周红杰, 李家华, 赵龙飞, 等. 2004. 渥堆过程中主要微生物对云南普洱茶品质形成的研究[J]. 茶叶科学, (3): 212-218.

周玲玲. 2011. 抹茶牛肉丸子的研制[J]. 肉类工业, (1): 16-20.

朱莉, 隆泉, 郑保忠. 2004. 超微粉碎技术及其在中药加工中的应用[J]. 云南大学学报(自然科学版), (S1): 128-131.

朱延果, 李志强, 张获. 2008. 聚合物高能球磨技术的研究进展[J]. 材料导报, (4): 93-95, 103.

左小博, 孔俊豪, 杨秀芳, 等. 2019. 茶多酚产业现状与发展展望[J]. 中国茶叶加工, (4): 14-20.

Aboofazeli R. 2010. Nanometric-scaled emulsions(nanoemulsions)[J]. Iranian Journal of Pharmaceutical Research, 9(4): 325-326.

Aditya N P, Aditya S, Yang H, et al. 2015a. Co-delivery of hydrophobic curcumin and hydrophilic catechin by a water-in-oil-in-water double emulsion[J]. Food Chemistry, 173: 7-13.

Aditya N P, Aditya S, Yang H, et al. 2015b. Curcumin and catechin co-loaded water-in-oil-in-water emulsion and its beverage application[J]. Journal of Functional Foods, 15: 35-43.

Ali R, John E B, W D E. 2016. A novel functional full-fat hard cheese containing liposomal nanoencapsulated green tea catechins: Manufacture and recovery following simulated digestion[J]. Food & Function, 7(7): 3283-3294.

Bhushani J A, Karthik P, Anandharamakrishnan C. 2016. Nanoemulsion based delivery system for improved bioaccessibility and Caco-2 cell monolayer permeability of green tea catechins[J]. Food Hydrocolloids, 56: 372-382.

Bohin M C, Roland W S U, Gruppen H, et al. 2013. Evaluation of the bitter-masking potential of food proteins for EGCG by a cell-based human bitter taste receptor assay and binding studies[J]. Journal of Agricultural and Food Chemistry, 61(42): 10010-10017.

Bora M F A, Ma S, Li X, et al. 2018. Application of microencapsulation for the safe delivery of green tea polyphenols in food systems: Review and recent advances[J]. Food Research International, 105: 241-249.

Cao Q, Zou C, Zhang Y, et al. 2019. Improving the taste of autumn green tea with tannase[J]. Food Chemistry, 277: 432-437.

Cerda A, Artola A, Barrena R, et al. 2019. Innovative production of bioproducts from organic waste through solidstate fermentation[J]. Frontiers in Sustainable Food Systems, 3.

Cristian V, Joanna S, Kathleen C, et al. 2020. Discovering the indigenous microbial communities associated with the natural fermentation of sap from the cider gum *Eucalyptus gunnii*[J]. Scientific Reports, 10(1): 14716.

de Pace R C C, Liu X L, Sun M, et al. 2013. Anticancer activities of (−)-epigallocatechin-3-gallate encapsulated nanoliposomes in MCF7 breast cancer cells[J]. Journal of Liposome Research, 23(3): 187-196.

Dorota N. 2014. Effect of green tea supplementation on the microbiological, antioxidant, and sensory properties of probiotic milks[J]. Dairy Science Technology, 94 327-339.

Evageliou V, Panagopoulou E, Mandala I. 2018. Encapsulation of EGCG and esterified EGCG derivatives in double emulsions containing Whey Protein Isolate, Bacterial Cellulose and salt[J]. Food Chemistry, 281: 171-177.

Gadkari V P, Shashidhar M, Balaraman M. 2017. Delivery of green tea catechins through Oil-in-Water(O/W) nanoemulsion and assessment of storage stability[J]. Journal of Food Engineering, 199: 65-76.

Goncalves V S S, Poejo J, Matias A A, et al. 2016. Using different natural origin carriers for development of epigallocatechin gallate(EGCG) solid formulations with improved antioxidant activity by PGSS-drying[J]. RSC Advances, 6(72): 67599-67609.

Guzmán-Díaz A D, Treviño-arza Z M, Rodríguez-Romero A B, et al. 2019. Development and characterization of gelled double emulsions based on chia(*Salvia hispanica* L.)mucilage mixed with different biopolymers and loaded with green tea extract(*Camellia sinensis*)[J]. Foods, 8(12): 677-677.

Henning S M, Niu Y T, Lee N H, et al. 2004. Bioavailability and antioxidant activity of tea flavanols after consumption of green tea, black tea, or a green tea extract supplement[J]. The American Journal of Clinical Nutrition, 80(6): 1558-1564.

Ho S, Thoo Y Y, Young J D, et al. 2017. Cyclodextrin encapsulated catechin: Effect of pH, relative humidity and various food models on antioxidant stability[J]. LWT-Food Science and Technology, 85: 232-239.

Ho S, Thoo Y Y, Young J D, et al. 2018. Stability and recovery of cyclodextrin encapsulated catechin in various food matrices[J]. Food Chemistry, 275: 594-599.

Hosseini-Golgoo S M, Saeedi-Mirakmahaleh M, Saberi H. 2022. Black tea quality determination using a generic resistive gas sensor[J]. Measurement Science and Technology, 33(12): 125115.

Ibrahim G, Milena C. 2013. Storage stability and physical characteristics of tea-polyphenol-bearing nanoliposomes prepared with milk fat globule membrane phospholipids[J]. Journal of Agricultural and Food Chemistry, 61(13): 3242-3251.

Jaziri I, Slama B M, Mhadhbi H, et al. 2008. Effect of green and black teas (*Camellia sinensis* L.) on the characteristic microflora of yogurt during fermentation and refrigerated storage[J]. Food Chemistry, 112(3): 614-620.

Jia Z, Dumont M, Orsat V. 2016. Encapsulation of phenolic compounds present in plants using protein matrices[J]. Food Bioscience, 15: 87-104.

Karikalan K, Abul K A M. 2017. Improved bioavailability and pharmacokinetics of tea polyphenols by encapsulation into gelatin nanoparticles [J]. IET Nanobiotechnology, 11(4): 469-476.

Komatsu Y, Suematsu S, Hisanobu Y, et al. 1993. Effects of pH and temperature on reaction kinetics of catechins in green tea infusion[J]. Bioscience Biotechnology & Biochemistry, 57(6): 907-910.

Krupkova O, Ferguson S J, Wuertz-Kozak K. 2016. Stability of (−)-epigallocatechin gallate and its activity in liquid formulations and delivery systems[J]. Journal of Nutritional Biochemistry, 37: 1-12.

Langerholc T, Maragkoudakis P A, Wollgast J, et al. 2011. Novel and established intestinal cell line models-An indispensable tool in food science and nutrition[J]. Trends in Food Science & Technology, 22: S11-S20.

Li J, Xiao Q, Huang Y, et al. 2017. Tannase application in secondary enzymatic processing of inferior Tieguanyin oolong tea[J]. Electronic Journal of Biotechnology, 28: 87-94.

Li L, Sheng X F, Zan J Z, et al. 2023. Monitoring the dynamic change of catechins in black tea drying by using near-infrared spectroscopy and chemometrics[J]. Journal of Food Composition and Analysis, 119.

Li Q, Chai S, Li Y D, et al. 2018. Biochemical components associated with microbial community shift during the pile-fermentation of primary dark tea[J]. Frontiers in Microbiology, 9: 1509.

Li S, Gong G Y, Ma C J, et al. 2016. Study on the influence of tea extract on probiotics in skim milk: From probiotics propagation to metabolite[J]. Journal of Food Science, 81(8): M1981-M1986.

Li T H, Lu C Y, Huang J L, et al. 2023. Qualitative and quantitative analysis of the pile fermentation degree of Pu-erh tea[J]. LWT, 173.

Liu M, Tian H L, Wu J H, et al. 2015. Relationship between gene expression and the accumulation of catechin during spring and autumn in tea plants (*Camellia sinensis* L.)[J]. Horticulture Research, 2(1): 15011.

Mallick S, Choi J S. 2014. Liposomes: Versatile and biocompatible nanovesicles for efficient biomolecules delivery[J]. Journal of Nanoscience and Nanotechnology, 14(1): 755-765.

Marimuthu S, Manivel L, Abdul K A. 1997. Hydrolytic en-zymes on the quality of made tea[J]. Journal of Plantation crops, 25(1): 88-92.

Matteo L, Aliana G, Sara G, et al. 2017. A presurgical study of lecithin formulation of green tea extract in women with early breast cancer[J]. Cancer Prevention Research(Philadelphia, Pa.), 10(6): 363-370.

Ortiz G D, Pochat Bohatier C, Cambedouzou J, et al. 2020. Current trends in pickering emulsions: Particle morphology and applications[J]. Engineering, 6(4): 468-482.

Peng Y, Meng Q, Zhou J, et al. 2018. Nanoemulsion delivery system of tea polyphenols enhanced the bioavailability of catechins in rats[J]. Food Chemistry, 242: 527-532.

Puligundla P, Mok C, Ko S, et al. 2017. Nanotechnological approaches to enhance the bioavailability and therapeutic efficacy of green tea polyphenols[J]. Journal of Functional Foods, 34: 139-151.

Rocha S, Generalov R, Pereira M D C, et al. 2011. Epigallocatechin gallate-loaded polysaccharide nanoparticles for prostate cancer chemoprevention[J]. Nanomedicine, 6(1): 79-87.

Sang S, Lambert D J, Yang S C. 2006. Bioavailability and stability issues in understanding the cancer preventive effects of tea polyphenols[J]. Journal of the Science of Food and Agriculture, 86(14): 2256-2265.

Shi J, Wang L, Ma C Y, et al. 2014. Aroma changes of black tea prepared from methyl jasmonate treated tea plants[J]. Journal of Zhejiang University. Science B, 15(4): 313-321.

Singh Y, Meher J G, Raval K, et al. 2017. Nanoemulsion: Concepts, development and applications in drug delivery[J]. Journal of Controlled Release, 252: 28-49.

Song J B, Manganais C, Ferruzzi G M. 2015. Thermal degradation of green tea flavan-3-ols and formation of hetero-and homocatechin dimers in model dairy beverages[J]. Food Chemistry, 173: 305-312.

Sophie L, Ariane L, Laurent B, et al. 2016. Antioxidant activity and nutrient release from polyphenol-enriched cheese in a simulated gastrointestinal environment[J]. Food & Function, 7(3): 1634-1644.

Su Y L, Leung L K, Huang Y, et al. 2003. Stability of tea theaflavins and catechins[J]. Food Chemistry, 83(2): 189-195.

Tian H Y, Xiang D, Li C F. 2021. Tea polyphenols encapsulated in W/O/W emulsions with xanthan gum-locust bean gum mixture: Evaluation of their stability and protection[J]. International Journal of Biological Macromolecules, 175: 40-48.

Uzkuç Ç M N, Şişli B, Ay M, et al. 2020. Effects of spontaneous fermentation on Karalahna and Cabernet Sauvignon young red wines: Volatile compounds, sensory profiles and identification of autochthonous yeasts[J]. European Food Research and Technology, 246(1): 81-92.

van Breemen R B, Li Y M. 2005. Caco-2 cell permeability assays to measure drug absorption[J]. Expert Opinion on Drug Metabolism & Toxicology, 1(2): 175-185.

van der Burg-Koorevaar M C, Miret S, Duchateau G S M J E. 2011. Effect of milk and brewing method on black tea catechin bioaccessibility[J]. Journal of Agricultural and Food Chemistry, 59(14): 7752-7758.

Vanna S, Giuseppe L, Pierluigi M, et al. 2015. Polymeric nanoparticles encapsulating white tea extract for nutraceutical application[J]. Journal of Agricultural and Food Chemistry, 63(7): 2026-2032.

Vuong Q, Golding J, Stathpoulos C, et al. 2011. Optimizing conditions for the extraction of catechins from green tea using hot water[J]. Journal of Separation Science, 34(21): 3099-3106.

Wang Q P, Peng C X, Gong J S. 2011. Effects of enzymatic action on the formation of theabrownin during solid state fermentation of Pu-erh tea[J]. Journal of the Science of Food and Agriculture, 91(13): 2412-2418.

Wang Y J, Ren Z Y, Chen Y Y, et al. 2022. Visualizing chemical indicators: Spatial and temporal quality formation and distribution during black tea fermentation[J]. Food Chemistry, 401: 134090-134090.

Wang Z A, Langer R, Farokhzad C O. 2012. Nanoparticle delivery of cancer drugs[J]. Annual Review of Medicine, 63(1): 185-198.

Williams D. 2008. The relationship between biomaterials and nanotechnology[J]. Biomaterials, 29(12): 1737-1738.

Wu P Y, Zhu Q Y, Yang R, et al. 2021. Differences in acid stress response of *Lacticaseibacillus paracasei* Zhang cultured from solid-state fermentation and liquid-state fermentation[J]. Microorganisms, 9(9): 1951.

Ye J H, Augustin M A. 2019. Nano- and micro-particles for delivery of catechins: Physical and biological performance [J]. Critical Reviews in Food Science and Nutrition, 59(10): 1563-1579.

Zhang S, Jiang W, Zhang Z, et al. 2020. A nanoparticle/oil double epigallocatechin gallate-loaded Pickering emulsion: Stable and delivery characteristics[J]. LWT, 130.

Zhang X B, Du X F. 2015. Effects of exogenous enzymatic treatment during processing on the sensory quality of summer tieguanyin oolong tea from the Chinese Anxi county[J]. Food Technology and Biotechnology, 53(2): 180-189.

Zhu Q Y, Zhang A, Tsang D, et al. 1997. Stability of green tea catechins[J]. Journal of agricultural and food chemistry, 45(12): 4624-4628.

Zokti A J, Baharin S B, Mohammed S A, et al. 2016a. Green tea leaves extract: Microencapsulation, physicochemical and storage stability study[J]. Molecules, 21(8): 940.

Zokti J, Badlishah A, Baharin S, et al. 2016b. Microencapsulation of green tea extracts and its effects on the physico-chemical and functional properties of mango drinks[J]. International Journal of Basic and Applied Sciences, 16(2): 16-32.

Zou L Q, Peng S F, Liu W, et al. 2014. Improved *in vitro* digestion stability of -epigallocatechin gallate through nanoliposome encapsulation[J]. Food Research International, 64: 492-499.

附录 常见茶叶冲泡指南

茶类	代表茶品	推荐茶具	150 mL 水投茶量	水温范围	冲泡时间与次数	润茶要求
绿茶	西湖龙井、碧螺春、太平猴魁	玻璃杯	3 g	细嫩茶：70～80℃；开面叶：80～85℃	可续水 3 次	无需润茶
白茶	白毫银针、白牡丹、贡眉、寿眉、饼茶	玻璃杯/盖碗（老茶用紫砂壶或煮茶）	4 g	白毫银针：80～90℃；老白茶：沸水或煮茶	首泡 20 s，每泡 20～30 s，4～6 泡	无需润茶
黄茶	君山银针、霍山黄芽	玻璃杯/盖碗/瓷壶	4 g	90～95℃为宜；黄芽：80～85℃	首泡 20 s，3～4 泡	无需润茶
乌龙茶	铁观音、武夷岩茶	盖碗/紫砂壶	5～7 g	沸水为宜；细嫩茶：85～90℃	首泡 10～20 s，每泡 10～30 s，5～7 泡，优质茶 12 泡以上	沸水润茶 3 s
红茶	祁门红茶、正山小种	盖碗/欧式茶具	3～5 g	沸水为宜；细嫩茶：90～95℃	前几泡<10 s，3～5 泡	无需润茶
黑茶	普洱茶、六堡茶、安化黑茶	盖碗/紫砂壶/焖泡壶	5～7 g	沸水为宜	散茶润茶后前 3 泡约 10 s，4～8 泡即冲即出汤，9 泡后每泡 10 s，15 泡以内；焖泡法可从 1 min 逐渐增加至数分钟，煮茶别有风味	沸水润茶 1～2 次
花茶	茉莉花茶	盖碗/玻璃杯	2.5～3 g	90℃为宜；根据茶坯调整水温	冲泡 3 min，可冲泡 2～3 次	无需润茶
速溶茶	茶粉	普通器皿	0.5～1 g，3～4 g 干茶	85～90℃	即冲即饮	无需润茶

注：人各有好，仅供参考。